高职高专“十一五”规划教材

工程制图

第二版

路大勇　叶青玉　主　编
邢锋芝　曾　敏　副主编

化学工业出版社
·北京·

本教材的理论性内容以必需、够用的原则适当压缩，以掌握概念，强化应用，培养技能为教学重点。书中精选了本学科的传统内容，拓展了其他工程图的相关内容，强化了形体分析、结构功能分析和部件测绘指导。

全书内容包括：制图的基本知识与技能、投影基础、基本体及其表面交线、轴测图、组合体、机件的表达方法、机械图概述、标准件和常用件、零件图、装配图、其他工程图和部件测绘。

本书配有叶青玉主编的《工程制图习题集》及多媒体课件，并将免费提供给采用本书作为教材的院校使用。如有需要，请发电子邮件至 cipedu@163.com 获取。

本书内容翔实，文字叙述通俗流畅，图例典型，分析全面，既可作为高职高专机械类和近机类专业的教材，也可作为职大、夜大、电大等相近专业的教材或参考用书。

图书在版编目（CIP）数据

工程制图/路大勇，叶青玉主编. —2版. —北京：化学工业出版社，2010.5（2019.8重印）
高职高专"十一五"规划教材
ISBN 978-7-122-08168-1

Ⅰ.工… Ⅱ.①路…②叶… Ⅲ.①工程制图-高等学校：技术学院-教材 Ⅳ.TB23

中国版本图书馆CIP数据核字（2010）第059866号

责任编辑：高 钰　　装帧设计：刘丽华
责任校对：王素芹

出版发行：化学工业出版社（北京市东城区青年湖南街13号　邮政编码100011）
印　　装：北京虎彩文化传播有限公司
787mm×1092mm　1/16　印张15　字数371千字　2019年8月北京第2版第4次印刷

购书咨询：010-64518888　售后服务：010-64518899
网　　址：http://www.cip.com.cn
凡购买本书，如有缺损质量问题，本社销售中心负责调换。

定　　价：38.00元

第二版前言

本书的第一版自2004年出版以来，以其优良的品质受到了广大读者和业内人士的一致肯定，于2007年荣获第八届中国石油和化学工业优秀教材一等奖。应广大读者的要求，在第一版的基础上进行本次修订。

本书主要适用于高等工程专科学校、高等职业技术学校机械类和近机类专业的制图教学，也可作为职大、夜大、电大等相近专业的教材或参考用书。

本书的主要内容包括：制图的基本知识与技能、投影基础、基本体及其表面交线、轴测图、组合体、机件的表达方法、机械图概述、标准件和常用件、零件图、装配图、其他工程图（表面展开图、焊接图、管路图、第三角画法）和部件测绘。

本次修订保持了第一版的基本体系和特色，以培养高技能人才为目标，努力做到形象思维与逻辑思维相结合，结构分析与功能分析相结合，理论与实践相结合。本次修订的主要内容有：

1. 跟踪最新国家标准，更新了包括图纸幅面和格式、标题栏、表面结构的表示法，极限与配合、几何公差、焊缝符号表示法等在内的多项标准。

2. 根据新标准重新绘制与调整了相关的图例。

3. 增加了针对每章的知识目标和能力目标，以增强教学的针对性。

4. 精心制作了涵盖全书的多媒体课件，以方便教师授课。

本书配有叶青玉、路大勇主编的《工程制图习题集》第二版，同时制作了涵盖习题、答案和相关提示的课件，并将免费提供给采用本书作为教材的院校使用。如有需要，请发电子邮件至 cipedu@163.com 获取。

参加本书修订工作的有：路大勇、邢锋芝、熊放明、叶青玉、陆英、张洪强、曾敏、刘慧芬。

由于编者水平所限，书中难免存在疏漏之处，敬请读者批评指正。

编者

2010年3月

第一版前言

本教材依据教育部“高职高专工程制图课程教学基本要求”，按照高职高专教育的培养目标和特点，融合多年的教学经验编写而成。主要适用于高等工程专科学校，高等职业技术学院机械类和近机类专业的制图教学，也可作为职大、夜大、电大等相近专业的教材或参考用书。

本教材的编写以培养技术应用型人才为目标，降低理论要求，注重思维方法的培养，在教材的体系结构及部分内容的处理上有所创新。投影基础部分引入了以坐标为基础的逻辑思维方法；基本体部分增加了形体的横向对比和投影总结；机械图部分在形体分析的基础上，加强了结构功能分析，注重零件和装配体的功能协调；将部件测绘单设一章，强调理论与实践的结合，知识点相对集中；考虑到不同专业的需要，设置其他工程图一章，介绍了表面展开图、焊接图、管路图、第三角投影图等相关内容。

本书采用了最新的《技术制图》、《机械制图》等国家标准及有关行业标准。

本书绝大部分插图采用计算机绘制，可为制作课件、电子挂图等提供素材。

本书配有由叶青玉主编的《工程制图习题集》。

参加本书编写工作的有：路大勇（绪论、第七章、第九章、第十章、附录），邢锋芝（第四章、第五章、第十一章第一节和第二节），熊放鸣（第三章、第八章），叶青玉（第一章、第六章、第十一章第四节、第十二章），陆英（第二章、第十一章第三节）。本书由路大勇任主编，邢锋芝任副主编，由赵玉奇主审，王绍良、梁正、董振珂等参加了审稿工作。

限于编者水平和时间仓促，教材中难免存在不足和错误，欢迎读者批评指正。

编者

2004 年 5 月

目　　录

绪　论

一、图样及其在生产中的作用

根据投影原理，遵照国家标准或有关规定绘制的表达工程对象的形状、大小及技术要求的图，称为工程图样，简称图样。

现代工业中，无论设计和制造各种机器设备，还是工程设计或施工都离不开图样。图样作为表达设计意图和交流技术思想的媒介和工具，被称为工程语言。熟练地绘制和阅读图样是工程技术人员必须具备的能力。

二、本课程的地位与性质

本课程是一门既有系统理论，又有较强实践性的技术基础课，是各工程专业的基础平台。通过本课程的学习，培养良好的工程意识和空间构思能力，为专业课程的学习和日后的工作打下扎实的基础。

三、本课程的任务与要求

本课程的主要任务是培养学生的画图和读图能力。通过学习应达到如下要求。

① 掌握正投影法的基础理论和基本方法。

② 掌握制图国家标准的基本内容，具有查阅标准和技术资料的能力。

③ 能正确使用绘图工具和仪器，掌握尺规作图和徒手画图的基本技能。

④ 能绘制和阅读中等复杂程度的零件图、装配图及其他相关工程图，具备一定的实际应用能力。

⑤ 培养和发展形象思维能力、空间想像能力及解决一般空间几何问题的图解能力。

⑥ 培养认真负责的工作态度和严谨科学的工作作风。

四、本课程的特点和学习方法

本课程的实践性很强。对制图标准的领会及绘图、读图技能的提高，都需要通过大量的实践才能完成。所以，学习本课程一定要注重绘图、读图实践，及时完成作业。

本课程的空间概念很强。培养和发展形象思维能力和空间想像能力是本课程的主要目的之一，也是学好本课程的关键。应注重对基本概念、基本理论的理解，做到多画、多看、勤思考，逐步积累形体素材，循序渐进地培养空间与平面间的双向思维能力。

本课程的规范性很强。工程图样作为工程语言，是指导生产施工的技术文件，国家标准对其格式、画法等各个方面都有统一的规定。学习中应严格树立标准化思想，做到严肃认真、一丝不苟，以高度负责的态度确保所绘图样的正确性和规范性。

第一章　制图的基本知识与技能

知识目标： 1. 熟悉《技术制图》、《机械制图》国家标准的基本规定。

2. 熟悉平面图形中常见的线段关系、尺寸关系。

3. 掌握平面图形的基本作图机理。

能力目标： 1. 能正确树立标准化意识。

2. 能正确使用绘图仪器，绘制并标注中等复杂程度的平面图形。

图样是工程界的语言，是生产中的重要技术资料，是表达设计意图、进行技术交流的重要工具。为了绘制出合格的机械图样，需要掌握正确的作图方法并熟练地使用绘图工具和仪器，还必须严格遵守国家标准《技术制图》与《机械制图》中的相关规定，树立标准化的概念。

第一节　制图国家标准的基本规定

国家标准简称“国标”，其代号为“GB”（“GB/T”为推荐性国标），例如：GB/T 14689—2008，表示推荐性国家标准，标准编号为14689，批准发布的年代为2008年。

本节介绍国家标准《机械制图》中有关图纸幅面、比例、字体、图线、尺寸注法等五项内容，其他相关标准将在后续章节中陆续介绍。

一、图纸幅面及格式（GB/T 14689—2008）

（一）图纸幅面

国标规定的基本幅面有五种，代号为A0、A1、A2、A3、A4，其基本尺寸见表1-1。必要时，也允许选用加长幅面，其加长后的幅面尺寸可根据基本幅面的短边成整数倍增加后得出。

表1-1　图纸幅面尺寸

幅面代号	A0	A1	A2	A3	A4
$B \times L$	841×1189	594×841	420×594	297×420	210×297
a	25				
c	10			5	
e	20		10		

（二）图框格式和尺寸

图框用粗实线画出，其格式分为留有装订边和不留装订边两种，按看图方向不同又可分为横装和竖装，如图1-1和图1-2所示，图框的尺寸见表1-1。

（三）标题栏（GB/T 1069.1—2008）

每张图纸上都应画出标题栏，标题栏位于图纸的右下角。国标规定的标题栏格式如图1-3所示，投影符号的画法见十一章第四节。为简化起见，制图作业中的标题栏可采用图1-4所示的格式。

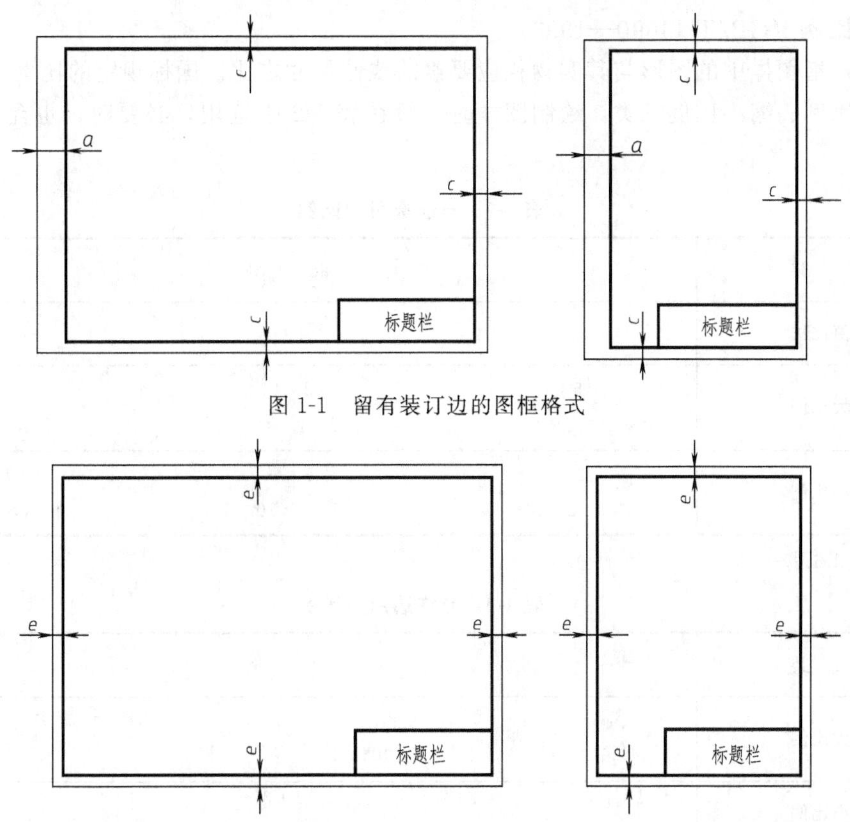

图 1-1　留有装订边的图框格式

图 1-2　不留装订边的图框格式

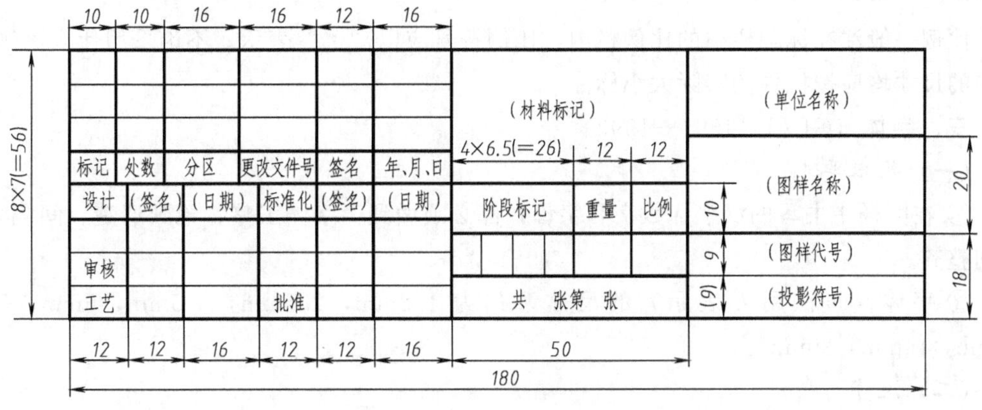

图 1-3　国标规定的标题栏格式

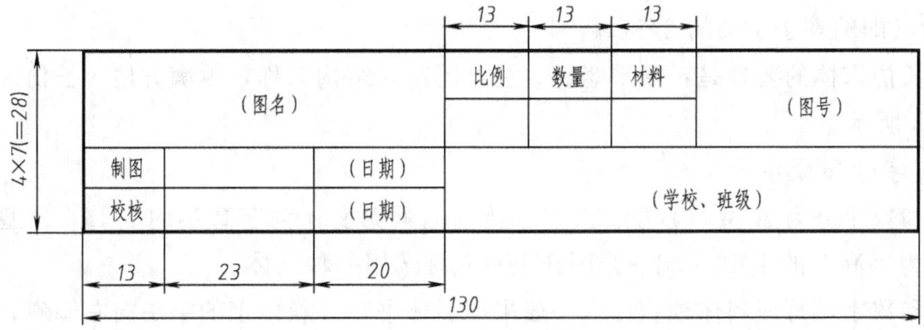

图 1-4　制图作业用标题栏格式

二、比例（GB/T 14690—1993）

比例是指图样中的图形与其实物相应要素的线性尺寸之比。国标规定的比例包括原值比例、放大比例、缩小比例三类，绘制图样时一般在表 1-2 中选用，必要时，也允许在表 1-3 中选用。

表 1-2　一般选用的比例

种　类	比　例		
原值比例	1∶1		
放大比例	5∶1 5×10^n∶1	2∶1 2×10^n∶1	 1×10^n∶1
缩小比例	1∶2 1∶2×10^n	1∶5 1∶5×10^n	1∶10 1∶1×10^n

注：n 为正整数。

表 1-3　允许选用的比例

种　类	比　例				
放大比例	4∶1 4×10^n∶1	2.5∶1 2.5×10^n∶1			
缩小比例	1∶1.5 1∶1.5×10^n	1∶2.5 1∶2.5×10^n	1∶3 1∶3×10^n	1∶4 1∶4×10^n	1∶6 1∶6×10^n

注：n 为正整数。

比例一般注在标题栏中的比例栏内，比例符号应以“∶”表示。不论采用什么比例，图样中的尺寸均应按机件的实际大小标注。

三、字体（GB/T 14691—1993）

（一）基本要求

① 在图样中书写的汉字、数字和字母，都必须做到：字体工整、笔画清楚、间隔均匀、排列整齐。

② 字体高度（用 h 表示）的尺寸系列为 1.8mm，2.5mm，3.5mm，5mm，7mm，10mm，14mm，20mm。

（二）汉字

汉字应写成长仿宋体，并采用国家正式公布的简化字。汉字字高不应小于 3.5mm，字宽为 $h/\sqrt{2}$（即约等于字高的 2/3）。

书写长仿宋体的要领是：横平竖直，注意起落，结构匀称，填满方格。长仿宋体汉字示例如图 1-5 所示。

（三）字母和数字

字母和数字分为 A 型和 B 型。A 型字体的笔画宽度 d 为字高 h 的 1/14，B 型字体的笔画宽度 d 为字高 h 的 1/10。同一张图样上只允许选用一种字体。

字母和数字可写成斜体或直体，一般采用斜体书写。斜体字的字头向右倾斜，与水平基准线成 75°，如图 1-6 所示。

10号字

字体工整笔画清楚排列整齐间隔均匀

7号字

横平竖直注意起落结构匀称填满方格

5号字

机械制图尺寸比例线型字体锥度斜度零件装配

图 1-5 长仿宋体汉字书写示例

A 型斜体拉丁字母

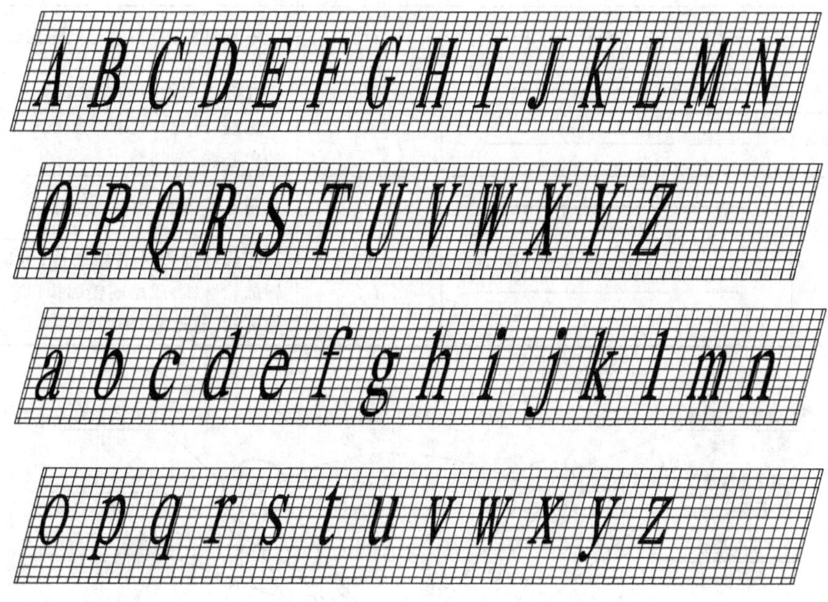

A 型斜体阿拉伯数字和罗马数字

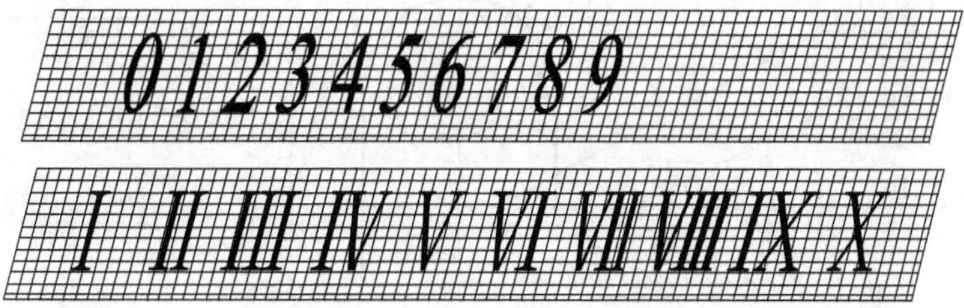

图 1-6 字母和数字书写示例

四、图线（GB/T 4457.4—2002）

机械图样是用不同形式的图线绘制而成的。为了使绘图和看图有一个统一的准则，国家标准对图线的名称、形式、尺寸、画法及一般应用等都作了统一的规定。

（一）基本线型及其应用

用于机械图样的基本线型有九种，见表 1-4。图线的应用示例如图 1-7 所示。

表 1-4 基本线型及应用

图线名称	图线型式	图线宽度	一般应用
粗实线		d	可见棱边线；可见轮廓线；相贯线；螺纹牙顶线；螺纹终止线；齿顶圆（线）；剖切符号用线等
细实线		$d/2$	过渡线；尺寸线；尺寸界线；指引线和基准线；剖面线；重合断面的轮廓线；螺纹牙底线；表示平面的对角线；辅助线；投影线；不连续同一表面连线；成规律分布的相同要素连线等
波浪线		$d/2$	断裂处的边界线；视图与剖视图的分界线
双折线		$d/2$	断裂处的边界线；视图与剖视图的分界线
细虚线		$d/2$	不可见棱边线；不可见轮廓线
粗虚线		d	允许表面处理的表示线
细点画线		$d/2$	轴线；对称中心线；分度圆（线）；孔系分布的中心线；剖切线
粗点画线		d	限定范围表示线
细双点画线		$d/2$	相邻辅助零件的轮廓线；可动零件极限位置的轮廓线；成型前轮廓线；剖切面前的结构轮廓线；轨迹线；中断线等

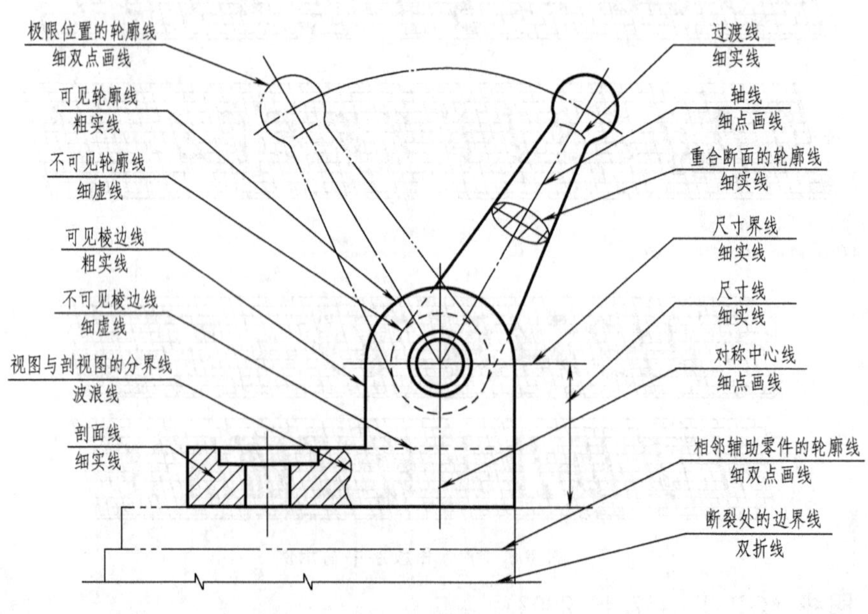

图 1-7 图线的应用

机械图样中的图线分粗细两种，其宽度比例为 2∶1。图线宽度应按图样的类型和尺寸大小在下列数系中选择，该数系公比为 $1:\sqrt{2}$，单位为毫米。

0.13，0.18，0.25，0.35，0.5，0.7，1，1.4，2

（二）绘制图线时的注意事项（见图 1-8）

① 在同一图样中，同类图线的宽度应一致。虚线、点画线及双点画线的线段长度和间隔应各自大致相同。

② 两条平行线（包括剖面线）之间的距离不应小于粗实线的两倍宽度，其最小距离不得小于 0.7mm。

③ 点画线及双点画线的首末两端应是线段而不是点。画圆的对称中心线时，圆心应为线段的交点，细点画线应超出图形轮廓约 2～5mm。在较小图形上绘制点画线和双点画线有困难时，可用细实线代替。

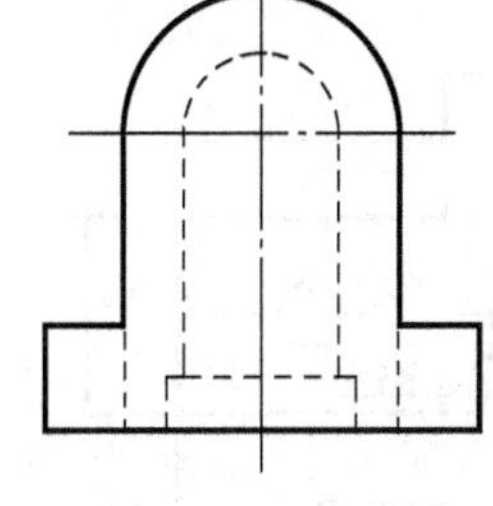

(a) 正确

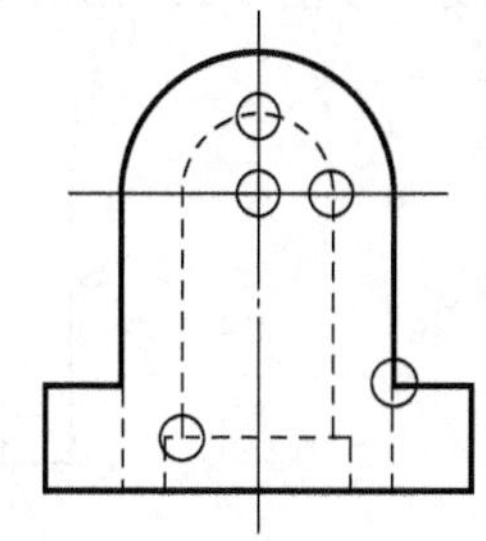

(b) 错误

图 1-8　图线画法注意事项

④ 各种图线相交时，应以线段相交。当虚线位于粗实线的延长线上时，虚线与粗实线之间应留有空隙。

⑤ 当两种或两种以上的图线重合时，其优先绘制的顺序是：粗实线→虚线→细实线→细点画线→双点画线。

五、尺寸注法（GB/T 4458.4—2003、GB/T 16675.2—1996）

图样中除包含表示形体形状的图形外，还需要按照国家标准的要求，正确、完整、清晰的标注尺寸，以确定形体的真实大小，为机件的加工及检验提供依据。

（一）基本规则

① 机件的真实大小，应以图样上所注尺寸数值为依据，与图形的大小及绘图的准确度无关。

② 图样中（包括技术要求和其他说明）的尺寸，以毫米为单位时，不需标注单位符号（或名称），如采用其他单位时，则应注明相应的单位符号。

③ 图样中所标注的尺寸，为该图样所示机件的最后完工尺寸，否则应另加说明。

④ 机件的每一尺寸，一般只标注一次，并应标注在反映该结构最清晰的图形上。

（二）尺寸的组成及线性尺寸的注法

一个完整的尺寸，一般由尺寸界线、尺寸线、尺寸线终端和尺寸数字组成，如图 1-9 所示。

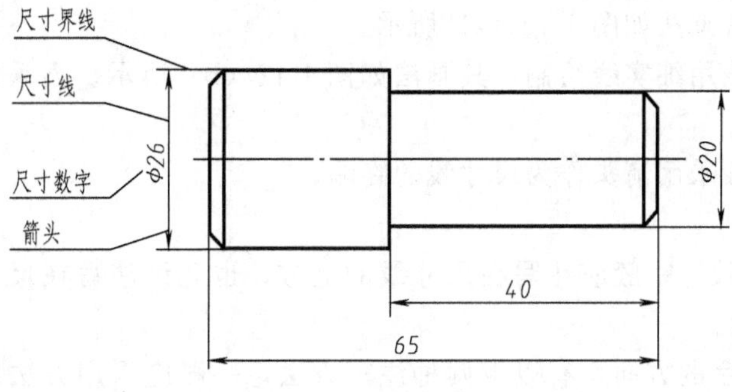

图 1-9　尺寸的组成

1. 尺寸界线

① 尺寸界线用细实线绘制，并应由图形的轮廓线、轴线或对称中心线处引出，也可以利用轮廓线、轴线或对称中心线作尺寸界线，如图 1-10（a）所示。

② 尺寸界线一般应与尺寸线垂直，必要时才允许倾斜，如图 1-10（b）所示。

③ 在光滑过渡处标注尺寸时，应用细实线将轮廓线延长，从它们的交点处引出尺寸界线，如图 1-10（b）所示。

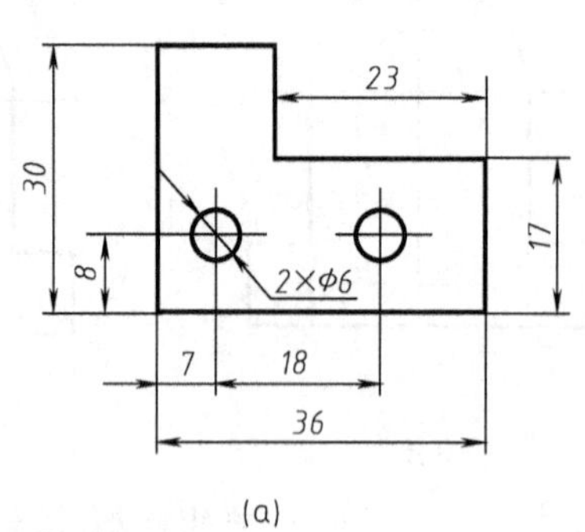

(a)

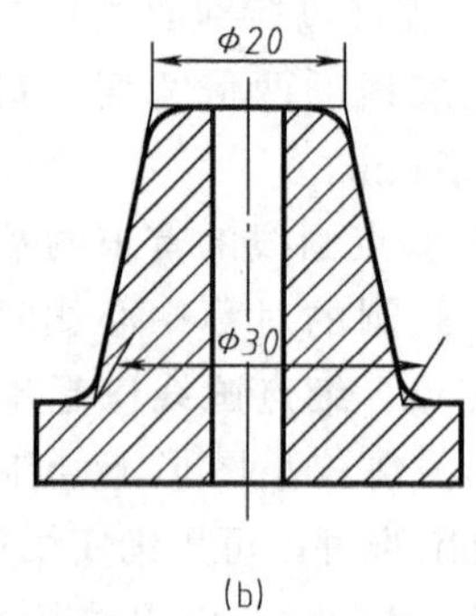

(b)

图 1-10 尺寸界线

2. 尺寸线

① 尺寸线必须用细实线单独画出，不能用其他任何图线代替，也不能与其他图线重合或画在其延长线上，如图 1-11 所示。

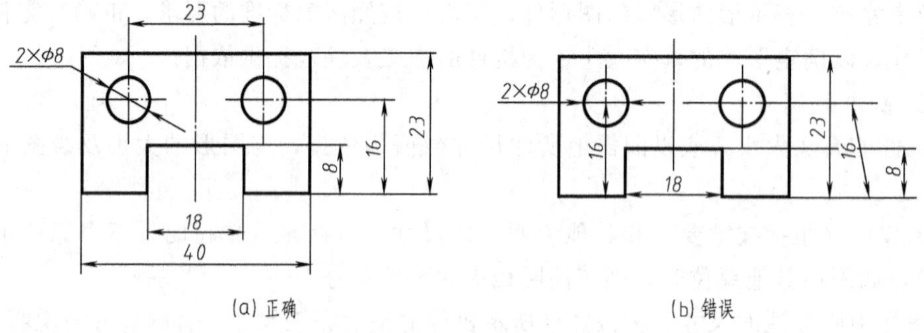

(a) 正确　(b) 错误

图 1-11 尺寸线的正误对比

② 标注线性尺寸时，尺寸线应与所标注的线段平行。

3. 尺寸线终端

尺寸线的终端形式有以下两种。

(1) 箭头　箭头画法如图 1-12（a）所示。

(2) 斜线　斜线用细实线绘制，其画法如图 1-12（b）所示。当采用斜线时，尺寸线与尺寸界线应相互垂直。

机械图样中一般采用箭头作为尺寸线的终端。

4. 尺寸数字

① 线性尺寸的数字一般应注写在尺寸线的上方，也允许注写在尺寸线的中断处，如图 1-13（a）、(c）所示。

② 线性尺寸数字的方向，有以下两种注写方法，一般应采用方法 1 注写；在不致引起误解时，也允许采用方法 2。在同一张图样中，应尽可能采用同一种方法。

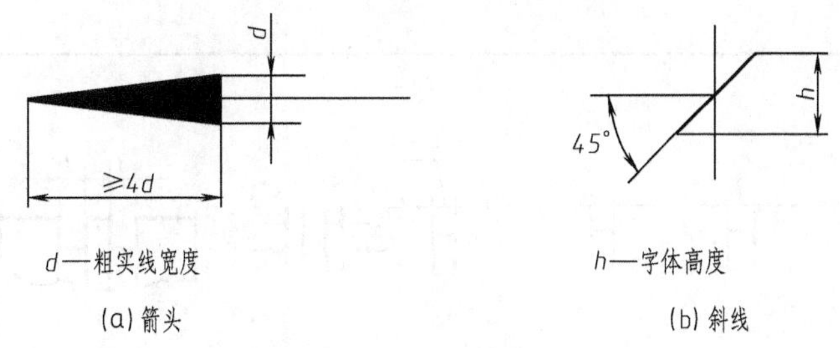

图 1-12　尺寸线终端

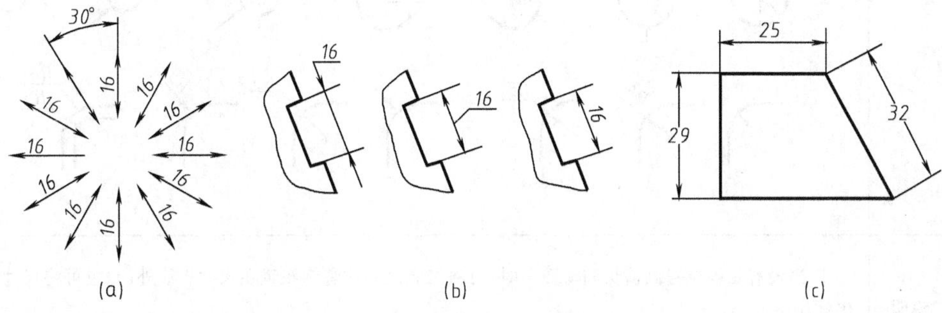

图 1-13　尺寸数字

方法 1：数字应按图 1-13（a）所示的方向注写，并尽量避免在图示 30°范围内标注尺寸，当无法避免时可按图 1-13（b）的形式标注。

方法 2：对于非水平方向的尺寸，其数字可水平地注写在尺寸线的中断处，如图 1-13（c）所示。

③ 数字不能被任何图线所通过，否则应将该图线断开。

（三）其他常用尺寸的注法（见表 1-5）

表 1-5　常用尺寸注法

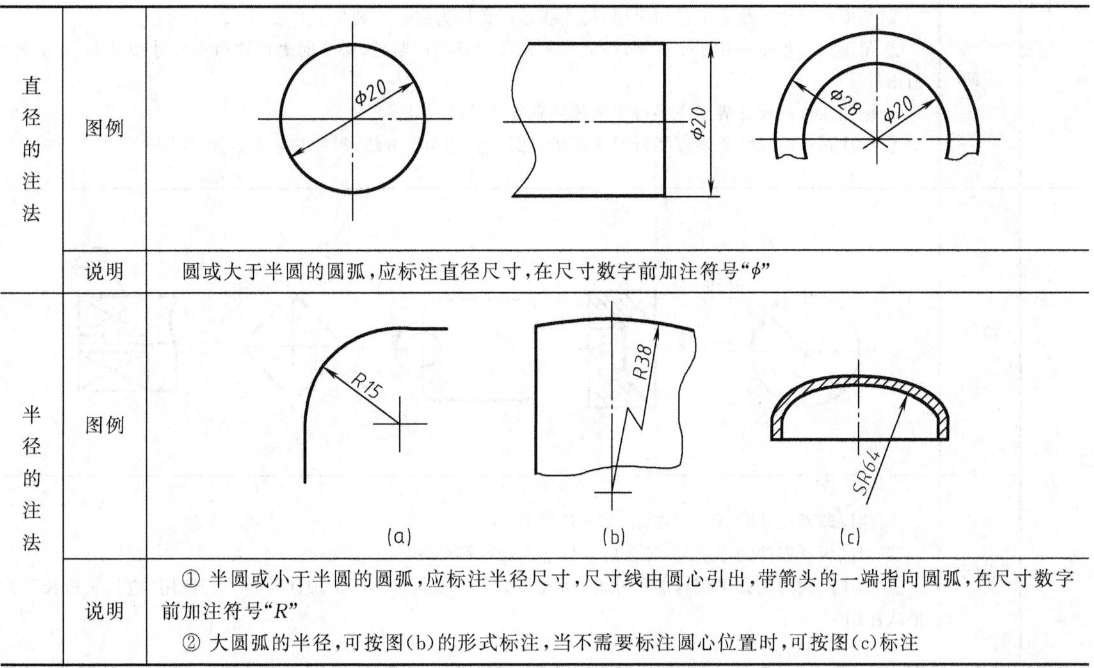

直径的注法	图例	
	说明	圆或大于半圆的圆弧，应标注直径尺寸，在尺寸数字前加注符号“φ”
半径的注法	图例	
	说明	① 半圆或小于半圆的圆弧，应标注半径尺寸，尺寸线由圆心引出，带箭头的一端指向圆弧，在尺寸数字前加注符号“R” ② 大圆弧的半径，可按图(b)的形式标注，当不需要标注圆心位置时，可按图(c)标注

续表

<table>
<tr><td rowspan="2">狭小部位的尺寸注法</td><td>图例</td><td> 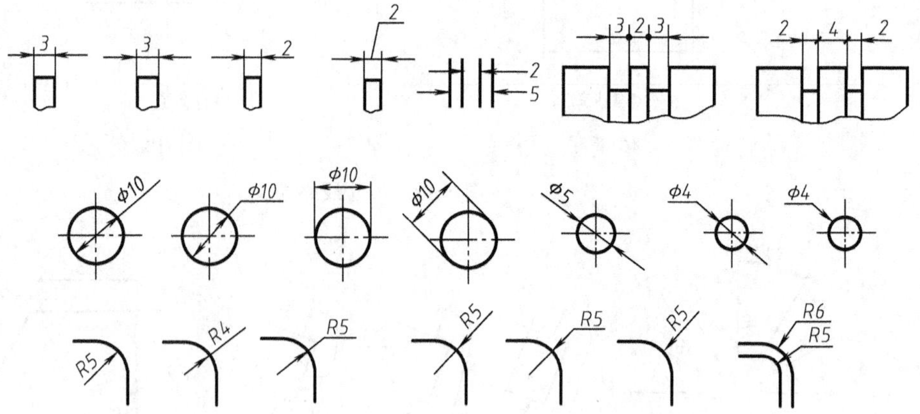</td></tr>
<tr><td>说明</td><td>① 当没有足够位置画箭头和写数字时，可将二者之一或者都布置在尺寸界线外面，也可将尺寸数字引出标注
② 标注一连串的小尺寸时，可用圆点或斜线代替箭头，但最外端的箭头仍应画出</td></tr>
<tr><td rowspan="2">角度、弦长、弧长</td><td>图例</td><td> 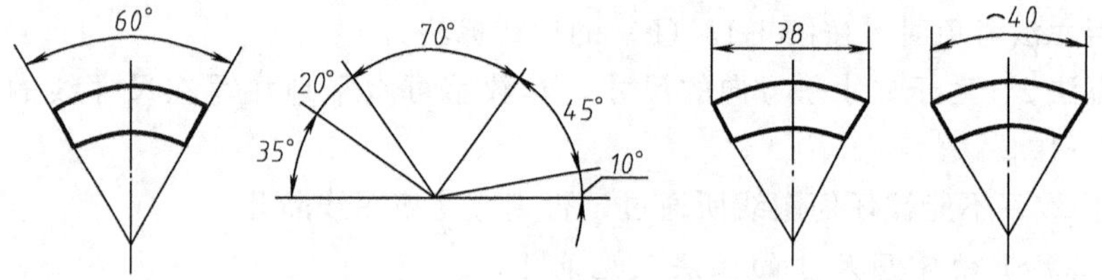</td></tr>
<tr><td>说明</td><td>① 角度的尺寸界线应沿径向引出，尺寸线是以角顶为圆心的圆弧
② 角度尺寸数字一律水平注写，一般注写在尺寸线的中断处，必要时也可注写在尺寸线外面、上方或引出标注
③ 标注弦长的尺寸界线应平行于该弦的垂直平分线
④ 标注弧长的尺寸界线应平行于该弧所对圆心角的角平分线，尺寸数字左方加注符号"⌒"</td></tr>
<tr><td rowspan="2">球面、厚度、正方形</td><td>图例</td><td> 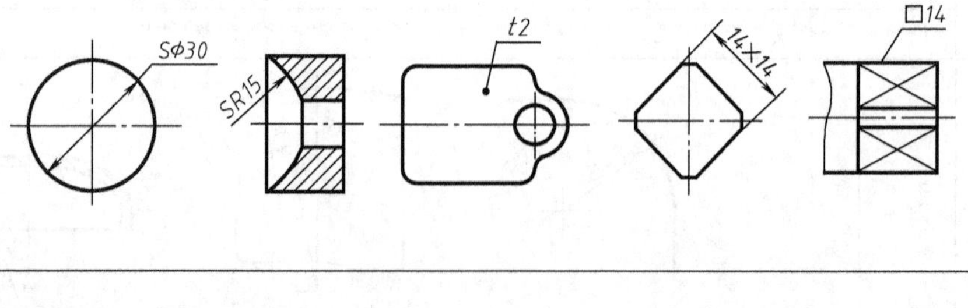</td></tr>
<tr><td>说明</td><td>① 标注球面尺寸时，在"φ"或"R"前加注符号"S"
② 标注板状零件的厚度时，可在尺寸数字前加注符号"t"
③ 标注断面为正方形结构的尺寸时，可在正方形边长尺寸数字前加注符号"□"或用"边长×边长"的形式注出</td></tr>
</table>

（四）尺寸的简化注法（见表1-6）

表1-6　尺寸的简化注法

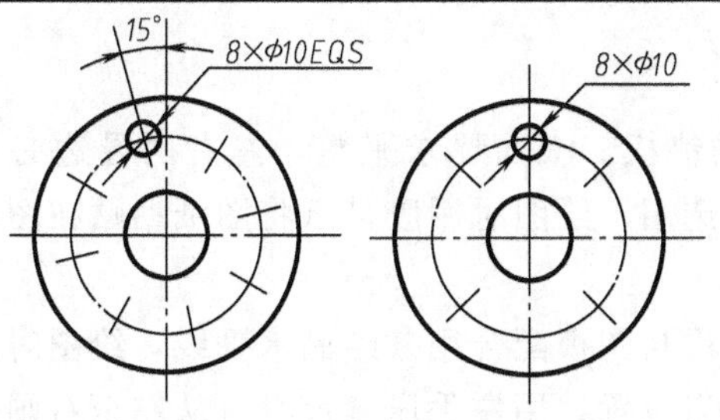 在同一图形中，对于尺寸相同的孔、槽等成组要素，可仅在一个要素上注出其尺寸和数量，并加注“*EQS*”（表示均布）；当要素的分布在图中已明确时，可省略“*EQS*”	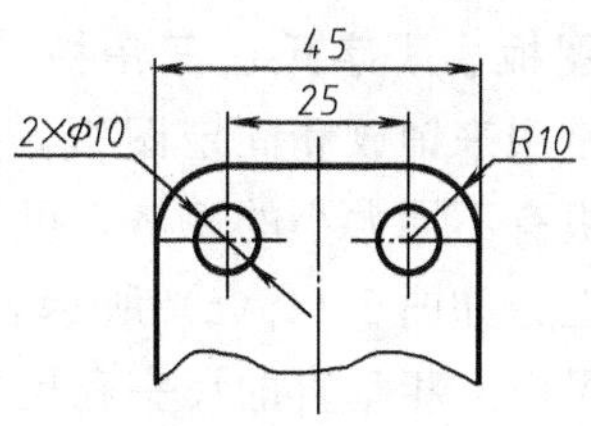 当图形具有对称中心线时，分布在对称中心线两边的相同结构，仅标注其中一边的结构尺寸
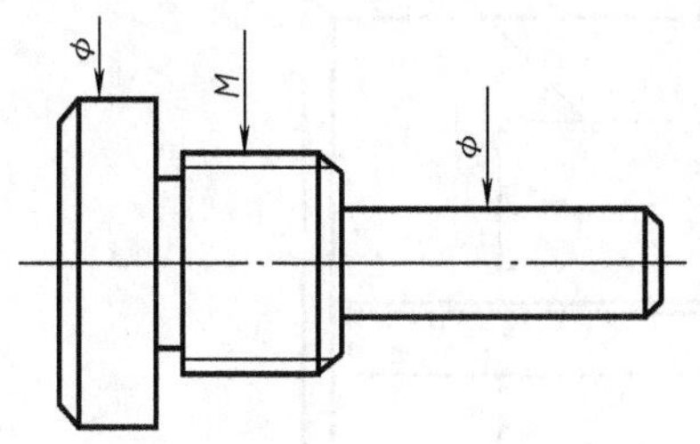 标注尺寸时，可采用带箭头的指引线	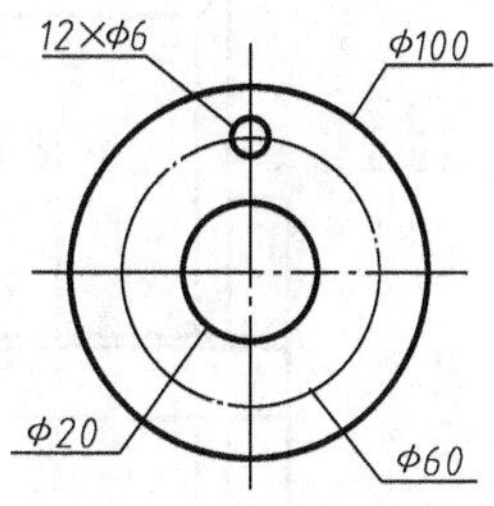 标注尺寸时，也可采用不带箭头的指引线
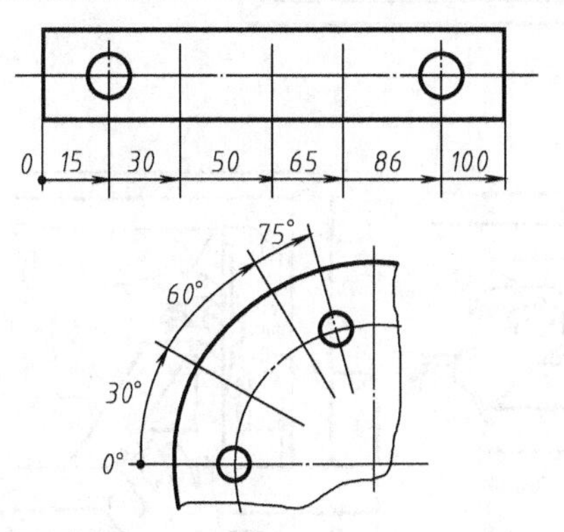 从同一基准出发的尺寸，可按上图的形式标注	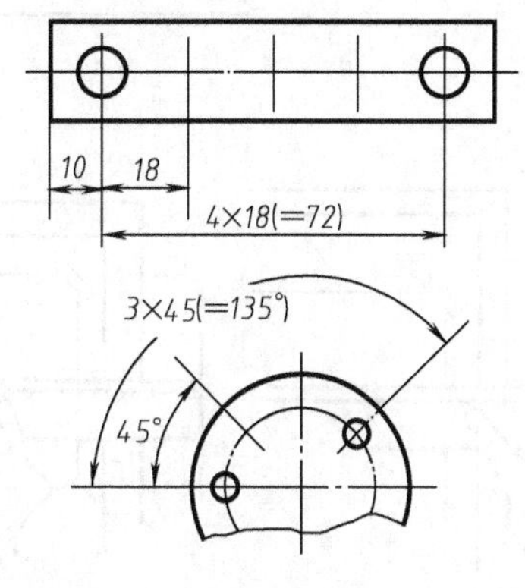 间隔相等的链式尺寸，可采用上图所示的简化注法
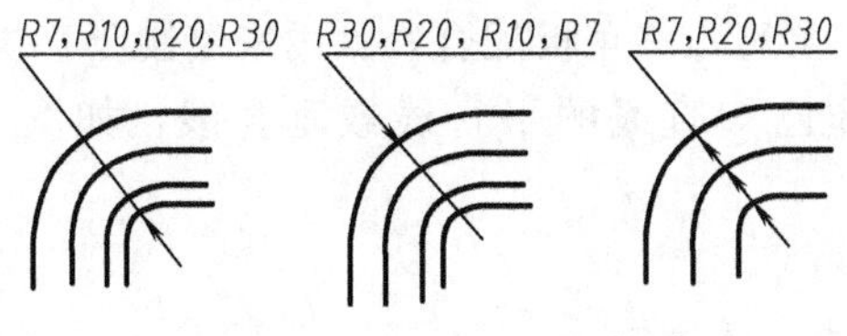 一组同心圆弧或圆心位于一条直线上的多个不同心圆弧的尺寸，可用共用的尺寸线箭头依次表示	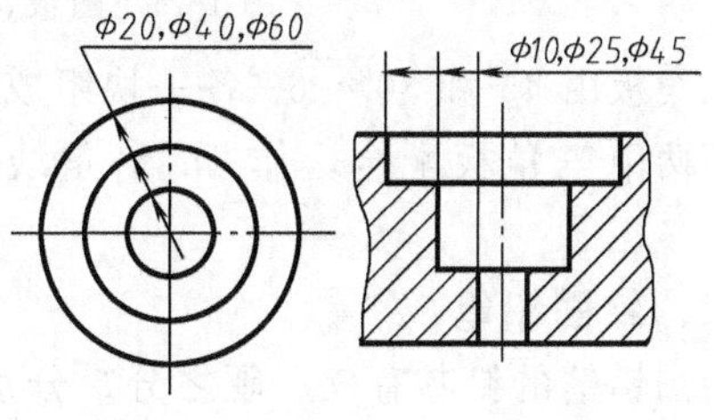 一组同心圆或尺寸较多的台阶孔的尺寸，也可用共用的尺寸线和箭头依次表示

第二节 绘图工具及其使用方法

一、图板、丁字尺、三角板

图板是用来铺放和固定图纸，并进行绘图的垫板。板面要求平整，左右两导边必须平直，绘图板有不同大小的规格，可根据需要进行选用。绘图时用胶带纸将图纸粘贴在图板的适当位置上，如图1-14（a）所示。

丁字尺由互相垂直的尺头和尺身组成。丁字尺与图板配合用来绘制水平线，绘图时将尺头内侧紧贴图板左侧导边，上下移动丁字尺至适当位置，用左手压紧尺身，从左至右画出水平线，丁字尺与三角板配合，可用来绘制竖直线，如图1-14（b）所示。

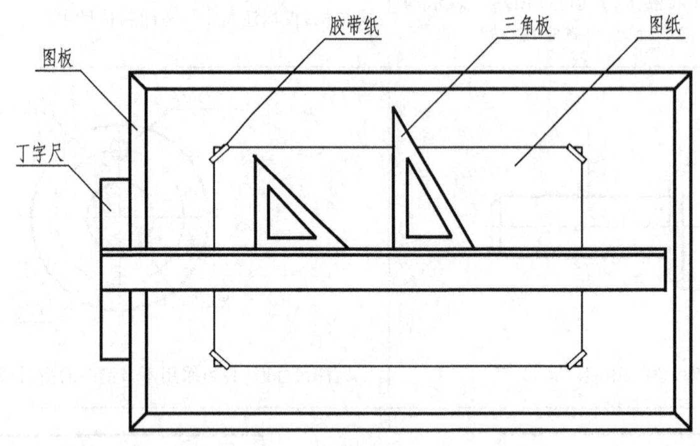

(a) 图板、丁字尺、三角板

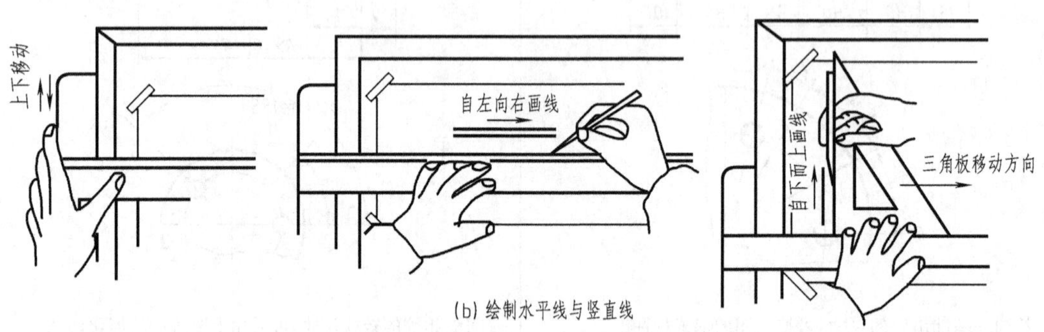

(b) 绘制水平线与竖直线

图1-14 图板、丁字尺、三角板的使用方法

三角板由45°和30°～60°各一块组成一副。丁字尺与三角板配合，除用来绘制竖直线外，还可用两个三角板配合，作15°倍角线，也可作已知直线的平行线或垂直线，如图1-15所示。

二、绘图铅笔

绘图铅笔的铅芯有软、硬之分，分别用字母B、H表示。

H表示硬性，字母前的数字越大，铅芯越硬，如H、2H，硬性铅笔常用来画底稿；HB表示中性，常用来写字或画底稿；B表示软性，字母前的数字越大，铅芯越软，如B、2B，软性铅笔常用来加深描粗图线。

15°
15°
75°
已知线

(a) 作15°倍角线　　(b) 作已知直线的平行线

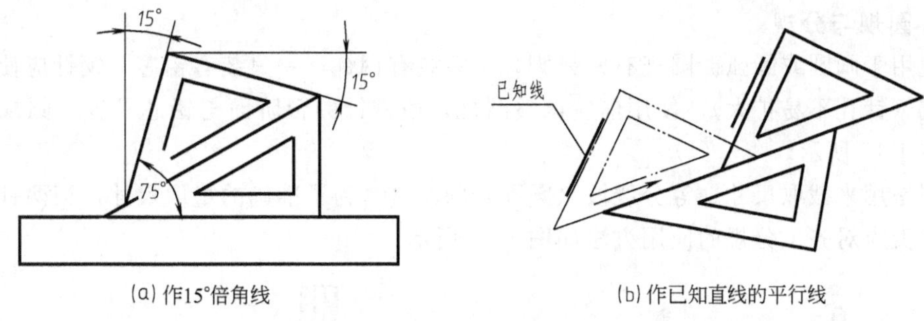

图 1-15　三角板的其他用法

铅笔可根据不同用途修磨成圆锥形或棱柱形，如图 1-16 所示。修磨铅笔时，应从没有标号的一端开始，以便识别铅芯的软硬标记。描深图线时，画圆的铅芯应比画直线的铅芯软一号。

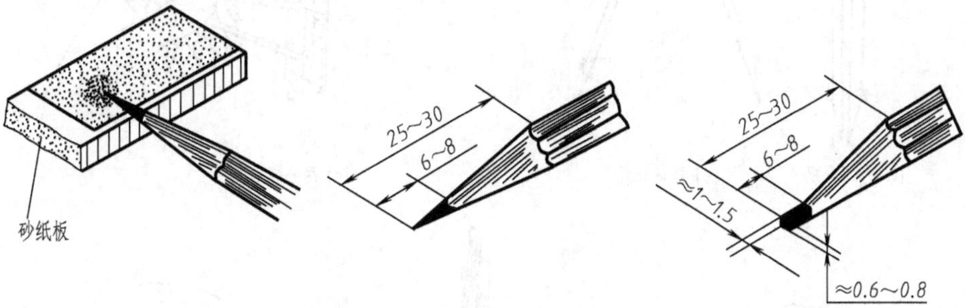

砂纸板
25~30
6~8
25~30
6~8
≈1~1.5
≈0.6~0.8

(a) 修磨　　(b) 圆锥形　　(c) 四棱柱形

图 1-16　铅笔的削磨

稍向画线
方向倾斜
从下方开始
顺时画线
右下角
90°
90°
90°
90°

(a)　　(b)　　(c)

(d)

图 1-17　圆规的使用方法

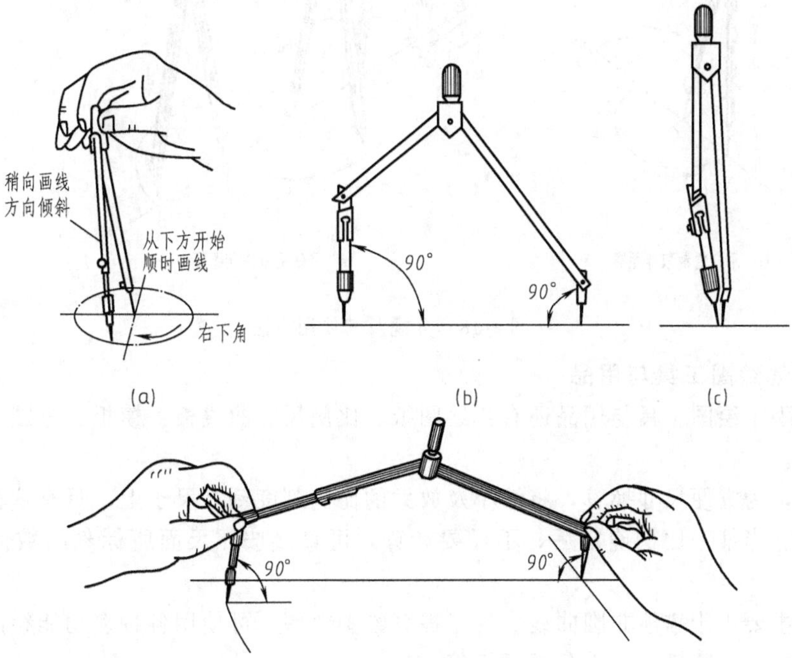

三、圆规与分规

圆规用于画圆或圆弧。圆规有两只脚，一只装有钢针，一只装有铅芯，钢针应使用有台阶的一端（针孔不易扩大），使用前应调整圆规，使钢针的台阶面与铅芯平齐，圆规的使用方法如图 1-17 所示。

分规是用来截取尺寸、等分线段（圆周）的工具。为了准确的量取尺寸，当两针脚并拢时，其针尖应对齐。分规的使用方法如图 1-18 所示。

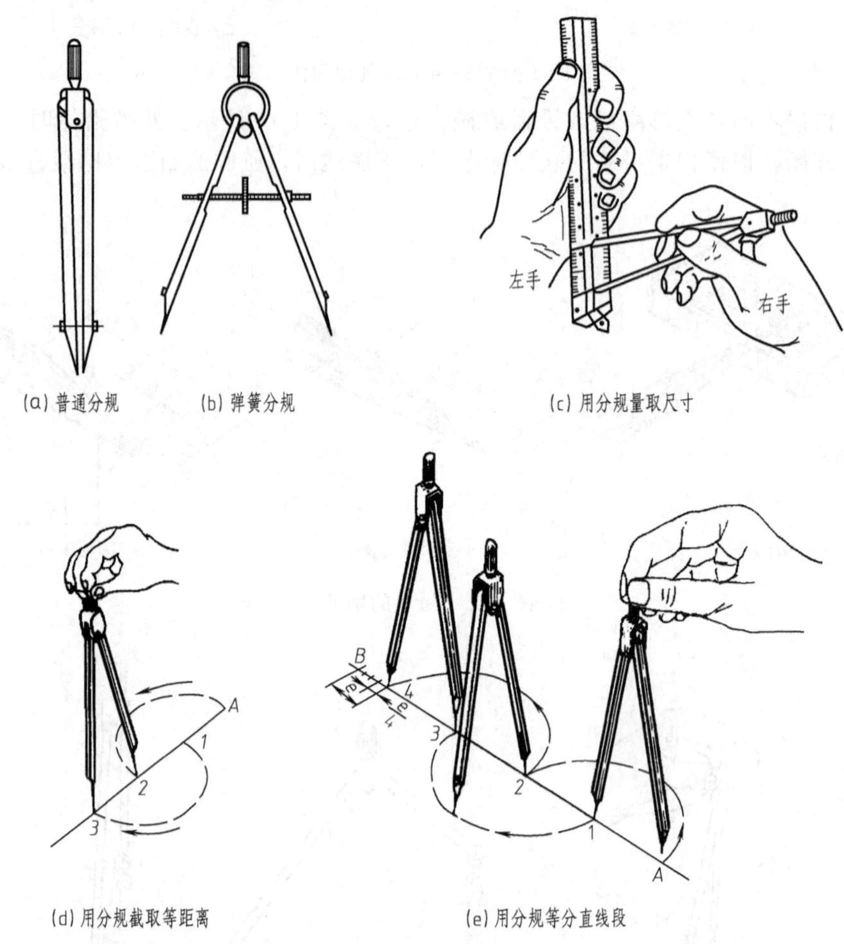

(a) 普通分规　(b) 弹簧分规　(c) 用分规量取尺寸

(d) 用分规截取等距离　(e) 用分规等分直线段

图 1-18　分规及其使用方法

四、其他绘图工具与用品

常用的手工绘图工具与用品还有：绘图纸、比例尺、曲线板、模板、擦图片、橡皮、小刀、砂纸等。

作图时，为方便尺寸换算，将缩小及放大的比例刻度刻在尺子上，具有这种刻度的尺子就是比例尺。当某一比例确定后，不需要计算，可直接按照尺面所标刻的数值截取或度量尺寸。

曲线板主要用于描绘非圆曲线。为了提高绘图效率，可使用各种多功能绘图模板绘制图形，如椭圆模板、圆模板、六角螺母板等。

擦图片是带有各种不同镂空形状的小矩形片，在修改图线时，常用擦图片覆盖在上面，使要擦去的图线在镂空处显露出来，以便于用橡皮擦除。

第三节　几何作图

一、等分作图

（一）等分线段

线段的等分可根据平行线切割定理作图。如图 1-19 所示，自 A 点作适当方向的射线，在其上用分规取六个相同的单位长度得端点 C，连接 BC，过各等分点作 BC 的平行线与 AB 相交，则这些交点将线段 AB 六等分。

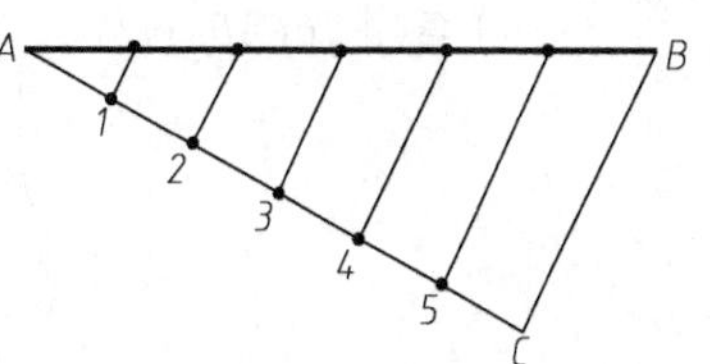

图 1-19　等分线段

（二）等分圆周和作正多边形

1. 圆的四、八等分

圆的四、八等分可直接利用 45°三角板与丁字尺配合作图，如图 1-20 所示。

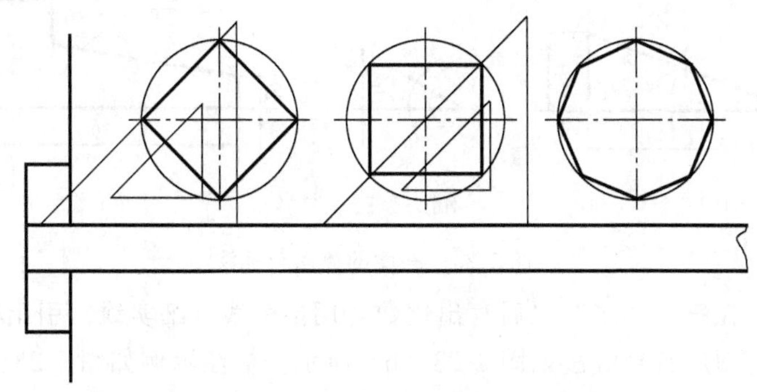
图 1-20　圆的四、八等分

2. 圆的三、六、十二等分

圆的三、六、十二等分，它们的各等分点与圆心的连线，以及相应正多边形的各边，均为 30°倍角线，可利用三角板与丁字尺配合作图，也可用圆的半径直接在圆周上截取等分点，如图 1-21 所示。

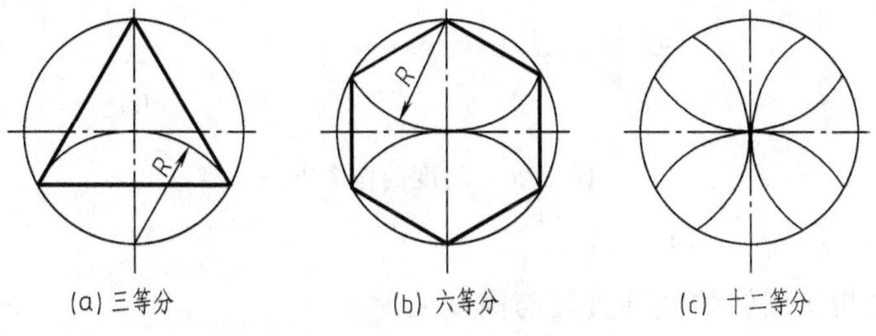

图 1-21　圆的三、六、十二等分

3. 圆的五等分

圆的五等分作图方法如图 1-22 所示。

二、斜度和锥度

（一）斜度

斜度（S）是指一直线（或平面）相对于另一直线（或平面）的倾斜程度。其大小用这两条直线（或平面）夹角的正切值来表示，通常写成 $1:n$ 的形式，即 $S=\tan\alpha=H/L=1:n$，如图 1-23（a）所示。

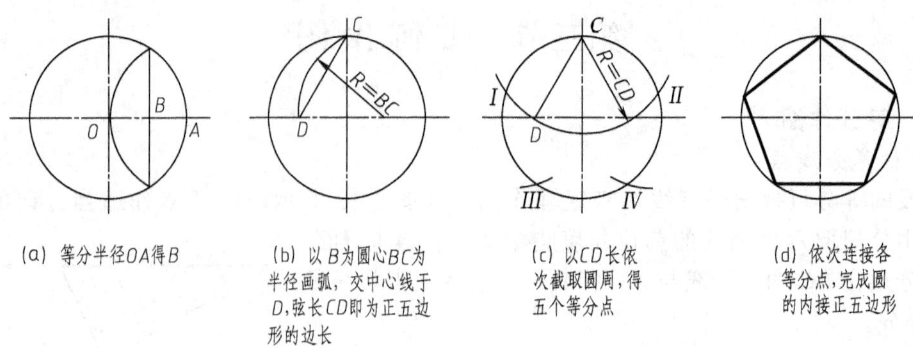

图 1-22 圆的五等分

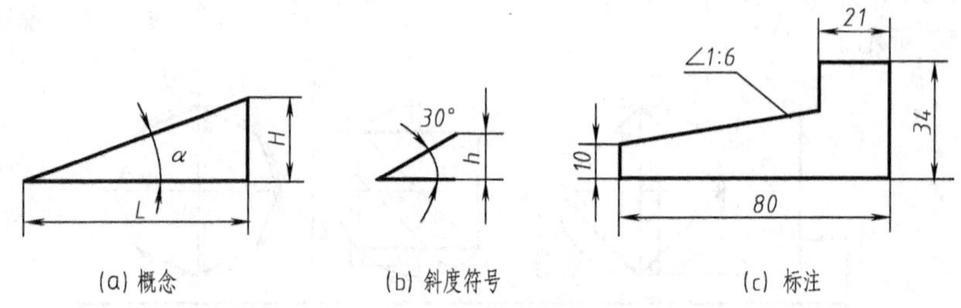

图 1-23 斜度的概念与标注

标注斜度时，在符号“∠”之后写出比数，用指引线（细实线）引出标注，符号方向应与斜度方向一致，斜度符号画法如图 1-23（b）所示。标注示例如图 1-23（c）所示。

斜度体现的是角度，与同一直线成相同斜度的各直线相互平行。图 1-24 所示为上例中 1∶6斜度线的作图方法。

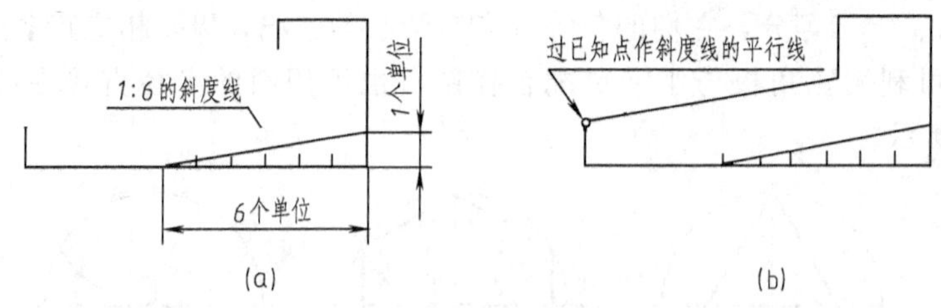

图 1-24 斜度的作图方法

（二）锥度

锥度（C）是指正圆锥的底圆直径与高度之比。

$$C=D/L=(D-d)/l=2\tan\frac{\alpha}{2}$$

锥度通常写成 1∶n 的形式，如图 1-25（a）所示。

标注锥度时，在图形符号“▷”之后写出比数，注在用指引线引出的基准线上，基准线应与圆锥轴线平行，符号尖端方向应与锥顶方向一致，如图 1-25（c）所示。锥度符号的画法如图 1-25（b）所示。

锥度同样体现的是角度，可利用平行线法作图。如图 1-26 所示为上例中 1∶5 锥度线的作图方法。

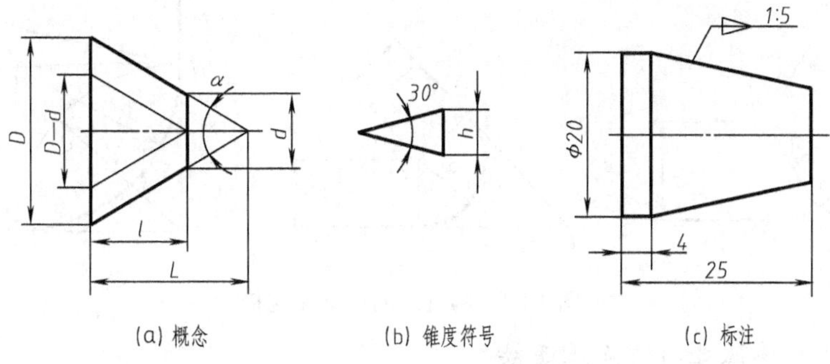

图 1-25　锥度的概念与标注

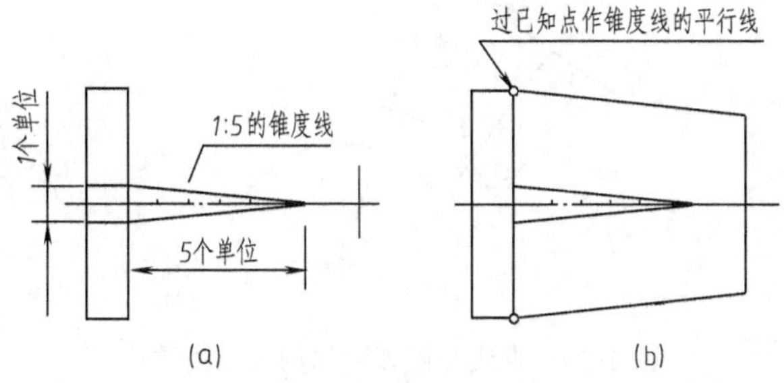

图 1-26　锥度的作图方法

三、圆弧连接

用已知半径的圆弧将相邻两条已知线段（直线或圆弧）光滑连接的作图方法称为圆弧连接。

（一）作图原理

为保证连接光滑，作图时应准确地求出连接弧的圆心位置及切点（连接点或分界点），圆心轨迹及切点的求法见表 1-7。

表 1-7　圆弧连接的作图原理

作图要求	连接弧与已知直线相切	连接弧与已知圆外切	连接弧与已知圆内切
图例	R, O, K, R	R, O, K, R_1, O_1, R_1+R	R_1, R_1-R, O, O_1, K, R
圆心轨迹	圆心轨迹为已知直线的平行线，间距等于半径 R	圆心轨迹为已知圆的同心圆，半径为 R_1+R	圆心轨迹为已知圆的同心圆，半径为 R_1-R
切点位置	由连接弧的圆心向已知直线作垂线，垂足即为切点	两圆弧的圆心连线与已知圆弧的交点即为切点	两圆弧圆心连线的延长线与已知圆弧的交点即为切点

（二）两直线间的圆弧连接

用已知半径的圆弧连接两直线的作图方法如图 1-27 所示。

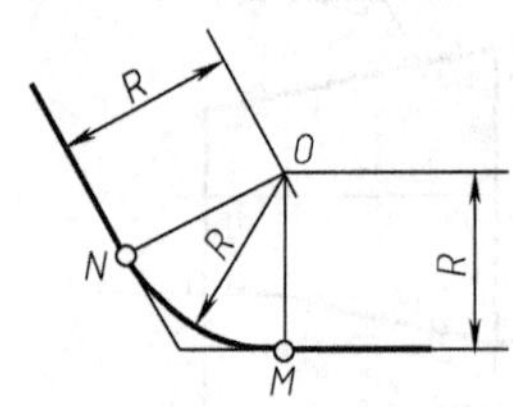

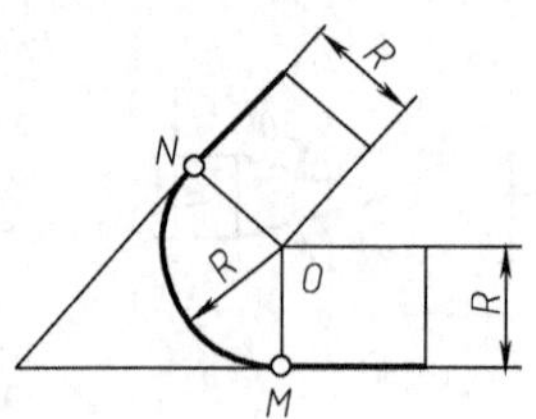

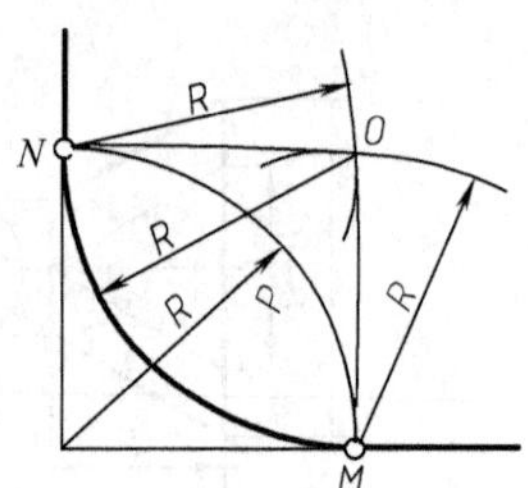

图 1-27　两直线间的圆弧连接

（三）直线与圆弧之间的圆弧连接

用已知半径的圆弧连接直线与圆弧的作图方法如图 1-28 所示。

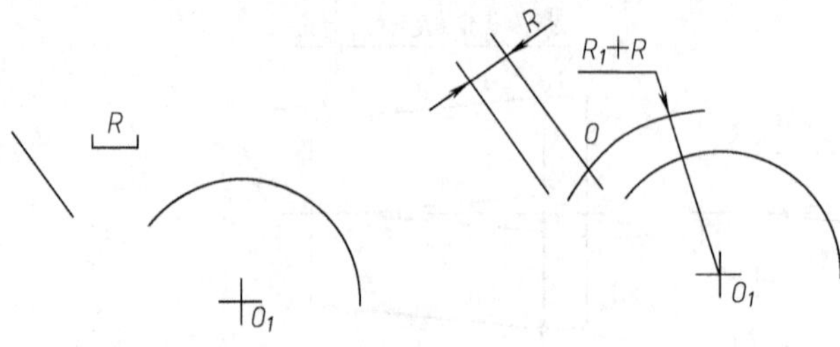

图 1-28　直线与圆弧之间的圆弧连接

（四）两圆弧之间的圆弧连接

用已知半径的圆弧连接两圆弧的作图方法如图 1-29 所示。

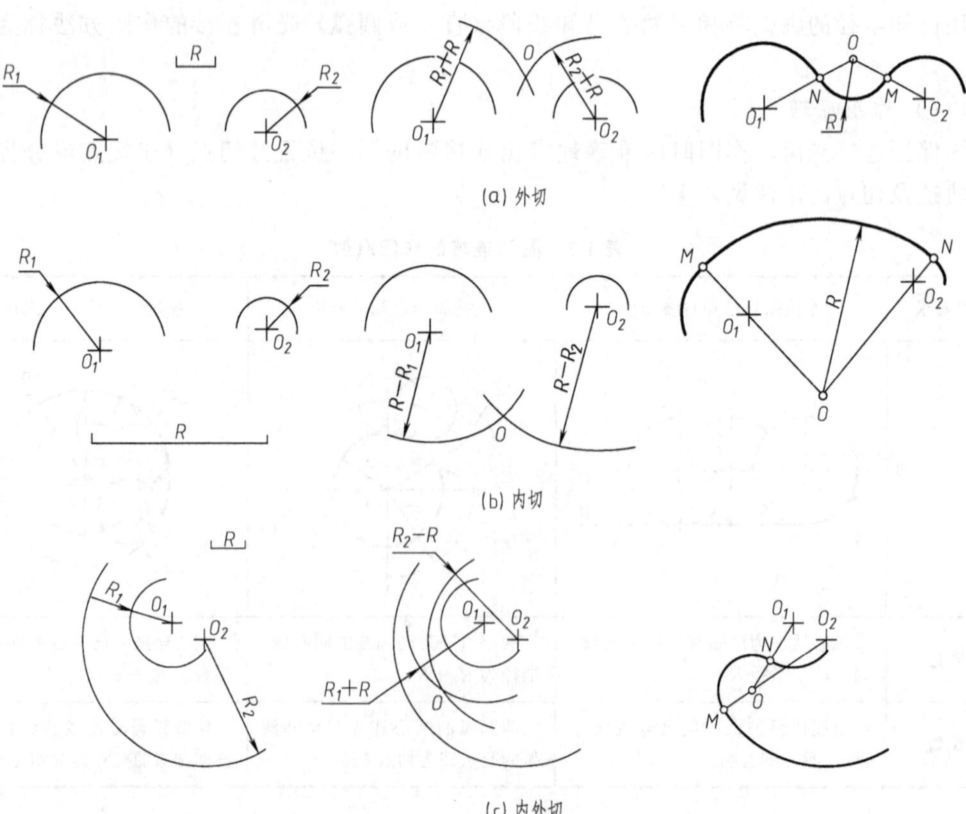

图 1-29　两圆弧之间的圆弧连接

综上所述，可归纳出圆弧连接的画图步骤。

① 根据圆弧连接的作图原理，求出连接弧的圆心。

② 求出切点。

③ 用连接弧半径在切点间画弧。

四、椭圆的画法

（一）同心圆法

作图步骤（见图 1-30）如下。

① 分别以长、短半轴为半径画出两个同心圆。

② 过圆心作若干条等分线分别与两个同心圆相交。

③ 过大圆上的等分点作长轴的垂线，过小圆上的等分点作短轴的垂线，得出一系列交点，这些交点即为椭圆上的点。

④ 将各个交点用曲线板光滑的连接起来，即得椭圆。

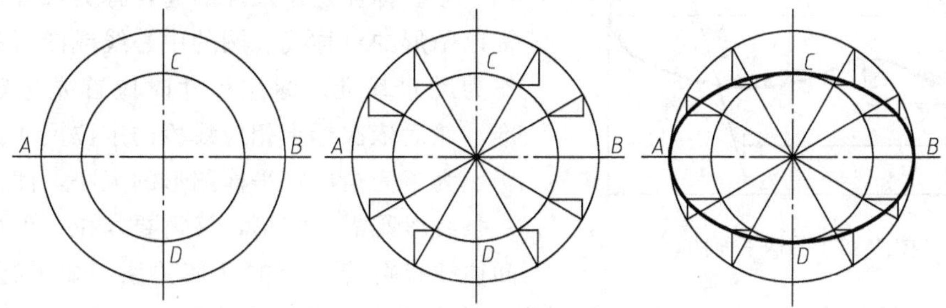

图 1-30　同心圆法画椭圆

（二）四心近似画法

作图步骤（见图 1-31）如下。

① 画出长轴 AB 和短轴 CD，以 O 为圆心 OA 为半径画弧，交短轴于 E 点，以 C 为圆心 CE 为半径画弧，交 AC 于 F 点。

② 作 AF 的垂直平分线，分别交长、短轴于 1、3 点，对称地求出 2、4 点，这四个点即为所求的四个圆心。连接并延长 31、32、41、42，以确定四段圆弧的范围。

③ 分别以 3、4 为圆心，$3C$ 或 $4D$ 为半径画弧 MN、KL；再以 1、2 为圆心，$1A$ 或 $2B$ 为半径画弧 KM、NL，完成椭圆。

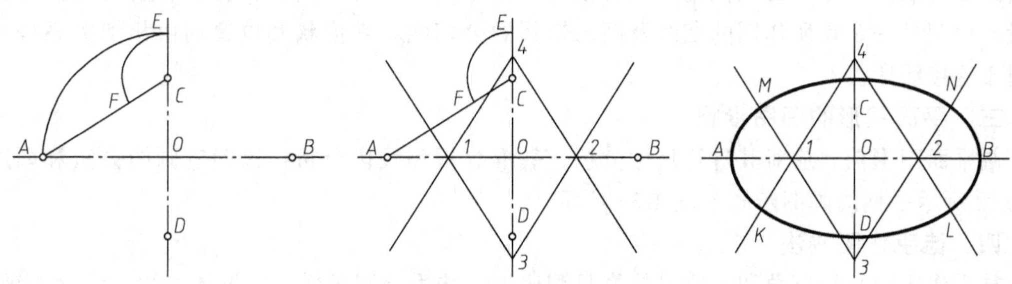

图 1-31　四心近似法画椭圆

第四节　平面图形的画法

平面图形是由若干条线段（直线或曲线）封闭连接而成的，线段的长度、直（半）径及相对位置由给定的尺寸或几何关系确定，绘制平面图形时，首先要对这些线段、尺寸及几何关系进行分析，从而确定其作图方法和顺序。

一、尺寸分析

（一）定形尺寸

确定平面图形中各线段形状大小的尺寸称为定形尺寸，如直线的长度、圆的直径、圆弧的半径及角度大小等，如图 1-32 中的 ϕ20、ϕ5、R15、R12、R50、R10、15 等均为定形尺寸。

（二）定位尺寸

确定平面图形中线段间相对位置的尺寸称为定位尺寸，如图 1-32 中的 8、45、75 等均为定位尺寸。

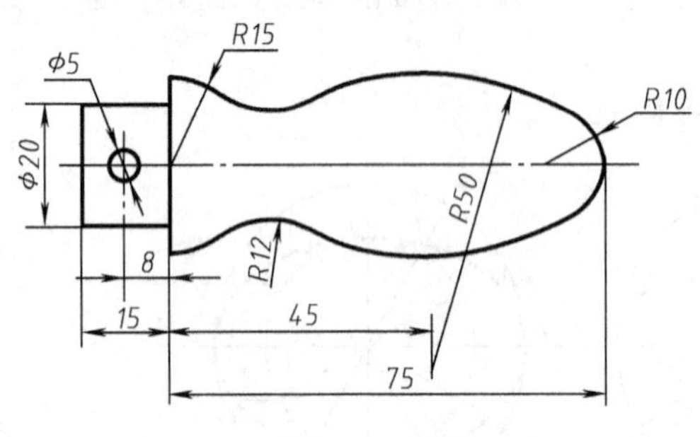

图 1-32 手柄平面图

平面图形一般需要左右、上下两个方向的定位尺寸。标注定位尺寸的起点称为尺寸基准，通常以图形的对称线、圆的中心线或图形的边界线作为尺寸基准。标注尺寸时应首先选定尺寸基准，然后依次标出相应线段的定位尺寸。

为了完全确定平面图形的大小，图形中的每一条线段既需要定形，又需要定位，但由于线段间往往存在着一定的几何关系，如平行、垂直、对称、相切、平齐等，由这些几何关系所确定的形状或位置不必标注尺寸。

二、线段分析

根据定位尺寸是否完整，平面图形的线段可分为三类。

（1）已知线段　具有定形尺寸及两个方向定位尺寸的线段。如图 1-32 所示，左侧矩形和小圆是已知线段。R15 弧的圆心位于两基准线的交点，R10 弧的圆心位于水平基准线上，可由 75 确定左右位置，故二者也都是已知线段。

（2）中间线段　具有定形尺寸和一个方向定位尺寸的线段。图 1-32 中的 R50 弧的圆心，只有左右方向的定位尺寸 45，其上下位置依据与 R10 弧的相切关系确定，因此是中间线段。

（3）连接线段　只有定形尺寸，没有定位尺寸的线段。图 1-32 中的 R12 弧，图中没有注出圆心的定位尺寸，必须依据两端分别与 R15 弧和 R50 弧的相切关系确定，因此是连接线段。由圆外一定点所作圆的切线及两已知圆的公切线，其形状和位置均由相切关系确定，也属于连接线段。

三、平面图形的画图步骤

画平面图形前，应对其进行尺寸分析、基准分析和线段分析，以确定画图方法和顺序。图 1-32 所示手柄的画图步骤如图 1-33 所示。

四、徒手作图方法

徒手作图也称绘制草图，它是依靠目测比例，徒手绘制图样。在设计之初、测绘、维修及计算机绘图中，常用到徒手作图。

（一）草图的要求

① 图线应基本平直，粗细分明，线型符合国家标准。

② 图形各部分的比例应大致准确。

③ 尺寸标注正确、完整，字体工整。

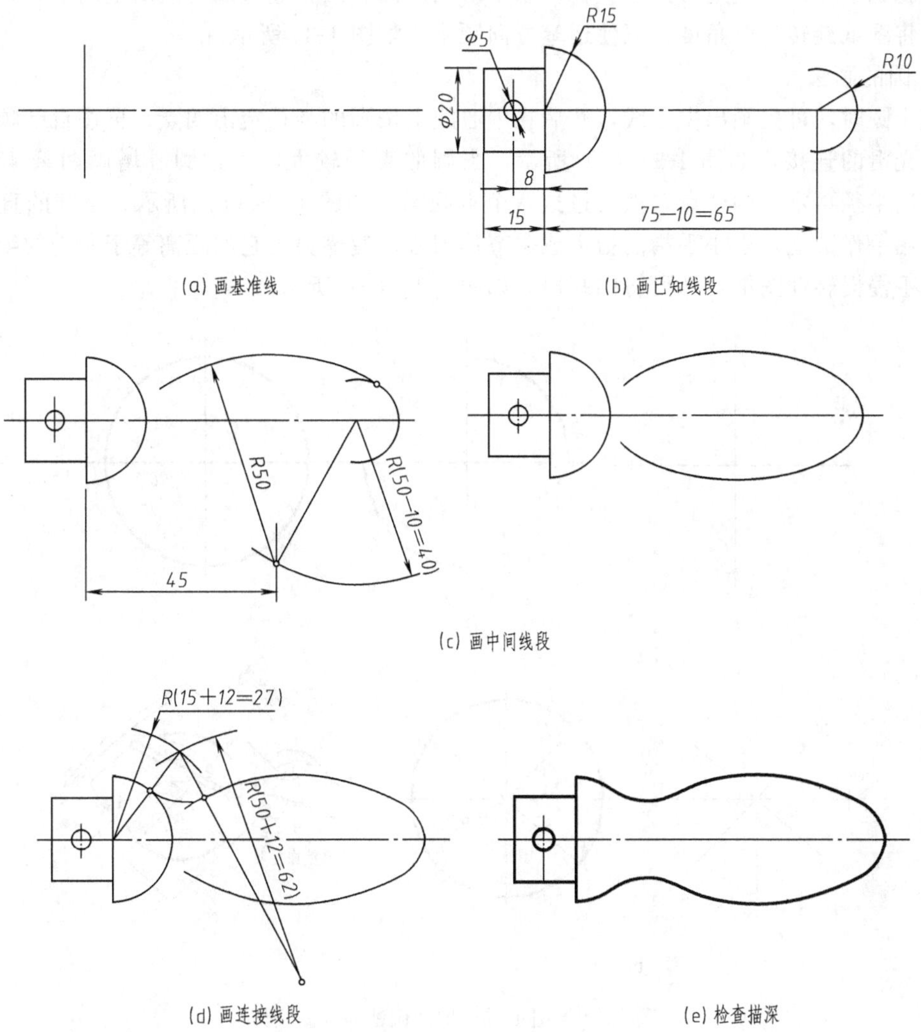

(a) 画基准线　(b) 画已知线段

(c) 画中间线段

(d) 画连接线段　(e) 检查描深

图 1-33　平面图形的画图步骤

(二) 徒手作图方法

徒手作图时一般选用 HB 或 B 等较软的铅笔，铅芯磨成锥形，握笔位置宜高些，用手腕和小指轻触纸面，以利于运笔和观察目标。

1. 直线的画法

画直线时可先标出直线的两个端点，画线时手腕不要转动，眼睛注意画线的终点，轻轻

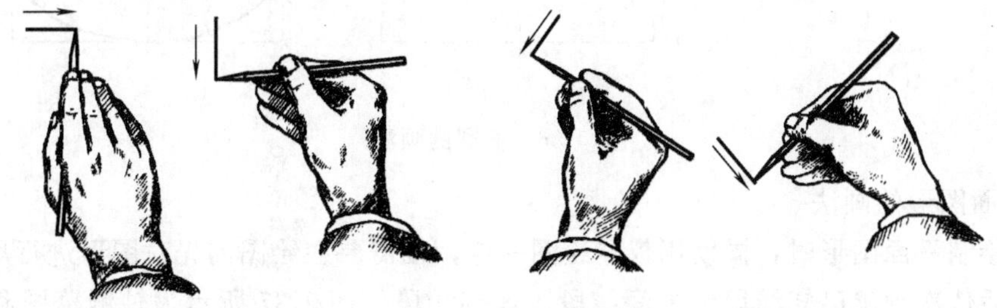

图 1-34　直线的画法

移动手腕和手臂，运笔应自然、平稳。水平线从左向右画，竖直线一般从上向下画，画斜线时也可将图纸旋转一个角度，以使运笔方向顺手，如图 1-34 所示。

2. 圆的画法

画小圆时，可先画出中心线，然后在中心线上按圆的半径定出四点，再按自己顺手的方向依次光滑的连接，如图 1-35（a）所示。当圆的直径较大，可过圆心增画两条 45°斜线，在其上用半径再定出四个点，然后过这八个点画圆，如图 1-35（b）所示。当圆的直径很大时，可用手作圆规，以小手指的指尖或关节作圆心，使笔尖与它的距离等于所需的半径，用另一只手慢慢转动图纸，即可将圆画出，如图 1-35（c）所示。

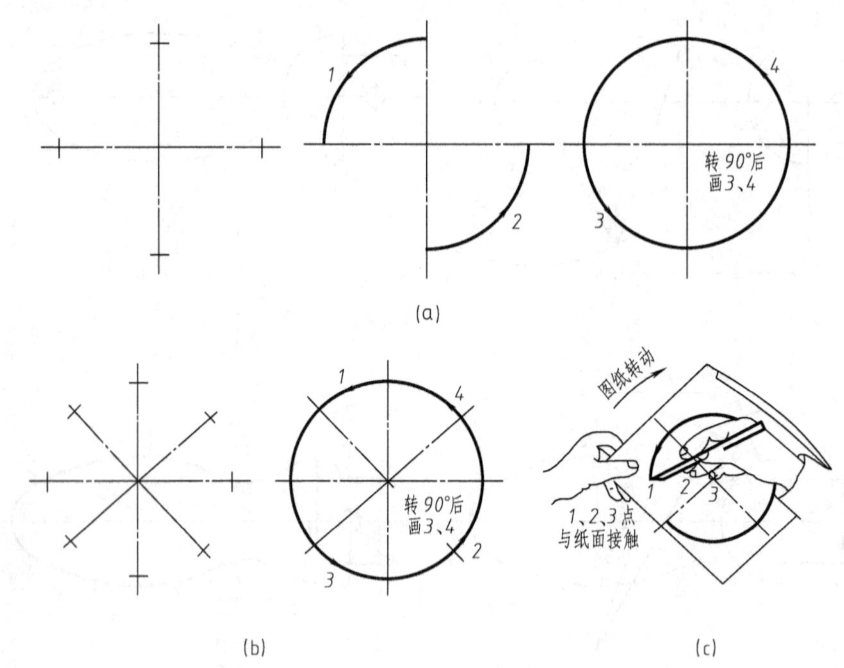

图 1-35 圆的画法

3. 椭圆的画法

如图 1-36 所示，先画出椭圆的长短轴，目测定出其四个端点，过这四点画一矩形，然后徒手画椭圆与矩形相切。

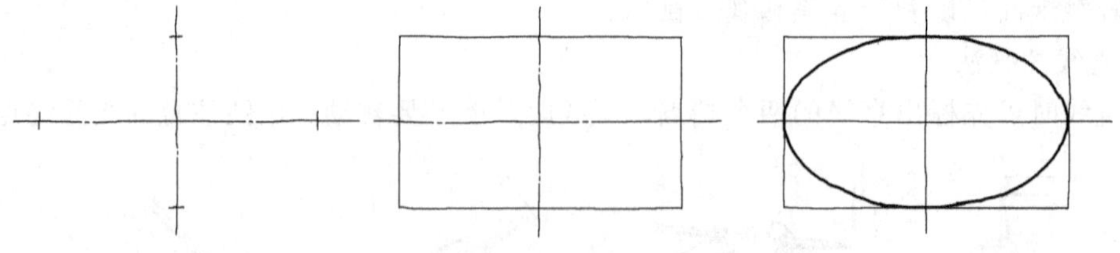

图 1-36 椭圆的画法

4. 平面图形的画法

徒手绘制平面图形时，同使用仪器绘图一样，也需要在绘图前先对图形进行尺寸、线段分析，然后依次画出已知线段、中间线段、连接线段。图 1-37 所示为轴测草图和相应平面草图示例。

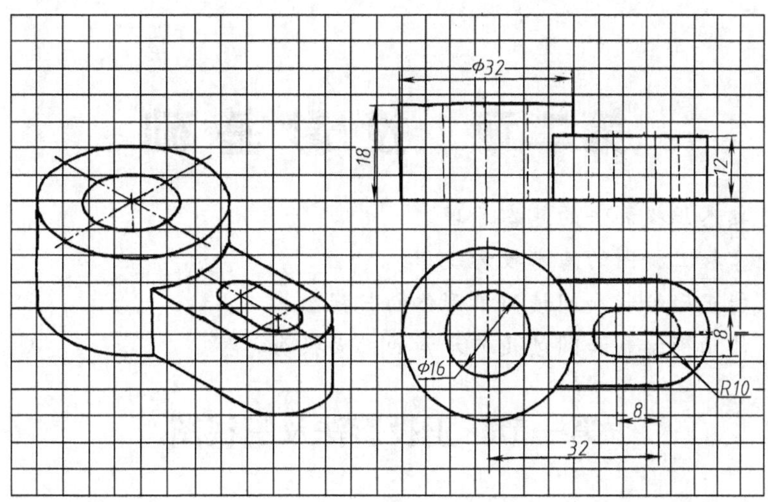

图 1-37　徒手绘制平面图形

第二章　投影基础

知识目标： 1. 熟悉正投影法的基本原理。

2. 掌握三视图的基本投影规律。

能力目标： 1. 能正确绘制和阅读简单形体的三视图。

2. 能正确绘制和阅读几何元素的三面投影。

第一节　正投影法及三视图

一、投影的概念

阳光或灯光照射物体时，在地面或墙面上会产生影像，这种投射线（如光线）通过物体，向选定的面（如地面或墙面）投射，并在该面上得到图形（影像）的方法，称为投影法。根据投影法所得到的图形称为投影图，简称投影，得到投影的面称为投影面。

二、投影法的分类

投影法分为两类：中心投影法和平行投影法。

（一）中心投影法

如图 2-1 所示，发自投射中心 S 的投射线通过△ABC 在投影面 P 上形成了投影△abc，形成方法为连接投射线 SA、SB、SC，分别与投影面 P 交点 A、B、C 的投影 a、b、c，连接三点即可。

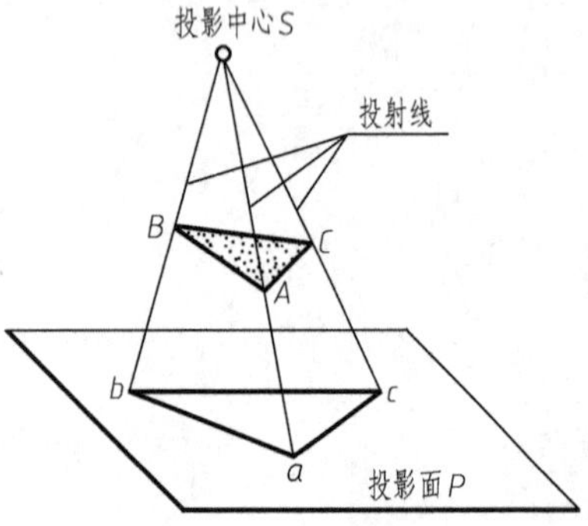

图 2-1　中心投影法

这种投射线汇交于一点的投影法，称为中心投影法，所得投影称为中心投影。

分析图 2-1 可知，△abc 不能反映△ABC 的真实大小，如改变△ABC 和投影面 P 的距离，其投影的大小将发生改变，由于这种投影法不能反映空间形体的真实形状和大小，作图也较复杂，在机械制图中使用较少，常用于绘制建筑物或产品的有较强立体感的轴测图，也称透视图。

（二）平行投影法

若将图 2-1 的投射中心 S 移到无穷远处，所有投射线就相互平行。这种投射线相互平行

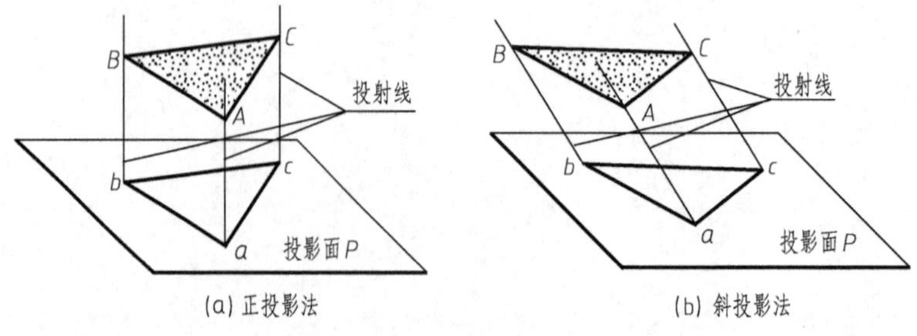

(a) 正投影法　　(b) 斜投影法

图 2-2　平行投影法

的投影法称为平行投影法，如图 2-2 所示。

平行投影法又分为正投影法和斜投影法，图 2-2（a）所示为投射线垂直于投影面的正投影法，所得投影称为正投影；图 2-2（b）所示为投射线倾斜于投影面的斜投影法，所得投影称为斜投影。

三、正投影法的投影特性

（1）真实性　当平面或直线平行于投影面时，其投影反映平面的实形或直线的实长，如图 2-3（a）所示。

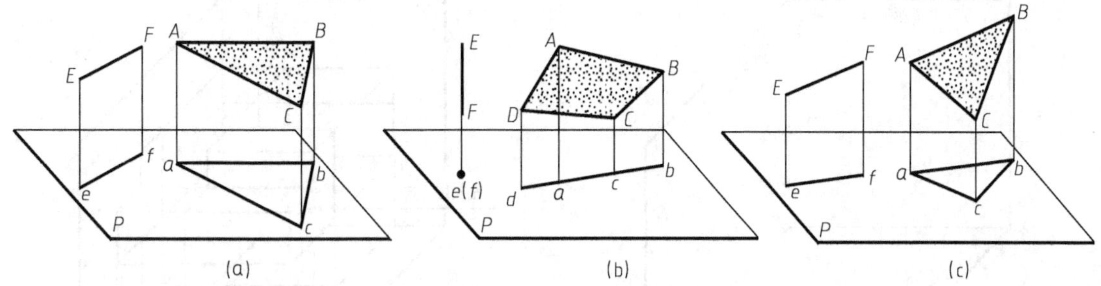

图 2-3　正投影法的投影特性

（2）积聚性　当直线垂直于投影面时，其投影积聚成一个点；当平面垂直于投影面时，其投影积聚成一条直线，如图 2-3（b）所示。

（3）类似性　当直线倾斜于投影面时，其投影为一条缩短了的直线；当平面倾斜于投影面时，其投影为一和原平面形状类似，但面积缩小了的图形，如图 2-3（c）所示。

由于正投影法中平行于投影面的直线或平面的投影具有真实性，改变它们与投影面的距离，其投影保持不变，便于表达形体的真实形状和大小；垂直于投影面的直线或平面的投影具有积聚性，使作图简便，为此，机械图样主要采用正投影法绘制。为叙述方便，后续章节中未加说明的“投影”均为“正投影”。

四、三视图的形成及投影规律

（一）三面投影体系

空间形体具有长、宽、高三个方向的形状，而形体相对投影面正放时得到的单面正投影图只能反映形体两个方向的形状。如图 2-4 所示，两个不同形体的投影图相同，说明形体的一个投影不能完全确定其空间形状。

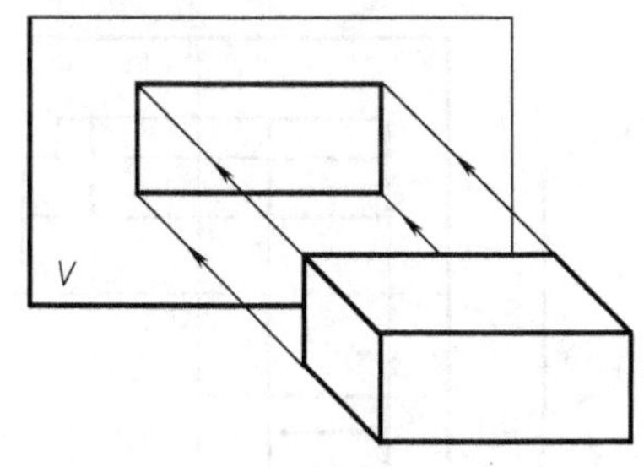

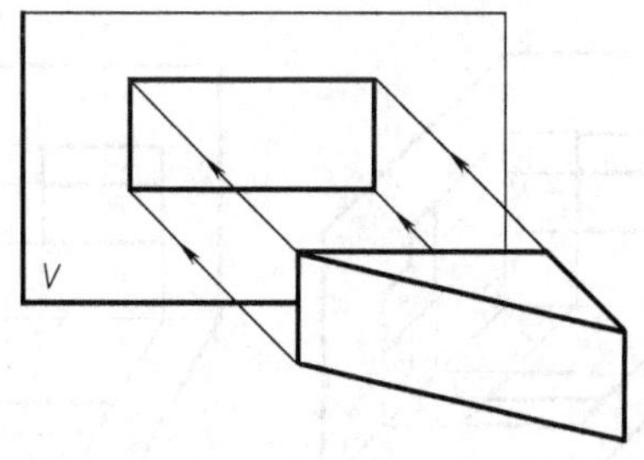

图 2-4　形体的单面正投影

在机械制图中，为了完整、准确地表达形体的形状，常设置两个或三个相互垂直的投影面，将形体分别向这些投影面进行投影，几个投影综合起来，便能将形体各部分的形状表示清楚。

设置三个相互垂直的投影面，称为三面投影体系，如图 2-5 所示。

直立在观察者正对面的投影面称为正立投影面，简称正面，用 V 表示；处于水平位置的投影面称为水平投影面，简称水平面，用 H 表示；右边分别与正面和水平面垂直的投影面称为侧立投影面，简称侧面，用 W 表示。

三个投影面的交线 OX、OY、OZ 称为投影轴，三条投影轴的交点 O 称为原点。OX 轴（简称 X 轴）代表长度尺寸和左右位置（正向为左）；OY 轴（简称 Y 轴）代表宽度尺寸和前后位置（正向为前）；OZ 轴（简称 Z 轴）代表高度尺寸和上下或高低位置（正向为上）。

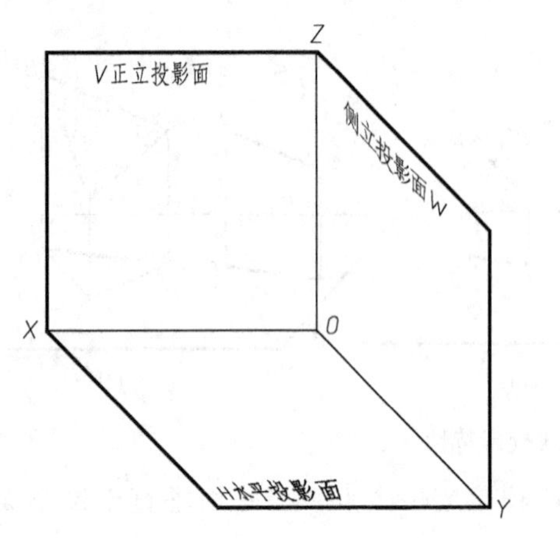

图 2-5 三面投影体系

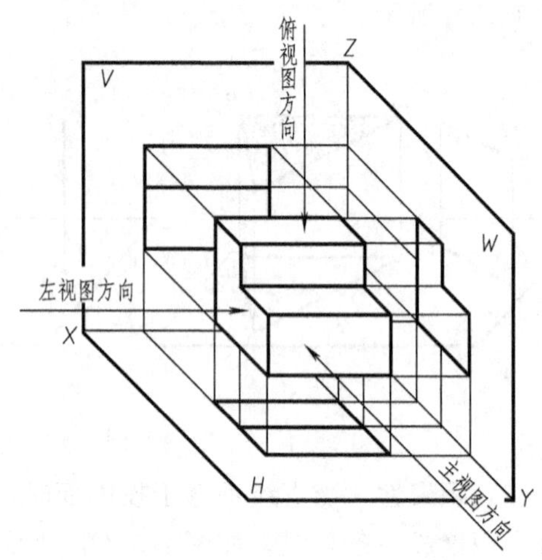

图 2-6 形体的三视图

（二）三视图的形成

如图 2-6 所示，将形体在三投影面体系中放正，使其上尽量多的表面与投影面平行，分别向 V、H、W 面投射，形体各表面同名投影的集合，构成了形体的主视图、俯视图和左视图，统称“三视图”。图中将可见线、面的投影用粗实线绘制；将不可见线、面的投影用虚线绘制；轴线、对称中心线等中心要素用细点画线绘制。

为了将三个视图面画在同一平面上，首先将空间形体移去，将三面投影体系展开。展开方法为：沿 Y 轴将 H 面和 W 面分开，V 面保持正立位置，H 面绕 OX 轴向下转 90°，W 面绕 OZ 轴向右转 90°，使三个投影面展成一个平面，展开过程如图 2-7 所示。

由图 2-7（c）可知，任一视图到投影轴的距离，反映空间形体到相应投影面的距离，而

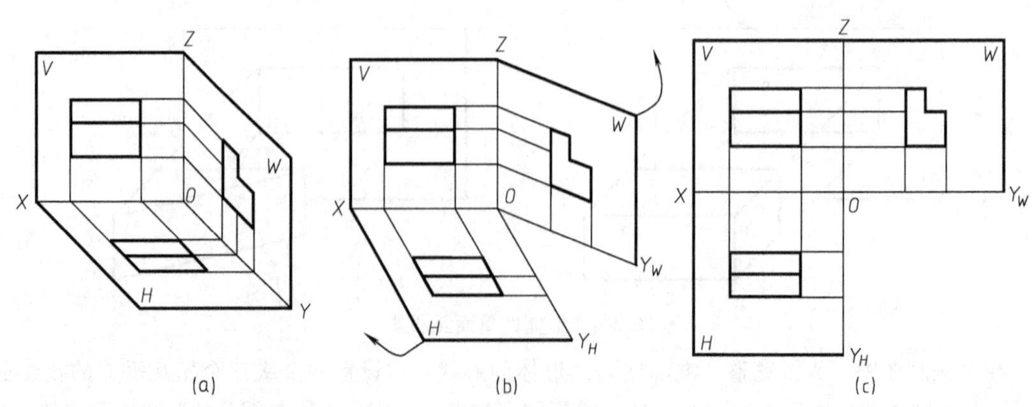

图 2-7 三视图的展开

形体在三面投影体系中的方位确定以后，改变它与投影面的距离，并不影响其视图的形状，故实际绘制三视图时，常采用无轴画法，如图 2-8 所示。视图间的距离应能保证每一视图的清晰，并有足够的标注尺寸等的位置。

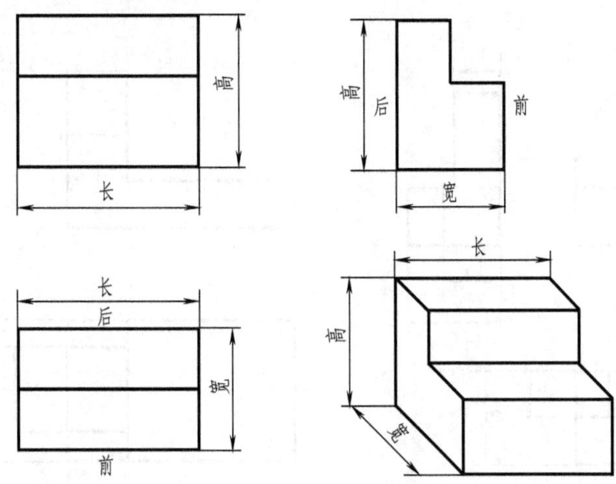

图 2-8　三视图的投影规律

（三）三视图的投影规律（见图 2-8）

（1）位置关系　以主视图为基准，俯视图在它的正下方，左视图在它的正右方。

三视图间的这种位置关系，称为按投影关系配置，一般不能更动，当三视图按投影关系配置时，不必标注任一视图的名称。

（2）尺寸关系　主视图与俯视图长度相等且左右对正；主视图与左视图的高度相等且上下对齐；俯视图与左视图的宽度相等。

上述投影规律可概括为："主、俯视图长对正；主、左视图高平齐；俯、左视图宽相等。"

（3）方位关系　主视图和俯视图能反映形体各部分之间的左右位置；主视图和左视图能反映形体各部分之间的上下位置；俯视图和左视图能反映形体各部分之间的前后位置。

画图及读图时，要特别注意俯、左视图的前后对应关系：俯、左视图远离主视图的一侧为形体的前面，靠近主视图的一侧为形体的后面。初学时，往往容易把这种对应关系弄错。

五、画三视图的方法和步骤

画形体的三视图时，应遵循上述三视图的投影规律，直接采用无轴画法进行作图。

为了便于获得视图的整体形状，可想像观察者站在相应的投射方向上去观察形体，着眼点应首先放在形体的各个表面上。

实际作图时，还应注意以下几点。

① 在将形体于三面投影体系中摆正的前提下，应使主视图的投射方向能较多地反映形体各部分的形状和相对位置。

② 作图时，应按第一章所述的作图步骤进行，如先画作图基准线后作图，先打底后加深等。如果不同的图线重合在一起，应按粗实线、虚线、细实线、细点画线的次序，以前遮后的方式绘制，如粗实线与其他图线重合时，只画粗实线即可。

③ 初学时，可逐个视图依次画成，随着作图的不断熟练，应根据"三等"规律，将三个视图配合起来画，以加快作图速度。

④ 俯、左视图中的宽度尺寸，可分别在两视图中以图形的前、后边界线或前后对称线为基准，用三角板或分规度量其他部分与基准的 Y 坐标差，使之在俯、左视图中对应相等，并保持正确的方位关系，如图 2-9 所示。

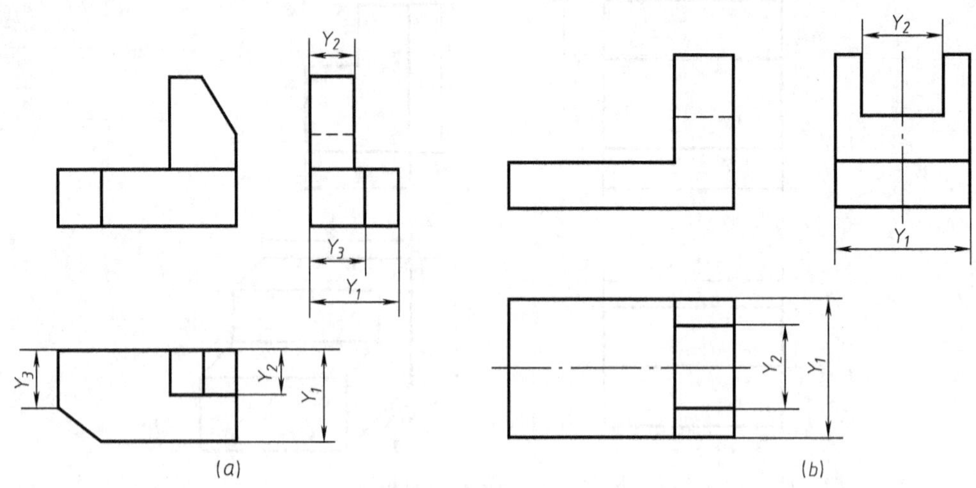

图 2-9　俯、左视图宽相等的作图方法

三视图的画图步骤可参考表 2-1。

表 2-1　三视图的画图步骤

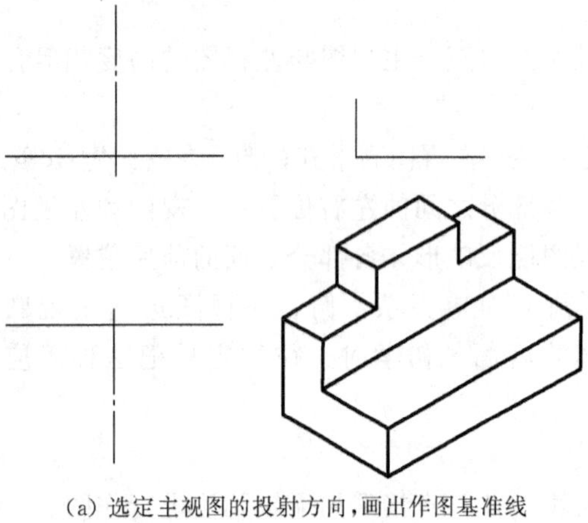 (a) 选定主视图的投射方向，画出作图基准线	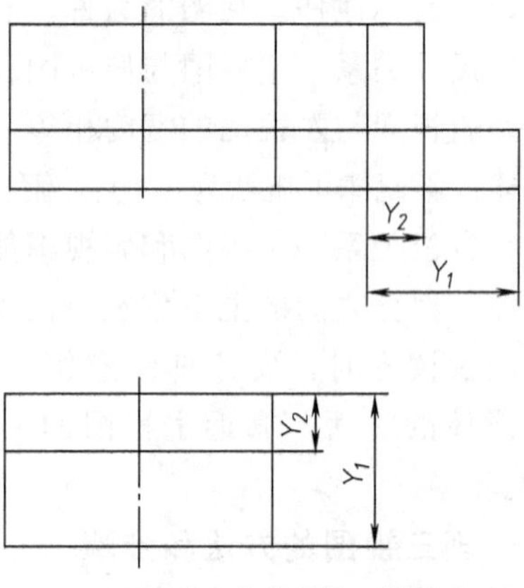 (b) 画出主体结构的三视图
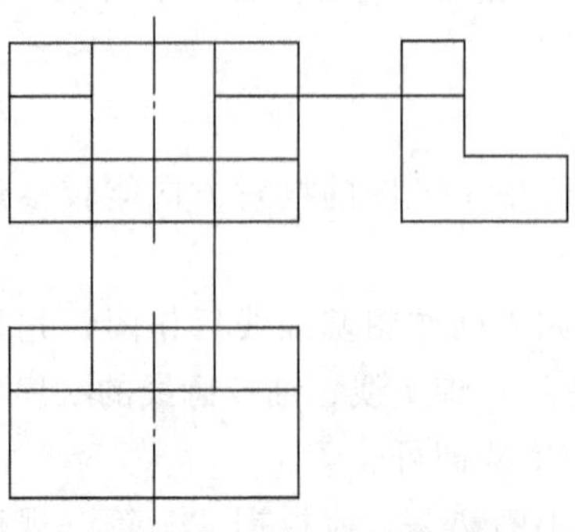 (c) 根据投影规律，画全其他部分的三视图	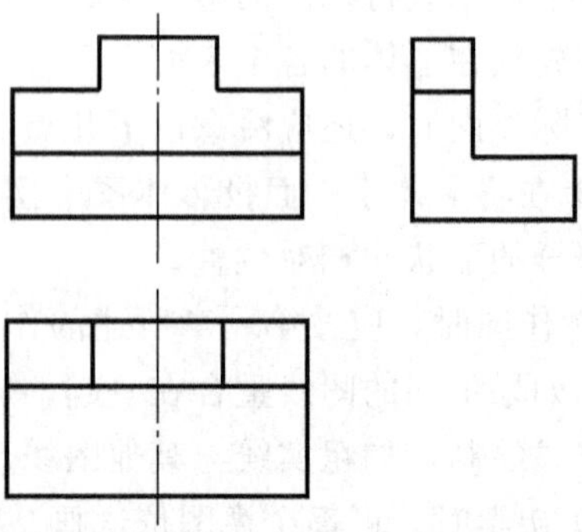 (d) 检查、核对，擦去多余图线，描深图形

第二节 几何元素的投影

点、直线和平面是构成形体的几何元素，而点又是基本的几何元素，掌握这些几何元素的投影规律，能为绘制和分析形体的投影图提供依据。

一、点的投影

（一）点的三面投影

如图 2-10（a）所示，A 为位于三面投影体系中一点，由空间 A 点分别作垂直于 V、H、W 面的投射线（垂线），交点 A 在 V 面上的投影称为正面投影，用 a'表示；在 H 面上的投影称为水平投影，用 a 表示；在 W 面上的投影称为侧面投影，用 a''表示。三面投影的展开过程如图 2-10（b）、（c）所示。

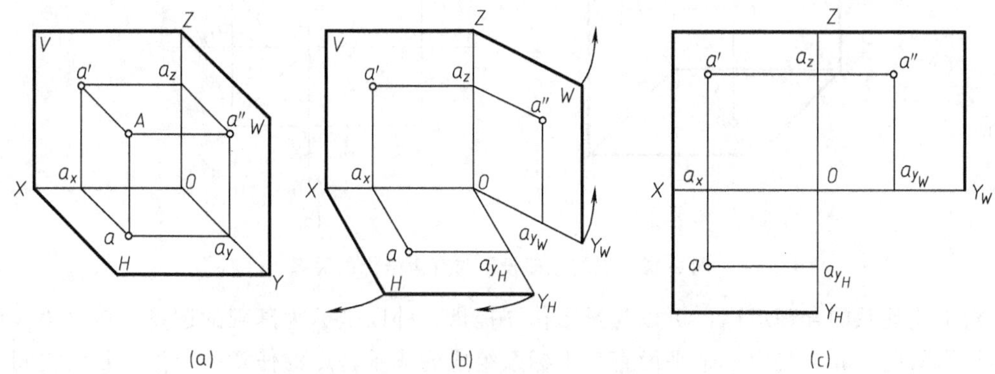

图 2-10 点的三面投影的形成

实际画投影图时，不必画出投影面的边框，也可省略标注 a_x、a_{y_H}、a_{y_W} 和 a_z，点的三面投影之间的连线，称为投影连线，如图 2-11 所示。

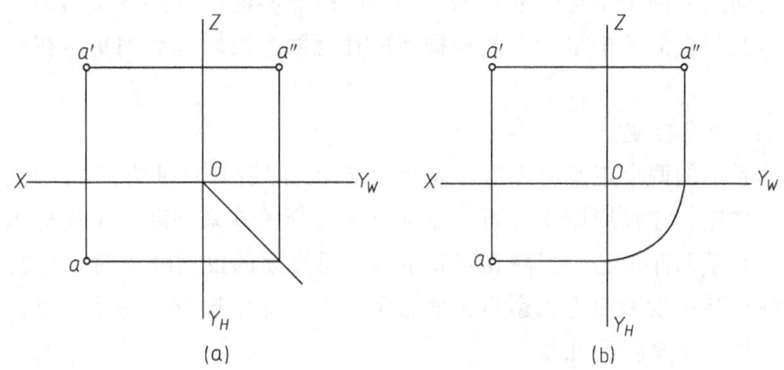

图 2-11 点的三面投影图画法

点的三面投影规律如下。

① 点的相邻投影的连线垂直于相应的投影轴，即 $a'a \perp OX$，$a'a'' \perp OZ$。

② 点的投影到投影轴的距离，等于空间点到相应投影面的距离。即 $a'a_z = aa_{y_H} = Aa''$、$a'a_x = a''a_{y_W} = Aa$、$aa_x = a''a_z = Aa'$。

画投影图时，为体现 $aa_x = a''a_z$，可由原点 O 出发作一条 45°辅助线，aa_{y_H} 和 $a''a_{y_W}$ 的延长线必与这条辅助线交于一点，如图 2-11（a）所示。也可采用图 2-11（b）所示的方法。

（二）点的坐标

点的空间位置可用空间直角坐标来表示，如 A（x，y，z）。如图 2-12（a）所示，若将三面投影体系看作直角坐标系，则投影轴、投影面和原点 O 分别是坐标轴、坐标面和坐标原点，而由空间点 A 向三个投影面作投影的过程，即是度量空间点三个坐标的过程，即 $Aa''=x$、$Aa'=y$、$Aa=z$。

参照图 2-12（b）所示的投影图，联系点的三面投影规律，可以得出点的三面投影与其直角坐标的关系。

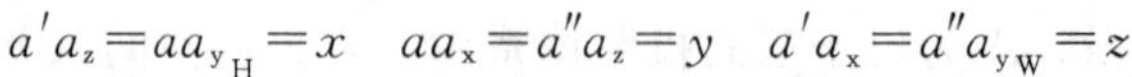

$$a'a_z=aa_{y_H}=x \quad aa_x=a''a_z=y \quad a'a_x=a''a_{y_W}=z$$

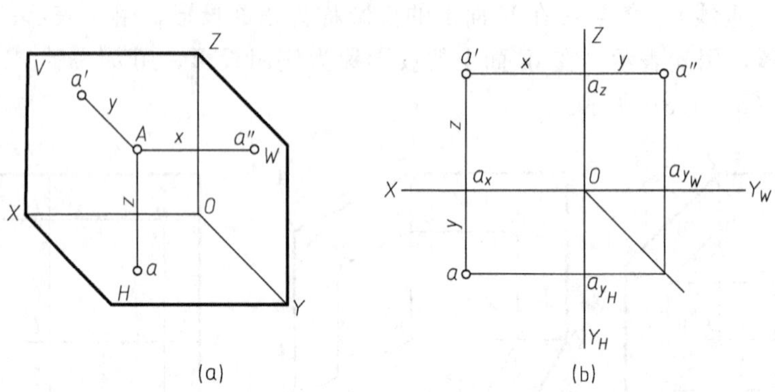

图 2-12 点的三面投影与直角坐标的关系

对上述关系的合理运用，可以为投影作图提供一种以坐标为基础的逻辑分析手段。点的三面投影图可以看作是由三个平面直角坐标系组成的体系，点的任意一个投影是由空间点的两个坐标确定的一个平面直角坐标系上的点，点的任意两个投影确定空间点的三个坐标，其中包含一对相同的坐标，如 a' 和 a 具有相同的 x 坐标，由此可推论 $a'a\perp OX$；a' 和 a'' 具有相同的 z 坐标，故 $a'a''\perp OZ$；a 和 a'' 具有相同的 y 坐标，故 $aa_x=a''a_z$。另外，由于点的一个投影只能确定空间点的两个坐标，故根据点的一个投影不能确定点在空间的位置，点的任意两个投影能确定空间点的三个坐标，故根据点的任意两个投影能够确定点在空间的位置，即第三投影可求。

（三）两点的相对位置

三面投影体系中的两个点具有左右（X 轴方向）、前后（Y 轴方向）、上下（Z 轴方向）三个方向的相对位置，在投影图中，可依据两点的坐标关系来判断：X 坐标大者在左；Y 坐标大者在前；Z 坐标大者在上。当两点同处于某一投影面的投射线上时，它们在该投影面上的投影重合。称在某一投影面上投影重合的若干个点为对该投影面的重影点。重影点有两个坐标对应相等，另一个坐标不相等。

在图 2-13（a）中，若以点 B 作为基准，则点 A 在点 B 的左面（$x_A>x_B$）、前面（$y_A>y_B$）、下面（$z_A<z_B$），其相对位置的定值关系可由两点的同名坐标差来确定。B 点和 C 点的水平投影重合，为对 H 面的重影点，两点的 X、Y 坐标对应相等，由于 $z_C<z_B$，则 C 点在 B 点的正下方，其水平投影被 B 点的水平投影遮挡，图中表示成 b（c），括弧内的投影为不可见。图 2-13（b）所示为 A、B、C 三点的轴测图。

【例 2-1】 已知 A、B、C 三点的两面投影，求作第三投影，如图 2-14（a）所示。

分析及作图步骤，如图 2-14（b）所示。

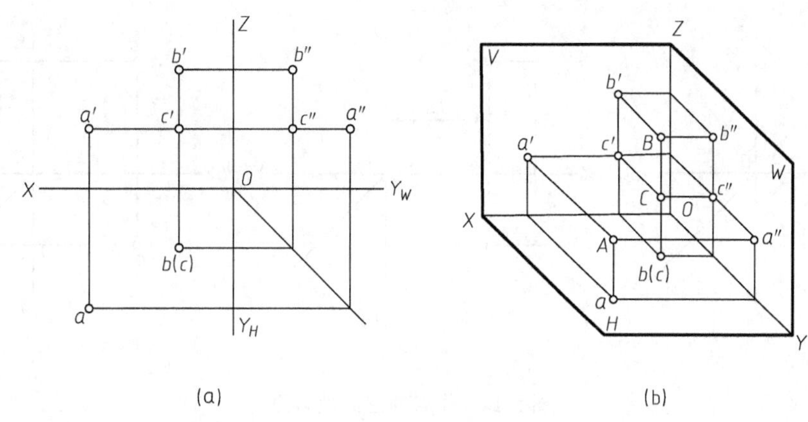

图 2-13 两点的相对位置

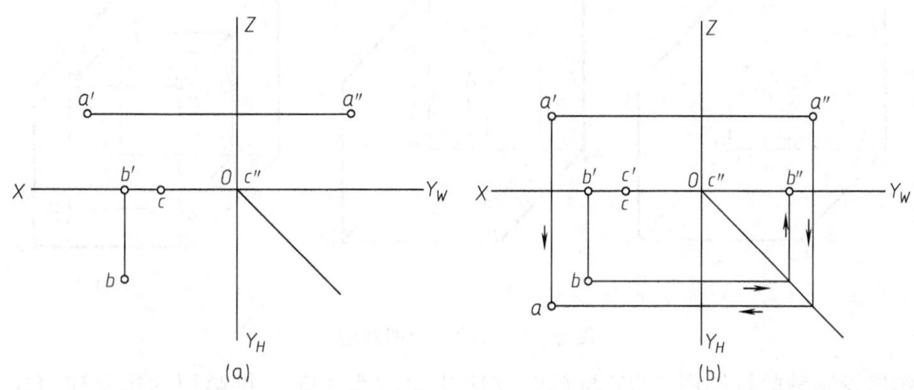

图 2-14 求作点的第三投影

① 由 a'和 a''求 a。依据 $a'a \perp OX$ 和 $aa_x = a''a_z$，由 a''作 OY_W 的垂线与 45°辅助线相交，自交点作 OY_H 的垂线，与自 a'所作 OX 的垂线相交，交点即为 a。

② 由 b'和 b 求 b''。点的正面投影由 X、Z 坐标决定，由于 b'在 X 轴上，即 B 点的 Z 坐标为零，由 b 可知，B 点的 X、Y 坐标不为零，则 B 点为 H 面上一点，和其水平投影重合，b''必在 OY_W 上，依据 $bb_x = b''b_z$，由 b 作 OY_H 的垂线与 45°辅助线相交，自交点作 OY_W 的垂线，垂足即为 b''。

③ 由 c 和 c''求 c'。C 点的侧面投影和原点重合，容易想像到 C 点在 X 轴上，而 X 轴是 V 面和 H 面的交线，则空间点 C 和其正面投影 c'均与水平投影 c 重合。

【例 2-2】 已知空间点 A 到 W、V、H 面的距离分别为 15、10、16，求作三面投影图和轴测图。

分析：点到投影面的距离，体现该点的坐标，即本题已知 A 点的 X、Y、Z 坐标分别为 15、10、16，可根据前述点的投影与其坐标的关系作图。

投影图作图步骤，如图 2-15 所示。

① 作出投影轴 OX、OY_H、OY_W、OZ 和 45°辅助线，如图 2-15（a）所示。

② 沿 X 轴自 O 向左量取 15 得 a_x，过 a_x 作 OX 轴的垂线，自 a_x 沿 OZ 向上量取 16 得 a'、沿 OY_H 向前量取 10 得 a，如图 2-15（b）所示。

③ 依据点的投影规律，由 a'和 a 作出 a''，如图 2-15（c）所示。

轴测图作图步骤，如图 2-16 所示。

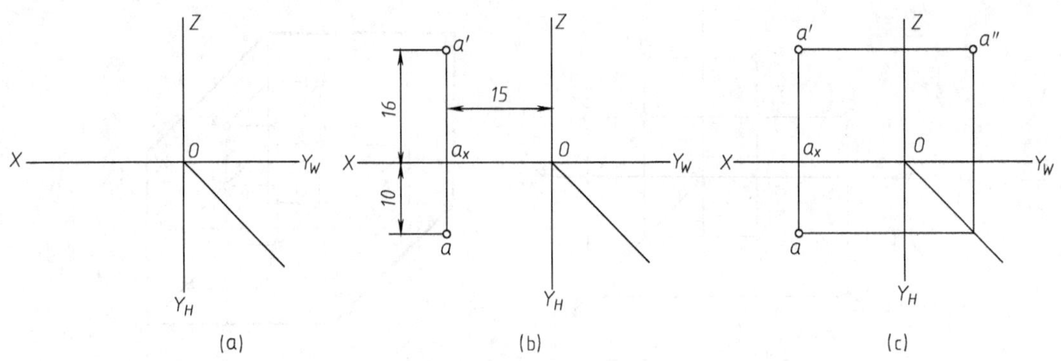

图 2-15 作点的三面投影图

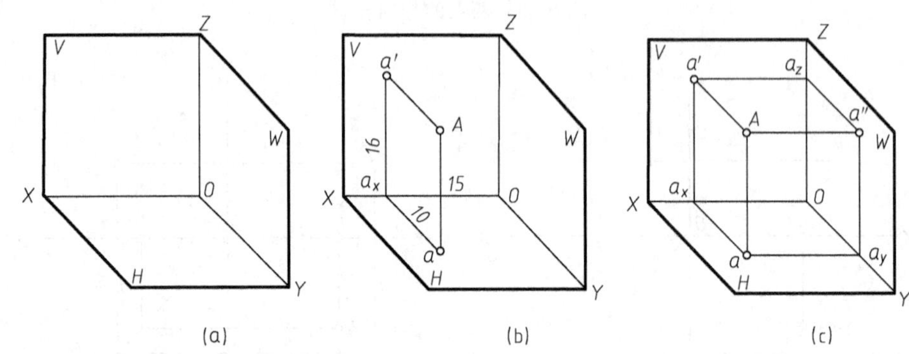

图 2-16 点的轴测图画法

① 作出投影轴的轴测图，OY 与 OX、OZ 夹角均为 135°，投影面的边框应与相应投影轴平行，如图 2-16（a）所示。

② 沿 X 轴自 O 向左量取 15 得 a_x，自 a_x 向前作 OY 的平行线并量取 10 得 a，自 a_x 向上作 OZ 的平行线并量取 16 得 a'，自 a' 和 a 分别作 OY 和 OZ 的平行线，交点即为 A，如图 2-16（b）所示。

③ 自 A 向右作 OX 的平行线并量取 15 得 a''，补全其他投影连线即完成轴测图，如图 2-16（c）所示。

二、直线的投影

（一）直线的三面投影

本节所研究的直线，一般指有限长度的直线段。依据直线的正投影特性，其投影一般仍为直线，特殊情况下为一个点。依据两点可以确定一条直线，求直线的投影即为求其两端点的同名投影的连线。同名投影又称同面投影，指几何元素在同一投影面上的投影。

若已知空间直线 AB 两端点的坐标，则可作出 A 点和 B 点三面投影，如图 2-17（a）所示。连接 A、B 的同名投影 $a'b'$、ab、$a''b''$，即为直线的三面投影，如图 2-17（b）所示。依据点的投影规律可以推论：已知直线的任意两个投影，可以唯一地确定一条空间直线，从而其第三投影可求。

图 2-17（c）所示为直线 AB 的轴测图。作图时，先分别作出直线两端点 A 和 B 的轴测图，将两空间点及其同名投影分别连线即可。

（二）各种位置直线的投影特性

直线按对投影面的相对位置可分为三类：一般位置直线、投影面平行线和投影面垂直

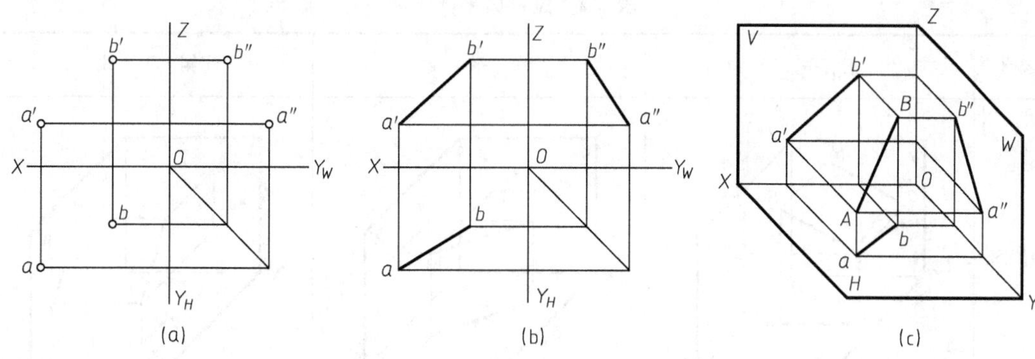

图 2-17 直线的三面投影和轴测图

线。后两类直线统称为特殊位置直线。

1. 一般位置直线

与三个投影面都倾斜的直线称为一般位置直线。如图 2-18 所示，AB 为一般位置直线，由于直线 AB 对 V、H、W 面都倾斜，则其两面端点到任一投影面的距离都不相等，即两端点的任一同名坐标都不相等，所以 AB 的三个投影都倾斜于投影轴。

直线相对于 H、V、W 面的倾角分别用 α、β、γ 表示。

由图 2-18（a）可以看出：$ab=AB\cos\alpha$，$a'b'=AB\cos\beta$，$a''b''=AB\cos\gamma$，即 AB 的三个投影长度都缩短，同时，AB 的任一投影与相应投影轴的夹角不反映 AB 对投影面的倾角。

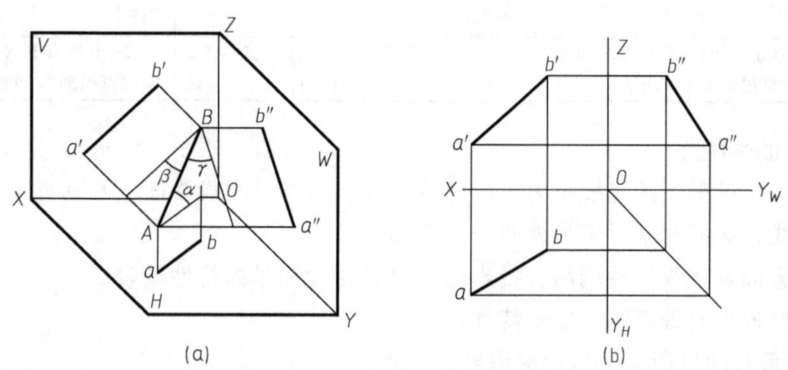

图 2-18 一般位置直线的投影

由此得出一般位置直线的投影特性：

① 三个投影都倾斜于投影轴，投影长度小于线段实长；

② 投影与投影轴的夹角不反映直线对投影面的倾角。

2. 投影面平行线

平行于一个投影面，而倾斜于另外两个投影面的直线称为投影面平行线。三种投影面平行线的轴测图、投影图、投影特性和坐标特性见表 2-2。

由此得出投影面平行线的投影特性：

① 在所平行的投影面上的投影反映实长，它与投影轴的夹角分别反映空间直线对另外两个投影面的真实倾角；

② 在另外两个投影面上的投影长度缩短，两个投影同时垂直于某一投影轴。

表 2-2 投影面平行线

名称	正平线	水平线	侧平线
轴侧图	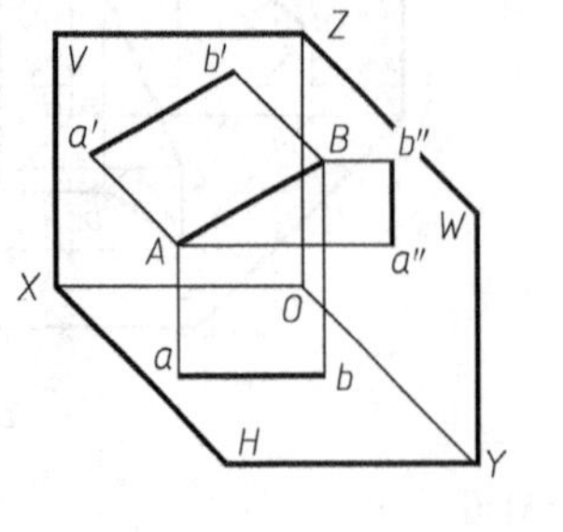	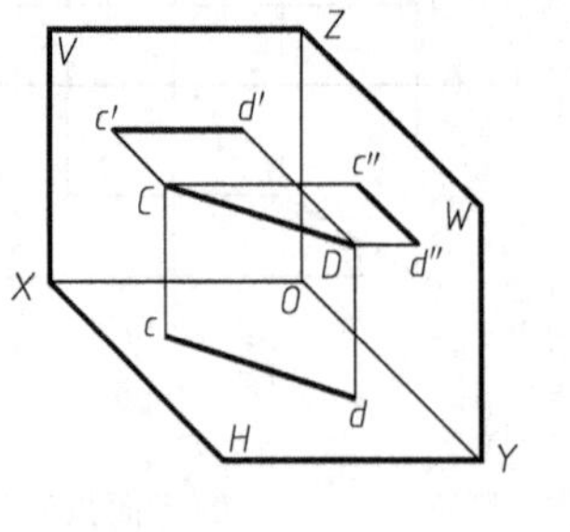	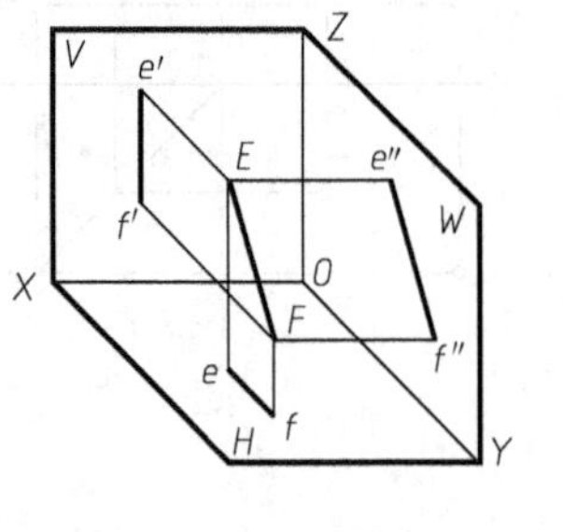
投影图	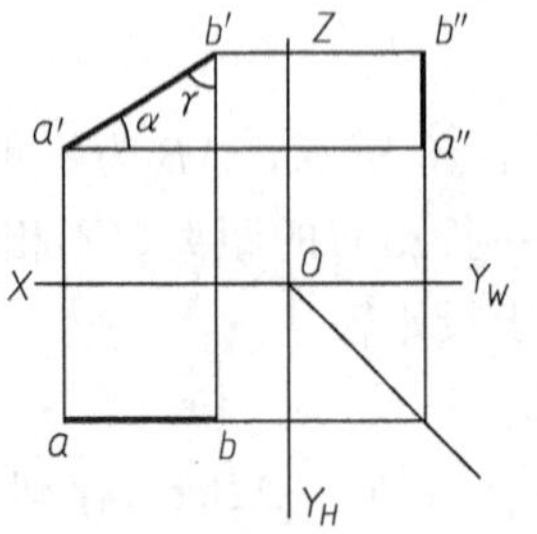	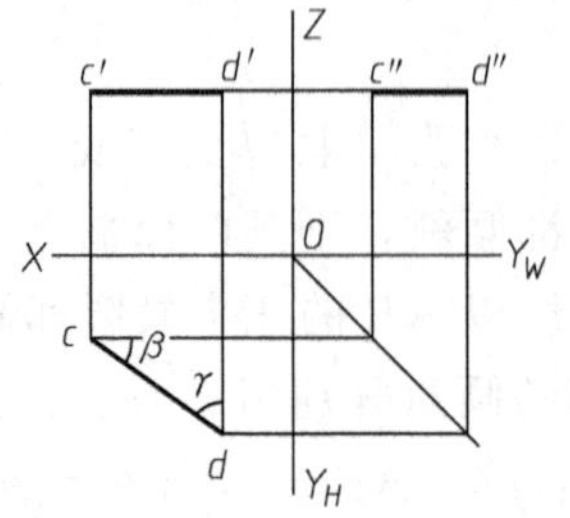	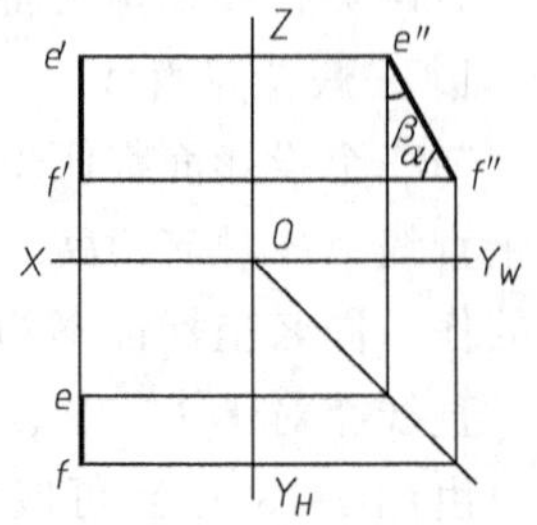
投影特性	① $a'b'$反映实长和真实倾角 α、γ ② $ab \perp OY_H$、$a''b'' \perp OY_W$，长度缩短	① cd 反映实长和真实倾角 β、γ ② $c'd' \perp OZ$、$c''d'' \perp OZ$，长度缩短	① $e''f''$反映实长和真实倾角 α、β ② $e'f' \perp OX$、$ef \perp OX$，长度缩短
坐标特性	AB 上各点的 Y 坐标对应相等，体现直线到面 V 的距离	CD 上各点的 Z 坐标对应相等，体现直线到 H 面的距离	EF 上各点的 X 坐标对应相等，体现直线到 W 面的距离

3. 投影面垂直线

垂直于一个投影面的直线称为投影面垂直线。由于三个投影面相互垂直，故垂直于一个投影面的直线，必同时平行于另外两个投影面。

三种投影面垂直线的轴测图、投影图、投影特性和坐标特性见表 2-3。

由此得出投影面垂直线的投影特性：

① 在所垂直的投影面上的投影积聚成一点；

② 在另外两个投影面上的投影均反映实长，两个投影分别垂直于两个投影轴。

表 2-3 投影面垂直线

名称	正垂线	铅垂线	侧垂线
轴测图	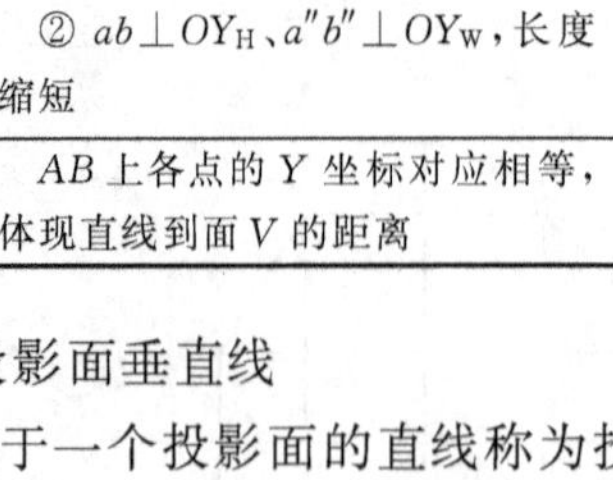	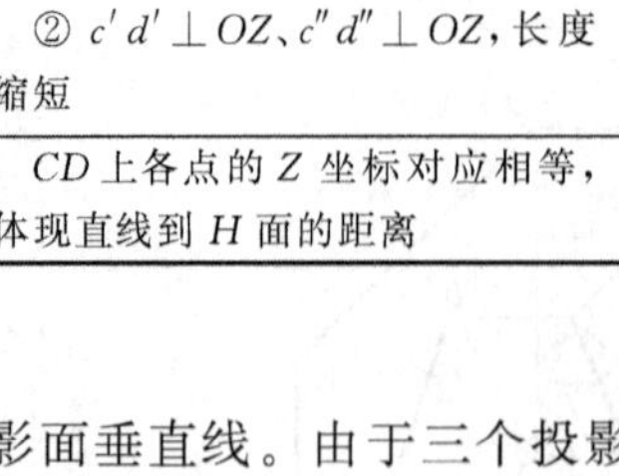	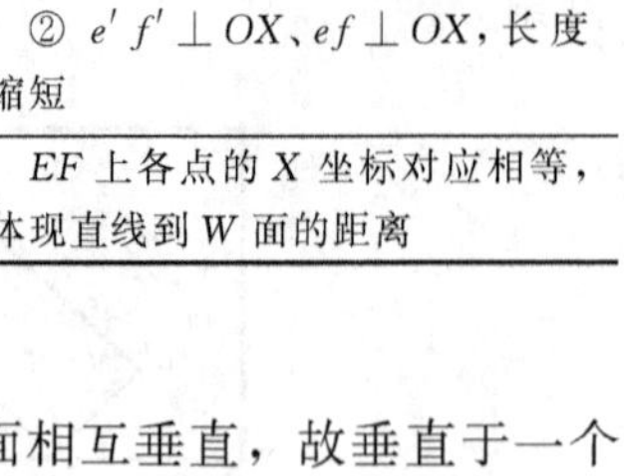

续表

名称	正垂线	铅垂线	侧垂线
投影图			
投影特性	① $a'(b')$积聚成一点 ② $ab \perp OX$、$a''b'' \perp OZ$，都反映实长	① $c(d)$积聚成一点 ② $c'd' \perp OX$、$c''d'' \perp OY_W$，都反映实长	① $e''(f'')$积聚成一点 ② $e'f' \perp OZ$、$ef \perp OY_H$，都反映实长
坐标特性	AB 上各点的 X、Z 坐标分别对应相等，体现直线到 W、H 面的距离	CD 上各点的 X、Y 坐标分别对应相等，体现直线到 W、V 面的距离	EF 上各点的 Y、Z 坐标分别对应相等，体现直线到 V、H 面的距离

（三）直线上点的投影

直线上的点，其投影属于直线的同名投影，且符合点的投影规律。

如图 2-19（a）所示，若 K 点在直线 AB 上，则 K 点的三个投影必然落在直线的同名投影上。反之，若点的三面投影都落在直线的同名投影上，且其三面投影符合一点的投影规律，则点必在直线上。

如图 2-19（b）所示，只要已知直线上 K 点的一个投影，即可根据点的投影规律，在直线的同名投影上求得 K 点的另两面投影。

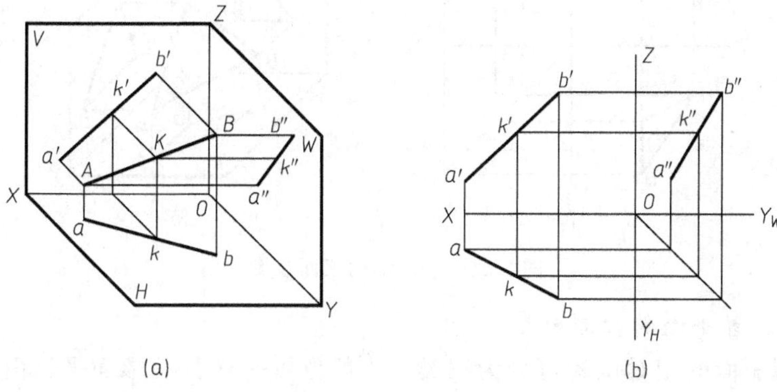

图 2-19　直线上点的投影

三、平面的投影

平面可用下列几何元素表示。

① 不在同一直线上的三点，如图 2-20（a）所示。

② 直线和直线外一点，如图 2-20（b）所示。

③ 相交两直线，如图 2-20（c）所示。

④ 平行两直线，如图 2-20（d）所示。

⑤ 任意平面图形，如三角形、圆或其他图形，如图 2-20（e）所示。

以上由几何元素表示的平面是可以相互转化的，如图 2-20 所示，在 A、B、C 三点对应相同的情况下，它们所表示的平面具有相同的位置。机械制图中以各种平面图形表示的平面最为常见。

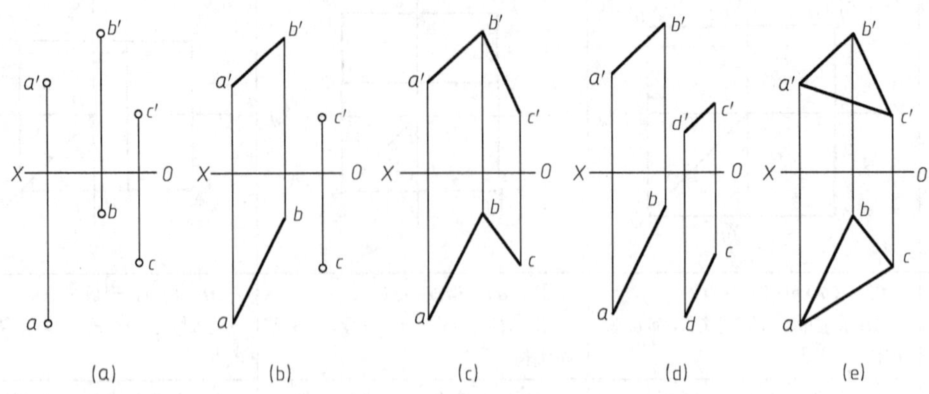

图 2-20　几何元素表示的平面

（一）平面形的三面投影

平面形的任一投影，由围成该平面形的各条边线（直线或曲线）的同名投影组成。对平面多边形而言，由于其各边线均为直线，则求平面多边形的投影，即为求其各顶点的同名投影的连线，图 2-21（a）所示为△ABC 的三面投影图。

作平面多边形的轴测图时，可先作出其各顶点的轴测图，再将空间点及其同名投影依次分别连线即可。图 2-21（b）所示为△ABC 的轴测图。

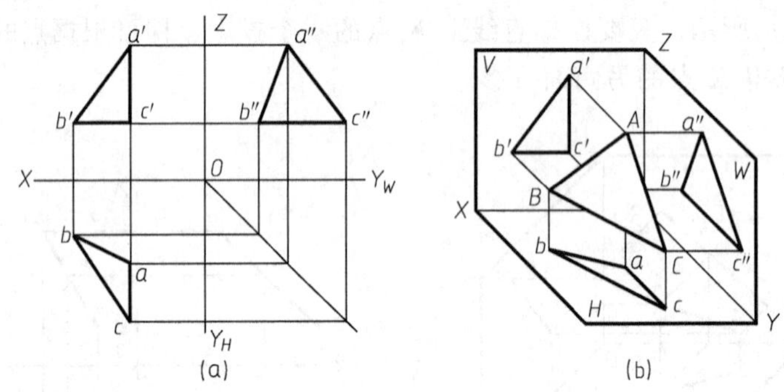

图 2-21　平面形的三面投影

（二）各种位置平面的投影特性

平面按对投影面的相对位置可分为三类：一般位置平面、投影面平行面和投影面垂直面。后两类平面统称为特殊位置平面。

1. 一般位置平面

图 2-21 所示的△ABC 平面对 V、H、W 面都倾斜，是一般位置平面。

分析图 2-21（a）的三面投影图，可得出一般位置平面的投影特性：三个投影均为和空间平面相类似的图形，不反映实形。

2. 投影面垂直面

垂直于一个投影面，而倾斜于另外两个投影面的平面称为投影面垂直面。三种投影面垂直面的轴测图、投影图、投影特性和坐标特性见表 2-4。

表 2-4 投影面垂直面

名称	正垂面	铅垂面	侧垂面
轴测图	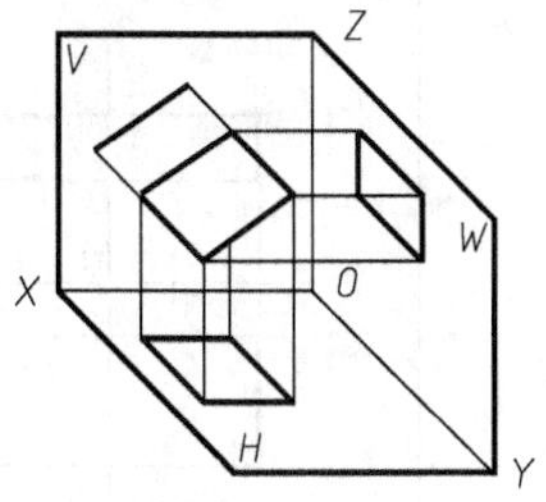	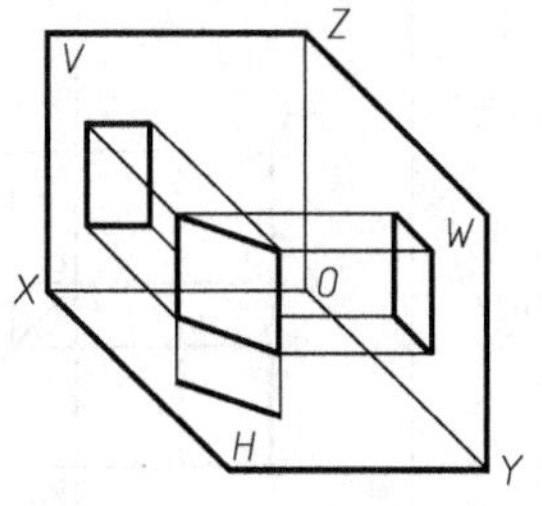	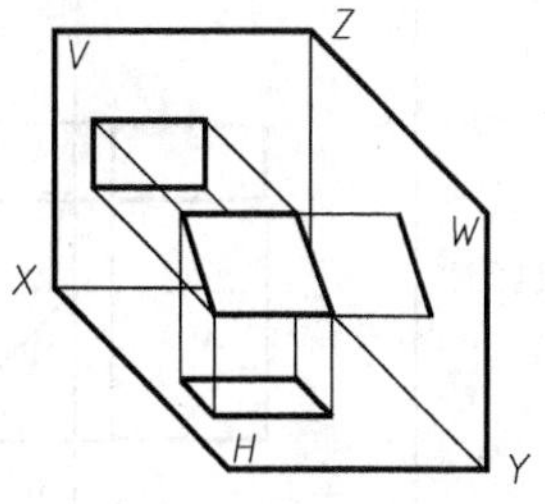
投影图	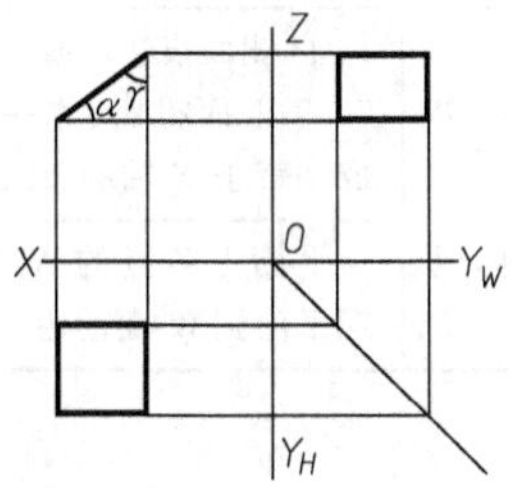	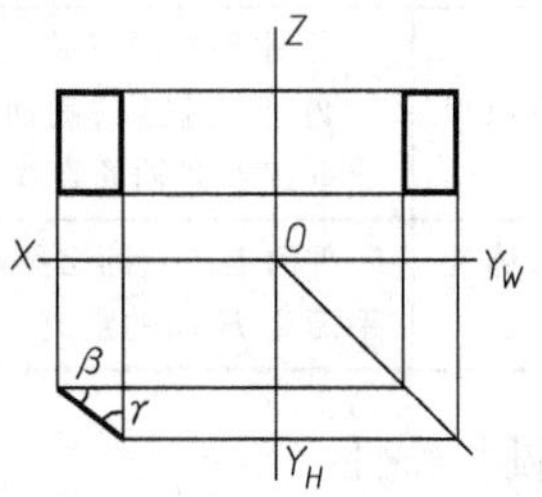	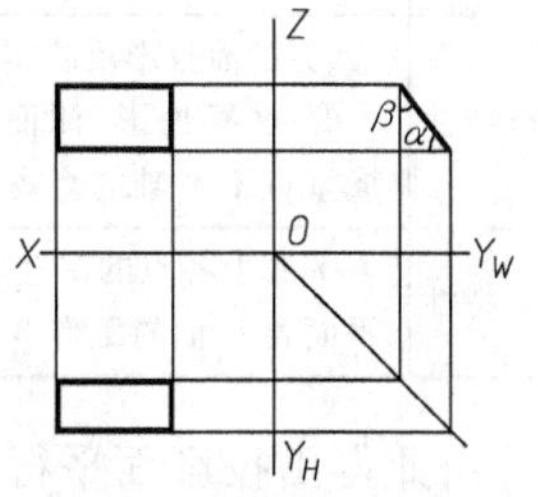
投影特性	① 正面投影积聚成直线，并反映真实倾角 α、γ ② 水平投影、侧面投影均为类似形	① 水平投影积聚成直线，并反映真实倾角 β、γ ② 正面投影、侧面投影均为类似形	① 侧面投影积聚成直线，并反映真实倾角 α、β ② 正面投影、水平投影均为类似形
坐标特性	平面上 X 坐标相等的各点，其 Z 坐标也对应相等	平面上 X 坐标相等的各点，其 Y 坐标也对应相等	平面上 Y 坐标相等的各点，其 Z 坐标也对应相等

由此得出投影面垂直面的投影特性：

① 在所垂直的投影面上的投影积聚成直线，它与投影轴的夹角，分别反映平面对另外两个投影面的真实倾角；

② 在另外两个投影面上的投影均为空间平面的类似形。

3. 投影面平行面

平行于一个投影面的平面称为投影面平行面。由于三个投影面相互垂直，故平行于一个投影面的平面，必同时垂直于另外两个投影面。

三种投影面平行面的轴测图、投影图、投影特性和坐标特性见表 2-5。

表 2-5 投影面平行面

名称	正平面	水平面	侧平面
轴测图	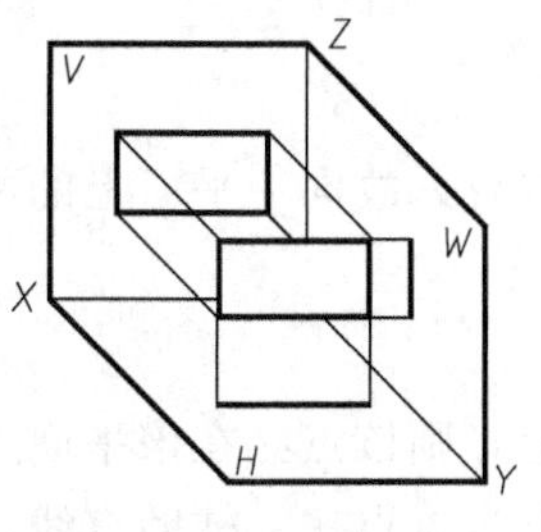	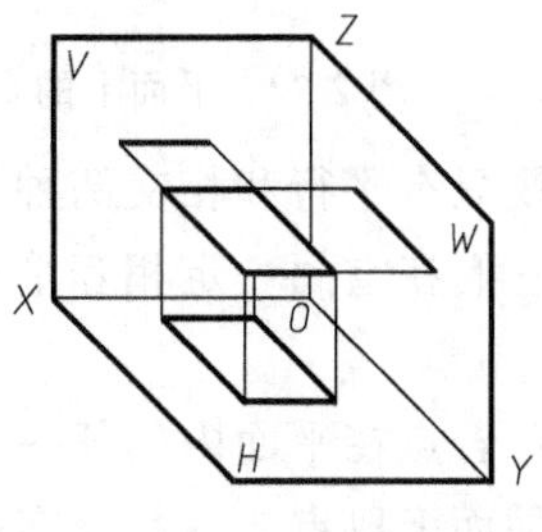	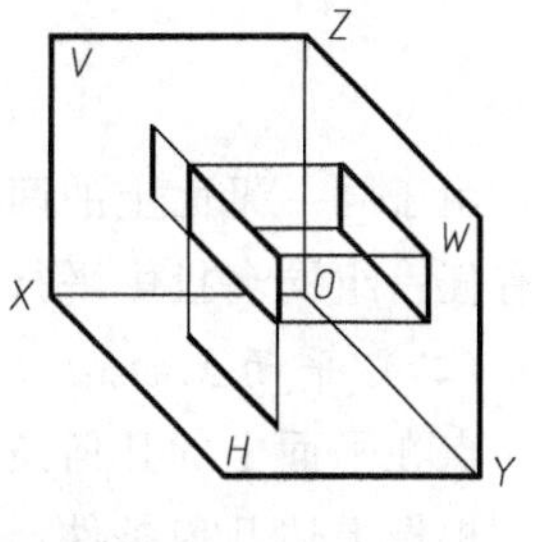

续表

名称	正 平 面	水 平 面	侧 平 面
投影图	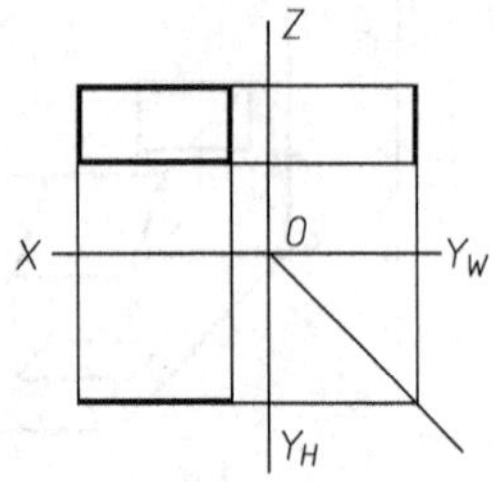	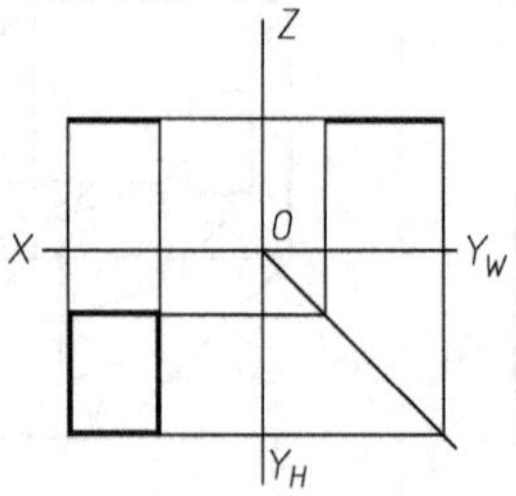	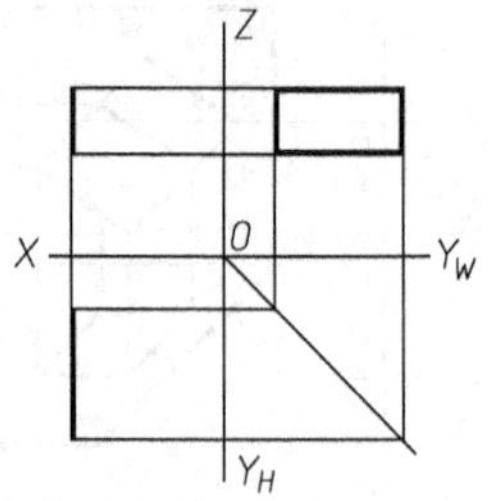
投影特性	① 正面投影反映实形 ② 水平投影、侧面投影均积聚成垂直于 Y 轴的直线	① 水平投影反映实形 ② 正面投影、侧面投影均积聚成垂直于 Z 轴的直线	① 侧面投影反映实形 ② 正面投影、水平投影均积聚成垂直于 X 轴的直线
坐标特性	平面上各点的 Y 坐标相等，体现平面到 V 面的距离	平面上各点的 Z 坐标相等，体现平面到 H 面的距离	平面上各点的 X 坐标相等，体现平面到 W 面的距离

由此得出投影面平行面的投影特性：

① 在所平行的投影面上的投影反映实形；

② 在另外两个投影面上的投影均积聚成直线，且同时垂直于两投影面的公共投影轴。

四、平面上的直线和点

（一）平面上的直线

直线在平面上的几何条件为：若直线通过平面上的两个点，或通过平面上的一个点且平行于平面上的另一直线，则直线在平面上。

如图 2-22（a）所示，两相交直线 AB、AC 确定了一个平面。根据上述几何条件，过 AB 上 M 点和 AC 上 N 点所作直线 MN 必在该平面上；过 B 点所作 AC 的平行线 BD 也必在该平面上，如图 2-22（b）所示。

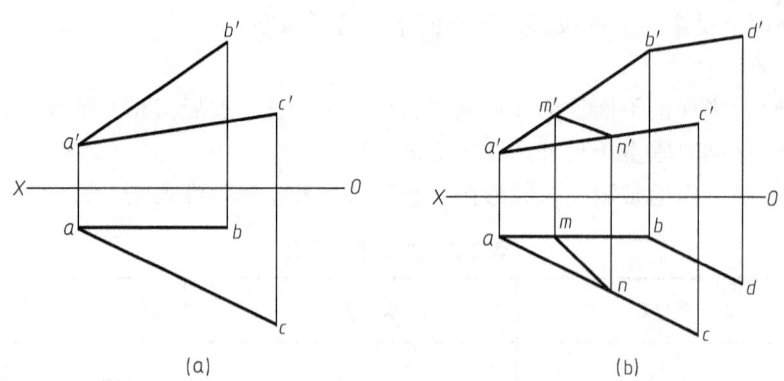

图 2-22　平面上的直线

由于同一平面上的两条直线只有平行和相交两种相对位置，故同一平面上的两条直线只要有任一组同名投影平行，则它们在空间一定相互平行。

（二）平面上的点

点在平面上的几何条件为：若点在平面内的任一直线上，则该点必在该平面上。

根据上述几何条件，要在平面上取点，一般先在平面上过该点作一辅助直线，然后在直线的投影上求得点的同名投影，这种作图方法称为辅助线法。

若在特殊位置平面上取直线或点，应充分利用平面投影的积聚性进行作图。

【例 2-3】 已知△ABC上一点K的水平投影k，求作正面投影k'，如图 2-23（a）所示。

分析： 由于△ABC的两面投影均为类似形，故应采用辅助线法作图，为简便起见，可使辅助线过△ABC的一个顶点或平行于某条边线。当然，各种辅助线的作图结果是相同的。

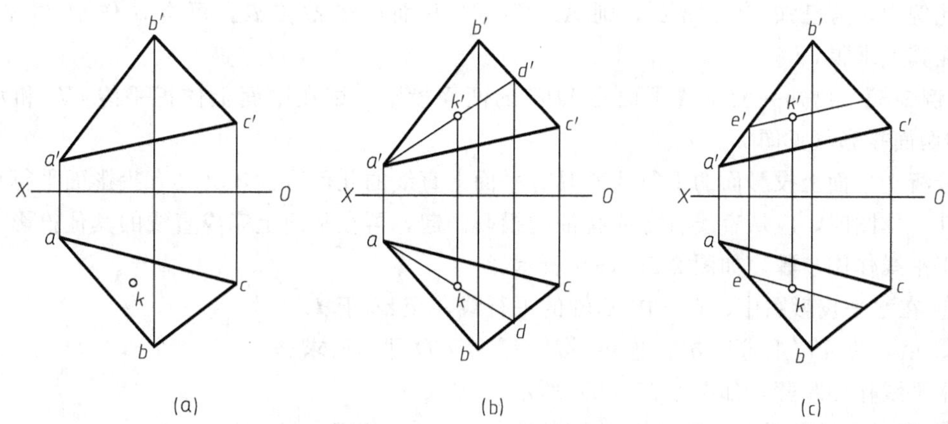

图 2-23　用辅助线法求平面上点的投影

作图步骤 1，如图 2-23（b）所示。

① 连接ak并延长，交bc于d，在$b'c'$上求得d'。

② 连接$a'd'$，自k作OX轴的垂线，交$a'd'$于k'点，则k'即为所求。

作图步骤 2，如图 2-23（c）所示。

① 过k作直线平行于ac，交ab于e，在$a'b'$上求得e'。

② 过e'作直线平行于$a'c'$，该直线与自k所作的OX轴的垂线交于k'点，则k'即为所求。

【例 2-4】 已知四边形$ABCD$的正面投影和AB、AD两边的水平投影ab、ad，试完成该四边形的水平投影，如图 2-24（a）所示。

分析： 根据相交两直线确定一个平面，此题实质上是已知两相交直线AB、AD所确定的平面上一点C的正面投影，求其水平投影，可利用辅助线法作图。

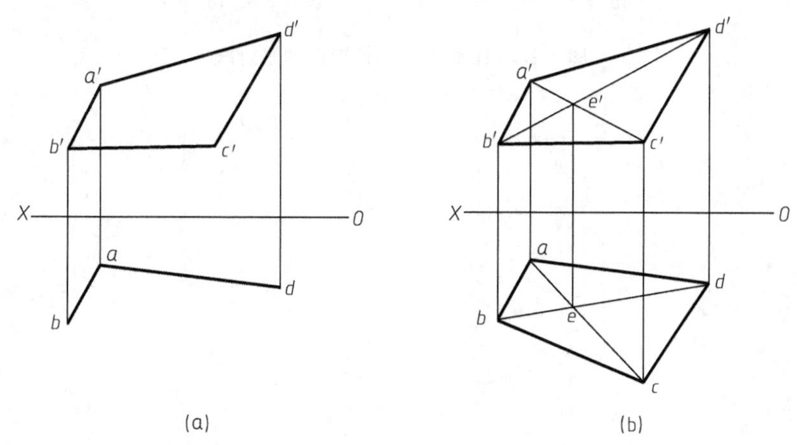

图 2-24　完成四边形的水平投影

作图步骤，如图 2-24（b）所示。

① 连接 $b'd'$ 和 bd。

② 连接 $a'c'$，交 $b'd'$ 于 e'，在 bd 上求得 e。

③ 连接 ae 并延长，在其上求得 c。

④ 连接 bc 和 dc，即完成作图。

此例中，若已知 $a'b'/\!/d'c'$，则 $AB/\!/DC$，从而可知 $ab/\!/dc$，可自 d 作 ab 的平行线，直接在其上求得 c。

【例 2-5】 已知一般位置平面△ABC 的两面投影，试在平面上作正平线 CD 和水平线 CE 的两面投影（见图 2-25）。

分析： 平面上投影面的平行线既具有平面上直线的几何特性，又具有投影面平行线的投影特性。作图时，应从直线有方向特征的投影画起，再在平面上完成直线的其他投影。

正平线作图步骤，如图 2-25（a）所示。

① 在水平投影图中，自 c 作 X 轴的平行线，交 ab 于 d。

② 由 d 在 $a'b'$ 上求得 d'，连接 $c'd'$，直线 CD 即为所求。

水平线作图步骤，如图 2-25（b）所示。

① 在正面投影图中，自 c' 作 X 轴的平行线，交 $a'b'$ 于 e'。

② 由 e' 在 ab 上求得 e，连接 ce，直线 CE 即为所求。

若△ABC 为侧垂面，上述作图会出现什么情况？请读者自行分析。

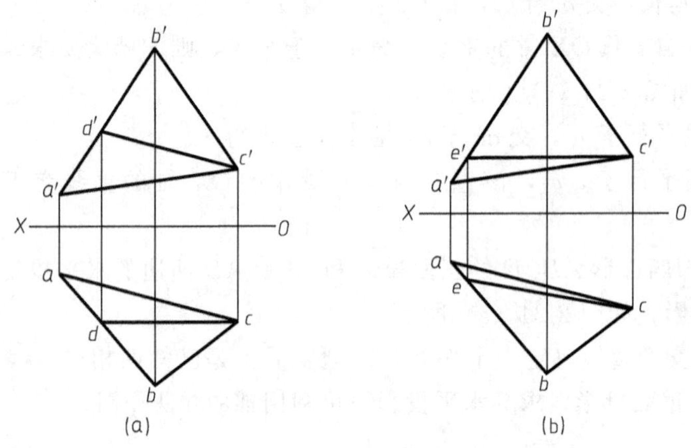

图 2-25 在平面上作投影面的平行线

第三章　基本体及其表面交线

知识目标： 1. 熟悉基本体的类型和形成原理。
2. 熟悉截交线、相贯线的概念和形成机理

能力目标： 1. 能完成常见截交线和相贯线的绘制。
2. 能正确绘制、阅读并标注基本体和简单的截断体、相贯体。

任何复杂的形体，都可以看成是由一些简单形体按一定的方式组合而成的。在这些简单形体中，通常把使用较多的棱柱、棱锥、圆柱、圆锥、球和圆环等称为基本体。熟练掌握它们的投影特性，能为后续学习更复杂形体的投影打下坚实的基础。

基本体按其表面分为平面立体和曲面立体。完全由平面围成的立体称为平面立体，包含有曲面的立体称为曲面立体。

第一节　基　本　体

一、平面立体

常见的平面立体有棱柱和棱锥。棱柱的侧面不集中，而棱锥的侧面集中于一点。

棱柱和棱锥的表面都是平面多边形，表面和表面的交线为直线，称为棱线。绘制平面立体的投影，实际上就是要把平面立体上的所有平面和棱线的投影表达出来。

（一）棱柱

常见的棱柱为直棱柱，由两个形状相同且相互平行的底面和若干个矩形侧面围成，底面与侧面相互垂直，底面为特征面。

1. 棱柱的三视图

图 3-1 所示为一正六棱柱的三视图。上、下两个底面平行于 H 面，为水平面，所以俯

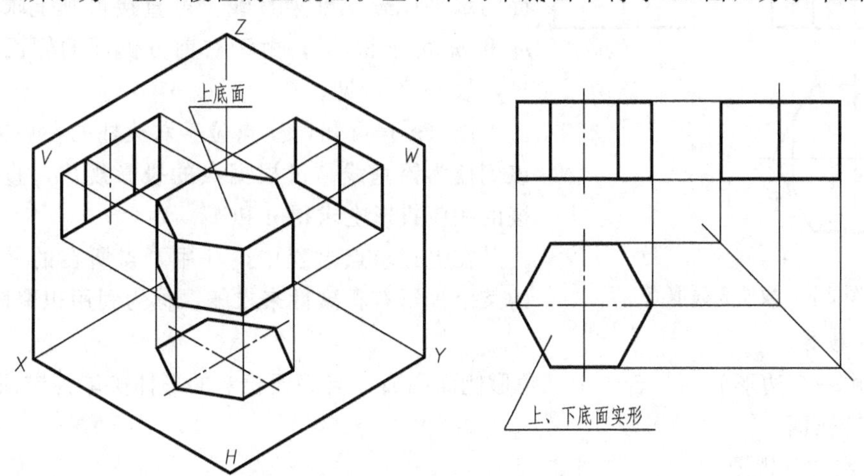

图 3-1　正六棱柱的三视图

视图中的正六边形为上底面和下底面的重合投影，并反映实形，而正面投影和侧面投影积聚为上、下两条水平直线。前、后两个矩形侧面平行于 V 面，为正平面，在主视图中反映实形，在俯视图和左视图中均积聚为直线。另外的四个侧面为铅垂面，在俯视图中积聚为直线，而它们在主视图和左视图中是缩小了的矩形。

由正六棱柱的三视图外形，可总结出一般直棱柱的三视图特点：有两个视图为长方形，它们中可省略一个，另一个视图为反映两底面实形的多边形（该多边形为特征视图，不可省略）。

根据上述特征，可很快画出一般直棱柱的三视图。例如要画两底前、后放置的正六棱柱的三视图，那么主视图为正六边形，可先将其画出，俯视图与左视图为长方形，根据三视图的投影规律就可完成，如图 3-2 所示。在三个视图中，若将俯视图或左视图省去不画，仍然能够表达清楚该六棱柱。

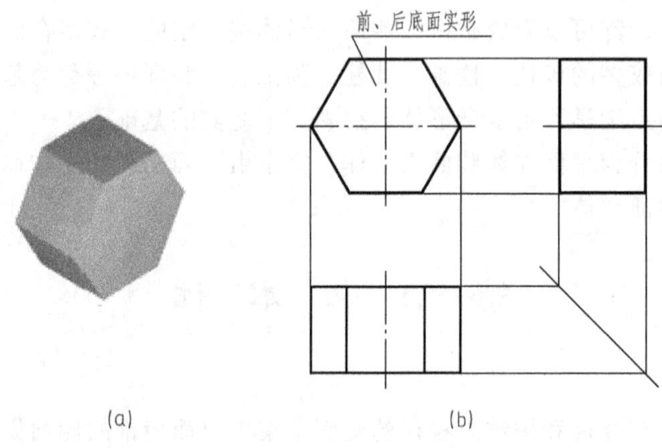

图 3-2 两底前后放置的正六棱柱

2. 棱柱表面上的点

如图 3-3 所示，已知正六棱柱表面上两点 M、N 的正面投影 m'、(n')，求两点的水平投影和侧面投影。

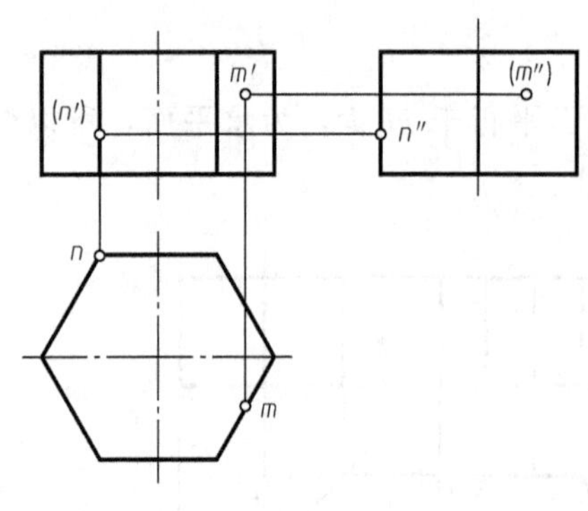

图 3-3 棱柱表面取点

m'所处的线框为六棱柱右前、右后两侧面的重合投影，由于m'可见，则 M 点位于右前方侧面上，该侧面的水平投影积聚为直线，可直接再其上求得 m，由 m'和 m 可求得 m''，由于右前方侧面的侧面投影不可见，故 m''不可见。

由（n'）可知，N 点位于六棱柱的左后方侧棱上，该侧棱为铅垂线，可根据点的投影规律，直接在该侧棱的相应投影上求得 n 和 n''。

在上述求点过程中，利用了点所在的平面或直线的某个投影有积聚性来求解，称为利用积聚性求点。

（二）棱锥

棱锥由一多边形底面与若干个三角形侧面围成，与底面相对的形体尖端为锥顶点，棱锥的底面为特征面。

1. 棱锥的三视图

图 3-4 所示为一正三棱锥，其底面为正三角形，三个侧面为全等的等腰三角形。由于图

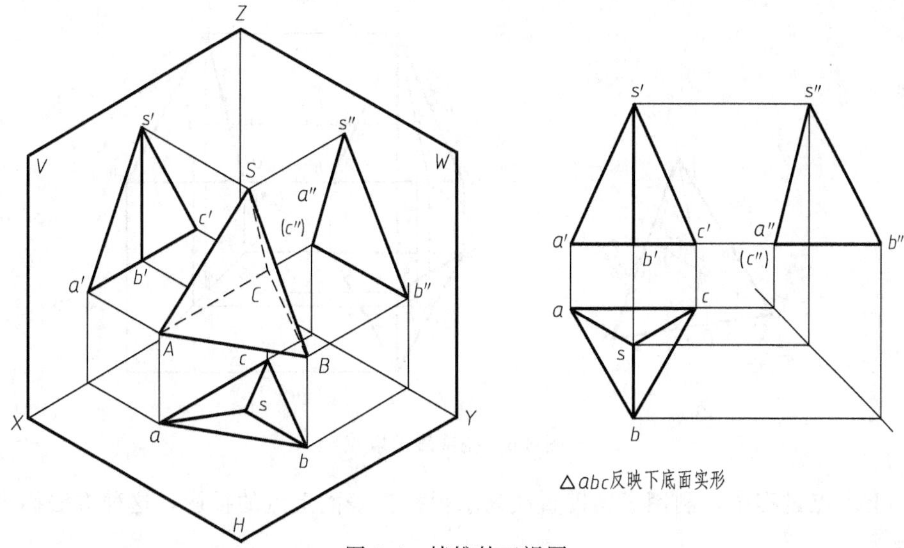

图 3-4 棱锥的三视图

中正三棱锥的底面为水平面，故其水平投影反映实形，正面投影和侧面投影均积聚为水平直线。为了求得三个侧面的投影，应先作出顶点 S 的三面投影，S 点与底面三角形的三个顶点的同名投影连线即为棱线的投影。

由正三棱锥的三视图外形，可总结出一般直棱锥的三视图特点：有两个视图外形为三角形，它们中可省略一个，另一个视图外形为反映底面实形的多边形，该多边形为特征视图，不可省略，锥顶点与底面多边形各顶点通过棱线相连。

例如，要画一锥顶点在左，底面与 W 面平行的正四棱锥，由直棱锥三视图特点可知：该四棱锥的左视图外形为正方形，锥顶点在正方形中心，与正方形的四个顶点分别连接棱线；主视图与俯视图为三角形，省去俯视图后仍然可以表达清楚该四棱锥，如图 3-5 所示。

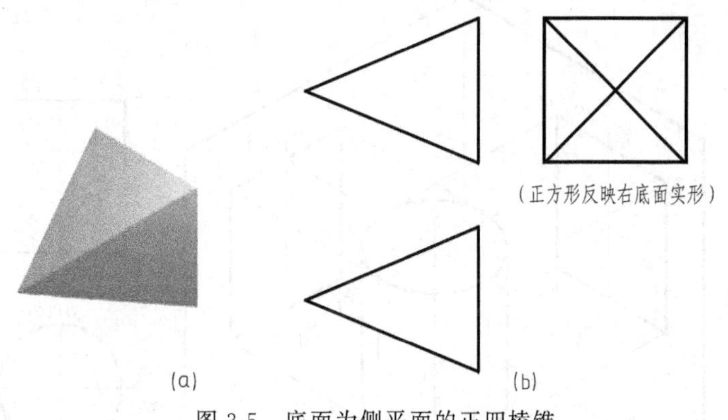

图 3-5 底面为侧平面的正四棱锥

2. 棱锥表面上的点

已知正三棱锥表面上点 M 的正面投影 m'，求其水平投影 m 和侧面投影 m''，如图 3-6 所示。

点 M 位于△SAC 上，而此三角形为一般位置平面，不能利用积聚性求解。为此，可通过 M 点在三角形△SAC 上作一辅助直线，先求出辅助直线的投影，再在其上求得 M 的投影。作图步骤如下：连接 $s'm'$ 并延长，交 $a'c'$ 于 d'，D 点为直线 AC 上的一点。由 d' 在 ac 上求得 d，连接 sd，则 m 一定在 sd 上，过 m' 引竖线交 sd 于 m。再由 m' 和 m，按点的投影规律求得 m''。

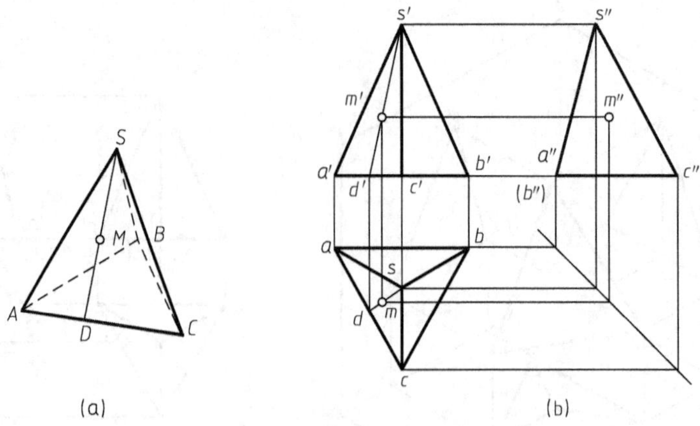

图 3-6 棱锥表面取点

在以上求点过程中，利用了辅助直线来求得棱锥表面上点的投影，这种方法称为利用辅助线求点。

二、回转体

回转体是最为常见的曲面立体，由回转面和平面或完全由回转面围成。回转面是由一条线（称为母线）绕一不动的直线（称为轴线）旋转一周而形成的。

常见的回转体有圆柱、圆锥、球和圆环等。

（一）圆柱

1. 圆柱面的形成

如图 3-7（a）所示，圆柱面可以看作由直线 AB 绕与它平行的直线 OO_1 旋转一周形成，其中直线 AB 称为母线，OO_1 称为轴线，母线 AB 的任一位置称为素线（如 A_1B_1）。圆柱面上任意一条平行于轴线的直线即为圆柱面的素线。

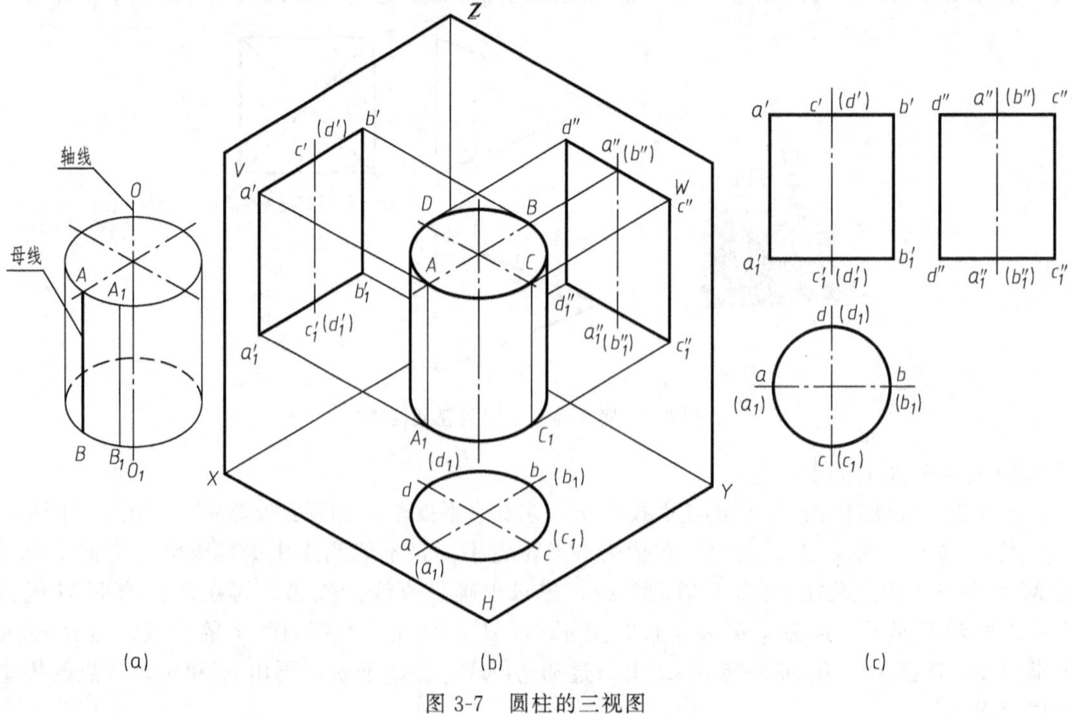

图 3-7 圆柱的三视图

2. 圆柱的三视图

圆柱由圆柱面和两个圆形平面（底面）围成，如图 3-7（b）所示。

圆柱的三视图如图 3-7（c）所示。圆柱面的水平投影积聚为圆，上、下两底面为水平面，其水平投影反映实形。主视图中，上、下底面积聚为水平直线，而直线 $a'a_1'$ 是圆柱面上最左素线 AA_1 的投影，$b'b_1'$ 是最右素线 BB_1 的投影，它们也是可见的前半圆柱面与不可见的后半圆柱面的分界线，称为曲面的转向轮廓线。AA_1 和 BB_1 的水平投影积聚，侧面投影与圆柱轴线的投影重合，不需画出。

圆柱的左视图与主视图类似，读者可自行分析。

分析圆柱的投影，可知其三视图的特征是：一个视图为圆（反映两底的实形），另外两个视图为长方形。

3. 圆柱表面上的点

已知圆柱面上点 M 的侧面投影（m''）和点 N 的正面投影 n'，求其另两面投影，如图 3-8 所示。

由（m''）的位置，可知 M 点位于前半圆柱面的右半部分，根据圆柱面的水平投影具有积聚性，可以求得 m，再由 m 和 m'' 可求得 m'，因 M 点位于前半圆柱面上，故 m' 可见。

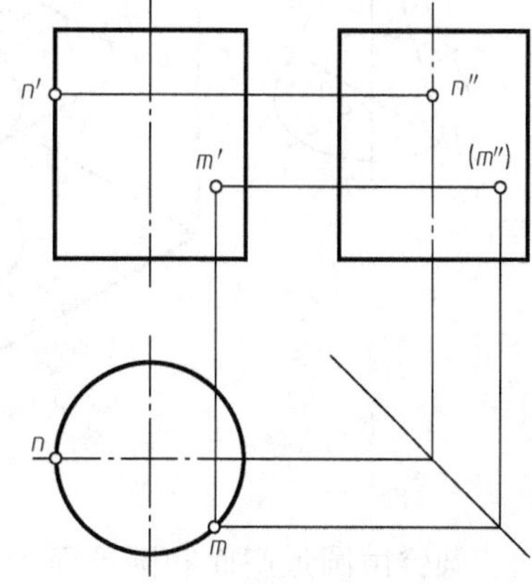

图 3-8　圆柱表面取点

由 n' 可知，N 点位于圆柱面的最左素线上，根据点的投影规律，分别在最左素线的同名投影上求得 n 和 n''，由于最左素线的侧面投影可见，故 n'' 可见。

仔细对比圆柱与前述棱柱的三视图，会发现它们有着共同的特点：有一个视图反映了两底实形，另外两个视图均为长方形。实际上有许多直柱体，虽然不属于基本体，但其三视图也有上述特点，如图 3-9 所示。

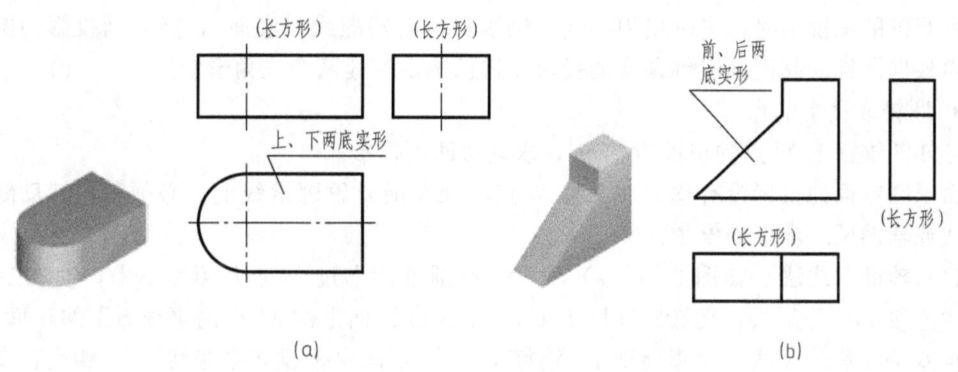

图 3-9　直柱体的三视图

（二）圆锥

1. 圆锥面的形成

圆锥面是由与轴线 OO_1 相交的直线 SA 作母线，绕轴线 OO_1 旋转一周而形成的。由此可知，由圆锥的顶点 S 与底圆圆周上任意一点连接的直线都是圆锥面的素线，如图 3-10（a）所示。

2. 圆锥的三视图

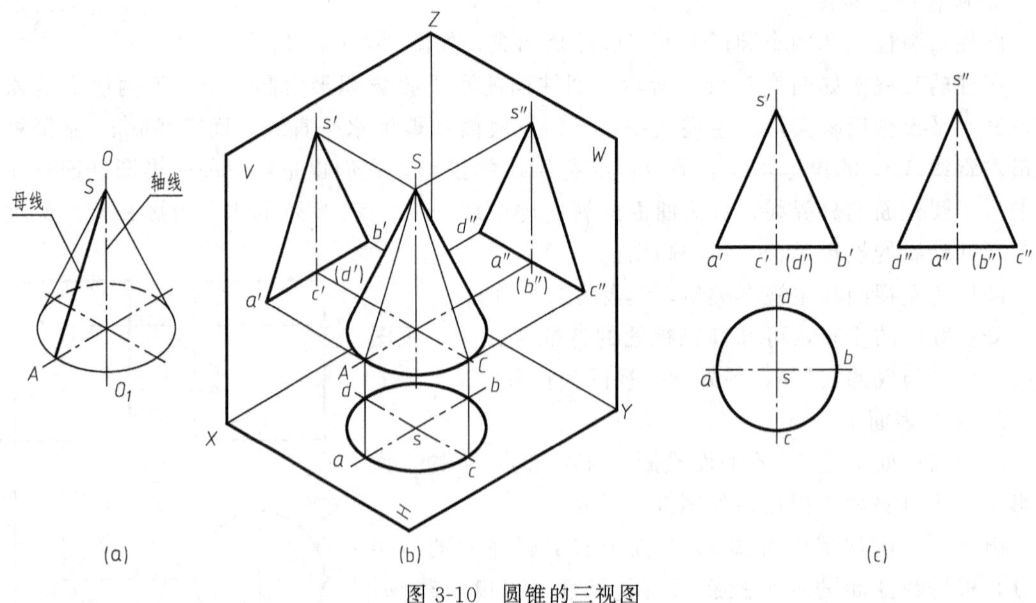

图 3-10　圆锥的三视图

圆锥由圆形底面和圆锥面围成，其三视图如图 3-10（b）、（c）所示。

在圆锥的俯视图中，底面的投影反映实形（不可见），圆锥面的投影与底面重合（可见）。

在圆锥的主视图中，底面积聚为水平直线，圆锥面的投影落在三角形线框内，$s'a'$、$s'b'$为圆锥面上最左、最右的素线 SA、SB 的投影，以 $s'a'$、$s'b'$为界，前半圆锥面可见，后半圆锥面不可见，两素线的侧面投影与轴线的侧面投影重合，不需画出。

圆锥的左视图与主视图类似，读者可自行分析。

显然，圆锥的三视图与棱锥有类似的特征，即：一个视图反映底面实形，另外两个视图均为三角形。

画圆锥的三视图时，先画出中心线、轴线和轴向基准线（底面），然后画投影为圆的视图，再根据圆锥的高度画出锥顶点的投影，进而画出其他两个三角形视图。

3. 圆锥表面上的点

已知圆锥面上 M 点的正面投影 m'，求其另两面投影。

由于圆锥面的投影没有积聚性，且 M 点不处在最外轮廓素线上，必须利用辅助线（辅助素线或辅助圆）求点的投影。

（1）辅助素线法　如图 3-11（a）所示，在圆锥面上过 M 点作素线 S Ⅰ，即在图 3-11（b）中连接 $s'm'$并延长，交底圆圆周于 $1'$，$s'1'$为圆锥面上过 M 点的素线 S Ⅰ 的正面投影。过 $1'$向水平投影画竖线，交圆周于 1，连接 $s1$。由 m'向水平投影画竖线与 $s1$ 相交，交点即为 M 点的水平投影 m，再根据点的投影规律，由 m、m'可求得 m''。

（2）辅助圆法　如图 3-11（a）所示，过 M 点在圆锥面上作水平的辅助圆，该圆的圆心位于圆锥的轴线上，可先求出辅助圆的投影，然后在其上求得 M 点的投影。由于辅助圆为水平圆，其正面投影为直线，可在图 3-11（c）中过 m'画水平线，与圆锥轮廓截得的直线段的长度等于圆的直径实长，而辅助圆的水平投影反映实形，圆心与底圆的中心重合，求出辅助圆的水平投影后，根据点的投影规律，由 m'在圆上可求得 m，再由 m、m'可以求得 m''。

（三）球

1. 球的形成

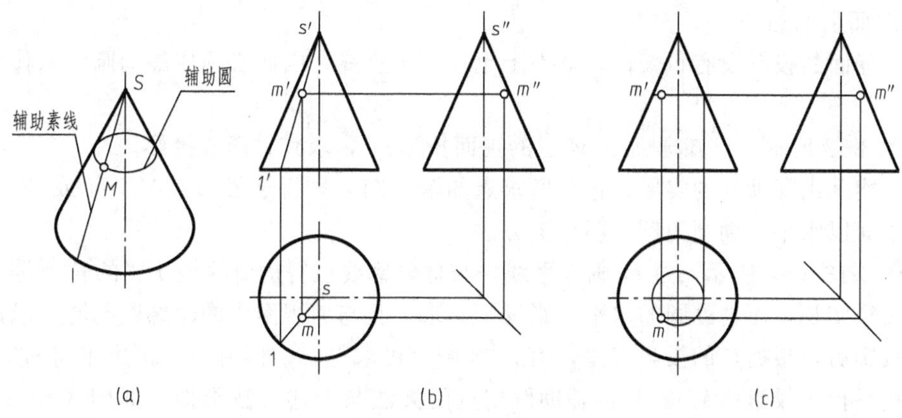

图 3-11　辅助素线法和辅助圆法求点

球由球面围成，球面可以看作一圆作母线，绕其任一直径回转而成，如图 3-12（a）所示。

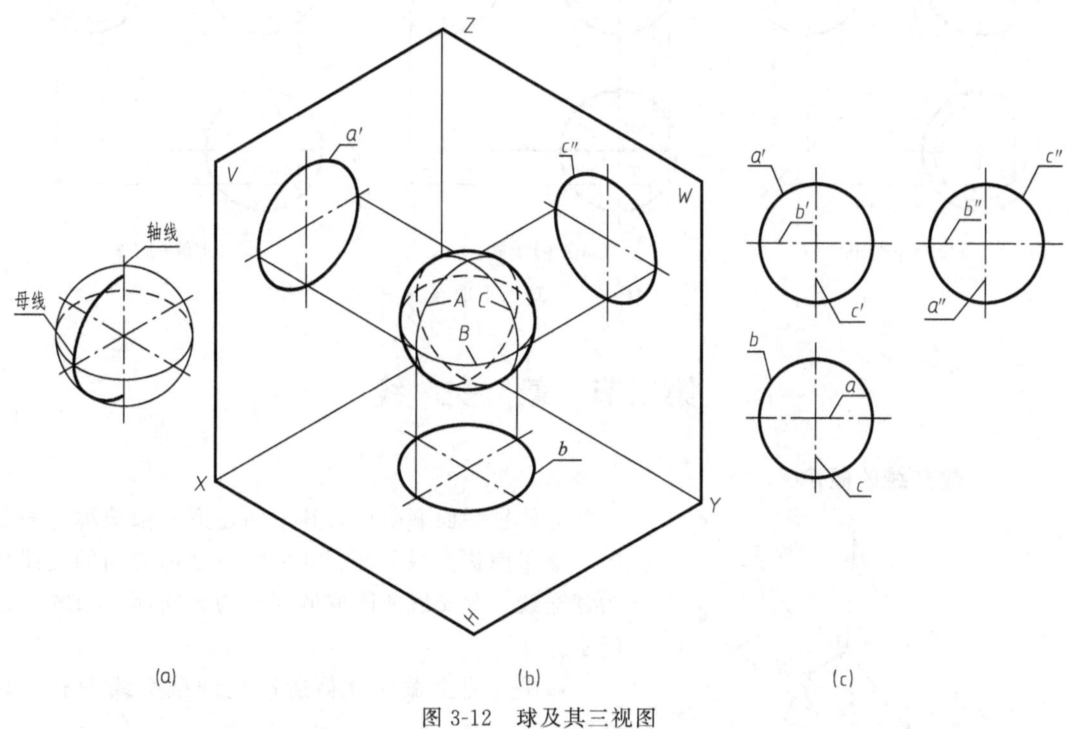

图 3-12　球及其三视图

2. 球的三视图

球的三个视图都是与球直径相等的圆，如图 3-12（b）所示。在球面上可以作出一系列平行于 V 面的圆，它们的正面投影都反映实形，由于球面是光滑连续的，因此在主视图中只画出其中最大的一个圆 A，该圆为前、后半球的分界圆。同样，也可以在球面上作出一系列平行于 H 面和 W 面的圆，两个最大的圆分别为 B 和 C，其中 B 称为上、下半球的分界圆（俯视图中画出）；C 称为左、右半球的分界圆（左视图中画出）。A、B、C 三个分界圆的另外两个投影，均与相应中心线重合，图中不应画出，如图 3-12（c）所示。

画球的三视图时，先画出各视图的中心线，然后分别以球半径画圆即可。

3. 球面上的点

由于球面的投影没有积聚性，球面上也作不出直线，因此必须用辅助圆法求作球面上点的投影。

如图 3-13 所示，已知球面上 M 点的正面投影 m'，求其另两面投影。

为了能画出辅助圆的实形，包含所求点的辅助圆应平行于投影面 V、H 或 W 中的任何一个，下面以水平辅助圆为例说明作图方法。

如图 3-13（a）所示，过 m'画水平线，与球轮廓线截得的直线段 $1'2'$的长度等于水平辅助圆的直径实长，而辅助圆的水平投影反映实形，且与俯视图中的轮廓圆同心，求出辅助圆的水平投影后，根据点的投影规律，由 m'在圆上可求得 m，再由 m、m'可求得 m''。

利用平行于投影面 V 或 W 的辅助圆求点的方法与上述方法类似，如图 3-13（b）、（c）所示，请读者自行分析。

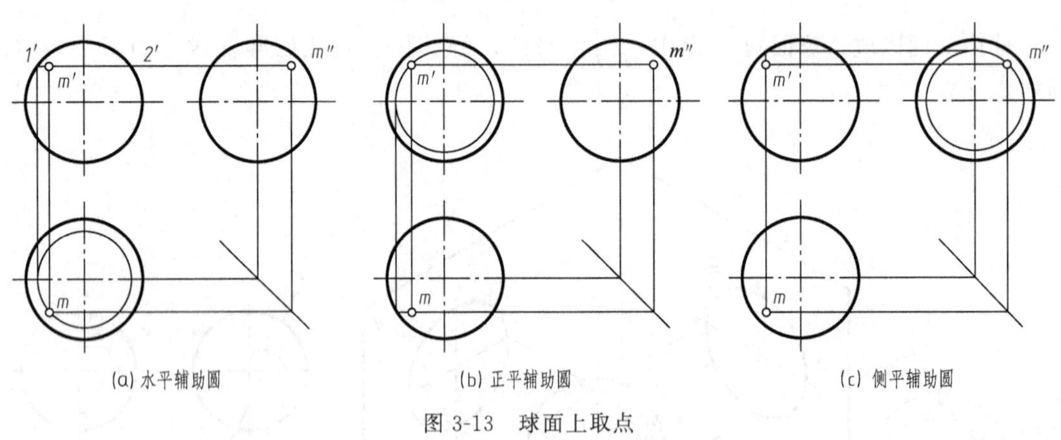

图 3-13 球面上取点

第二节 截 交 线

一、截交线的概念

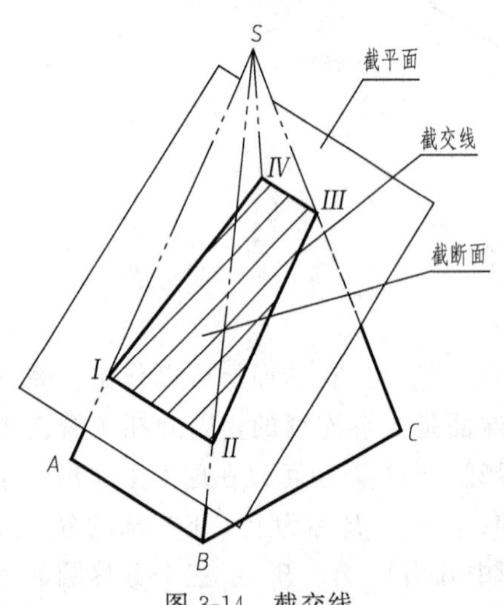

图 3-14 截交线

立体被平面截断后，其中的任意一部分称为截断体，该平面称为截平面。截平面与立体表面的交线称为截交线。截交线所围成的面称为截断面，如图 3-14 所示。

截平面完全截切立体所产生的截交线具有下列性质。

（1）封闭性 截交线为一个封闭的平面图形。

（2）共有性 截交线是截平面与基本体表面的共有线。

共有性是求作截交线的依据。

二、平面立体的截切

用平面完全截切平面立体，所得的截断面必为平面多边形，其边数等于被截切表面的数量，多边形的顶点位于被截切的棱线上。

【例 3-1】 作斜切正三棱锥的三视图，如图 3-15 所示。

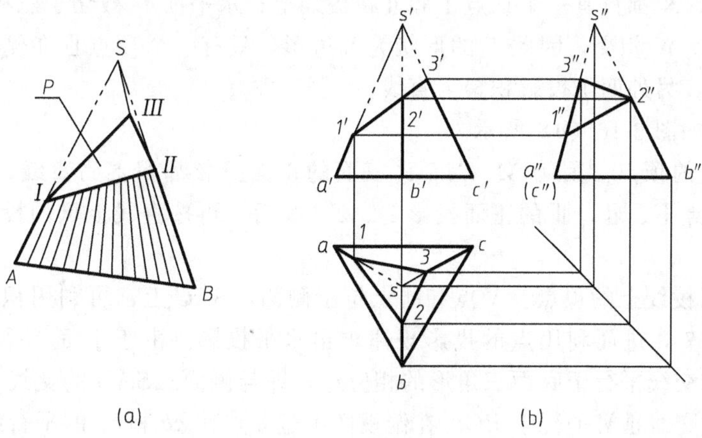

图 3-15　三棱锥的截切

分析： 由图 3-15（a）可知，截平面为正垂面，同时截切了三棱锥的三个侧面，截断面为三角形，其正面投影积聚成直线，三个顶点Ⅰ、Ⅱ、Ⅲ分别位于棱线 *SA*、*SB*、*SC* 上。

作图步骤，如图 3-15（b）所示。

（1）求顶点的投影　从主视图中三条棱线与截断面积聚投影的交点处，可得到顶点的正面投影 1′、2′和 3′，利用直线上点的作图方法，在相应棱线上可求得各顶点的水平投影和侧面投影。

（2）依次连接Ⅰ、Ⅱ、Ⅲ三点的同名投影，画出截断面的三个投影，判别可见性，完善截断体其余部分的投影，完成三视图。

【例 3-2】 作切口三棱锥的三视图，如图 3-16 所示。

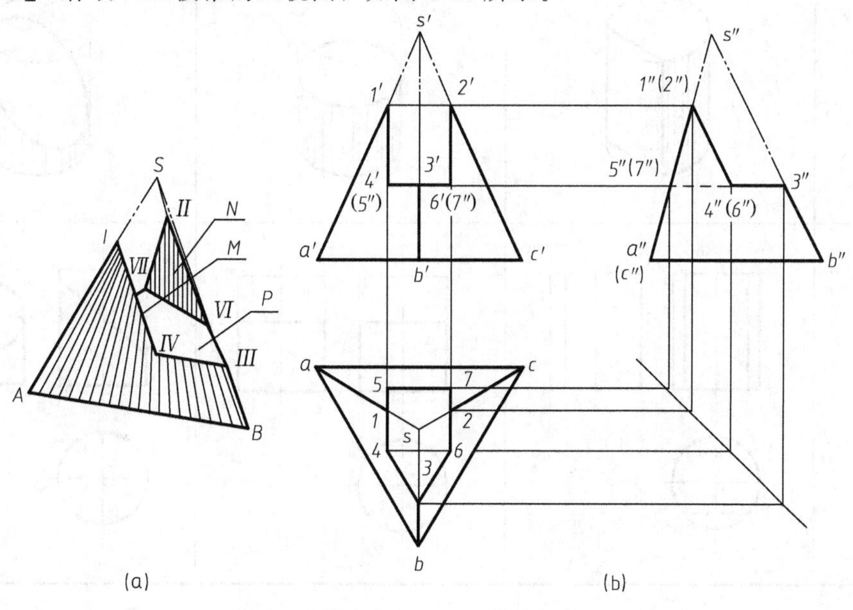

图 3-16　切口三棱锥

分析：切口由三个平面截切得到，侧平面 M、N 分别截切了三棱锥的两个侧面，同时又与平面 P 相交，因此 M、N 的形状都为三角形，它们的侧面投影反映实形，另外两投影积聚为直线，M、N 都只有一个顶点Ⅰ和Ⅱ在棱线上；水平面 P 截切了三棱锥的三个侧面，同时又与平面 M、N 相交，因此 P 的形状为五边形，只有一个顶点Ⅲ在侧面棱线上，其水平投影反映实形，另外两个投影积聚为直线。

作图步骤，如图 3-16（b）所示。

① 求棱线上的顶点。因为 M、N、P 三面的正面投影都积聚为直线，故先作主视图，找出棱线上的顶点Ⅰ、Ⅱ、Ⅲ的正面投影 $1'$、$2'$、$3'$后，再按直线上点的投影方法求得另外两面投影。

② 求不位于棱线上的顶点。Ⅴ点和Ⅶ点位于侧面△SAC 上，可利用积聚性法，先从左视图上求得 $5''$和 $7''$，进而利用点的投影规律求出水平投影。由于 P 面平行于三棱锥底面，故 P 面与侧面的交线平行于底面三角形的相应边，即与侧面△SAB 的交线ⅢⅣ平行于 AB，与侧面△SBC 的交线ⅢⅥ平行于 BC。在俯视图中过 3 点作 ab 和 bc 的平行线，与 M、N 面的水平投影的交点，即为Ⅳ点和Ⅵ点的水平投影 4、6。

③ 依次连接Ⅰ、Ⅳ、Ⅴ三点的同名投影完成 M 面的投影，连接Ⅱ、Ⅵ、Ⅶ三点的同名投影完成 N 面的投影，连接Ⅳ、Ⅴ、Ⅶ、Ⅵ、Ⅲ点的同名投影完成 P 面的投影；判别可见性，完善截断体其余部分的投影，完成三视图。

三、回转体的截切

（一）圆柱的截交线

根据截平面与圆柱轴线的相对位置不同，圆柱的截交线有三种情况，见表 3-1。

表 3-1 圆柱的截交线

截平面位置	平行于轴线	垂直于轴线	倾斜于轴线
截交线形状	矩　形	圆	椭　圆
轴测图	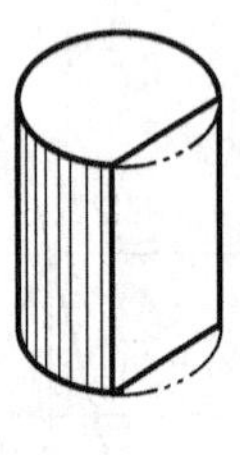	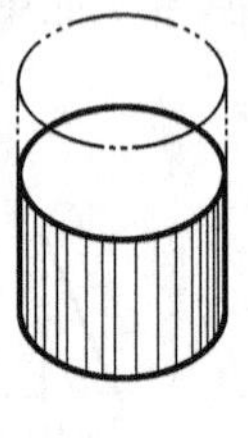	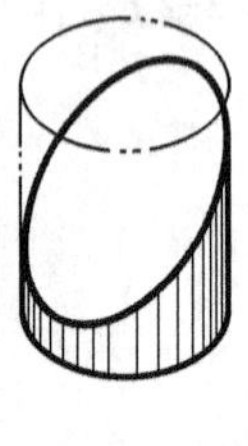
投影图	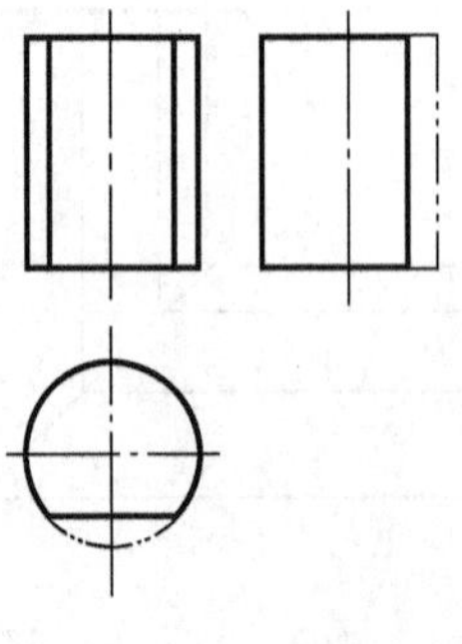	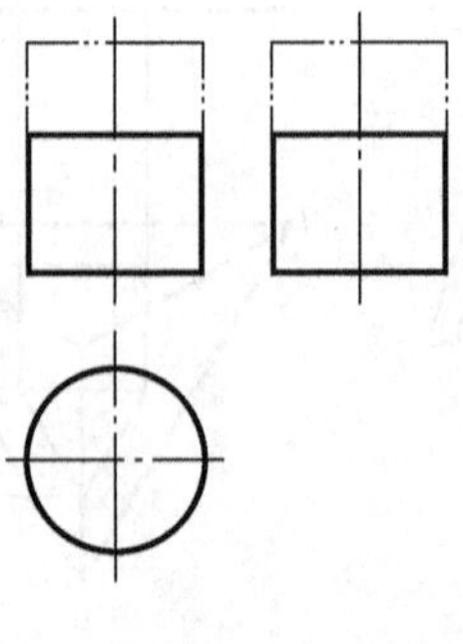	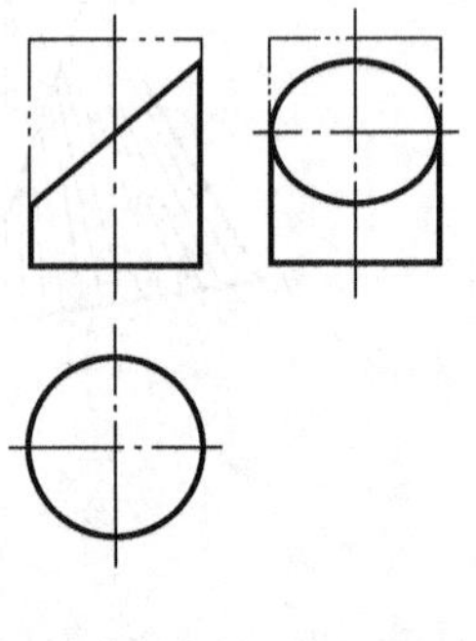

【例 3-3】 作斜切圆柱的三视图，如图 3-17（a）所示。

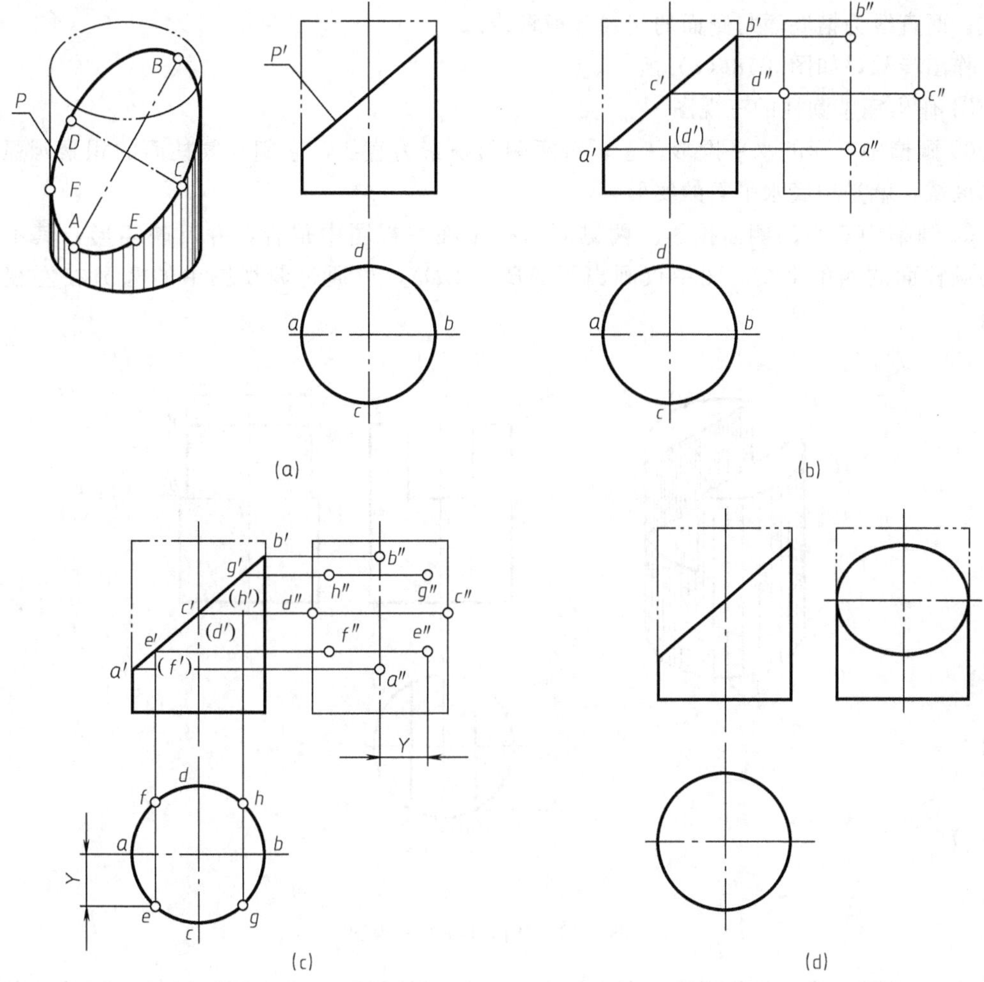

图 3-17　斜切圆柱的三视图

分析：由图 3-17（a）可知，截平面为正垂面，截断面的正面投影积聚为斜直线，而截交线（椭圆）上的所有点都在圆柱面上，圆柱面的水平投影积聚为圆，故截交线的水平投影也是该圆。截断面与 W 面倾斜，截交线的侧面投影为椭圆的类似形。

作图步骤，如图 3-17 所示。

① 作出完整圆柱的三视图。

② 求特征点。椭圆位于圆柱面四条最外轮廓素线上的点 A、B、C、D，为其长、短轴的端点，它们可直接利用投影关系作出，如图 3-17（b）所示。

③ 求适当数量的一般位置点。先在主视图中椭圆的积聚线上定出点 E、F 的正面投影 e'、f'，再利用圆柱面的积聚性求出它们的水平投影，然后根据点的投影规律求出侧面投影 e''、f''，同理可求得点 G、H 的投影，如图 3-17（c）所示。

④ 将椭圆上的点光滑连接起来，判别可见性，完善截断体其余部分的投影，完成三视图，如图 3-17（d）所示。

【例 3-4】 完成开槽圆柱的三视图，如图 3-18 所示。

分析：由图 3-18（a）可知，圆柱被两个侧平面和一个水平面切出一直槽，槽的左、右两个侧面为矩形，槽底面垂直于圆柱轴线，由两段圆弧和两条直线（BD 及右侧对应直线）组成，两直线为槽底面与侧面的交线（正垂线）。

作图步骤，如图 3-18（b）所示。

① 作出完整圆柱的三视图。

② 画槽中三面的水平投影。左、右两侧面积聚为直线，它们与圆柱面的积聚圆弧所围成的区域，就是槽底水平面的实形。

③ 画槽中三面的侧面投影。两侧面的投影在左视图中重合，并反映实形，其中两侧面与圆柱面的四条交线（图中仅画出了 AB 和 CD），可通过俯视图中的宽 Y 在左视图中量得。

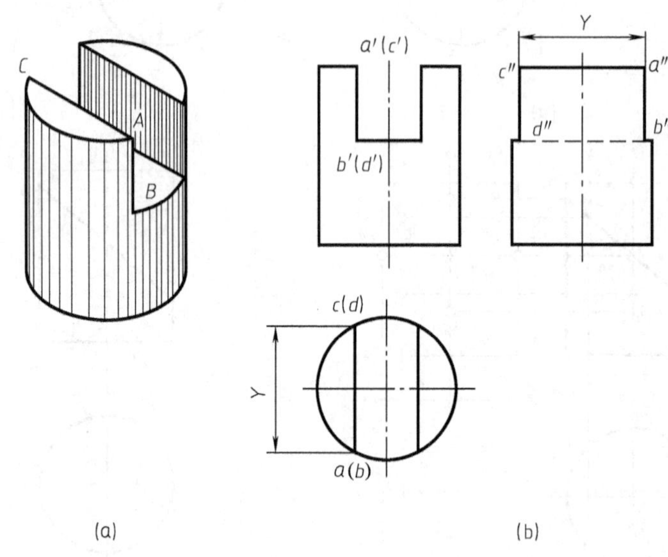

图 3-18 开槽圆柱的三视图

④ 整理图线并完善截断体。在左视图中，槽底的积聚线在中间一段被左侧的凸起部分挡住不可见，故 $a''b''$ 与 $c''d''$ 之间应该画虚线。圆柱面的最前、最后素线在开槽部位被切去，故只画到槽底处。左视图中圆柱的顶面只在 a'' 和 c'' 之间画出。

（二）圆锥的截交线

圆锥的截交线有五种情况，见表 3-2。

表 3-2 圆锥的截交线

截平面位置	垂直于轴线	倾斜于轴线 $\theta>\alpha$	平行于素线 $\theta=\alpha$	倾斜或平行于 轴线 $\theta<\alpha$	通过锥顶点
截交线	圆	椭圆	抛物线和直线	双曲线和直线	三角形
轴测图	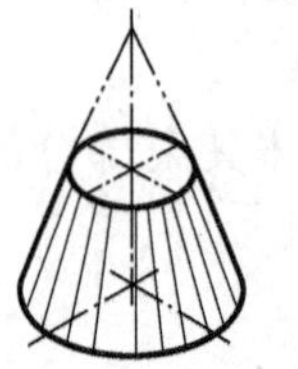	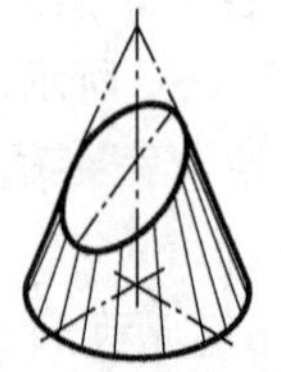	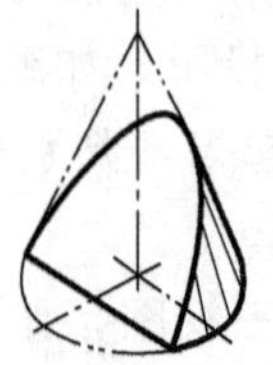	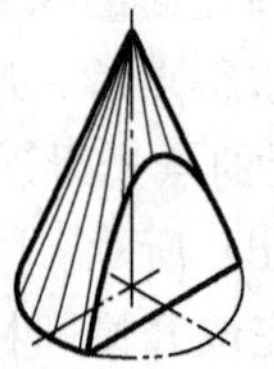	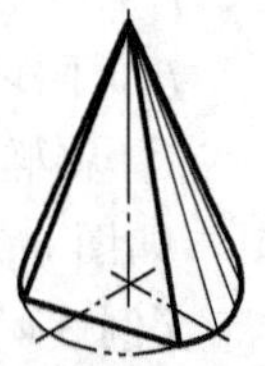

续表

截平面位置	垂直于轴线	倾斜于轴线 $\theta>\alpha$	平行于素线 $\theta=\alpha$	倾斜或平行于轴线 $\theta<\alpha$	通过锥顶点
截交线	圆	椭圆	抛物线和直线	双曲线和直线	三角形
投影图		α θ	α θ		

【例 3-5】 轴线为侧垂线的圆锥被一水平面截切，试画出截交线的水平投影和侧面投影，如图 3-19 所示。

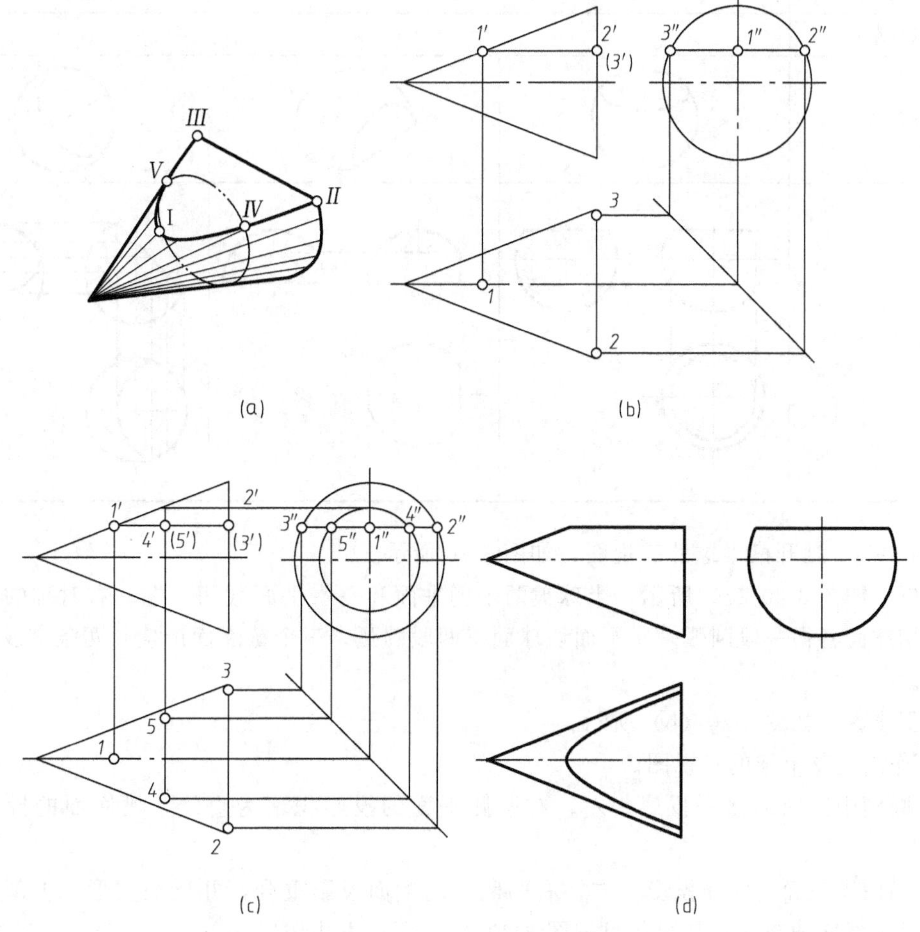

图 3-19　圆锥的截切

分析：如图 3-19（a）所示，水平面截切圆锥，截交线由双曲线和直线围成。截断面的正面投影和侧面投影均积聚为直线，其水平投影反映实形，必须求出截交线上一系列点的水平投影，才能完成作图。

作图步骤，如图 3-19 所示。

（1）求特征点。截平面截切了圆锥的最上素线和底圆圆周，三个交点Ⅰ、Ⅱ、Ⅲ为特征点，由它们的正面投影 1′、2′、3′和侧面投影 1″、2″、3″，按点的投影规律可求得水平投影，如图 3-19（b）所示。

（2）求适当数量的一般位置的点。在截交线的侧面投影上取适当的点，如 4″、5″，然后利用辅助圆法或辅助素线法求得它们的另外两个投影 4、5 和 4′、5′，如图 3-19（c）所示。

（3）在俯视图中将这些点光滑连接起来，判别可见性，完善截断体其余部分的投影，即完成作图，如图 3-19（d）所示。

（三）球的截交线

球被任意位置的平面截切，其截交线均为圆，其直径的大小取决于截平面距球心的距离。不同位置的截切情况见表 3-3。

表 3-3　球的截交线

截平面位置	投影面平行面（水平面、侧平面）		投影面垂直面（正垂面）
截交线形状	圆		
轴测图	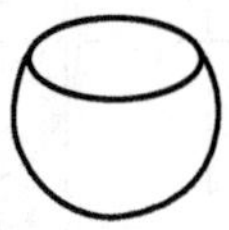	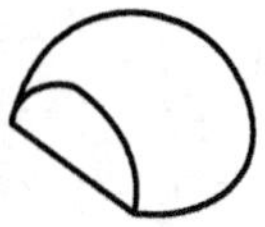	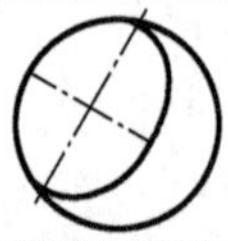
投影图	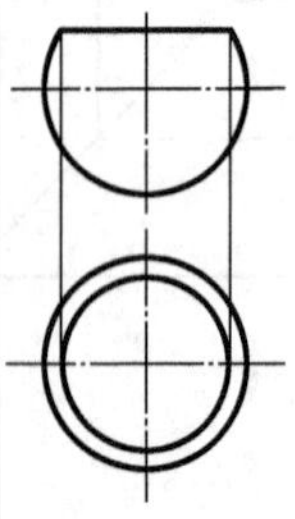	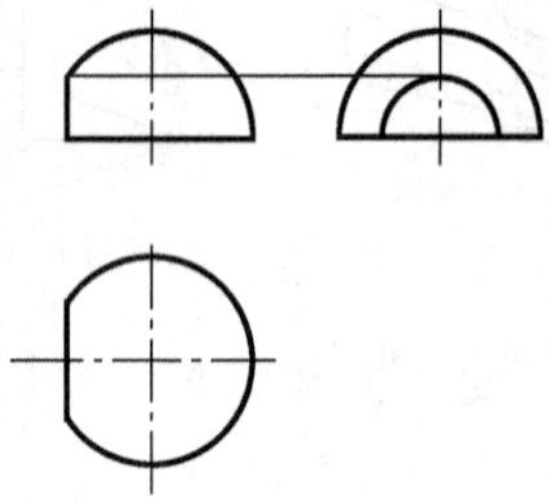	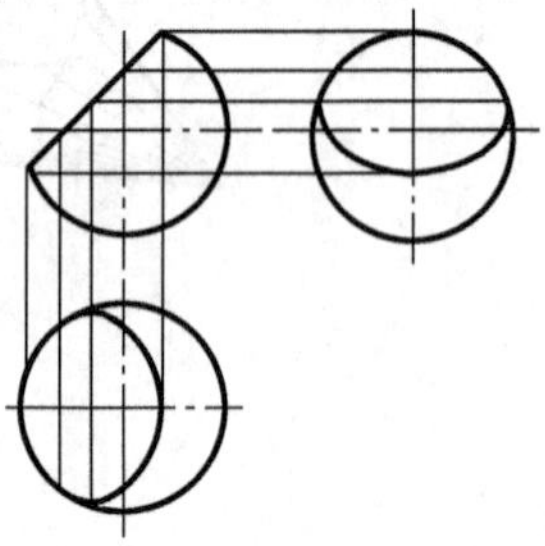

【例 3-6】　画开槽半球的三视图，如图 3-20 所示。

分析：如图 3-20（a）所示，半球被两个侧平面和一水平面截切，左、右对称的两个侧平面截切球面各得一段圆弧，水平面切球面得两段圆弧，三个截断面产生了两条交线，均为正垂线。

作图步骤，如图 3-20（b）所示。

① 作出完整半球的三视图。

② 画槽中三面的水平投影。左、右两侧平面的投影积聚为直线，槽底面的投影反映实形。

③ 画槽中三面的侧面投影。左、右两侧面的侧面投影重合，并反映实形，上部的圆弧为两侧面与球面的交线，其半径可按图 3-20（b）所示方法作出。

④ 整理图线并判别可见性。在左视图中，槽底面的积聚线在 a''、b''之间的部分不可见，

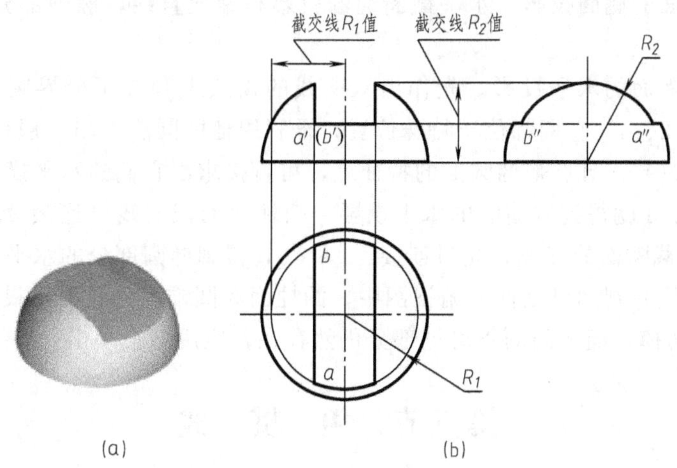

图 3-20　开槽半球的三视图

左右半球分界圆在槽底以上的部分被切去，不应画出。

（四）同轴复合回转体的截交线

同轴复合回转体是由几个回转体同轴组合而成的。画截交线时，可先将形体拆分成各个基本回转体，分析各段回转体的截切情况，判断截交线的形状，然后逐一将截交线画出。注意分界线（面）截切后的投影作图。

【例 3-7】 求作图 3-21（a）所示形体的三视图。

分析： 由图 3-21（a）可知，该形体由同轴的圆锥和圆柱叠加，再被一水平面和一正垂面截切后得到。水平面同时截切圆锥和圆柱，截切圆锥面所得截交线为双曲线，截切圆柱面所得截交线为两直线；正垂面只截切了圆柱，方向与轴线倾斜，切得的截交线为一部分椭圆，两截断面的交线为正垂线。

作图步骤，如图 3-21（b）所示。

① 画出完整形体的三视图。

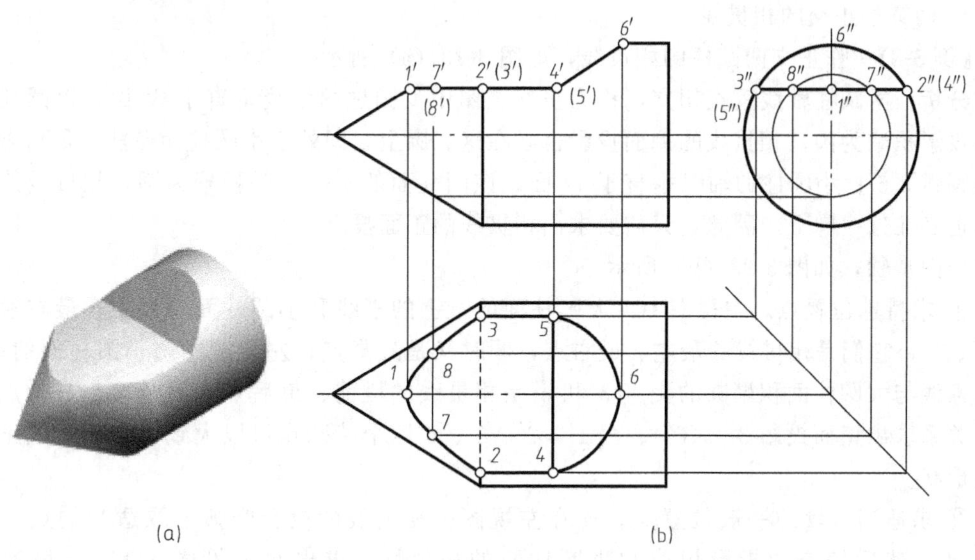

图 3-21　同轴复合回转体的截切

② 画两截断面的侧面投影。水平截断面的投影积聚成直线，椭圆部分的投影重合在圆周上。

③ 画出两截断面的水平投影。先作出双曲线的顶点Ⅰ和位于分界圆上的两个端点Ⅱ、Ⅲ的水平投影1、2、3，它们都位于特殊位置；再利用辅助圆法求出一般位置点Ⅶ、Ⅷ的水平投影7、8。Ⅳ、Ⅴ、Ⅵ点是椭圆上的特征点，可直接求出它们的水平投影4、5、6。光滑连接2、7、1、8、3就得到双曲线的水平投影。圆柱面的截交线可连接2、4和3、5得到；连接4、5得到两截断面的交线。光滑连接4、6、5，得到椭圆部分的水平投影。

④ 整理轮廓线并判别可见性。俯视图中，圆柱面和圆锥面分界圆的投影位于2、3之间的可见部分被截切掉，但下面的不可见部分仍然存在，应用虚线画出。

第三节 相 贯 线

两立体表面相交称为相贯，立体表面相交而产生的交线称为相贯线，如图3-22所示。

图3-22 相贯线

当相交两立体的形状及相对位置不同时，相贯线的形状通常也不同，但相贯线具有以下两个共同的性质。

① 相贯线是相交两表面的共有线，也是两表面的分界线。

② 由于立体在空间有一定的大小，因此相贯线一般为封闭的图线。

在相贯线中，较复杂的是两曲面的相贯线，其中两回转体相贯最为常见。依据相贯线的共有性，可先求取两曲面上一系列的共有点，然后将它们光滑连接起来。

一、利用积聚性求相贯线

当两圆柱相贯且其轴线分别垂直于某一投影面时，可利用圆柱面在所垂直的投影面上的投影具有积聚性这一性质，求作相贯线。

1. 两圆柱正交的相贯线

【例3-8】 作正交两圆柱的相贯线，如图3-23（a）所示。

分析： 两圆柱轴线垂直相交，称为正交。图中大圆柱的轴线垂直于W面，该圆柱面的侧面投影积聚为圆，相贯线的侧面投影也必在这一圆上，即处于小圆柱面最前、最后素线之间的圆弧$3''6''$；小圆柱的轴线垂直于H面，该圆柱面的水平投影积聚为圆，相贯线的水平投影也必在这一圆上，因此，只需要求出相贯线的正面投影。

作图步骤，如图3-23（b）所示。

① 求特殊位置点。主视图中，大圆柱面的最上的素线和小圆柱面的最左、最右素线交于$1'$、$2'$，它们是相贯线的最左、最右点，同时又是最高点；左视图中，小圆柱面的最前、最后素线与大圆柱面积聚圆的交点$3''$和$6''$是相贯线的最前、最后点，同时又是最低点。按投影关系求出正面投影$3'$、($6'$)。由$1'$、$2'$、$3'$、$6'$四个特殊点可以大致确定相贯线正面投影的形状。

② 求适当数量的一般位置点。先在左视图中相贯线的投影圆弧上取适当的点，如$4''$($5''$)点，然后按点的投影规律和小圆柱面的积聚性，求出水平投影4和5，最后求出$4'$、$5'$。

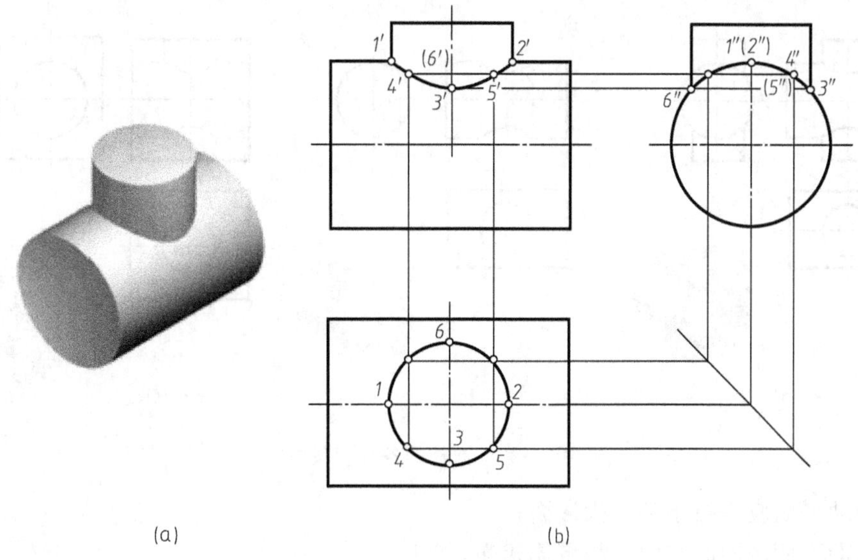

图 3-23　两圆柱正交的相贯线

③ 将所求各点光滑连接起来并判别可见性，即为相贯线的投影。主视图中相贯线的前半部分可见，后半部分不可见，但由于相贯线前后对称，因此后半部分不画出。

当两相贯体在相贯区域具有公共对称面时，相贯线在相应方向也具有对称性。相贯线可见性的判别原则为：同时位于两相贯体可见部分的相贯线可见。

2. 两圆柱正交时相贯线的近似画法

两圆柱正交时相贯线的投影与圆弧较为相似，当对相贯线的准确度要求不高时，为简化作图，可采用近似画法，如图 3-24 所示。

作图步骤：以两圆柱面最外轮廓素线的交点 1′（或 2′）为圆心，以大圆柱面的半径 $D/2$ 为半径画弧，与小圆柱的轴线交于 O 点，再以 O 为圆心，以大圆柱面的半径 $D/2$ 为半径画弧，连接 1′和 2′两点，即得相贯线的近似投影，注意画出的圆弧应凸向大圆柱侧。

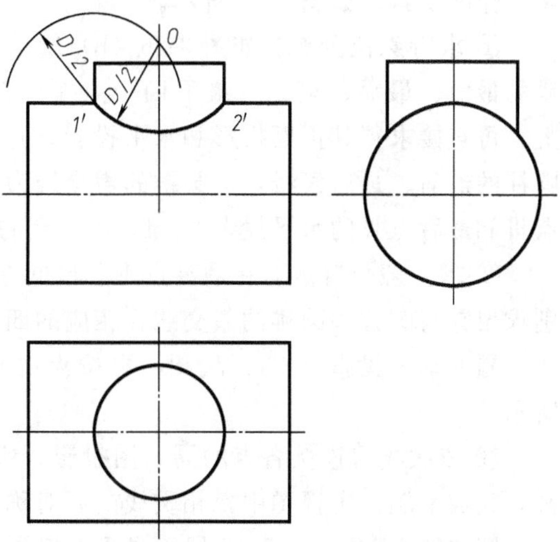

图 3-24　相贯线的近似画法

3. 两圆柱正交时相贯线的其他几种情况

图 3-25 所示为两圆柱正交时相贯线的其他几种常见情况。相贯线的作法与前述方法完全相同，图 3-25（a）所示为两外圆柱面相交，图 3-25（b）所示为内、外圆柱面相交，图 3-25（c）所示为两内圆柱面相交。

二 、利用辅助平面法求相贯线

辅助平面法是用平行于投影面的辅助平面去截切两个相贯体，如果所得截交线为直线或圆，可先分别求出辅助平面与两相贯体的截交线，两截交线的交点必为两相贯体表面的共有点，即相贯线上的点。借助一系列的辅助平面，就可以求得相贯线上的若干点，从而得到相贯线的投影。选择辅助平面时的注意事项：

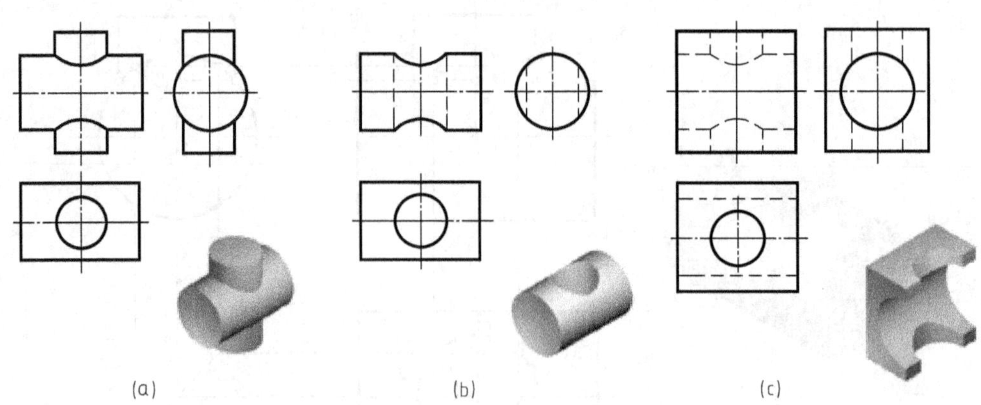

图 3-25 圆柱的各种相贯线

① 辅助平面应平行于某一投影面；

② 辅助平面应同时与两个相贯体相交；

③ 辅助平面截切两个相贯体所产生的截交线应为圆或直线。

【例 3-9】 作圆柱与圆锥正交的相贯线，如图 3-26 所示。

分析： 如图 3-26（a）所示，若用一水平面截切图中的圆柱和圆锥，由于水平面与圆柱轴线平行，故截切圆柱面产生的截交线为直线，而水平面又与圆锥的轴线垂直，故截切圆锥面产生的截交线为圆，同一截断面上直线与圆的交点就是相贯线上的点。

作图步骤，如图 3-26 所示。

① 求特殊位置点。如图 3-26（b）所示，相贯线的侧面投影为圆弧，先在其上找出相贯线的最前、最后、最上、最下四个点 1″、2″、3″、4″，Ⅰ、Ⅱ两点位于圆锥面的最左素线上，可直接求得其正面投影和水平投影。过圆柱轴线作水平面 P_1，它与圆柱面的截交线为圆柱的最前、最后素线，与圆锥的截交线为圆，它们的水平投影的交点，就是相贯线的最前点Ⅲ和最后点Ⅳ的水平投影 3、4，再按点的投影规律求得正面投影 3′、4′。

② 求一般位置点。在最高点Ⅰ和最低点Ⅱ之间作水平辅助平面 P_2、P_3，在俯视图中分别求出它与圆柱和圆锥的截交线，相应的四个交点就是相贯线上的四个一般位置点Ⅴ、Ⅵ、Ⅶ、Ⅷ的水平投影 5、6、7、8，再按点的投影规律求出四点的正面投影，如图 3-26（c）所示。

③ 依次光滑连接各点的同名图投影，判别相贯线的可见性，完善相贯体其余部分的投影，完成全图。主视图中，相贯线前后对称，只画出可见的前半段；俯视图中，相贯线位于下半圆柱的 3、7、2、8、4 段不可见，应画成虚线。

三、相贯线的特殊情况

两回转体的相贯线通常为空间曲线，但在特殊情况下为平面曲线或直线，下面介绍两种最常见的情况。

1. 相贯线为椭圆

两圆柱面等径正交时，相贯线为椭圆，如图 3-27 所示。椭圆形相贯线垂直于两圆柱轴线所平行的投影面，故图中相贯线的正面投影为直线。

两个圆柱，或圆柱与圆锥轴线相交，且公切于同一球面时，相贯线为椭圆，如图 3-28 所示。

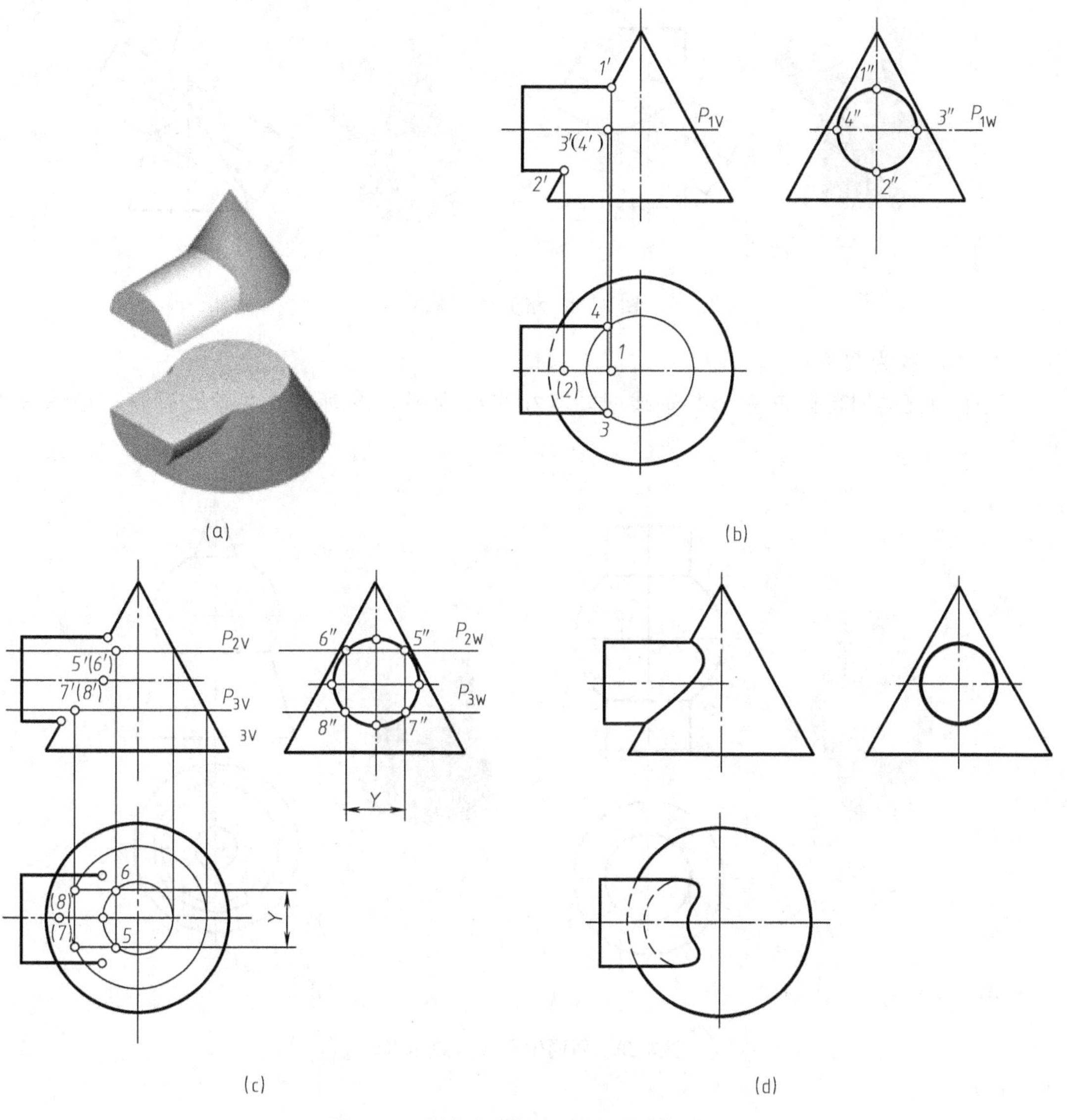

图 3-26　圆柱与圆锥正交的相贯线画法

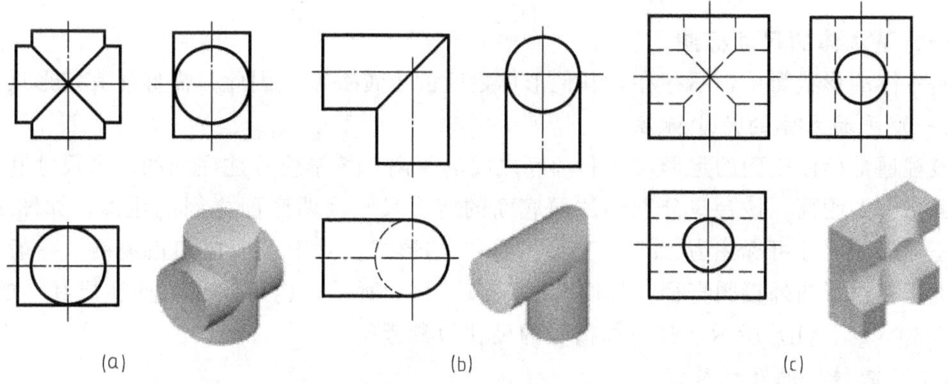

图 3-27　直径相等的正交两圆柱

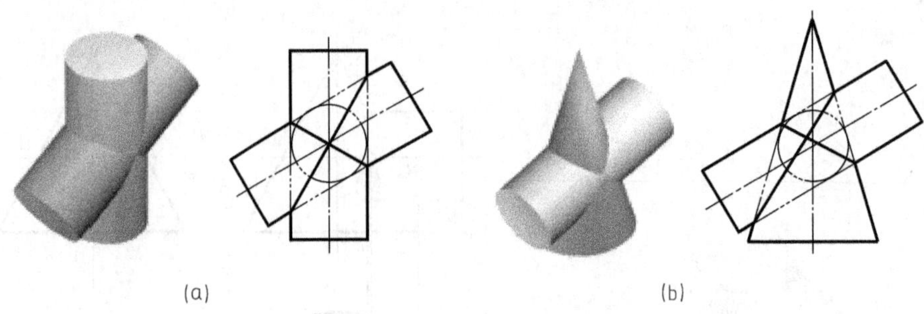

图 3-28 相贯线为椭圆

2. 相贯线为圆

两个相交的回转体具有公共轴线时，其相贯线为圆，该圆与公共轴线垂直，如图 3-29 所示。

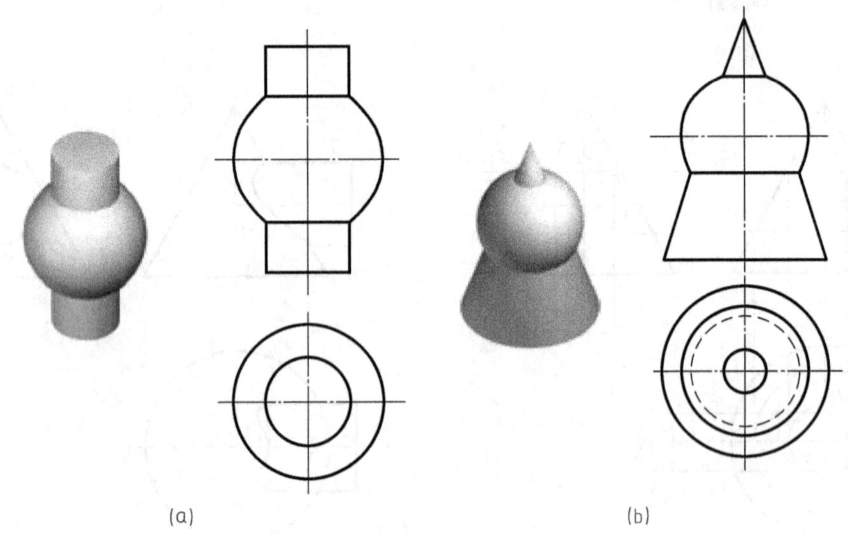

图 3-29 两同轴回转体的相贯线

第四节 基本体的尺寸标注

一、基本体的尺寸标注

基本体的形状简单，不存在与其他形体之间的位置关系，因此只需标注其定形尺寸。

（一）平面立体的尺寸标注

棱柱通常标注底面的定形尺寸和两底之间的距离；棱锥应标注底面的定形尺寸和锥顶点与底面之间的距离；棱台应分别标注两底面的定形尺寸及两底面之间的距离，如图 3-30 所示。正方形的尺寸可标注为“$a\times a$”或“$\square a$”的形式。对于正棱柱和正棱锥，一般应标注出底面正多边形的外接圆直径，如图 3-30（e）、（f）所示；也可按需要标注成其他的形式，如图 3-30（g）、（h）所示，其中加括号的尺寸为参考尺寸。

（二）回转体的尺寸标注

圆柱和圆锥应标注底圆直径和轴线方向尺寸，圆台应分别标注两底圆的直径和轴线方向

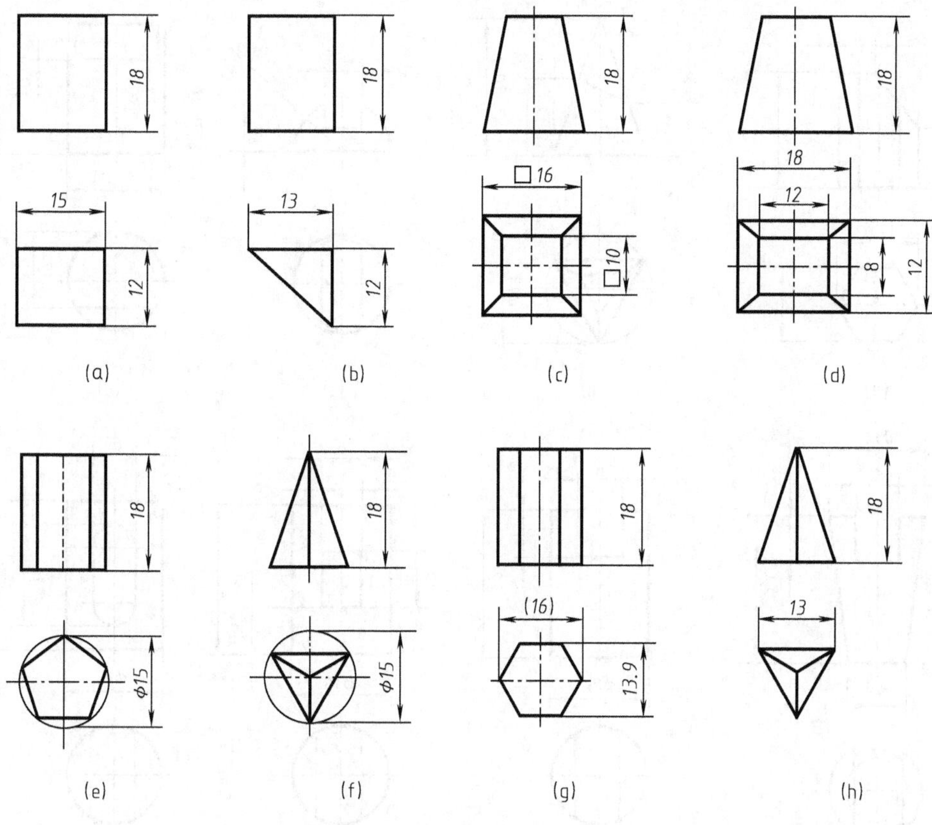

图 3-30　平面立体的尺寸标注

尺寸，直径尺寸一般标注在非圆的视图中，如图 3-31（a）～（c）所示。球的尺寸注法如图 3-31（d）所示。

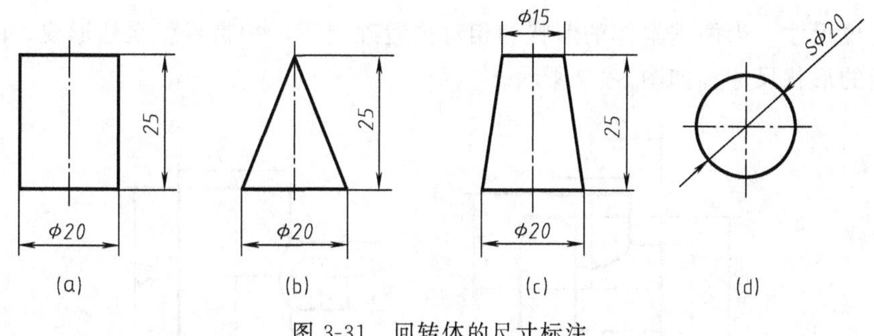

图 3-31　回转体的尺寸标注

二、截断体的尺寸标注

在截断体中，截交线是由截平面与基本体表面相交产生的，只要确定了截平面的位置，截交线的形状就自然形成，故截断体只需标注基本体的定形尺寸和截平面的位置尺寸，不必标注截交线的形状尺寸，如图 3-32（a）～（f）所示。对于有穿孔的立体，除标注基本体的定形尺寸外，还应标注穿孔的定形尺寸和定位尺寸，如图 3-32（g）、（h）所示。

三、相贯体的尺寸标注

由于相贯体由两个以上的基本体构成，故除了标注各基本体的定形尺寸外，还需标注它

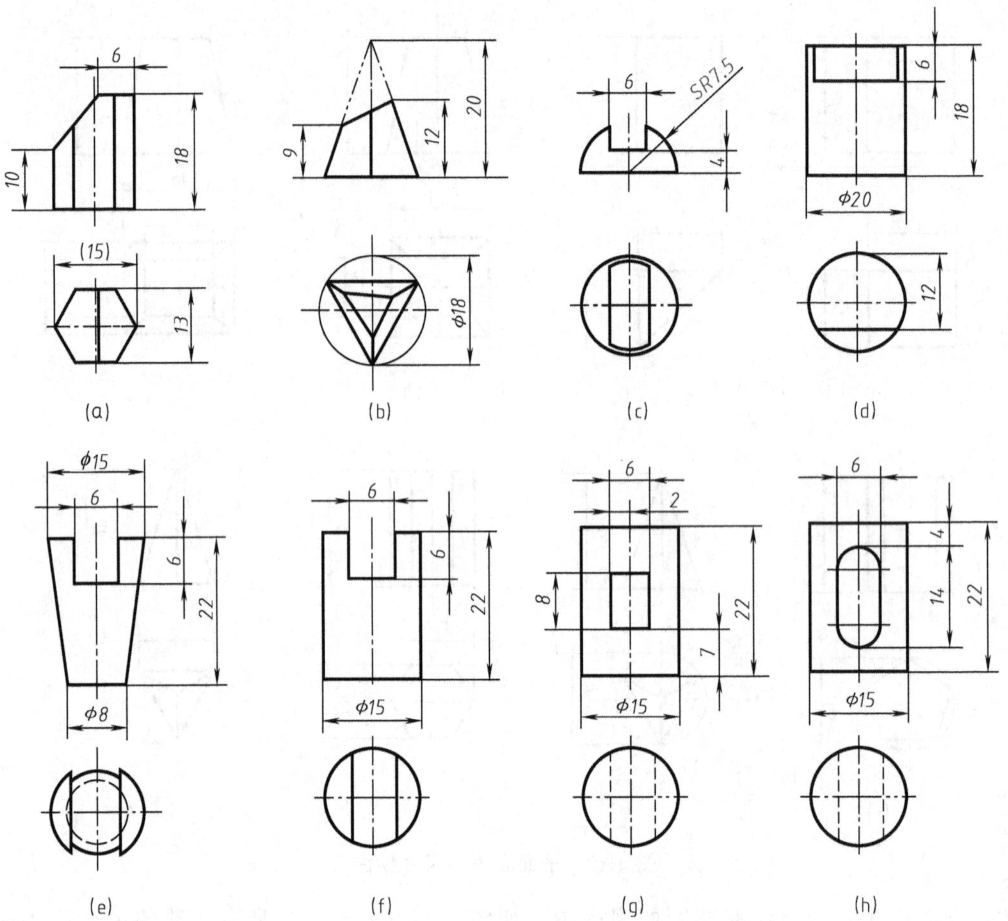

图 3-32 截断体的尺寸标注

们之间的定位尺寸。当两基本体的形状和相对位置确定后，相贯线就自然形成，因此，不必标注相贯线的形状尺寸，如图 3-33 所示。

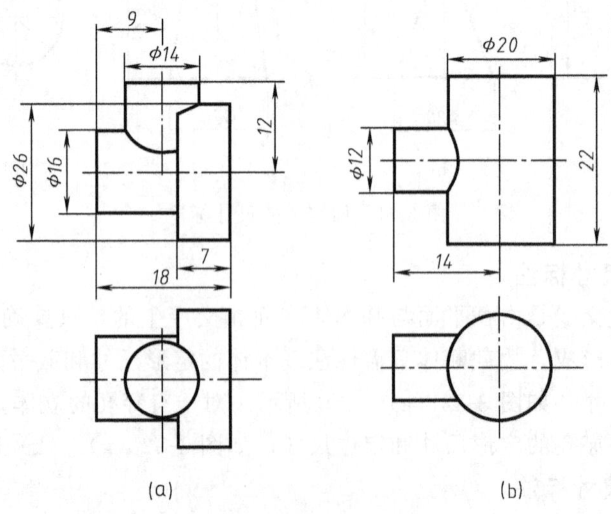

图 3-33 相贯体的尺寸标注

第四章 轴 测 图

知识目标： 熟悉轴测图的概念和作用。

能力目标： 能徒手绘制中等复杂程度形体的正等测图和斜二测图。

第一节 轴测图的基本知识

将物体连同其参考直角坐标系，沿不平行于任一坐标面的方向，用平行投影法将其投射在单一投影面上所得到的图形称为轴测图。轴测图又称立体图，有正轴测图和斜轴测图之分，按投射方向与轴测投影面垂直的方法画出来的是正轴测图；按投射方向与轴测投影面倾斜的方法画出来的是斜轴测图，如图 4-1 所示。

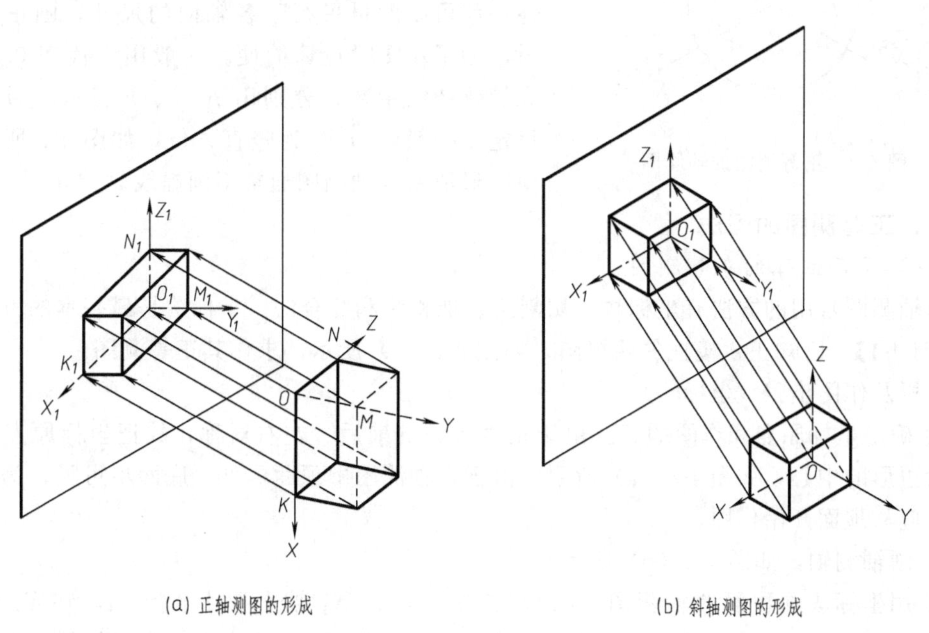

图 4-1 轴测图的形成

轴测图是单面投影图，其投影面称为轴测投影面。如图 4-1（a）所示，空间直角坐标轴 OX、OY 和 OZ 在轴测投影面上的投影 O_1X_1、O_1Y_1 和 O_1Z_1 称为轴测轴。两轴测轴间的夹角 $\angle X_1O_1Y_1$、$\angle X_1O_1Z_1$ 和 $\angle Y_1O_1Z_1$ 称为轴间角。空间直角坐标轴 OX 上的单位长度 OK 在轴测轴 O_1X_1 上的投影长度为 O_1K_1，比值 O_1K_1/OK 称为 X 轴的轴向伸缩系数，用符号 p_1 表示。各轴的轴向伸缩系数如下。

X 轴的轴向伸缩系数：$p_1=O_1K_1/OK$

Y 轴的轴向伸缩系数：$q_1=O_1M_1/OM$

Z 轴的轴向伸缩系数：$r_1=O_1N_1/ON$

轴测图是根据平行投影法画出的平面图形，它具有平行投影的一般性质。

(1) 平行性　空间相互平行的直线，其轴测投影也相互平行。

(2) 等比性　空间平行于某一坐标轴的直线（轴向线段），其轴测投影平行于相应的轴测轴，其伸缩系数与相应坐标轴的轴向伸缩系数相同。所谓“轴测”就是沿各轴向测量的意思。

第二节　正等测图

一、正等测图的形成

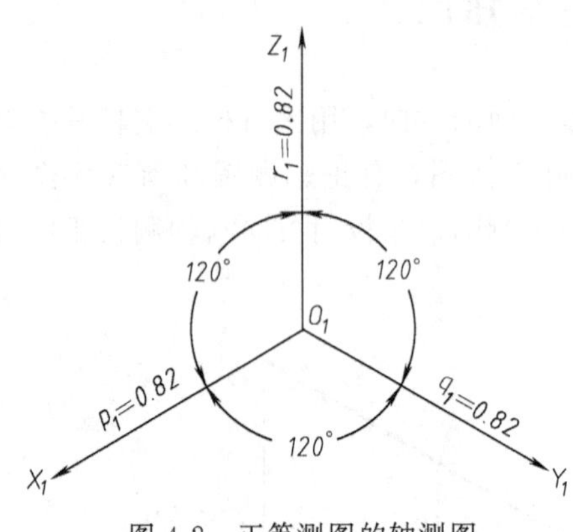

图 4-2　正等测图的轴测图

使空间直角坐标系的三根坐标轴对轴测投影面的倾角相等，并用正投影法将物体向轴测投影面投射所得到的图形称为正等轴测图，简称正等测图。

在正等测图中，由于空间直角坐标系的三根坐标轴对轴测投影面的倾角相等，故轴间角都是 120°，计算可知各轴的轴向伸缩系数均为 0.82。根据等比性，就可以度量平行于各轴向的尺寸，画正等测图时，为了作图时计算简便，一般用 1 代替 0.82，称为简化伸缩系数，分别用 p、q、r 表示。为使图形稳定，一般取 O_1Z_1 为竖直方位，如图 4-2 所示。为使图形清晰，轴测图通常不画虚线。

二、正等测图的画法

（一）平面立体的正等测图

画轴测图常用的方法有坐标法、切割法、堆积法和综合法。坐标法是最基本的方法。

【例 4-1】 已知正六棱柱的两视图，如图 4-3（a）所示，求作其正等测图。

分析及作图步骤（坐标法）。

① 确定坐标原点和作图顺序。由于正六棱柱的前后、左右对称，故把坐标原点定在顶面正六边形的中心，如图 4-3（a）所示。由于在轴测图中顶面可见，底面不可见，为减少作图线，应从顶面开始作图。

② 画轴测轴，如图 4-3（b）所示。

③ 用坐标法画顶面的轴测图。以 O_1 为中点，在 X_1 轴上取ⅠⅣ＝14，在 Y_1 轴上取 $AB=ab$，过 A、B 点分别作 X_1 轴的平行线，且分别以 A、B 为中点，在所作的平行线上取ⅡⅢ＝23，ⅤⅥ＝56。用直线顺次连接Ⅰ、Ⅱ、Ⅲ、Ⅳ、Ⅴ和Ⅵ点，即得顶面的轴测图，如图 4-3（b）所示。

④ 画侧面的轴测图。过Ⅵ、Ⅰ、Ⅱ、Ⅲ各点向下作 Z_1 轴的平行线，并在各平行线上按尺寸 h 取点再依次连线，如图 4-3（c）所示。

⑤ 擦去多余图线，检查、描深即完成全图，如图 4-3（d）所示。

【例 4-2】 已知形体的三视图，如图 4-4（a）所示，求作正等测图。

分析：阅读三视图可知，所示形体由长方体被三个截平面切割而成，可按切割法画出其轴测图。

作图步骤如下。

① 根据总体长、宽、高画出长方体的轴测图，如图 4-4（b）所示。

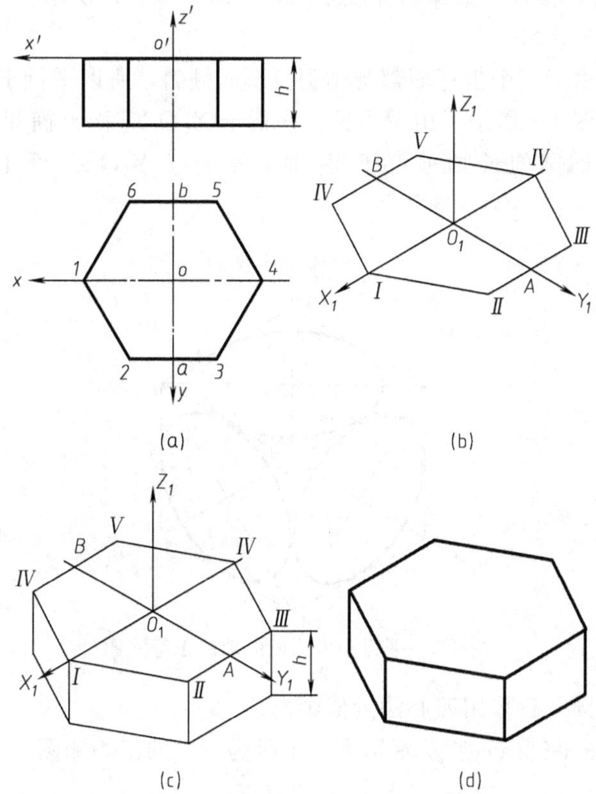

图 4-3　正六棱柱的正等测图画法

② 根据视图大小，画出左上切口，如图 4-4（c）所示。

③ 根据视图大小，画出左前切口，如图 4-4（d）所示。

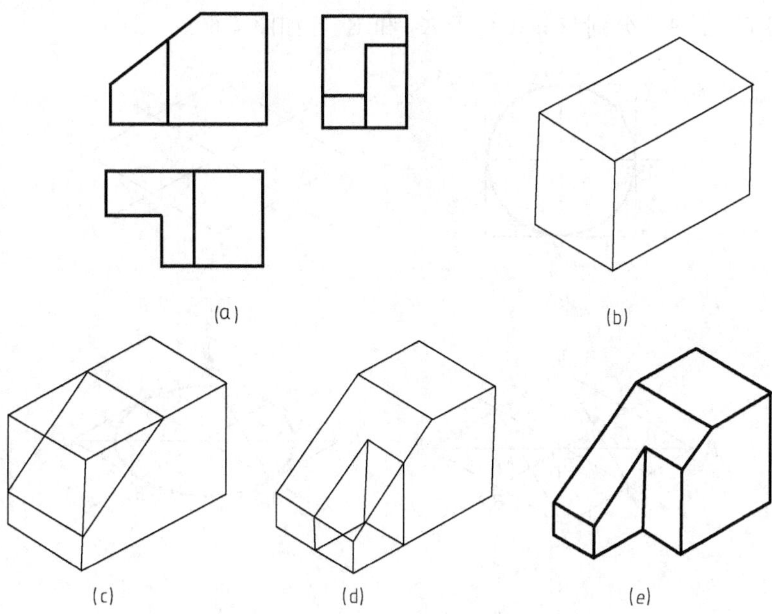

图 4-4　用切割法画正等测图

④ 擦去多余图线，检查、描深即完成全图，如图 4-4（e）所示。

（二）回转体的正等测图

在正等测图中，由于三个坐标面都与轴测投影面倾斜，所以平行于任一坐标面的圆，其轴测图均为椭圆，如图 4-5 所示。由图可见：平行于 $X_1O_1Y_1$ 面上椭圆的长轴垂直于 Z_1 轴；平行于 $X_1O_1Z_1$ 面上椭圆的长轴垂直于 Y_1 轴；平行于 $Y_1O_1Z_1$ 面上椭圆的长轴垂直于 X_1 轴。

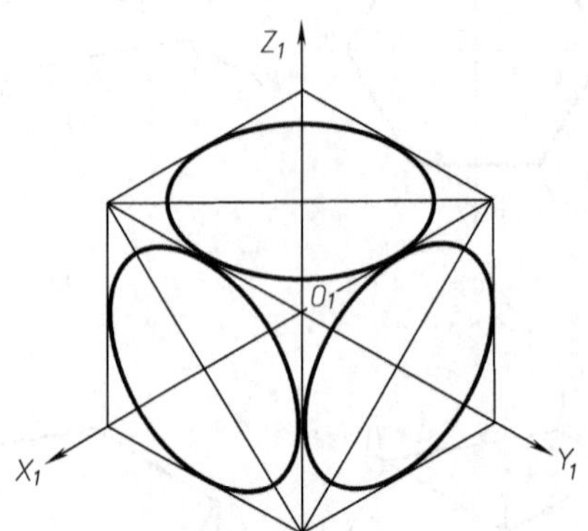

图 4-5 平行于坐标面的圆的正等测图

正等测图中的椭圆一般采用四心法近似画出。

【例 4-3】 求作图 4-6（a）所示水平圆（半径为 R）的正等测图。

作图步骤如下。

① 定出直角坐标系的原点，画圆的外切正方形 1234，与圆相切于 a、b、c、d 四点，如图 4-6（a）所示。

② 画出轴测轴，在 X_1、Y_1 轴上截取 $O_1A=O_1C=O_1B=O_1D=R$，过 A、C 分别作 Y_1 轴的平行线，过 B、D 分别作 X_1 轴的平行线，得菱形ⅠⅡⅢⅣ，如图 4-6（b）所示。

③ 连接ⅠC、ⅢA，分别与ⅡⅣ交于 K_1 和 K_2，如图 4-6（c）所示。

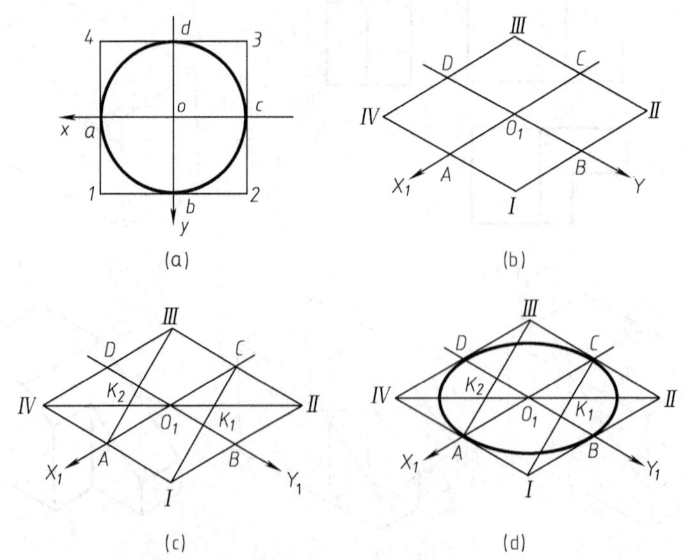

图 4-6 圆的正等测图近似画法

④ 分别以Ⅰ、Ⅲ为圆心，ⅠC或ⅢA为半径画出大圆弧CD和AB，再分别以K_1、K_2为圆心，K_1C或K_2A为半径，画圆弧BC和AD，由这四段圆弧光滑连接而成的图形，即为所求的椭圆，如图4-6（d）所示。

【例4-4】 求作圆柱的正等测图，如图4-7（a）所示。

作图步骤如下。

① 定出坐标原点及坐标轴，如图4-7（a）所示。

② 画两端面圆的正等测图（可用移心法画底圆），如图4-7（b）所示。

③ 作两椭圆的公切线，擦去多余线条，检查、描深即完成全图，如图4-7（c）所示。

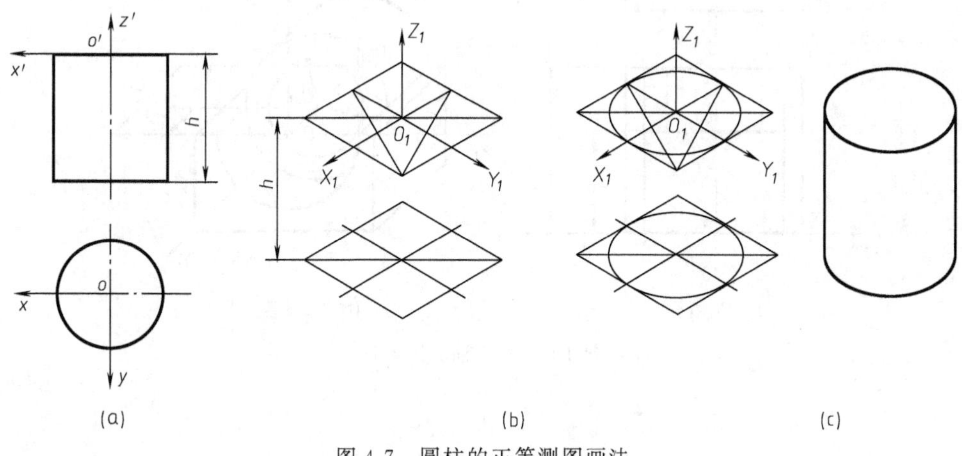

图4-7 圆柱的正等测图画法

第三节 斜 二 测 图

一、斜二测图的形成

投射线对轴测投影面倾斜，即可得到形体的斜轴测图，如图4-1（b）所示。若使坐标面XOZ平行于轴测投影面，则它在轴测投影面上的投影反映实形，X_1和Z_1间的轴间角为90°，X和Z的轴向伸缩系数都等于1，这种轴测图称为斜二轴测图，简称斜二测图。

在斜二测图中，$\angle X_1O_1Y_1$及Y轴的轴向伸缩系数可以任意选择，为了画图方便并考虑到立体感，在选择投射方向时，使Y_1轴和X_1、Z_1轴的夹角都是135°，并使Y轴的轴向伸缩系数为0.5，如图4-8所示。当零件只有一个方向有圆或其他复杂形状时，宜用斜二测图表示。

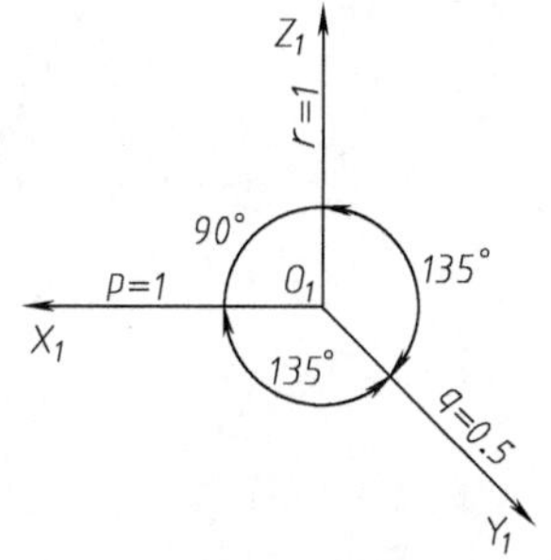

图4-8 斜二测图的轴测图

二、斜二轴测图的画法

画斜二轴测图通常从形体的最前面画起，沿 Y_1 轴方向分层定位，在与 $X_1O_1Z_1$ 平行的轴测面上定形，注意 Y 轴方向伸缩系数为 0.5。图 4-9 所示为斜二测图的画法示例。

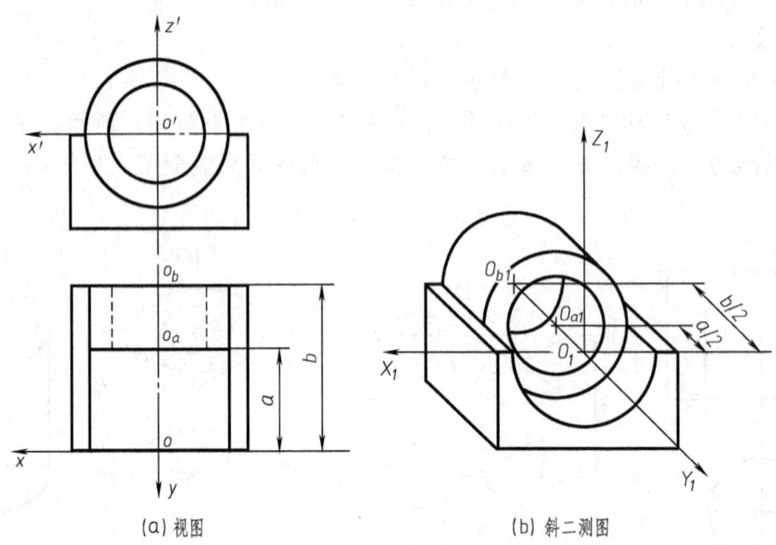

(a) 视图　　(b) 斜二测图

图 4-9 斜二轴测图画法

第五章　组　合　体

知识目标： 1. 熟悉组合体的类型和组合方式。
2. 掌握形体分析法及线面分析法的基本原理。

能力目标： 1. 能综合运用已有的制图知识与技能并发展提高。
2. 能正确绘制、阅读并标注中等复杂程度的组合体视图。

第一节　组合体的形体分析

一、组合体的概念

任何复杂的形体，都可以看成是由一些基本形体按照一定的连接方式组合而成的。这些基本形体包括第三章所介绍的棱柱、棱锥、圆柱、圆锥和球等。由基本形体组成的复杂形体称为组合体。

二、组合体的组合方式

组合体的组成方式有切割和叠加两种基本形式。常见的组合体则是这两种方式的综合，如图 5-1 所示。

图 5-1　组合体的组合方式

无论以何种方式构成组合体，其基本形体的相邻表面间都存在一定的相互关系。这些表面连接关系包括平行、相切、相交等。

(1) 平行　平行是指两基本形体连接面平行叠加。它又可以分为两种情况：当两基本体的表面平齐时，两表面共面，因而视图上两基本体之间无分界线，如图 5-2 (a) 所示；而两基本体的表面不平齐时，则必须画出它们的分界线（分界面的投影），如图 5-2 (b) 所示。

(2) 相切　当两基本形体的表面相切时，两表面在相切处光滑过渡，不应画出切线，如图 5-2 (c) 所示。

当两曲面相切时，则要看两曲面的公切面是否垂直于投影面。如果公切面垂直于投影面，则在该投影面上相切处要画线，否则不画线，如图 5-2 (d) 所示。

(3) 相交　当两基本形体的表面相交时，相交处会产生不同形式的交线，在视图中应画出这些交线的投影，如图 5-2 (e) 所示。

三、形体分析法

形体分析法是组合体读图、画图及尺寸标注的基本方法。形体分析就是将组合体按照其

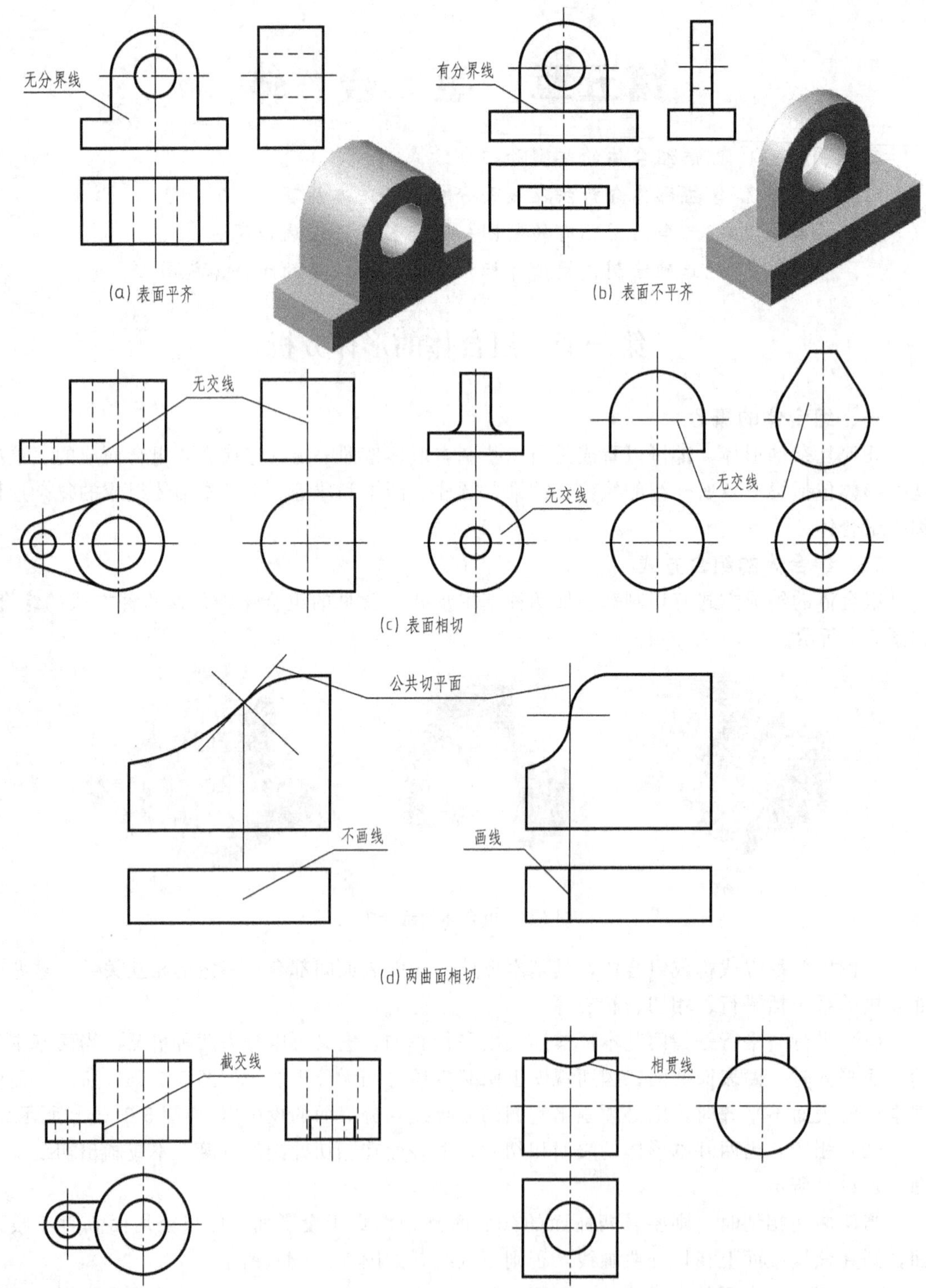

图 5-2 组合体相邻表面的连接关系

组成方式分解为若干形体，以便弄清楚各基本形体的形状、相对位置和表面连接关系。这是一种分析与综合的思维方法，在以后的章节中将广泛使用。

第二节　组合体三视图的画法

下面以图 5-3 所示的轴承座为例，介绍画组合体三视图的一般方法和步骤。

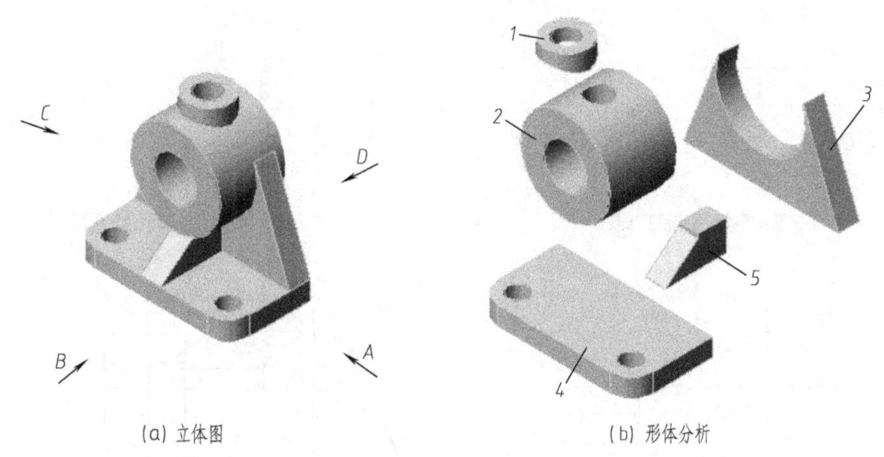

图 5-3　轴承座

1—凸台；2—轴承；3—支承板；4—底板；5—肋板

1. 形体分析

画三视图之前，首先应对组合体进行形体分析。分析组合体由哪几部分组成，各部分之间的相对位置，相邻两基本体的组合形式，是否产生交线等。如图 5-3（b）所示，轴承座由上部分的凸台 1、轴承 2、支承板 3、底板 4 及肋板 5 组成。凸台与轴承是两个垂直相交的空心圆柱体，在外表面和内表面上都有相贯线。支承板、肋板和底板分别是不同形状的平板。支承板的左、右侧面都与轴承的外圆柱面相切，肋板的左、右侧面与轴承的外圆柱面相交，底板的顶面与支承板、肋板的底面相互重合叠加。

2. 选择视图

选择视图首先要确定主视图。一般是将组合体的主要表面或主要轴线放置在与投影面平行或垂直位置，并以最能反映该组合体各部分形状和位置特征的方向作为主视图。同时还应考虑到：使其他两个视图上的虚线尽量少一些；尽量使画出的三视图长大于宽。后两点不能兼顾时，以前述形体特征原则为准。如图 5-3（a）所示，沿 *B* 向观察，所得视图满足上述要求，可以作为主视图。主视图方向确定后，其他两视图的方向则随之确定。

3. 选择比例和图幅

根据组合体的复杂程度和实际大小，选择国家标准规定的比例并选定图幅。选择图幅时，应充分考虑到视图、尺寸及标题栏等的大小和位置。

4. 布置视图，画作图基准线

根据组合体的总体长、宽、高尺寸，通过简单计算，将各视图均匀地布置在图框内。各视图位置确定后，用细点划线及细实线画出作图基准线。作图基准线一般为底面、对称面、主要端面、主要轴线等，如图 5-4（a）所示。

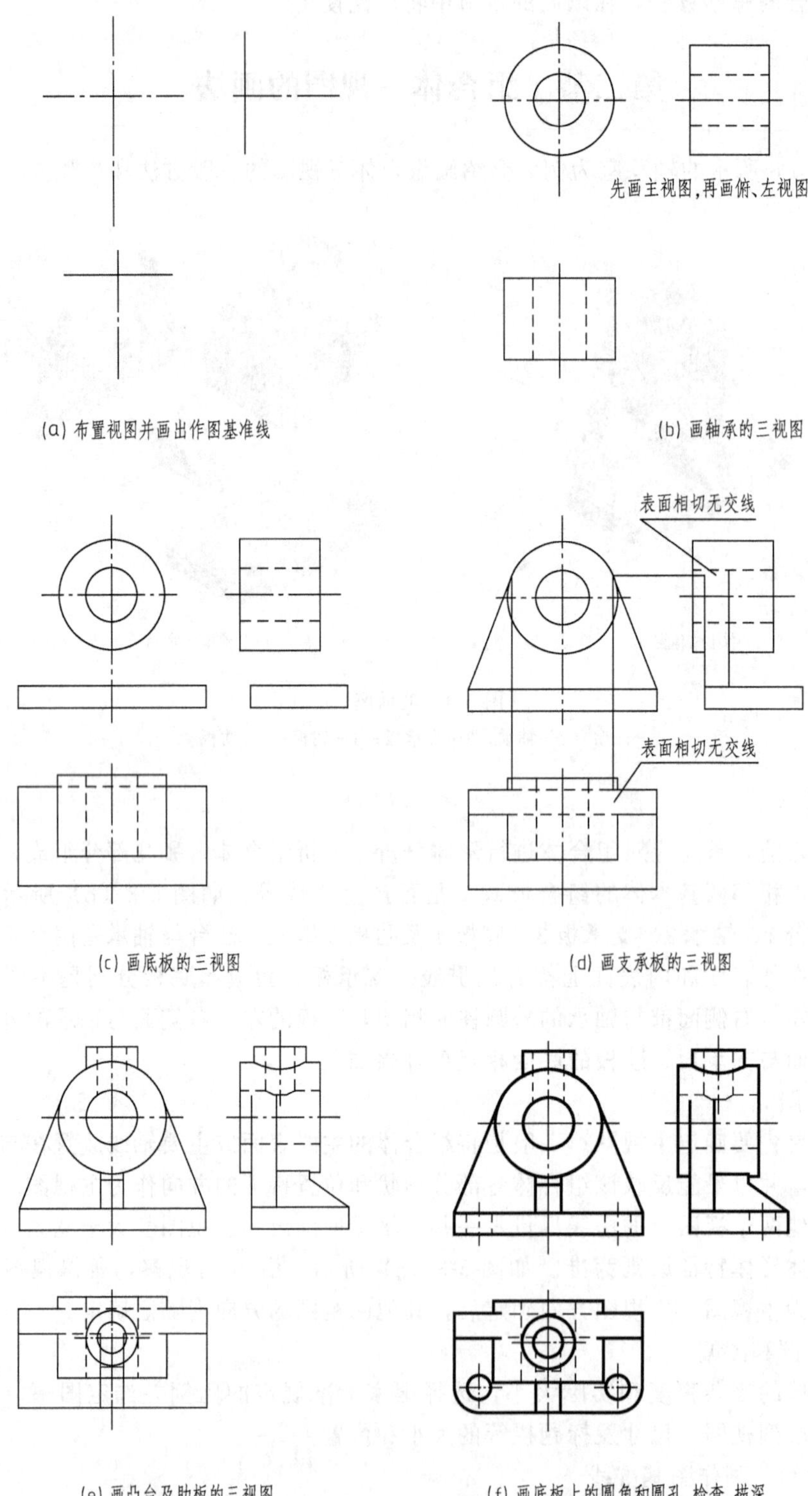

图 5-4 组合体三视图的画图步骤

5. 画底稿

依次画出每个基本形体的三视图，如图 5-4（b）～（f）所示。画底稿时应注意以下两点。

① 在画各基本形体的视图时，应先画主要形体，后画次要形体；先画可见的部分，后画不可见的部分。如图中先画轴承和底板，后画支承板和肋板。

② 画每一个基本形体时，一般应该三个视图对应着一起画，先画反映实形或有特征的视图，再按投影关系画其他视图，如图中的轴承先画主视图，凸台先画俯视图，支承板先画主视图等。尤其要注意按投影关系正确地画出平行、相切和相交处的投影。

6. 检查、描深

检查底稿，改正错误，然后再按不同线型描深，如图 5-4（f）所示。

第三节　组合体的尺寸标注

一、组合体尺寸标注的基本要求

组合体的视图表达了机件的形状，而机件的大小则要由视图上所标注的尺寸来确定。

标注组合体尺寸时，一般应做到以下几点。

① 尺寸标注规则要符合国家标准。

② 尺寸标注要完整。

③ 尺寸布置要清晰、整洁。

二、组合体的尺寸标注

（一）尺寸标注要完整

要达到这个要求，应首先按形体分析法将组合体分解为若干基本体，进而注出表示各个基本体大小的尺寸及确定这些基本体间相对位置的尺寸，前者称为定形尺寸，后者称为定位尺寸。按照这样的分析方法去标注尺寸，就比较容易做到既不遗漏尺寸，也不重复标注尺寸。下面以图 5-5 所示的支架为例，说明尺寸标注过程中的分析方法。

图 5-5　支架立体图

1. 定形尺寸

如图 5-6 所示，将支架分解成六个基本体后，分别注出其定形尺寸。由于每个基本体的尺寸一般只有少数几个，因而比较容易考虑，如直立空心圆柱的定形尺寸 $\phi72$、$\phi40$、80，底板的定形尺寸 $R22$、$\phi22$、20，肋板的定形尺寸 34、12 等。至于这些尺寸标注在哪一个视图上，则要根据具体情况而定。如直立空心圆柱的尺寸 $\phi40$ 和 80 可注在主视图上，但 $\phi72$ 在主视图上标注比较困难，故将它注在左视图上。耳板的尺寸 $R16$、$\phi16$ 注在俯视图上最为适宜，而厚度尺寸 20 只能注在主视图上。其余各形体的定形尺寸如图 5-7 所示，请读者自行分析。

2. 定位尺寸

组合体各组成部分之间的相对位置必须从长、宽、高三个方向来确定。标注定位尺寸的起点称为尺寸基准，因此，长、宽、高三个方向至少各要有一个尺寸基准。组合体的对称

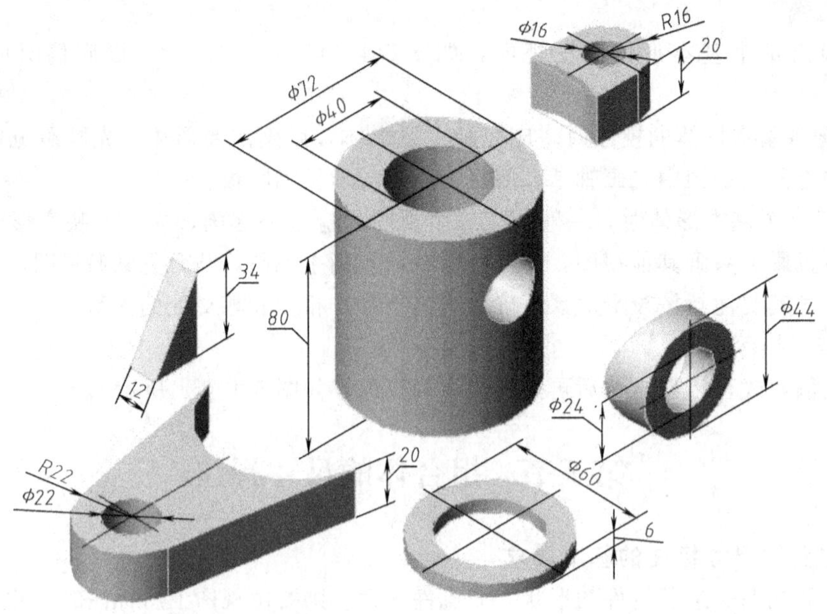

图 5-6 支架定形尺寸的分析

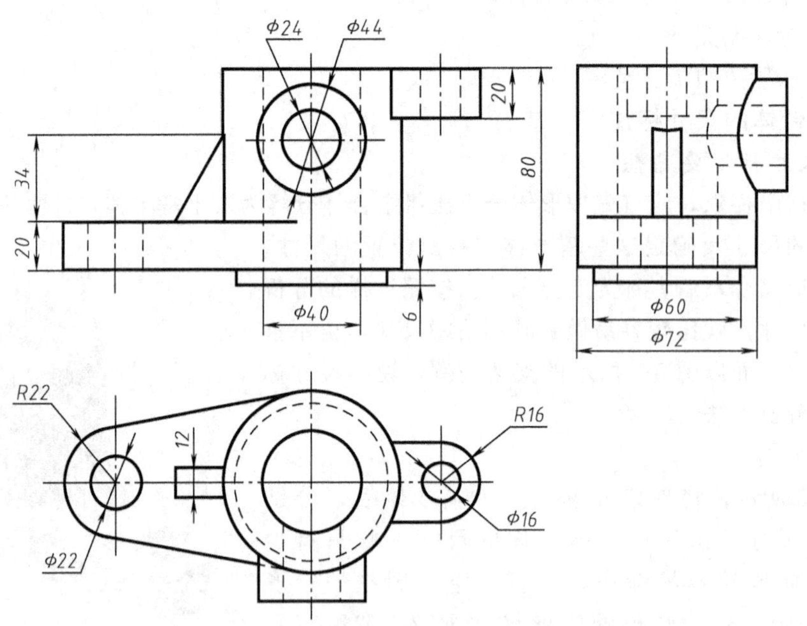

图 5-7 支架定形尺寸的标注

面、底面、重要的端面和重要的回转体的轴线经常被选作尺寸基准。图中支架长度方向的尺寸基准为直立空心圆柱的轴线；宽度方向的尺寸基准为底板及直立空心圆柱的前后对称面；高度方向的尺寸基准为直立空心圆柱的上表面。在图 5-8 中标注了这些基本形体之间的五个定位尺寸，如直立空心圆柱与底板孔、肋板、耳板孔之间在左右方向的定位尺寸 80、56、52，水平空心圆柱上下方向的定位尺寸 28 及前后方向的定位尺寸 48。将定形尺寸和定位尺寸合起来，支架上所必需的尺寸就标注完整了。

3. 总体尺寸

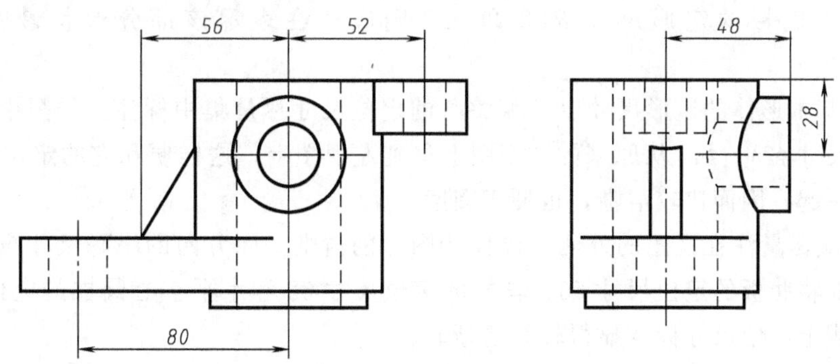

图 5-8　支架定位尺寸的标注

按上述分析，尺寸虽然已经标注完整，但考虑总体长、宽、高尺寸后，为了避免重复，还应作适当的调整。如图 5-9 所示，尺寸 86 为总体高度尺寸，注上这个尺寸后会与直立空心圆柱的高度尺寸 80、扁空心圆柱的高度尺寸 6 重复，因此应将尺寸 6 去掉。当形体的端部为回转体结构（如图中底板的左端、直立空心圆柱的后端、耳板的右端）时，一般不再标注总体尺寸，例如标注了定位尺寸 48 及圆柱直径 $\phi72$ 后，就不再需要标注总宽尺寸。

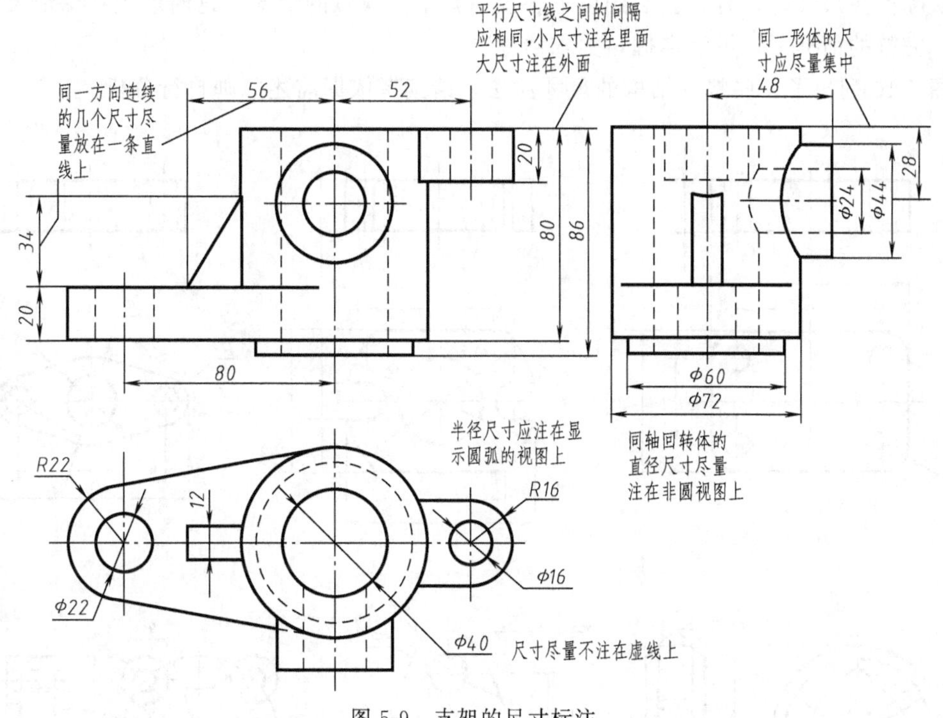

图 5-9　支架的尺寸标注

（二）尺寸标注要清晰

标注尺寸时，除了要求完整外，为了便于读图，还要求标注得清晰、整洁。现以图 5-9 为例，说明几个主要的考虑因素。

① 尺寸应尽量标注在表示形体特征最明显的视图上。如肋板的定形尺寸 34，注在主视图上比注在左视图上好；水平空心圆柱的定位尺寸 28，注在左视图上比注在

主视图上好；底板的定形尺寸 $R22$ 和 $\phi22$ 则应注在表示该部分形状最明显的俯视图上。

② 同一基本形体的定形尺寸以及相关联的定位尺寸尽量集中标注。如图中将水平空心圆柱的定形尺寸 $\phi24$、$\phi44$ 从原来的主视图上移到左视图上，这样便和它的定位尺寸 28、48 全部集中在一起，因而比较清晰，也便于阅读。

③ 尺寸应尽量注在视图的外侧，以保持图形的清晰。同方向的串联尺寸应尽量注在同一直线上，如将肋板的定位尺寸 56、耳板的定位尺寸 52 和水平空心圆柱的定位尺寸 48 布置在一条直线上，使尺寸标注显得较为清晰。

④ 同心圆柱的直径尺寸尽量注在非圆视图上，而圆弧的半径尺寸则必须注在投影为圆弧的视图上。如直立空心圆柱的直径 $\phi60$、$\phi72$ 均注在左视图上，而底板及耳板的圆弧半径 $R22$、$R16$ 则必须注在俯视图上。

⑤ 尽量避免在虚线上标注尺寸。如直立空心圆柱的孔径 $\phi40$，若标注在主、左视图上将从虚线引出，因此应注在俯视图上。

⑥ 尺寸线与尺寸界线，尺寸线、尺寸界线与轮廓线都应尽量避免相交。相互平行的并联尺寸应按“小尺寸在内，大尺寸在外”的原则排列。

⑦ 内形尺寸与外形尺寸最好分别注在相应视图的两侧。

实际标注尺寸时，有时会遇到以上各项原则不能兼顾的情况，这时就应在保证尺寸标注正确、完整的前提下，灵活掌握，力求清晰。

图 5-10 列出了一些常见结构的尺寸注法，请读者依据前述原则自行分析。

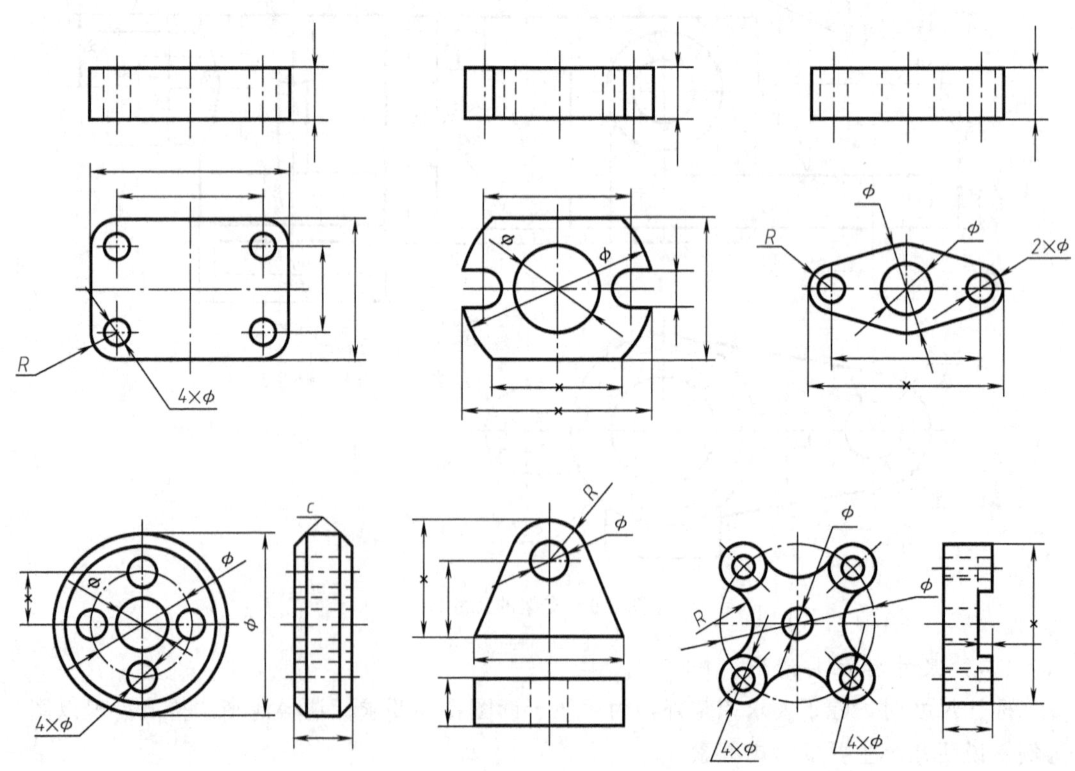

图 5-10 常见结构的尺寸注法

第四节　读组合体视图的方法

画图和读图是学习本课程的两个重要环节。画图是把空间形体用正投影法表达在平面上；而读图则是依据正投影原理，根据平面视图想像出空间形体的形状。要能正确、迅速地读懂视图，必须掌握读图的基本要领和基本方法，培养空间想像力和形体构思能力，并通过不断实践，逐步提高读图能力。

一、读图的基本要领

（一）将几个视图联系起来看

一个视图一般不能完全确定形体的形状。如图 5-11 所示的五组视图，它们的主视图都相同，但实际上是五个不同的形体。图 5-12 所示的三组视图，它们的主、俯视图都相同，但也表示了三个不同的形体。

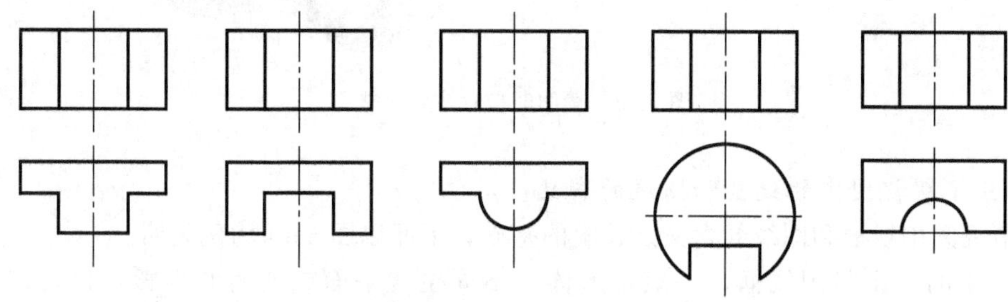

图 5-11　一个视图不能完全确定形体的形状

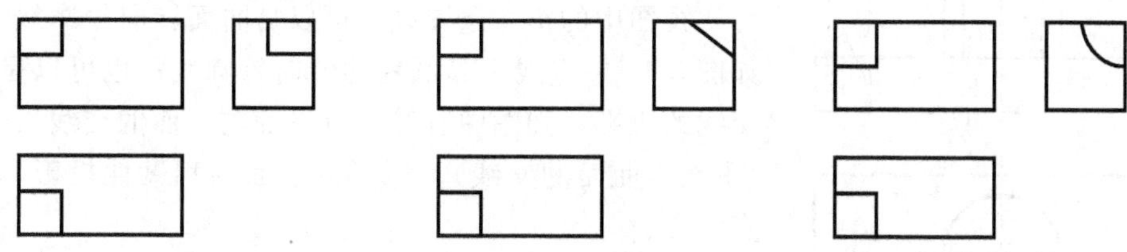

图 5-12　几个视图联系起来分析

由此可见，读图时，一般要将几个视图联系起来阅读、分析和构思，才能弄清形体的形状。

（二）寻找特征视图

特征视图就是把形体的形状特征及相对位置反映得最充分的那个视图。例如图 5-11 中的俯视图及图 5-12 中的左视图。从特征视图入手，再配合其他视图，就能较快地认清形体了。

但是，由于组合体的组成方式不同，形体不同部分的形状特征及相对位置并非总是集中在一个视图上，有时是分散于各个视图上。如图 5-13 所示，支架由四个基本形体叠加而成，主视图反映形体 A、B 的形状特征，俯视图反映形体 D 的形状特征，左视图反映形体 C 的形状特征。

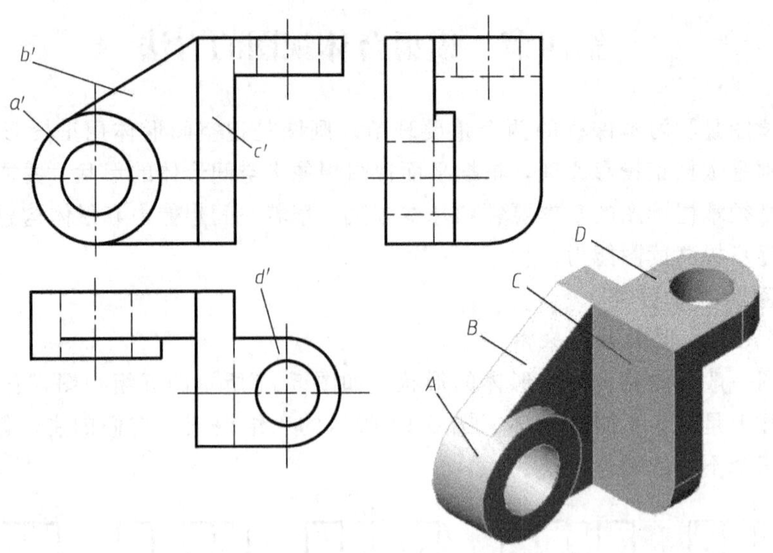

图 5-13 读图时应找出特征视图

(三) 了解视图中的线框和图线的含义

弄清视图中线框和图线的含义是看图的基础，下面以图 5-14 为例说明。

视图中的一个封闭线框，一般是形体上不同位置平面或曲面的投影，也可以是孔的投影。如图中 a'、b'和 d'线框为平面的投影，线框 c'为曲面的投影，而图 5-13 中俯视图的圆形线框则为通孔的投影。

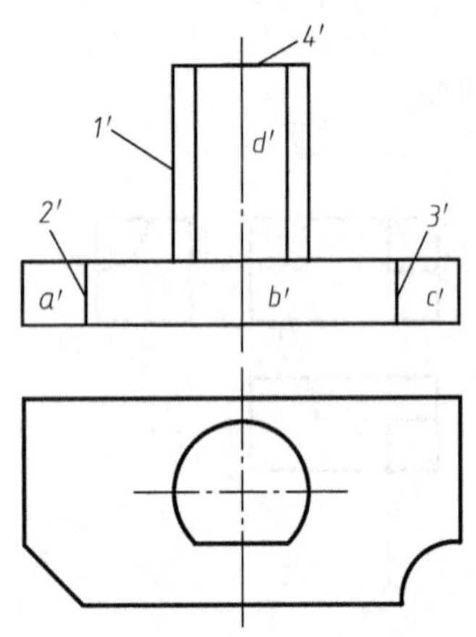

图 5-14 线框和图线的含义

视图中的每一条图线，可以是曲面转向轮廓线的投影，如图 5-14 中直线 1′是圆柱的转向轮廓线；也可以是两表面交线的投影，如图中直线 2′（平面与平面的交线）、直线 3′（平面与曲面的交线）；还可以是面的积聚性投影，如图中直线 4′。

任何相邻的两个封闭线框，应是形体上相交的两个面的投影，或是同向错位的两个面的投影。如图中 a'和 b'、b'和 c'都是相交两表面的投影，b'和 d'则是前后平行两平面的投影。

二、读图的基本方法

(一) 形体分析法

形体分析法是读图的基本方法。一般是从反映形状特征较多的主视图入手，对照其他视图，初步分析出该形体是由哪些基本形体及通过什么连接方式组成，然后按投影规律逐个找出各基本体在其他视图中的投影，以确定各基本体的形状和它们之间的相对位置，最后综合想像出形体的整体形状。

下面以图 5-15 所示的轴承座为例，说明用形体分析法读图的方法。

① 从视图中分离出表示各基本形体的线框。将主视图分为四个线框，其中线框 3′为左右两个完全相同的三角形，因此可归纳为三个线框，其分别代表Ⅰ、Ⅱ、Ⅲ三个基本形体，

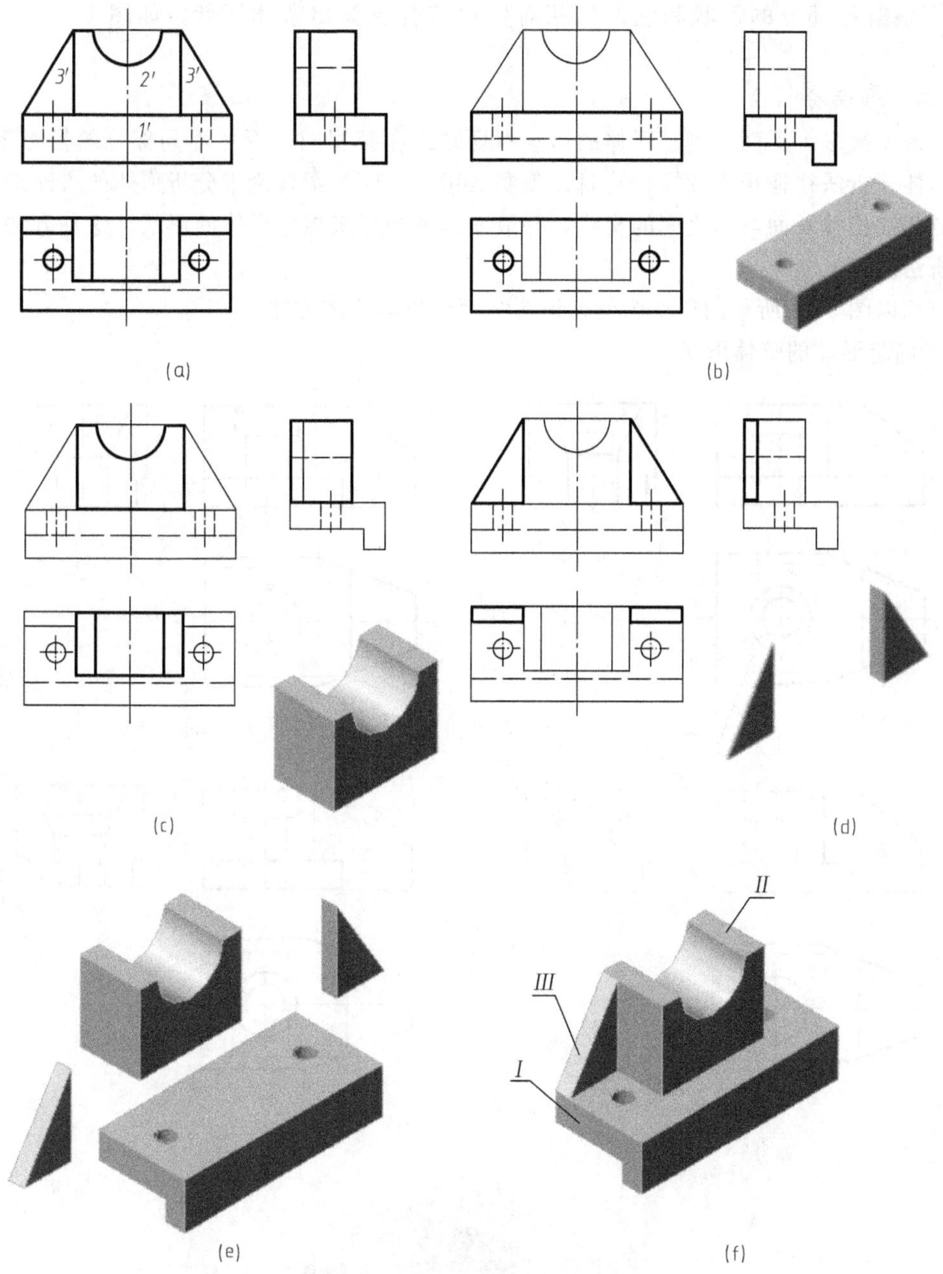

(a) (b) (c) (d) (e) (f)

图 5-15 轴承座的读图方法

如图 5-15（a）所示。

② 分别找出各线框对应的其他投影，并结合各自的特征视图逐一构思它们的形状。

如图 5-15（b）所示，形体Ⅰ的主俯两视图都是矩形，左视图是 L 形，可以想像出该形体是一块直角弯板，板上有两个圆孔。

如图 5-15（c）所示，形体Ⅱ的俯视图是矩形，左视图是中间有一条虚线的矩形，可以想像出该形体是在长方体的中部挖了一个半圆槽。

如图 5-15（d）所示，形体Ⅲ的俯、左两视图都是矩形，因此它们是两块三棱柱板对称地分布在轴承座的左右两侧。

③ 根据各部分的形状和它们的相对位置综合想像出整体形状，如图 5-15（e）、（f）所示。

（二）线面分析法

当形体被多个平面切割、形体的形状不规则或在某视图中形体不同部分的投影重叠时，应用形体分析法往往难于读懂。这时，需要运用线、面投影理论来分析形体的表面形状、面与面的相对位置及面与面之间的交线，并借助形体构思来想像形体的形状。这种方法称为线面分析法。

下面以图 5-16 所示的压块为例，说明线面分析的读图方法。

1. 确定形体的整体形状

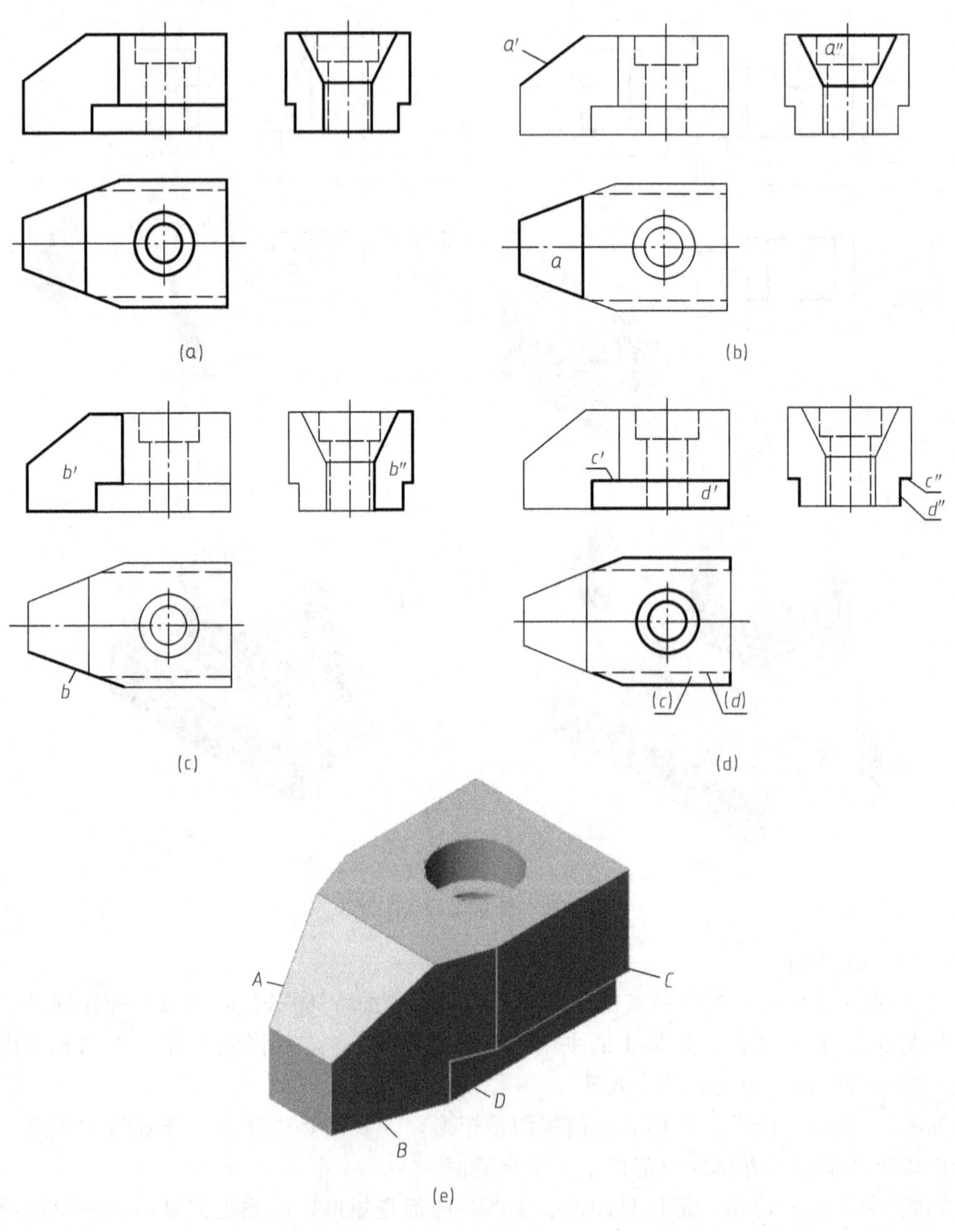

图 5-16 压块的读图过程

根据图 5-16（a），压块三视图的外形均是有缺角和缺口的矩形，可初步认定该形体是由长方体切割而成，且中间有一个阶梯圆柱孔。

2．确定切割面的位置和截断面的形状

由图 5-16（b）可知，在俯视图中有梯形线框 a，而在主视图中可找出与它对应的斜线 a'，由此可见 A 面是梯形正垂面，长方体的左上角由正垂面切割而成，平面 A 对 W 面和 H 面都处于倾斜位置，所以它们的侧面投影 a''和水平投影 a 是类似图形，不反映 A 面的真实形状。

由图 5-16（c）可知，在主视图中有七边形线框 b'，而在俯视图中可找出与它对应的斜线 b，由此可见 B 面是铅垂面。长方体的左端由前后两个铅垂面切割而成。平面 B 对 V 面和 W 面都处于倾斜位置，因而侧面投影 b''也是类似的七边形线框。

如图 5-16（d）所示，从主视图上的矩形线框 d'入手，可找到 D 面的三个投影。由俯视图的四边形线框 c（不可见）入手，可找到 C 面的三个投影。分析可知 D 面为正平面，C 面为水平面，长方体的前后两侧就是由正平面和水平面组合切割而成的。

3．综合想像整体形状

搞清楚各截断面的形状和空间位置后，结合基本形体形状，并进一步分析视图中的线框及图线的含义，可以综合想像出整体形状，如图 5-16（e）所示。

读组合体的视图常常是以上两种方法并用，以形体分析法为主，线面分析法为辅。

根据两个视图补画第三视图，是培养读图和画图能力的一种有效手段，现举例如下。

【例 5-1】 已知支座的主、俯视图，求作左视图，如图 5-17（a）所示。

形体分析如下。

分析主视图上的主要线框，将支座分成Ⅰ、Ⅱ、Ⅲ三部分形体，按投影关系找出各线框在俯视图上的对应投影：形体Ⅰ是支座的底板，为长方体，其上有两处圆角，后部有矩形缺口，底部有一通槽；形体Ⅱ是个长方形竖板，其后部自上而下开一通槽，通槽大小与底板后部缺口大小一致，中部有一圆孔；形体Ⅲ是一个拱形板，其上有通孔。根据各部分形体的相对位置，可想像出整体形状，如图 5-17（f）所示。

根据给出的两视图，可看出该形体是由底板、长方形竖板和拱形板叠加后，切出两个通槽，钻一个通孔而形成的。左视图的作图步骤如图 5-17（b）～（e）所示。

【例 5-2】 根据俯视图和左视图，想像出形体的形状，补画主视图，如图 5-18 所示。

形体分析如下。

从给出的两视图可以看出，俯视图反映了该形体较多的形状特征。从俯视图入手，将它分成左、中、右三部分。对照左视图可知：中部形体是带阶梯孔的圆筒，上方切出一直角；根据左视图前上方的相贯线形状，可看出圆筒前上方开有 U 形槽；左侧形体是一个拱形体，与圆筒外表面相交，其上有圆柱孔，与圆筒的阶梯孔相交；右侧形体是带圆弧的底板，上面开有小孔，底板前、后侧面与圆筒外表面相切。

根据以上分析可想像出该形体是由中部圆筒、左侧拱形体和右侧圆弧形底板通过简单叠加形成的。依次画出这些形体，注意叠加和挖切时交线的画法，即可补画出主视图，如图 5-19（a）～（d）所示。

（三）组合体读图方法小结

综合上述例题，可以得出组合体读图的一般步骤。

① 分线框，对投影。

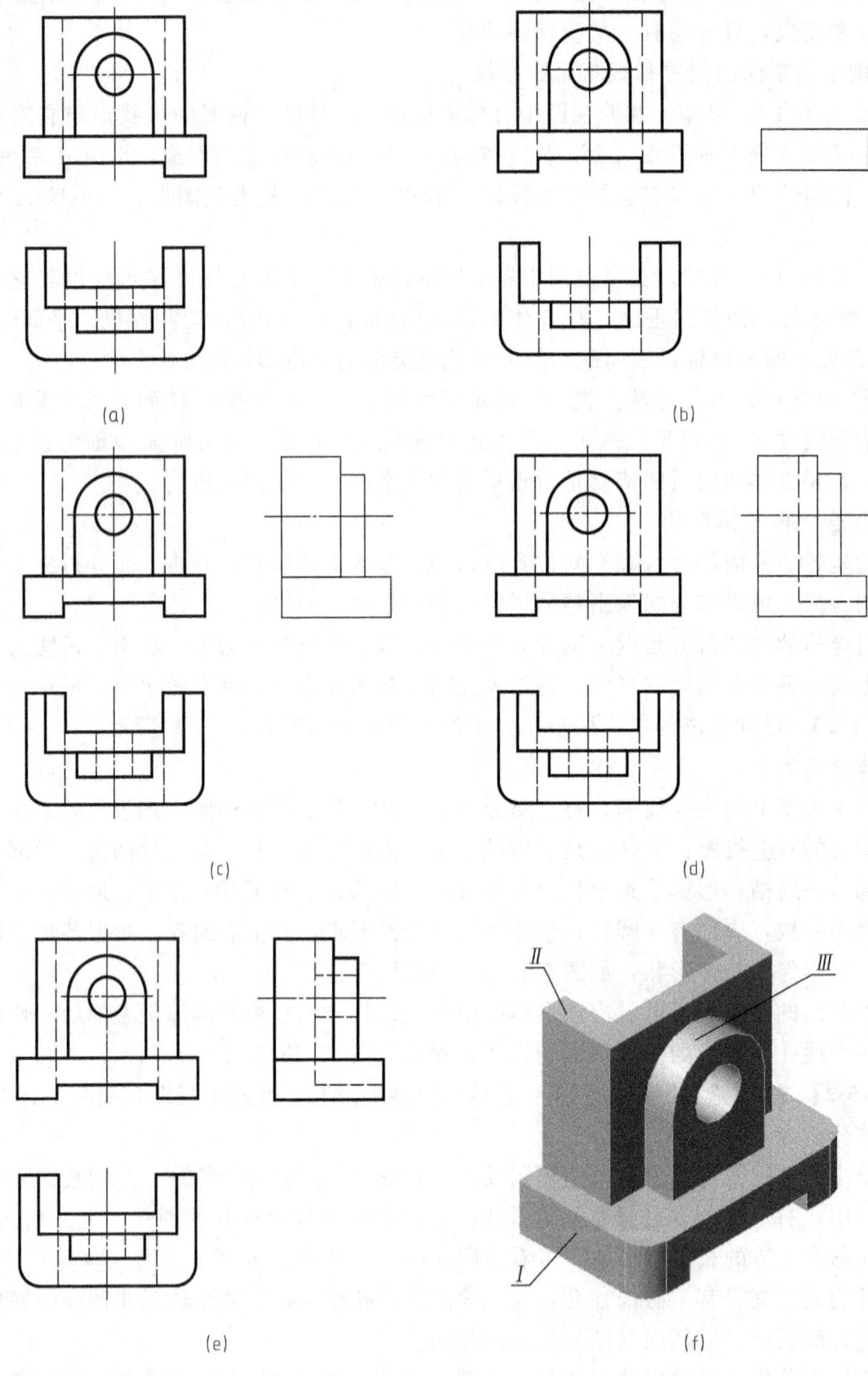

图 5-17 补画支座的左视图

② 想形体，辨位置。

③ 线面分析攻难点。

④ 综合起来想整体。

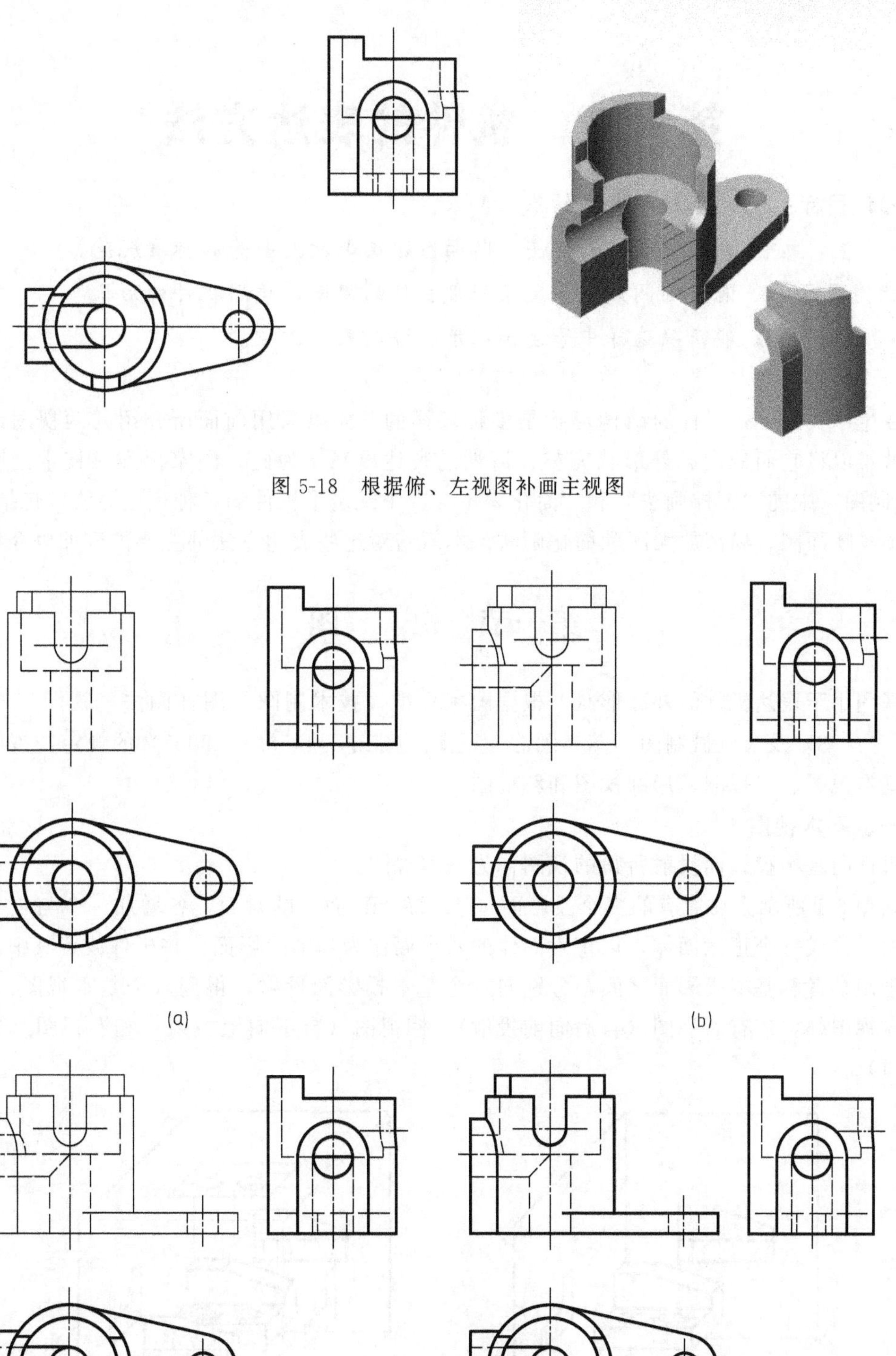

图 5-18　根据俯、左视图补画主视图

图 5-19　补画形体的主视图

第六章　机件的表达方法

知识目标：1. 熟悉机件表达的基本要求。

2. 掌握视图、剖视图、断面图、局部放大图等的标准规范。

能力目标：1. 能正确阅读中等复杂程度机件的视图，构思机件的形状。

2. 能正确选择中等复杂程度机件的表达方案。

在生产实际中，机件的结构形状是多种多样的，如果只用前面所介绍的两视图或三视图，就难以将它们的内、外形状完整、清晰的表达出来。为此，国家标准《技术制图》和《机械制图》中的“图样画法”和“简化表示法”中规定了机件的各种表达方法，包括视图、剖视图、断面图、局部放大图和简化画法。本章将对这些表达方法的主要内容加以介绍。

第一节　视　　图

视图用于表达机件的外部形状，根据国家标准《技术制图　图样画法　视图》（GB/T 17451—1998）及《机械制图　图样画法　视图》（GB/T 4458.1—2002）的规定，视图通常包括基本视图、向视图、局部视图和斜视图。

一、基本视图

机件向基本投影面投射所得的视图称为基本视图。

如图 6-1 所示，在原有的三个投影面（V、H、W 面）的对面，各增加一个与之平行的投影面，构成一个正六面体，以正六面体的六个面作为其本投影面，将机件放置其中，并使之处于观察者和基本投影面之间，分别向六个基本投影面投射，得到六个基本视图：除主、俯、左视图外，还有后视图（自后向前投射）、仰视图（自下向上投射）和右视图（自右向左投射）。

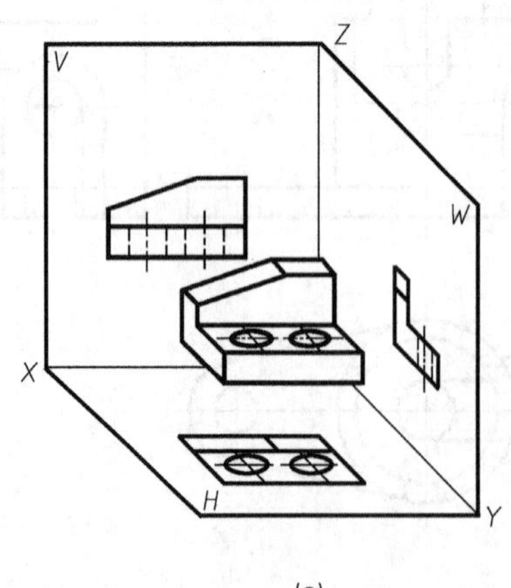

(a)

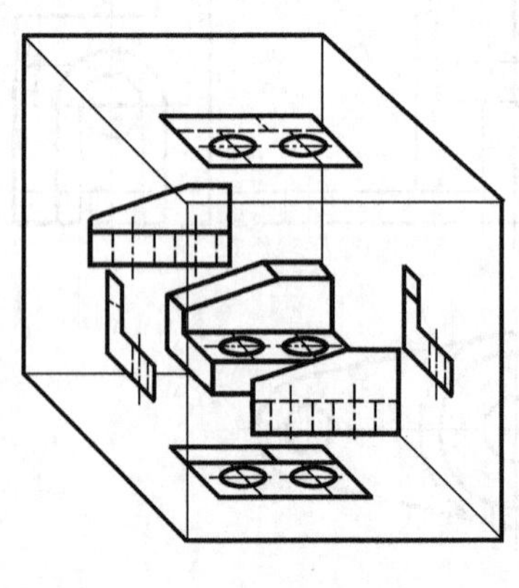
(b)

图 6-1　基本投影面

基本投影面的展开方法如图 6-2 所示，展开后的六个基本视图，其配置关系如图 6-3 所示，基本视图所体现的“三等规律”及每一视图所体现的形体方位，读者可自行分析。应注意俯、左、仰、右视图远离主视图的一侧为形体的前面，靠近主视图的一侧为形体的后面；后视图的左边为形体的右面，右边为形体的左面。

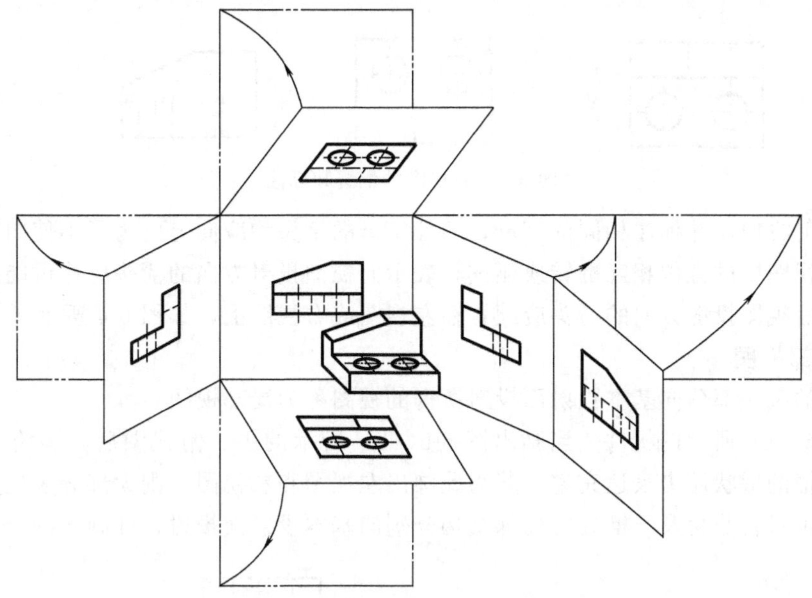

图 6-2　六个基本投影面的展开方法

当基本视图按图 6-3 的形式配置时，称为按投影关系配置，一律不注视图的名称。

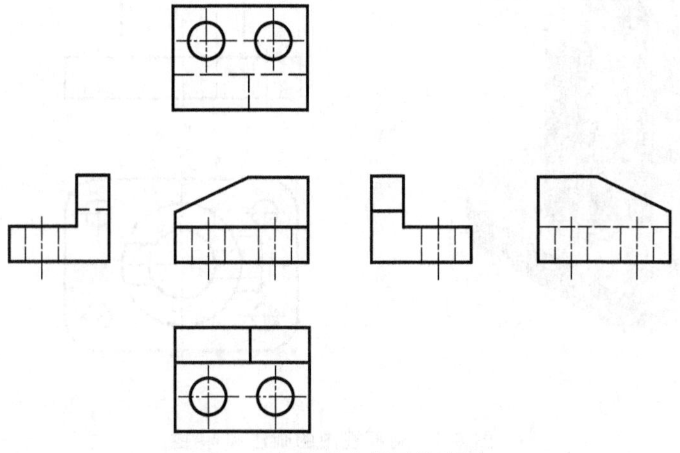

图 6-3　六个基本视图的配置

二、向视图

向视图是可自由配置的视图，如图 6-4 中图 D、E、F 所示。

向视图是基本视图的另一种表现形式，它们的主要差别在于视图的配置方面，基本视图要按规定的位置配置，而向视图的配置是随意的，可根据图样中的图形布置情况灵活配置。如图 6-4 所示，机件的右视图、仰视图和后视图没有按基本视图的位置配置而成为向视图。

画向视图时，应在向视图的上方标注“×”（×为大写拉丁字母），并在相应视图附近用

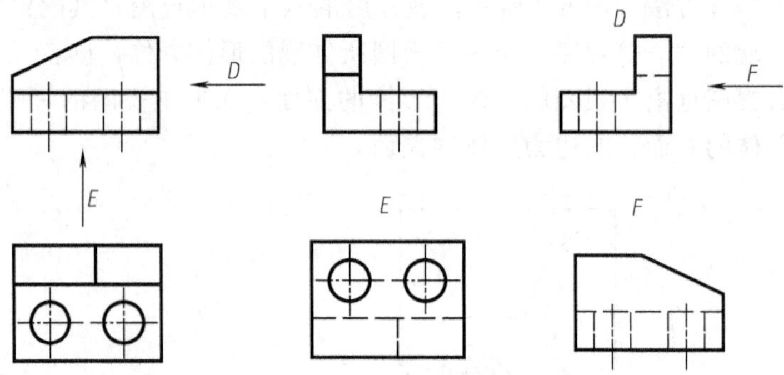

图 6-4 向视图的配置和标注

箭头指明投射方向，并标注相同的字母，两处字母的字头均应向上。为了不使向视图中机件的方位与主视图中的方位相互翻转或颠倒，表示向视图投射方向的箭头应尽可能配置在主视图上，表示后视图投射方向的箭头应配置在左视图或右视图上，如图 6-4 所示。

三、局部视图

将机件的某一部分向基本投射面投射所得的视图称为局部视图。

如图 6-5（a）所示的机件，当画出图 6-5（b）所示的主、俯视图后，圆筒上左侧凸台和右侧拱形槽的形状还未表达完整，若为此画出左视图和右视图，则大部分表达内容是重复的，因此，可只将凸台及开槽处的局部结构分别向基本投射面投射，即画出两个局部视图。

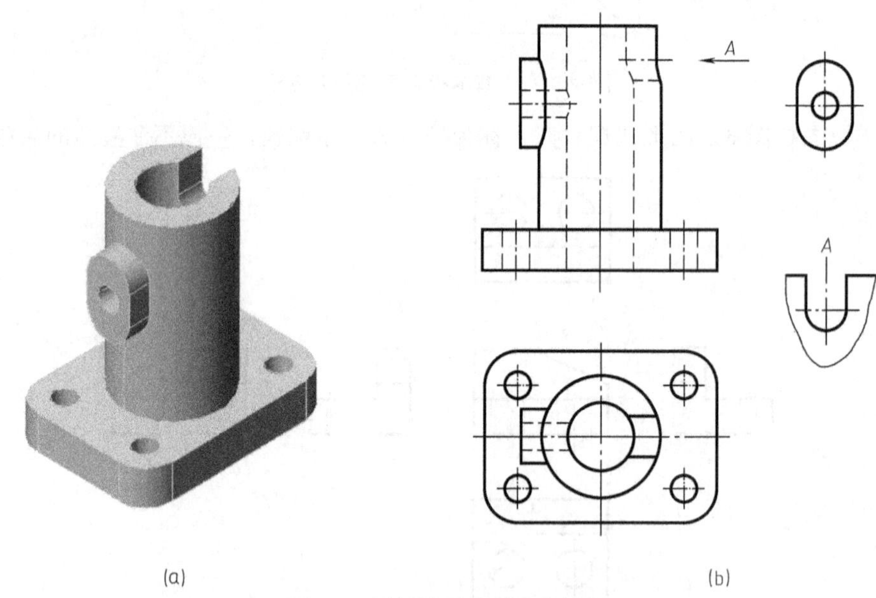

图 6-5 局部视图的画法和标注

当局部视图按基本视图的配置形式配置，中间又没有其他图形隔开时，可省略标注，如图 6-5（b）中表示左侧凸台的局部视图。局部视图也可按向视图的配置形式配置并标注，如图 6-5（b）中的 A 视图。

局部视图的断裂边界用波浪线（或双折线）表示，当局部视图所表示的局部结构是完整的，且外形轮廓又是封闭状态时，则不必画出其断裂边界线，如图 6-5（b）所示。

为了节省绘图时间和图幅，对称机件的视图可只画一半或四分之一，并在对称中心线的两端各画出两条与其垂直的平行细实线，如图 6-6 所示。这是一种用对称中心线代替了断裂

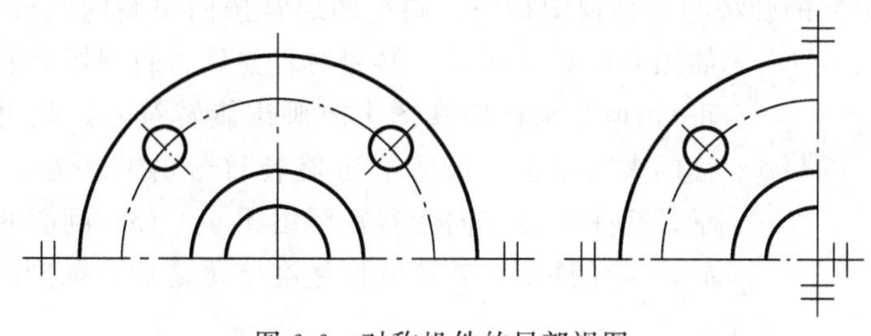

图 6-6　对称机件的局部视图

边界的局部视图。

四、斜视图

机件向不平行于基本投影面的平面投射所得的视图称为斜视图。

如图 6-7 所示，机件右侧的倾斜结构在各基本投影面上都不能反映实形，为了表达该部分的形状，选用一个平行于倾斜结构表面的正垂面作为辅助投影面，将倾斜结构向辅助投影面投射，所得视图即为斜视图。

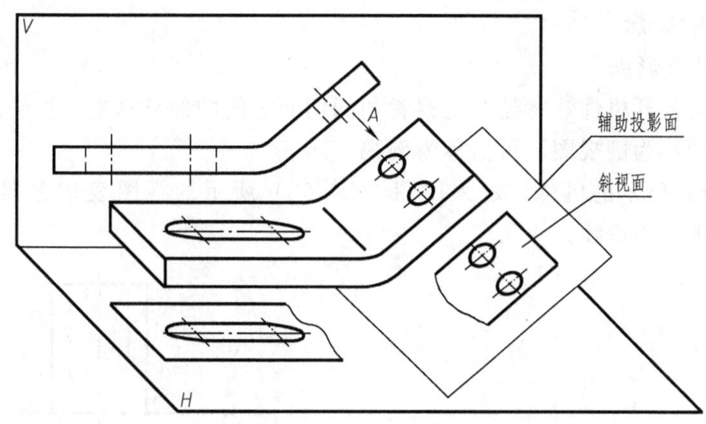

图 6-7　斜视图的形成

图 6-8 所示为该机件的一组视图，在主视图基础上，采用斜视图清楚地表达出了其倾斜部分的实形，同时，采用局部视图代替俯视图，避免了倾斜结构在视图上的复杂投影。

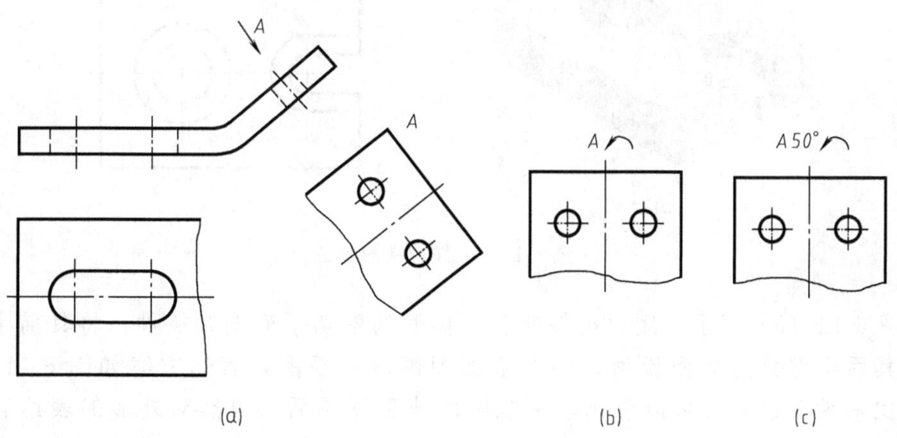

图 6-8　斜视图的画法和标注

斜视图断裂边界的画法与局部视图相同。斜视图通常按向视图的配置形式配置并标注，如图 6-8（a）所示。必要时，允许将斜视图旋转配置（将图形转正），但必须在斜视图上方画出旋转符号。此时，表示该视图名称的大写拉丁字母应靠近旋转符号的箭头端，如图 6-8（b）所示。箭头所指方向为斜视图由图 6-8（a）到图 6-8（b）的旋转方向，也允许将旋转角度标注在字母之后，如图 6-8（c）所示。旋转符号的画法如图 6-9 所示。

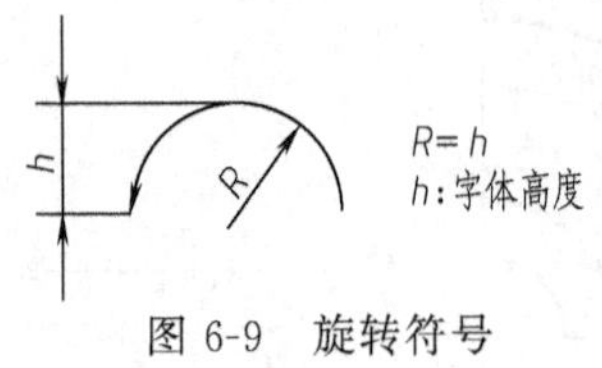

图 6-9 旋转符号

第二节 剖 视 图

机件的视图主要用于表达其外部结构形状，机件的内部结构在视图中一般为虚线，当内部结构较复杂时，视图上就会出现很多虚线，这给读图、画图及标注尺寸增加了困难，为了使原来不可见的部分转化为可见的，GB/T 4458.6—2002 中规定了剖视图的表达方法，剖视图主要用于表达机件的内部结构形状。

一、剖视图的概念

（一）剖视图的形成

假想用剖切面剖开机件，将处在观察者和剖切面之间的部分移去，而将其余部分向投影面投射所得的图形称为剖视图，可简称为剖视。

如图 6-10（a）所示的机件，若采用图 6-10（b）所示的视图表达方案，则其上的孔、槽结构在主视图中均为虚线。

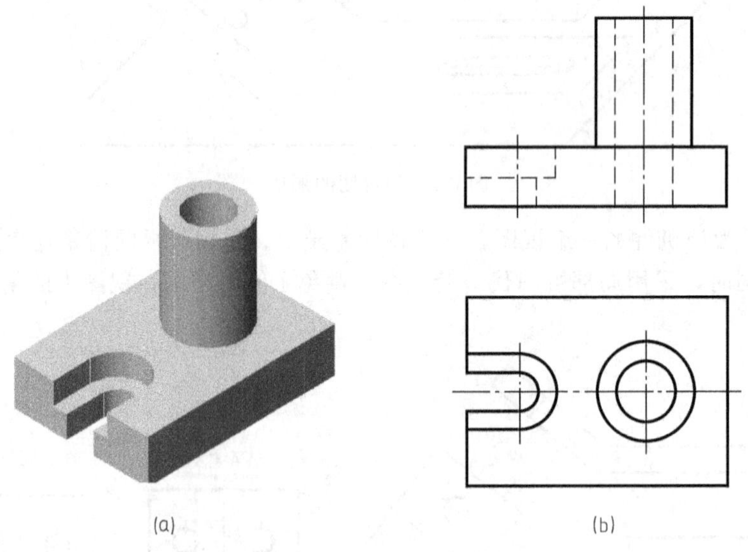

图 6-10 机件的视图表达

如图 6-11（a）所示，用过机件前后对称面的剖切平面剖开机件，将其前半部分移去，将其后半部分向 V 面投射，即将主视图画成剖视图，表达方案如图 6-11（b）所示。对比两种表达方案可以看出，主视图画成剖视图后，虽然对外形的表达有一些影响，但将孔、槽结构由不可见转化成了可见的，结合俯视图，便能将机件的内外结构完整、清晰的表达出来。

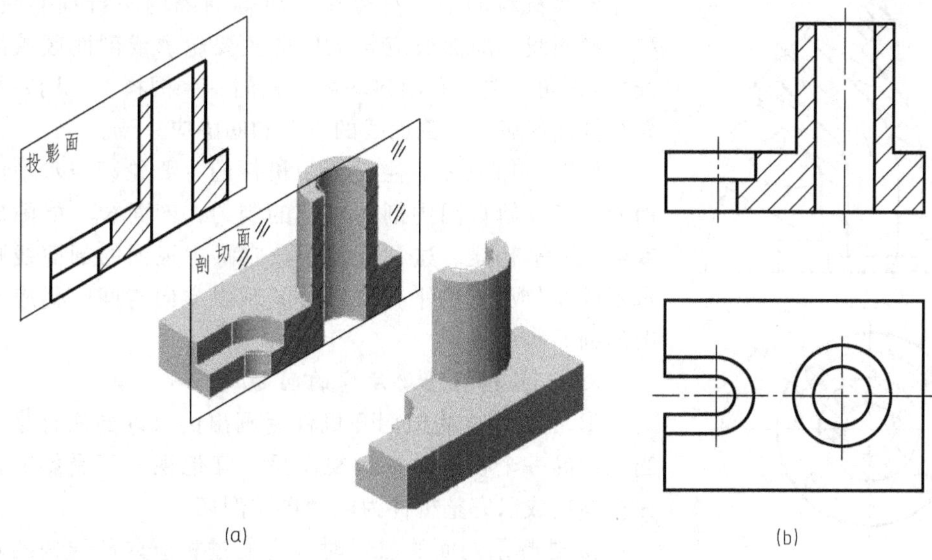

图 6-11　机件的剖视图表达

（二）剖面区域表示法

假想用剖切面剖开机件后，剖切面与机件的接触部分称为剖面区域。为了清楚的表示机件被剖切的情况，在剖面区域中应画出剖面符号，不同类别材料的剖面符号见表6-1。

表 6-1　剖面符号（摘自 GB/T 17453—1998）

材料	剖面符号	材料	剖面符号	材料	剖面符号
金属材料（已有规定剖面符号者除外）		砖		木材　纵剖面	
非金属材料（已有规定剖面符号者除外）		混凝土		木材　横剖面	
玻璃及供观察用的其他透明材料		钢筋混凝土		液体	
转子、电枢、变压器和电抗器等的叠钢片		基础周围的泥土		木质胶合板（不分层数）	
线圈绕组元件		型砂、填砂、粉末冶金、砂轮、陶瓷刀片、硬质合金刀片等		格网（筛网、过滤网等）	

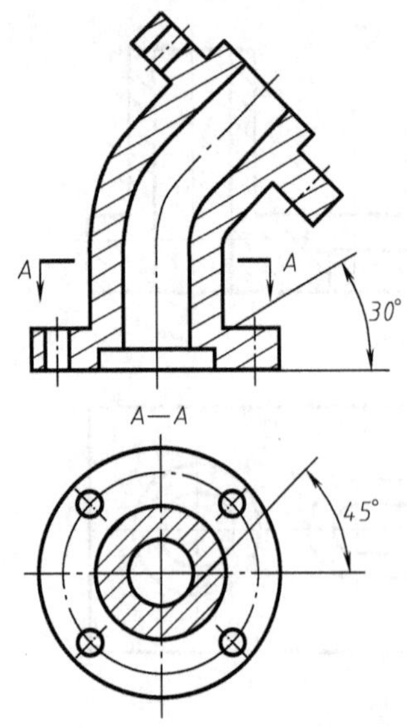

图 6-12 剖面线的画法

金属材料的剖面符号用一组等间隔的平行细实线画出，称为剖面线。剖面线应与机件的主要轮廓或剖面区域的对称线成 45°角，左、右倾斜均可。在同一张图样上，同一机件的各个剖面区域中，剖面线的方向和间隔应一致。

如图 6-12 所示，主视图中机件的主要轮廓与水平成 45°，而受自身及俯视图中剖面区域的制约，剖面线不能画成水平或竖直的平行线。这种情况下，应将主视图的剖面线画成与水平成 30°或 60°的平行线，但其倾斜方向与间隔仍应与俯视图的剖面线一致。

（三）画剖视图要注意的问题

① 剖视图是假想剖开机件后画出的（以剖面符号体现），当机件的一个视图画成剖视图后，其他视图不受影响，仍应完整画出或以完整机件为原型再作剖切。

② 选择剖切面的位置时，应通过相应内部结构的轴线或对称平面，以完整反映它的实形，应用较多的是以投影面的平行面作为剖切平面。

③ 作图时必须分清机件的移去部分和剩余部分，剖视图中只画剩余部分；还需分清机件被剖切部位的实体部分和空心部分，剖面符号只在实体部分画出。

剖视图中的可见轮廓可分成两部分：一是实体的切断面（剖面区域）轮廓；二是剖切面后的其他可见轮廓。初学时，往往容易漏画后者，如图 6-13 所示。

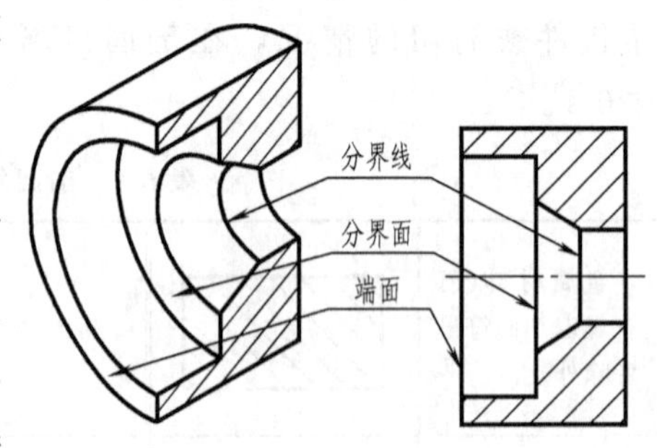

图 6-13 剖切面后的可见轮廓

④ 为使图形清晰，剖视图（也包括视图）中的不可见轮廓，若已在其他视图中表示清楚时，图中的虚线可省略不画，如图 6-12 主视图中下法兰与弯管分界面处的虚线、俯视图中底部内圆柱面的虚线均应省略。若画出少量虚线可减少视图数量，从而使机件的表达更为简练时，也可画出必要的虚线。如图 6-14 所示，主视图中画出少量的虚线，便能将底板的厚度表示清楚。

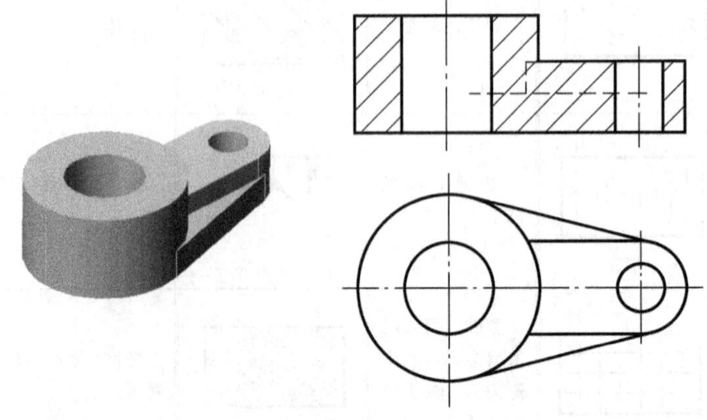

图 6-14 剖视图中画必要的虚线示例

（四）剖视图的标注

① 一般应在剖视图上方标注剖视图的名称“×—×”（×为大写拉丁字母），在相应视图上用剖切符号（粗短画，长度约为 6d，d 为粗实线宽度）表示剖切位置，在起、迄处剖切符号的外侧画上与剖切符号垂直的箭头表示投射方向，并用同样的字母标出，如图 6-12 所示。剖切符号尽量不与图形的轮廓线相交，字母一律水平书写。

② 当剖视图按投影关系配置，中间又没有其他图形隔开时，可省略箭头，图 6-12 中所标注的箭头即可省略。

③ 当单一剖切平面通过机件的对称面或基本对称面，且剖视图按投影关系配置，中间又没有其他图形隔开时，不必标注，如图 6-11、图 6-12 主视图及图 6-14 所示。

二、剖切面

机件上的内部结构，其形状和位置是多种多样的，为适应内部结构表达的需要，同时也为了在一个剖视图中表达尽量多的内部结构，GB/T 17452—1998 规定了三种剖切面形式：单一剖切面、几个平行的剖切平面、几个相交的剖切平面（交线垂直于某一基本投影面）。

（一）单一剖切面

单一剖切面包括单一剖切平面和单一剖切柱面。采用单一剖切柱面所作的剖视图，一般应采用展开画法。单一剖切平面使用较多，适用于机件某一投射方向上只有一处内部结构需要表达，或几处内部结构位于同一平面上的情况，此前所介绍的剖视图都是采用了平行于基本投影面的单一剖切平面。

图 6-15（a）所示的机件，采用了单一正垂面剖切，所切得的 A—A 剖视图如图 6-15（b）所示，该剖视图既能将凸台上圆孔的内部结构表达清楚，又能反映顶部方法兰的实形。

由于剖切平面不平行于基本投影面，故剖视图相当于对机件剖切后的剩余部分所作的斜视图（剖面区域中画剖面线），其配置方法与斜视图相同，图 6-15（c）所示为旋转配置后的剖视图。

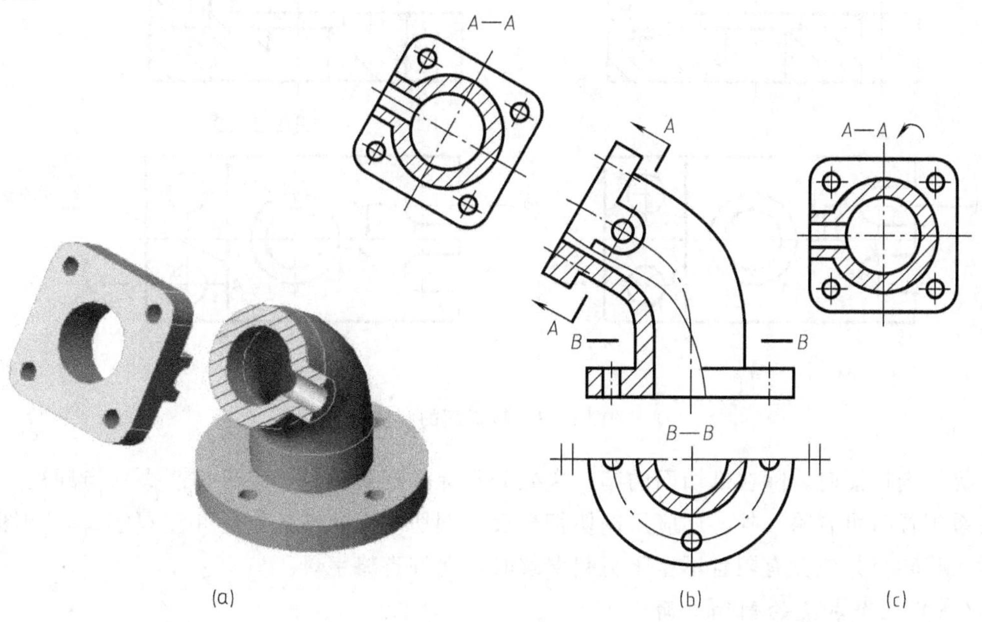

图 6-15　单一剖切平面获得的剖视图

(二) 几个平行的剖切平面

当机件的内部结构处在几个相互平行的平面上时，可采用这种形式的剖切面，如图6-16所示。

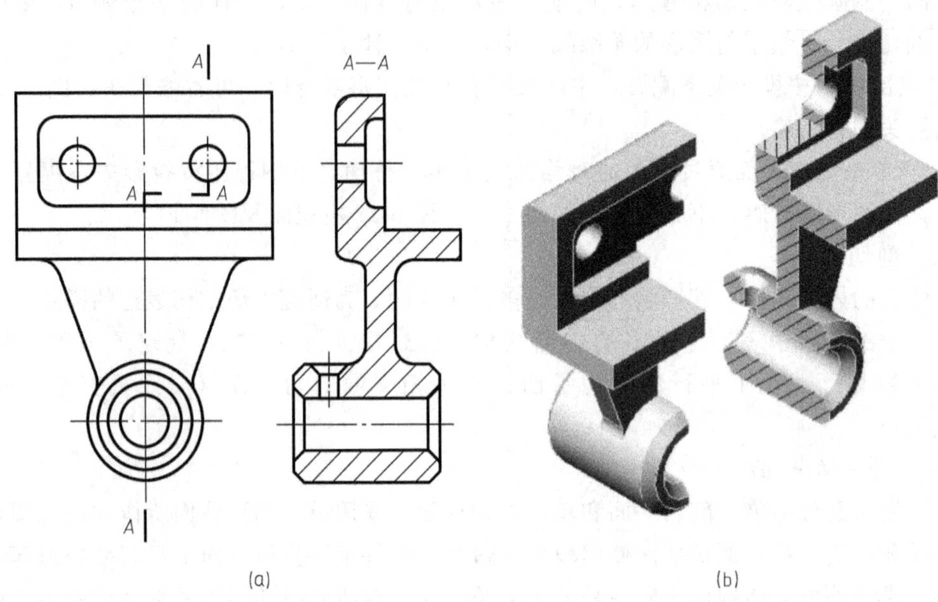

图 6-16 两个平行剖切平面获得的剖视图

采用几个平行的剖切平面剖切机件时，在图形内一般不应出现不完整的要素，剖切平面的转折处应是直角，转折面不得与图形的轮廓线重合，剖视图中不应画出转折面的投影，如图 6-17 所示。

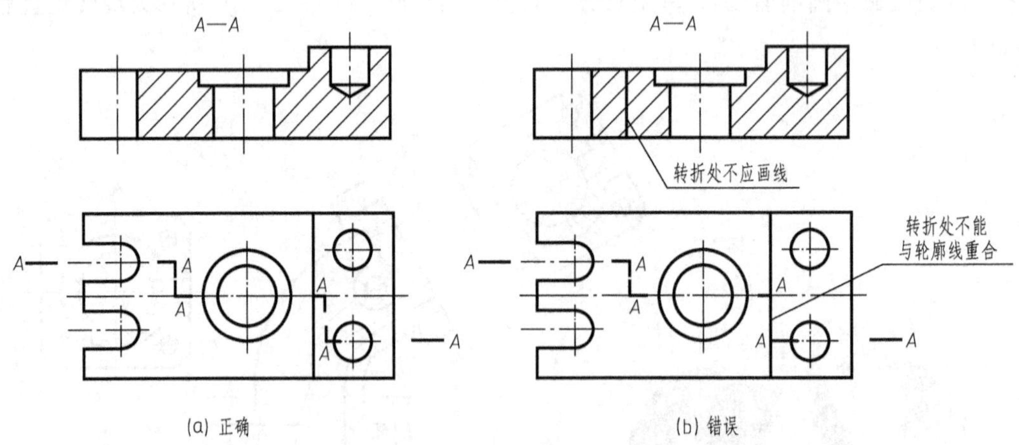

图 6-17 转折面的画法

标注剖视图时，除在剖切面的起、迄处分别标注剖切符号、字母和箭头（当剖视图按投影关系配置时可省略）外，还应用剖切符号表示剖切平面的转折位置并注写字母，如图6-16所示。当转折处位置有限且不至于引起误解时，允许省略字母。

(三) 几个相交的剖切平面

对于整体或局部具有回转轴线的形体，可采用几个相交的剖切平面（交线垂直于某一投影面）剖切。

如图 6-18（b）所示的机件，用两个相交于轴线（正垂线）的平面剖切，将左侧部分移去后，先将被正垂面剖开的结构及有关部分绕轴线旋转到与 W 面平行的位置，再向 W 面投射，即“先剖、后转、再投射”，所得剖视图如图 6-18（a）所示。

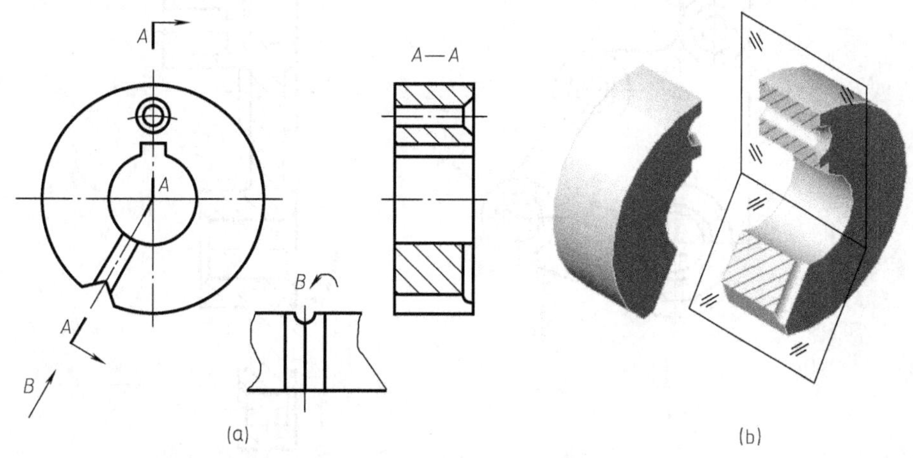

图 6-18 用两个相交的剖切平面获得的剖视图

采用上述方法画剖视图时，位于剖切平面后的其他结构一般仍按原来的位置投射，如图 6-19 中圆筒上的小孔。当剖切后产生不完整要素时，应将此部分按不剖绘制，如图 6-19 中的无孔臂。

如图 6-20 所示的机件，其主视图由三个相交的剖切平面切得，剖切中用柱面作转折面，它与两侧的剖切平面均垂直，剖视图中不应画出柱面的剖切轮廓线。

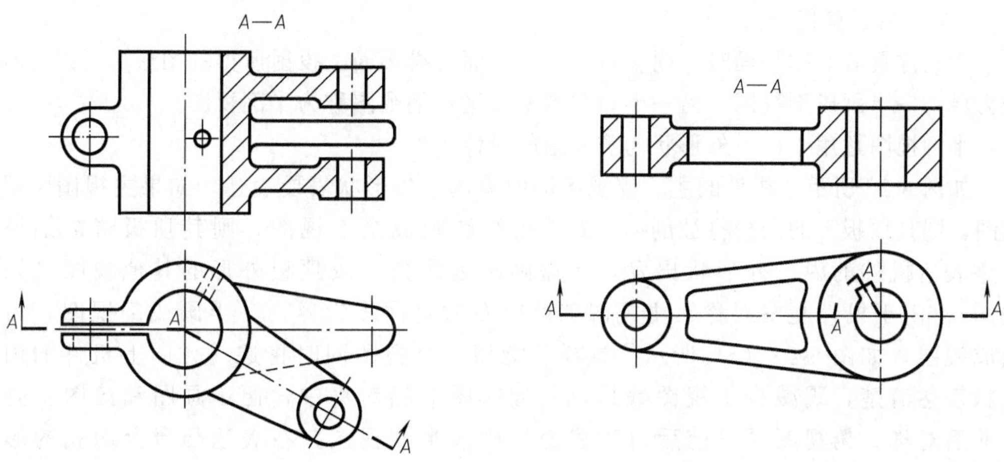

图 6-19 剖切平面后其他结构的处理

图 6-20 旋转绘制的剖视图

图 6-21 所示的机件，其左视图由四个相交的剖切平面切得，剖视图中应采用展开画法，剖视图上方标注“×—×展开”。位于剖切平面后的凸台，仍应按原来的位置投射。

三、剖视图的种类

按剖切面剖开机件的范围不同，剖视图可分为全剖视图、半剖视图和局部剖视图。

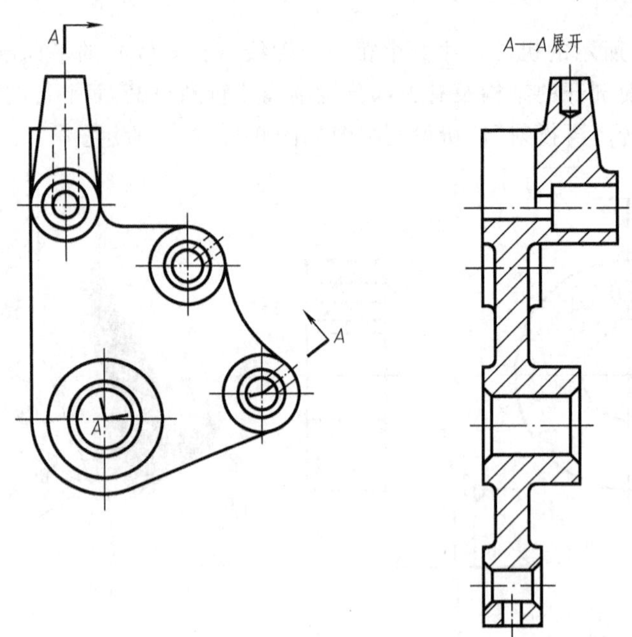

图 6-21 展开绘制的剖视图

（一）全剖视图

用剖切面完全地剖开机件所得的剖视图称为全剖视图。

图 6-11～图 6-21 中的剖视图，除图 6-15（b）的主视图为局部剖视图外，其余均为全剖视图。全剖视图主要用于表达机件整体的内部形状，当机件的外部形状简单，内部形状相对复杂，或者其外部形状已通过其他视图表达清楚时，可采用全剖视图。

（二）半剖视图

当机件具有对称平面时，向垂直于对称平面的投影面上投射所得的图形，可以对称中心线为界，一半画成剖视图，另一半画成视图，这种剖视图称为半剖视图。

半剖视图适用于内、外形状均需表达的对称机件。

如图 6-22 所示，机件的主、俯视图同时有内、外形状需要表达，如果主视图画成全剖视图，则其顶板下的凸台将被剖掉，如果俯视图画成全剖视图，则其顶板将被剖掉，从完整表达机件的内、外形状出发，还需画出表达凸台及顶板外形的其他视图（如局部视图）。由于机件左右对称，主视图就可以左右对称线为界，一半画成剖视图，另一半画成视图，如图 6-22（a）所示。这样就能用一个视图同时将这一方向上机件的内、外形状表达清楚，既减少了视图数量，又使得图形相对集中，便于画图和读图。由于机件前后对称，俯视图可以前后对称线为界画成半剖视图，在表达凸台上内孔的形状和圆筒前后位置的同时，将顶板的形状表达清楚。采用半剖视图的表达方案如图 6-22（c）所示。

半剖视图中，视图与剖视图的分界线应画成细点划线而不应画成粗实线，由于图形对称，视图侧已在另一侧剖视图中表达清楚的相应内部结构的虚线应省略不画。

半剖视图的标注方法与全剖视图相同。在图 6-22（c）中，由于剖得主视图的剖切平面与机件的前后对称面重合，故可省略标注，由于剖得俯视图的剖切平面不是机件的对称面，故需标出剖切符号和字母，但可省略箭头。

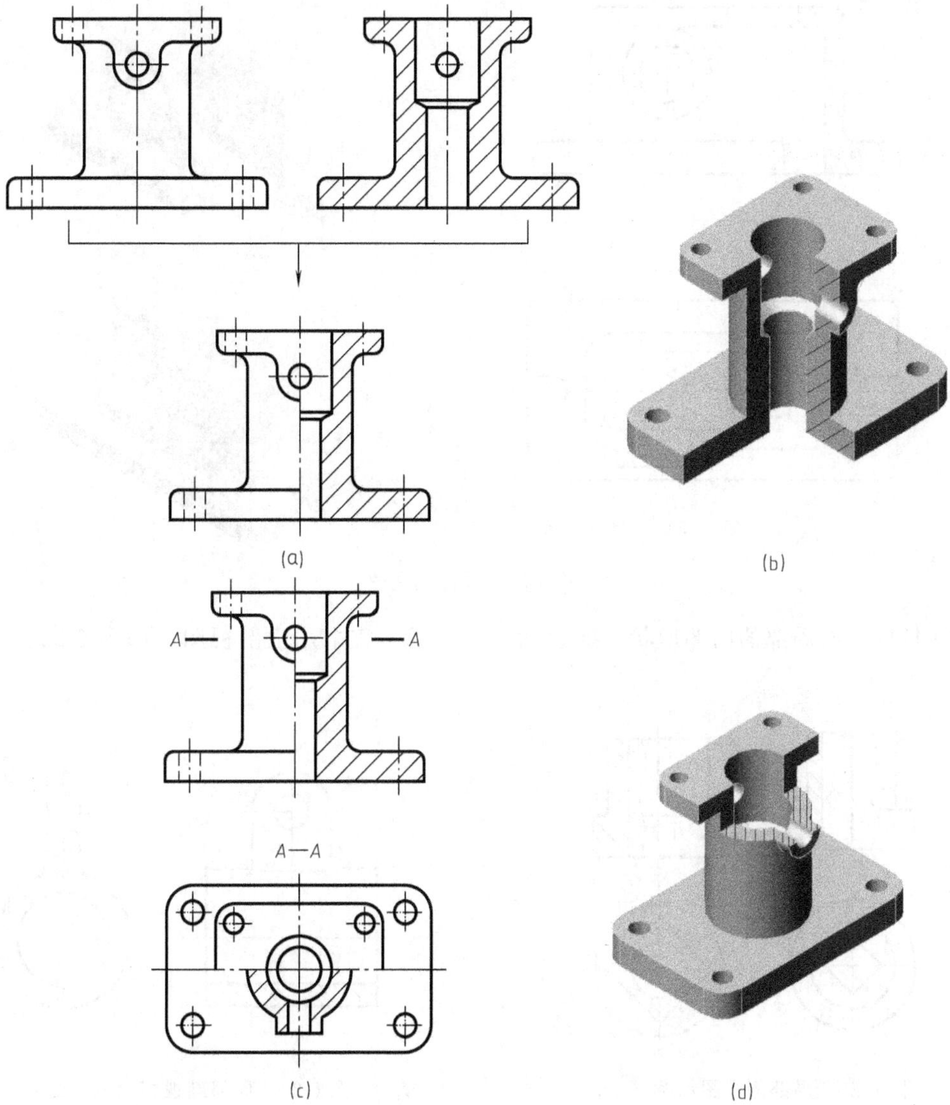

(a)　　(b)

A—A

(c)　　(d)

图 6-22　半剖视图

若机件的形状接近于对称，且不对称部分已另有图形表达清楚时，也可画成半剖视图，如图 6-23 所示。

（三）局部剖视图

用剖切面局部地剖开机件所得的剖视图称为局部剖视图。

局部剖视图也是一种内外形状兼顾的剖视图，但它不受机件是否对称的限制，其剖切位置和剖切范围可根据表达需要确定，是一种比较灵活的表达方法，一般适用于下列情况。

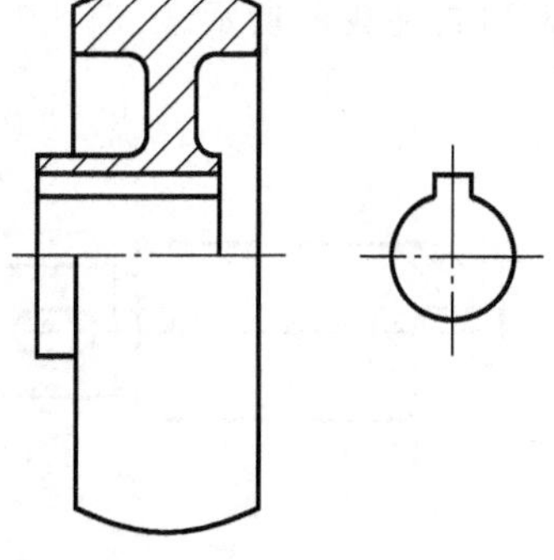

图 6-23　皮带轮的半剖视图

① 不对称机件的内、外形状均需要表达，如图 6-24 所示。

② 对称机件，因图形的对称中心线与轮廓线重合，不宜采用半剖视图，如图 6-25 所示。

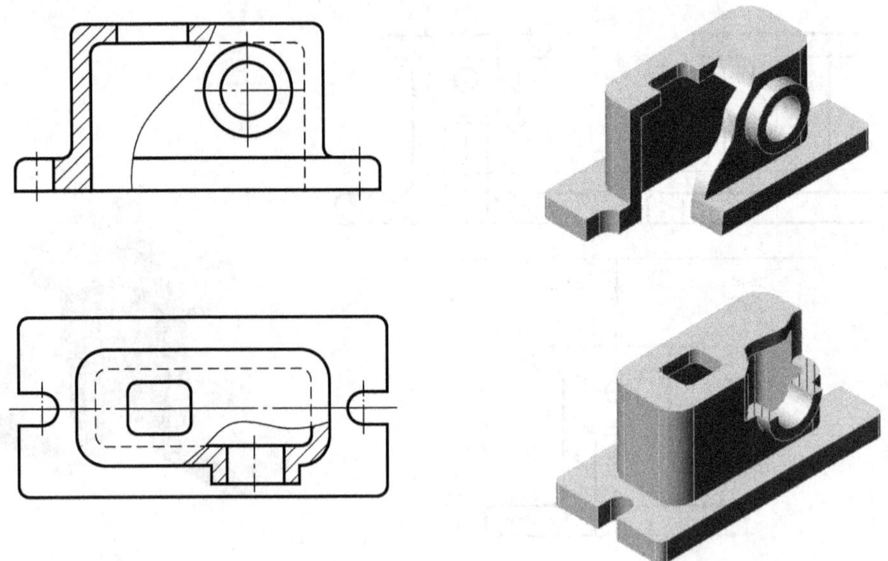

图 6-24　局部剖视图

③ 机件只有局部的内部形状需要表达，不必或不宜采用全剖视图，如图 6-26、图 6-27 所示。

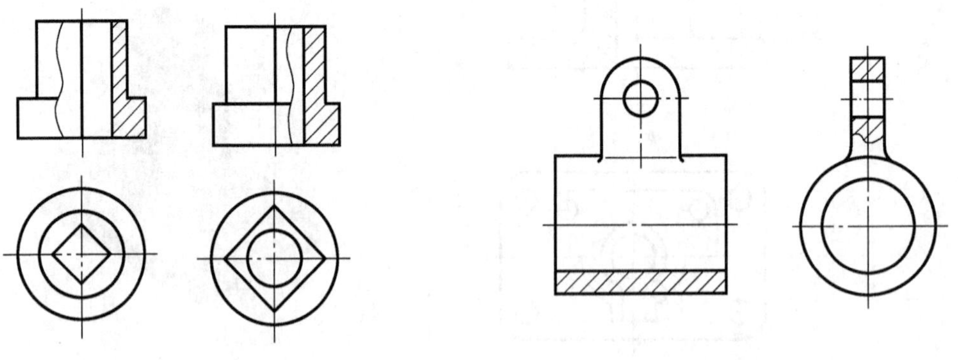

图 6-25　局部剖视图示例（一）　　图 6-26　局部剖视图示例（二）

局部剖视图用波浪线分界，波浪线表示机件实体断裂面的投影，不能超出图形，不能穿越剖切平面和观察者之间的通孔、通槽，也不能和图形上其他图线重合，如图 6-28 所示。当被剖切的局部结构为回转体时，允许将该结构的轴线作为局部剖与视图的分界线，如图 6-26 的主视图所示。

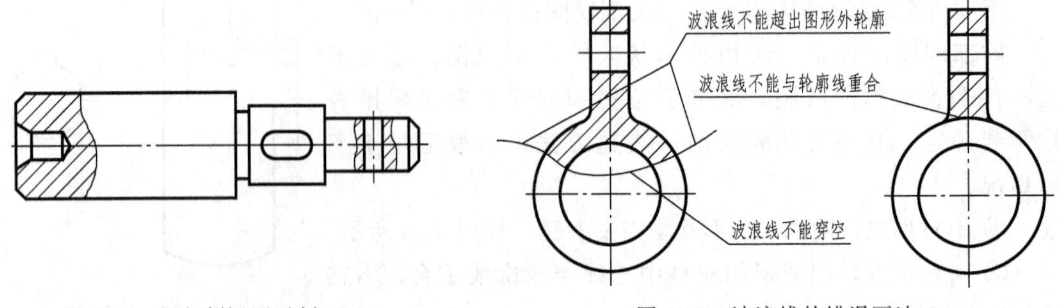

图 6-27　局部剖视图示例（三）　　图 6-28　波浪线的错误画法

当单一剖切平面的剖切位置明确时，局部剖视图不必标注。

第三节　断　面　图

一、断面图的概念

假想用剖切面将机件的某处切断，仅画出该剖切面与机件接触部分的图形称为断面图。

断面图图形简洁，重点突出，常用来表达轴上的键槽、销孔等结构，还可用来表达机件的肋、轮辐，以及型材、杆件的断面实形。

如图 6-29（a）所示的轴，当画出主视图后，其上键槽的深度尚未表示清楚，若画出图 6-29（b）所示的左视图，则键槽的投影为虚线，且图形不清晰。为此，可假想在键槽处用一垂直于轴线的剖切平面将轴切断，若画出图 6-29（c）所示的剖视图，其上还有一些表达内容和主视图相重复，若画出图 6-29（d）所示的断面图，则既能将键槽的深度表示清楚，且图形简单、清晰。

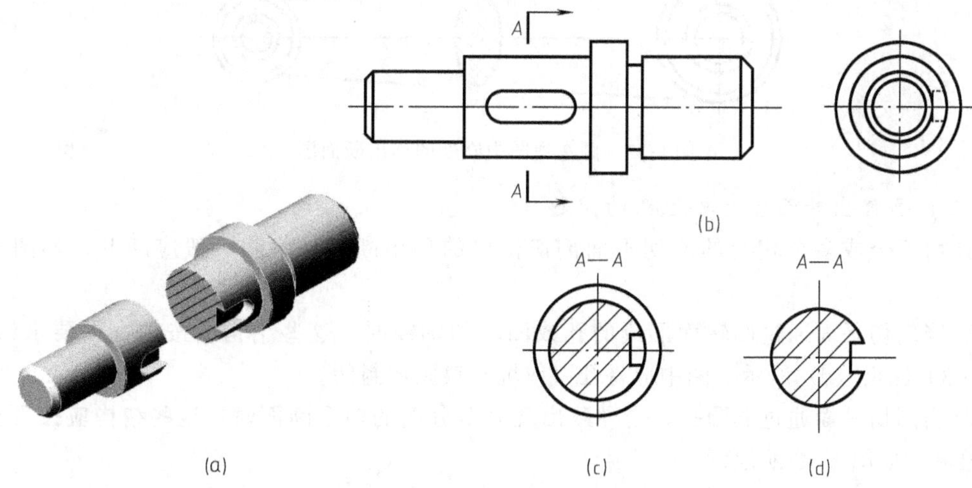

图 6-29　断面图及其与视图、剖视图的比较

对比剖视图和断面图可以看出，它们都要画出机件的剖面区域轮廓，但断面图不必画出剖切平面后的其他可见轮廓。

断面图按在图中放置位置不同，可分为移出断面图和重合断面图。

二、移出断面图

画在视图轮廓之外的断面图称为移出断面图。

（一）移出断面图的画法

移出断面图的轮廓线用粗实线绘制，应尽量配置在剖切符号或剖切线（表示剖切平面位置的线，用细点画线绘制）的延长线上，如图 6-30（b）、（c）所示；也可配置在其他适当的位置，如图 6-30（a）、（d）所示。当断面图形对称时，也可画在视图的中断处，如图 6-31 所示。

（二）移出断面图的标注

移出断面图的一般标注方法和剖视图相同，如图 6-29（d）所示。当移出断面图配置在剖切符号或剖切线的延长线上时，不必标注字母，如图 6-30（b）、（c）所示。不配置在剖切符号延长线上的对称移出断面，以及按投影关系配置的移出断面，一般不必标注箭头，如图 6-30（a）、（d）所示。配置在视图中断处的对称移出断面不必标注，如图 6-31 所示。

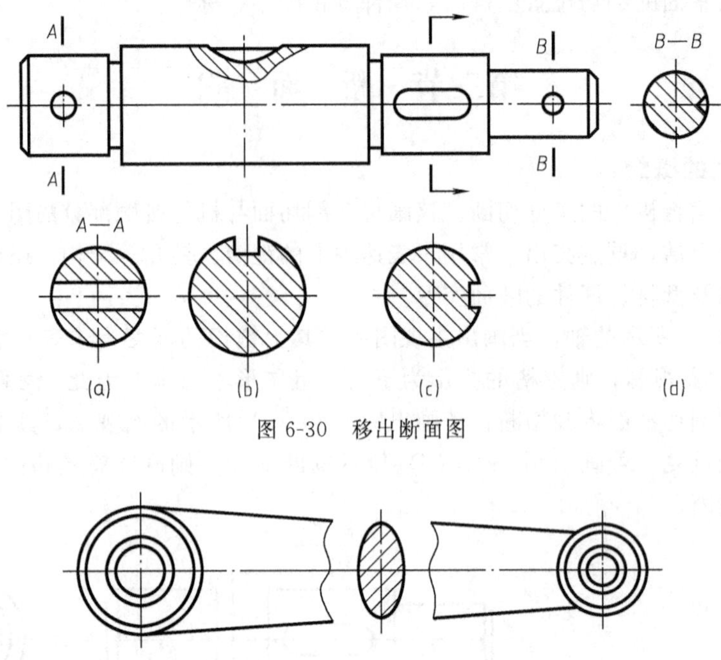

图 6-30 移出断面图

图 6-31 画在视图中断处的移出断面图

（三）画移出断面图时要注意的问题

① 由两个或多个相交的剖切平面剖切得出的移出断面，中间一般应断开，如图 6-32 所示。

② 当剖切平面通过回转面形成的孔或凹坑的轴线时，这些结构应按剖视图要求绘制，如图 6-30（a）、（d）所示，图中应将孔（或坑）口画成封闭。

③ 当剖切平面通过非圆孔，会导致出现完全分离的两个断面时，这些结构应按剖视图要求绘制，如图 6-33 所示。

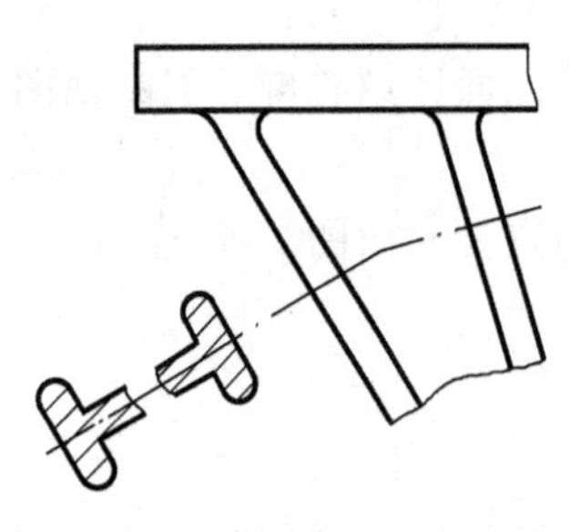

图 6-32 两相交平面切得的断面图

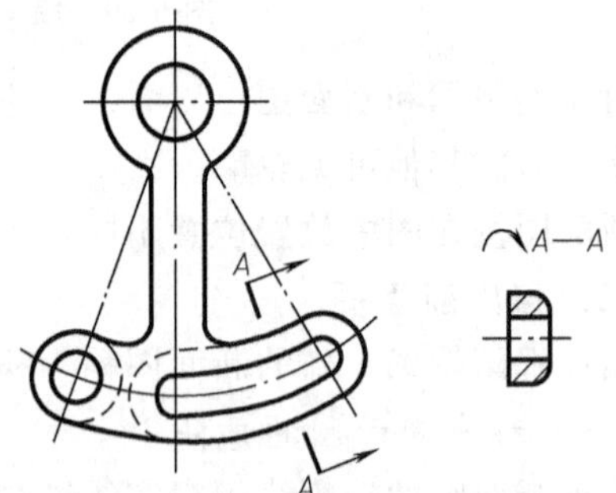

图 6-33 局部按剖视绘制的断面图

三、重合断面图

画在视图轮廓线内的断面图称为重合断面图。当机件的断面形状较简单时，可采用重合断面图表示。

（一）重合断面图的画法

重合断面图的轮廓线用细实线绘制，当视图中的轮廓线与重合断面的图形重叠时，视图中的轮廓线仍应连续画出，不可间断，如图 6-34（a）所示。

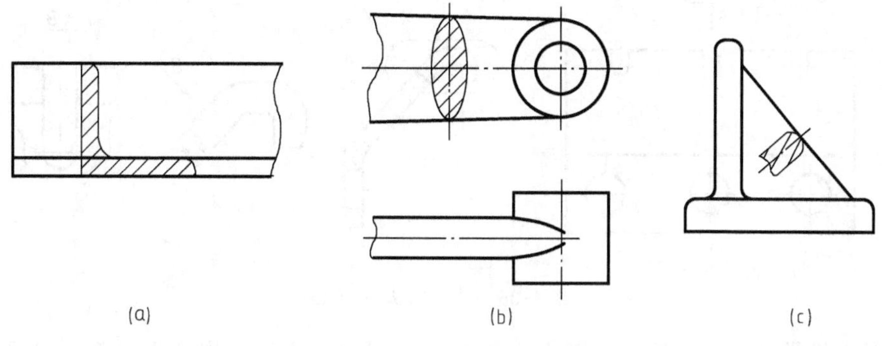

图 6-34　重合断面图

（二）重合断面图的标注

不对称的重合断面可省略标注，如图 6-34（a）所示。对称的重合断面不必标注，如图 6-34（b）、（c）所示。

第四节　其他表达方法

一、局部放大图

将机件的部分结构，用大于原图形所采用的比例画出的图形称为局部放大图。

画局部放大图所采用的比例，应根据结构表达的需要确定，可根据需要将局部放大图画成视图、剖视图、断面图，与被放大部分的表达方式无关，如图 6-35 所示。

画局部放大图时，应用细实线圈出被放大部位，局部放大图应尽量配置在被放大部位附近，当同一机件上有几个被放大部分时，必须用罗马数字顺序地标明被放大的部位，并在局部放大图上方标注出相应的罗马数字和所采用的比例，如图 6-35 所示。

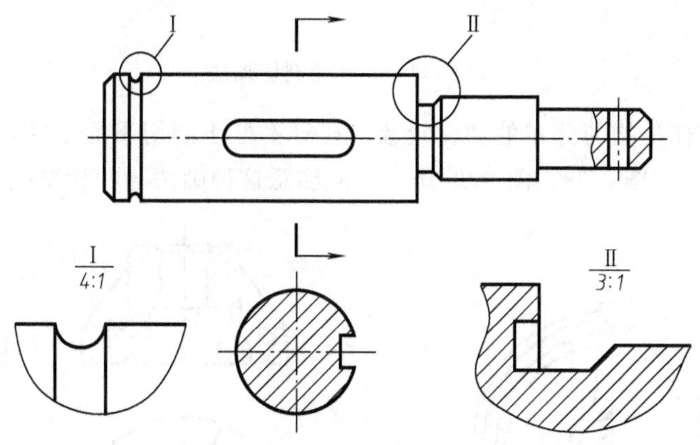

图 6-35　局部放大图（一）

必要时可用几个图形来表达同一被放大部分的结构，如图 6-36 所示。由于机件上只有一个被放大部分，故在局部放大图的上方只需注明所采用的比例。

二、简化画法

为方便读图和绘图，GB/T 16675.1—1996 规定了视图、剖视图、断面图及局部放大图中的简化画法，现摘要如下。

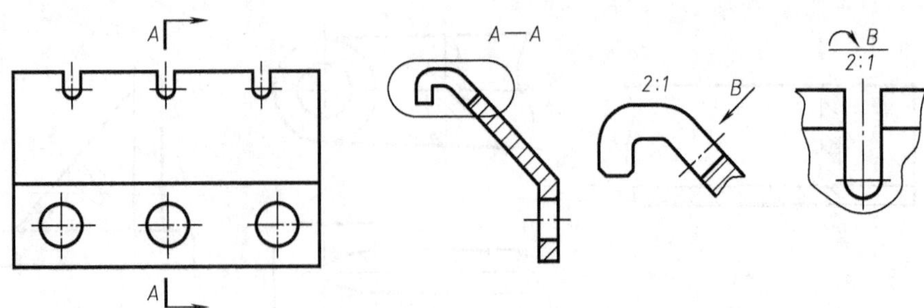

图 6-36 局部放大图（二）

① 对于机件的肋，轮辐及薄壁等，如按纵向剖切，这些结构都不画剖面符号，而用粗实线将它和相邻部分分开，如图 6-37（b）的主视图和图 6-38 所示。所绘制的粗实线应保证相邻结构完整（注意它和相应视图轮廓的区别）。当这些结构被横向剖切时，仍应按正常画法绘制，如图 6-37（b）的 A—A 剖视图和图 6-38 中的重合断面图。

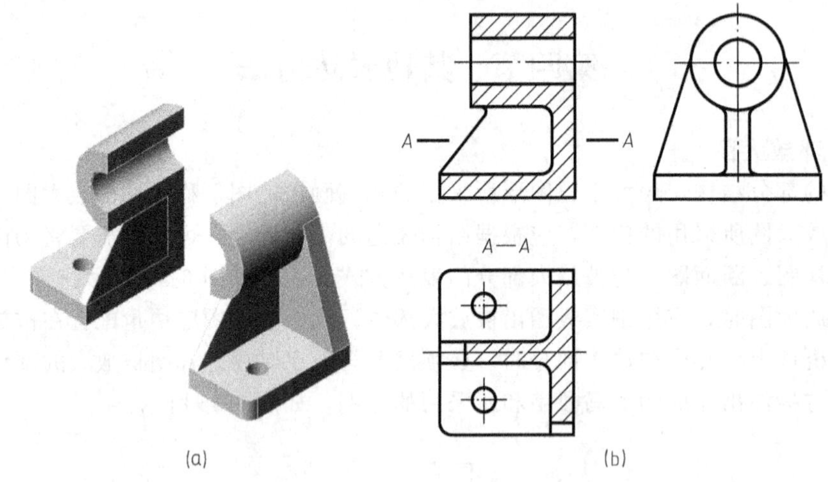

图 6-37 肋板的剖切画法

② 当零件回转体上均匀分布的肋、轮辐、孔等不处于剖切平面上时，可将这些结构旋转到剖切平面上画出，如图 6-38、图 6-39 所示。应注意这种画法与两相交剖切平面剖切的区别。

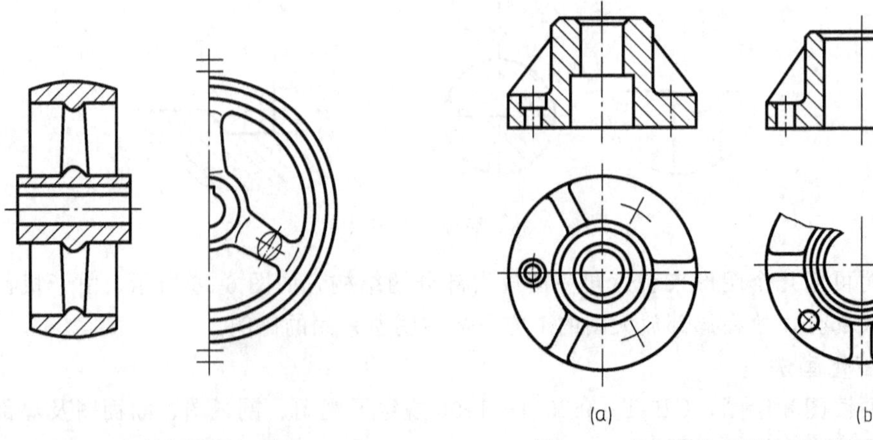

图 6-38 轮辐的剖切画法

图 6-39 均匀分布的肋与孔的剖切画法

③ 在不致引起误解的情况下，剖视图和断面图中的剖面符号可省略，如图 6-40 所示。

④ 必要时，在剖视图的剖面中可再作一次局部剖。采用这种方法表达时，两个剖面区域的剖面线应同方向、同间隔，但要相互错开，并用引出线标注其名称，如图 6-41 所示。

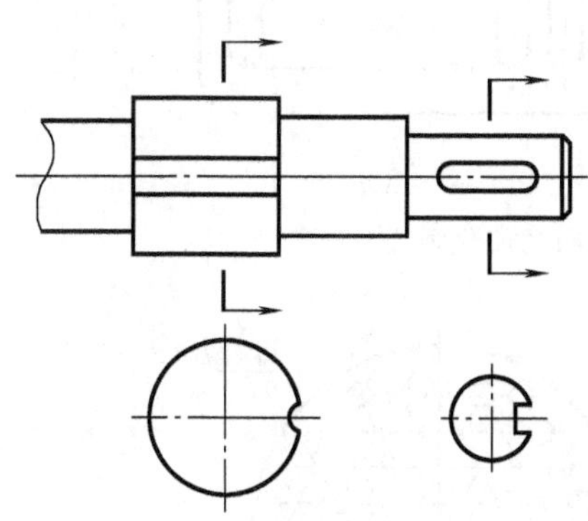

图 6-40　省略剖面符号

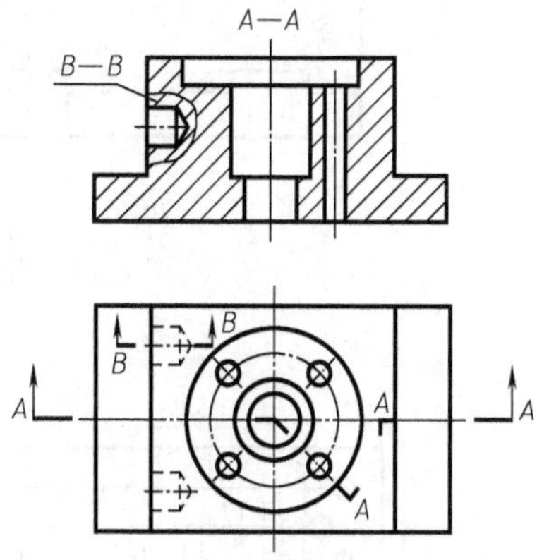

图 6-41　在剖视图中再作一次局部剖

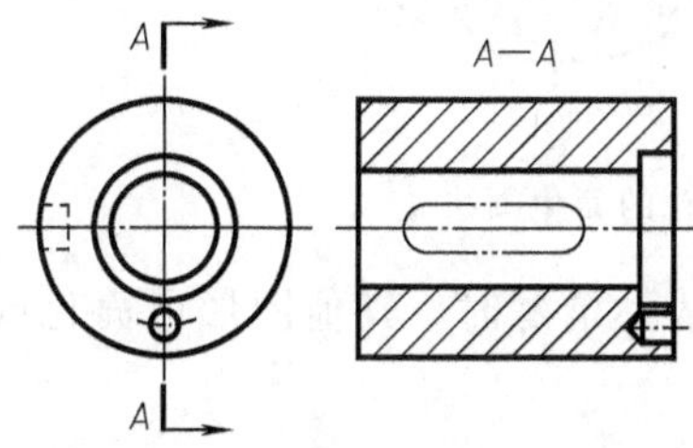

图 6-42　用假想轮廓线表示剖切平面前的结构

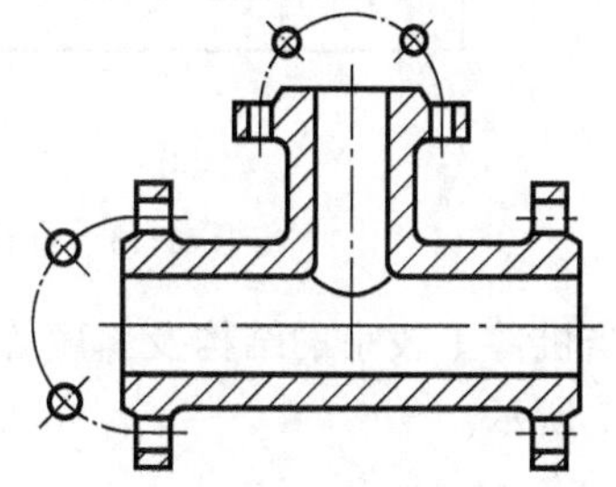

图 6-43　法兰端面均布孔的表示法

⑤ 在需要表示位于剖切平面前的结构时，这些结构按假想投影的轮廓线即用细双点画线绘制，如图 6-42 所示。

⑥ 圆柱法兰和类似零件上均匀分布的孔，可按图 6-43 所示的方法表示其分布情况（由机件外向该法兰端面方向投射）。

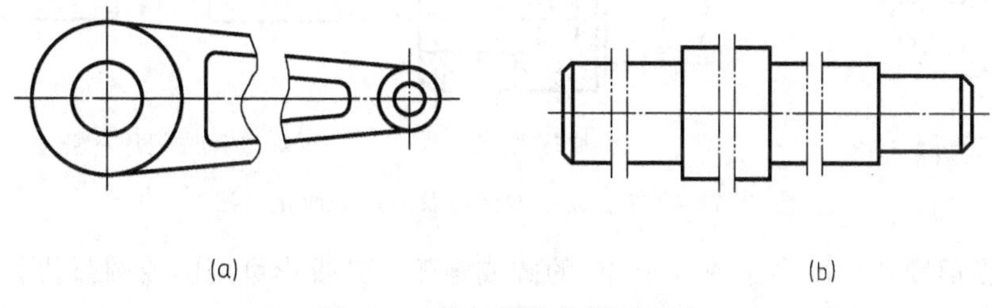

图 6-44　较长机件的断开画法

⑦ 较长的机件（轴、杆、型材、连杆等）沿长度方向的形状一致或按一定规律变化时，可断开后缩短绘制，如图 6-44 所示。机件的轴线（或对称线）仍应连续画出。

⑧ 当机件具有若干相同的结构（齿、槽等），并按一定规律分布时，只需画出几个完整的结构，其余用细实线连接，在图中则必须注明该结构的总数，如图 6-45 所示。

⑨ 若干直径相同且呈规律分布的孔（圆孔、螺孔、沉孔等），可以仅画出一个或少量几个，其余只需用细点画线表示其中心位置，如图 6-46 所示。

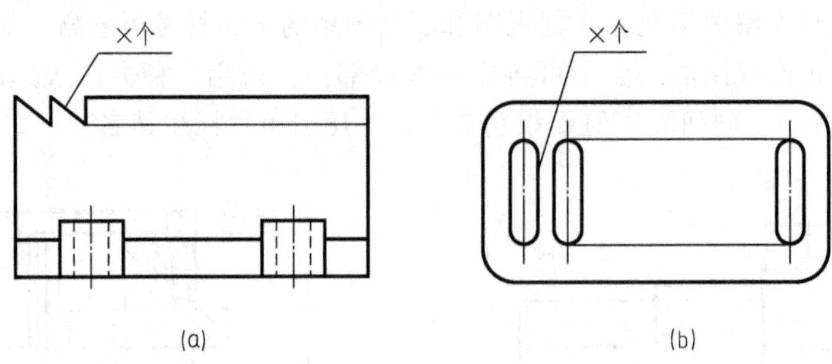

图 6-45 相同结构呈规律分布的简化画法

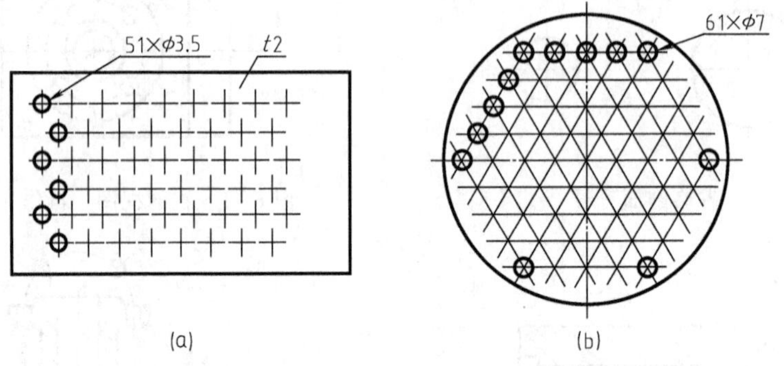

图 6-46 直径相同且呈规律分布孔的简化画法

⑩ 当机件上较小的结构及斜度等已在一个图形中表达清楚时，其他图形可简化或省略，如图 6-47 所示。

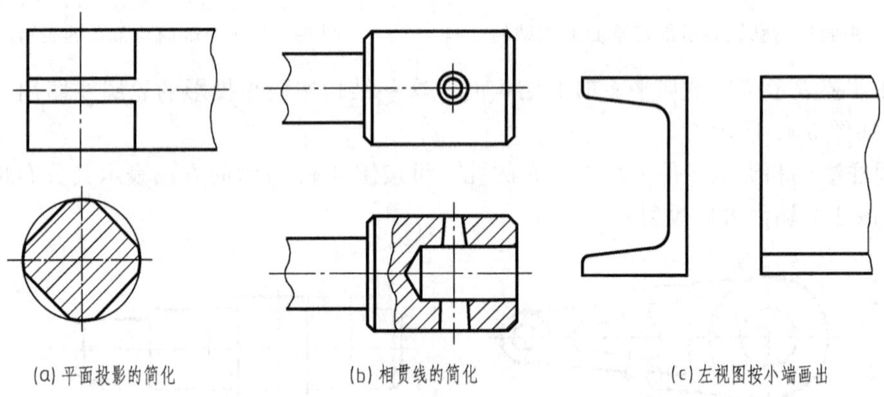

图 6-47 机件上较小的结构及斜度的简化画法

⑪ 与投影面倾斜角度小于或等于 30°的圆或圆弧，其投影可用圆或圆弧代替，如图 6-48 所示。

⑫ 在局部放大图表达完整的前提下，允许在原视图中简化被放大部位的图形，如图 6-49所示。

⑬ 在不致引起误解时，图形中的相贯线可以简化，如用圆弧或直线代替非圆曲线的投影，如图 6-50（a）所示。也可采用模糊画法表示相贯线，如图 6-50（b）所示。

⑭ 在不致引起误解时，零件图中的小圆角、锐边小倒圆或 45°小倒角允许省略不画，但必须注明尺寸或在技术要求中加以说明，如图 6-51 所示。

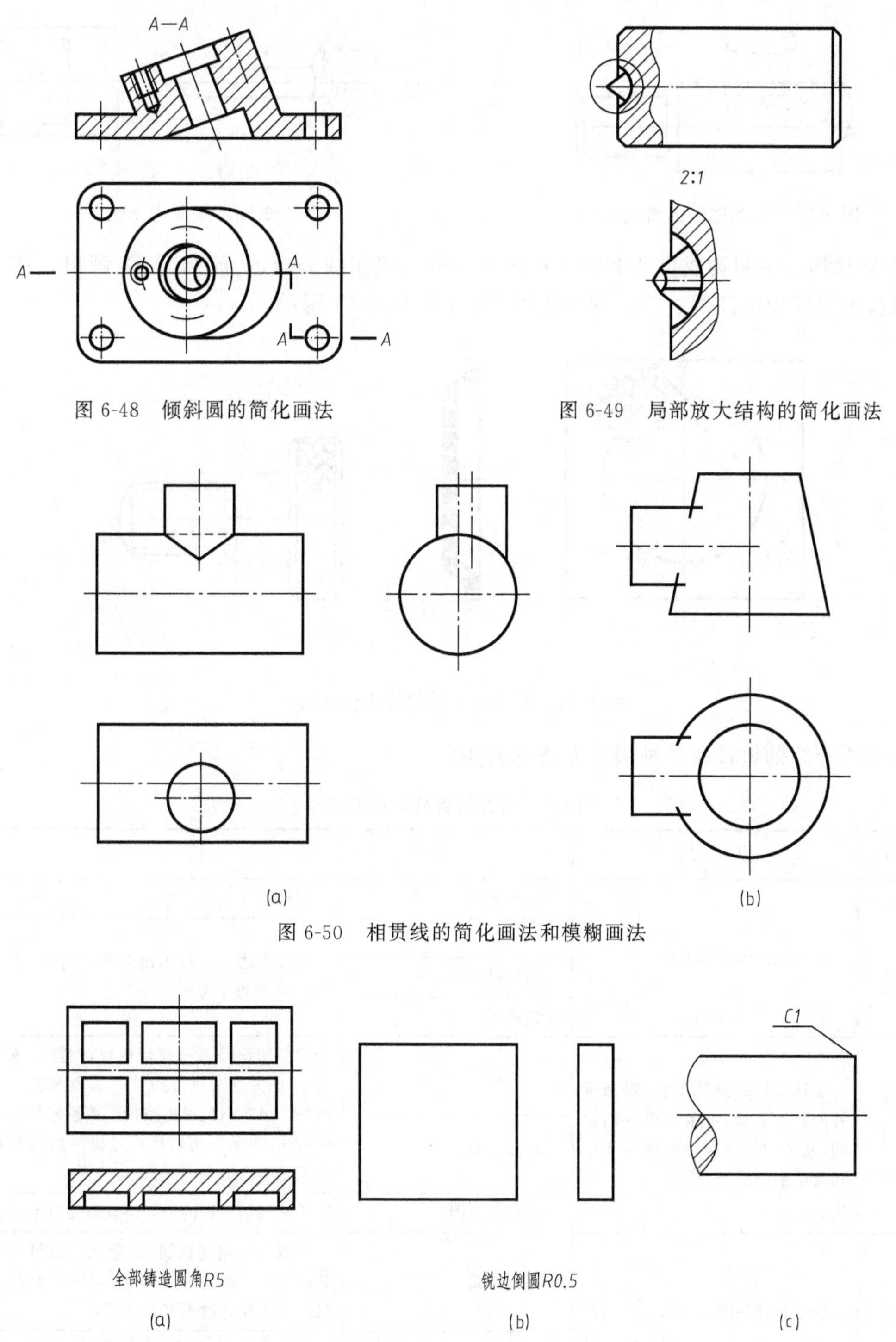

图 6-48 倾斜圆的简化画法

图 6-49 局部放大结构的简化画法

图 6-50 相贯线的简化画法和模糊画法

图 6-51 小圆角、小倒圆、小倒角的简化画法

⑮ 局部视图可按第三角画法配置在视图上所需表示局部结构的附近，并用细点画线将两者相连，如图 6-52 所示。

⑯ 当回转体机件上的平面在图形中不能充分表达时，可用细实线绘出对角线表示这些平面，如图 6-53 所示。

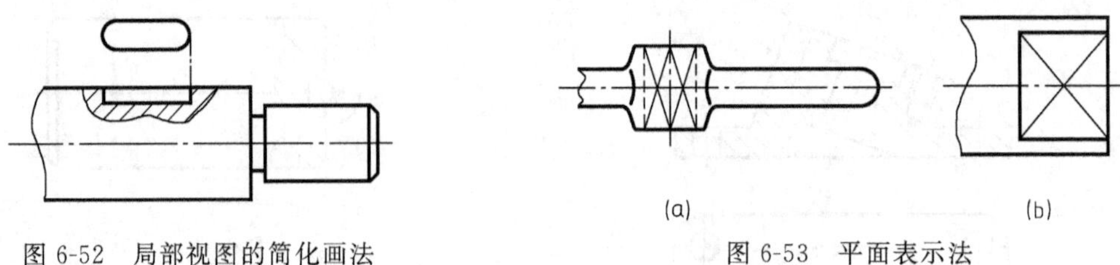

图 6-52　局部视图的简化画法　　　　图 6-53　平面表示法

⑰ 网状物、编制物或机件上的滚花部分，可用粗实线完全或局部地示意画出，在零件图上或技术要求中应注明这些结构的具体要求，如图 6-54 所示。

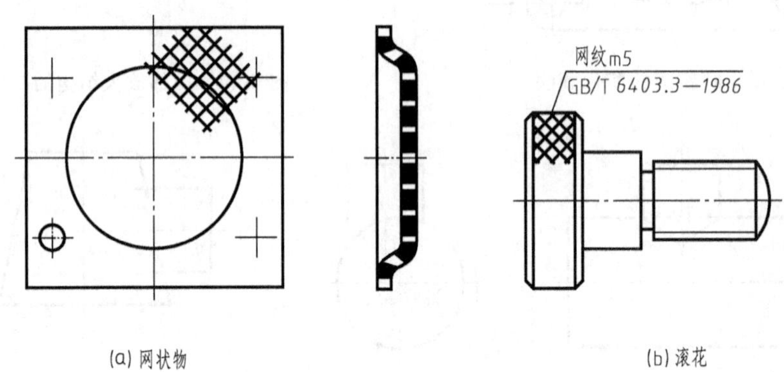

图 6-54　网状物及滚花的简化画法

本章所介绍的机件的各种表达方法见表 6-2。

表 6-2　机件的各种表达方法

<table>
<tr><th>名　称</th><th>应　　用</th><th>分　类</th><th>标　　注</th></tr>
<tr><td rowspan="4">视图</td><td rowspan="4">表达机件的外部形状</td><td>基本视图</td><td>不标注</td></tr>
<tr><td>向视图</td><td rowspan="3">在要表达的部位画出箭头，并注写字母如“A”，在图形上方注出“A”</td></tr>
<tr><td>局部视图</td></tr>
<tr><td>斜视图</td></tr>
<tr><td rowspan="3">剖视图</td><td rowspan="3">表达机件的内部形状，根据机件的具体形状，可采用单一剖切面、几个平行的剖切平面和几个相交的剖切平面</td><td>全剖视图</td><td rowspan="2">用剖切符号表示剖切位置，用箭头表示投射方向，并注写字母如“A”，在剖视图上方注出“A－A”，当剖视图按投影关系配置时可省略箭头，当单一剖切平面过机件的对称面剖切且符合以上条件时，可省略标注</td></tr>
<tr><td>半剖视图</td></tr>
<tr><td>局部剖视图</td><td>单一剖切平面的剖切位置明确时不标注</td></tr>
<tr><td rowspan="2">断面图</td><td rowspan="2">表达机件的断面形状</td><td>移出断面</td><td>一般标注同剖视图，配置在剖切符号的延长线上时不必标注字母，断面图形对称或按投影关系配置时不必标注箭头</td></tr>
<tr><td>重合断面</td><td>断面图形对称时不必标注，断面图形不对称时可省略标注</td></tr>
<tr><td>局部放大图</td><td>表达机件上细小的局部结构形状</td><td>可画成视图、剖视图或断面图</td><td>用细实线圈出被放大部位，并注写罗马数字，局部放大图上方注出相应的数字并注明比例</td></tr>
<tr><td>简化画法</td><td colspan="3">存在于上述各种表达方法之中，以简化作图</td></tr>
</table>

表达机件时，应首先考虑看图方便，根据机件的结构特点，选用适当的表达方法，在完整、清晰地表达机件各部分形状及其相对位置的前提下，力求制图简便。应使所画出的每个视图、剖视图和断面图等都有明确的表达目的，尽量避免不必要的细节重复，同时又要注意它们之间的相互联系。尽量避免使用虚线表达机件的轮廓。

同一机件可以有几种表达方案，应在熟练运用各种表达方法的前提下，通过分析、对比，按前述要求选择适当的表达方案。机件的视图选择将在第九章中进一步讨论。

第七章　机械图概述

知识目标： 1. 熟悉零件图和装配图的内容及关系。

2. 了解零件和装配体的常见工艺结构。

能力目标： 1. 能初步用联系的观点看待零件和装配体。

2. 能综合运用机械结构、加工工艺等相关的知识与技能。

表示机器、设备及其组成部分的形状、大小和结构的图样称为机械图样，包括零件图和装配图。本章通过初步认识零件图和装配图，讨论零件和装配体的关系及有关的工艺结构问题，为进一步学习零件图和装配图奠定基础。

第一节　零件图和装配图

一、零件图、装配图及其关系

任何机器、设备都是由许多零件按一定的装配关系和技术要求连接起来，从而实现某种特定的功能。零件按其获得方式可分为标准件和非标准件，标准件的结构、大小、材料等均已标准化，可通过外购方式获得，非标准件则需要自行设计、绘图和加工。机器、设备往往根据不同的组合要求和工艺条件分成若干个装配单元，称为部件。为便于叙述，将机器、设备或其部件统称为装配体。

表示零件的结构、大小和技术要求的图样称为零件图。

表示装配体及其组成部分的连接、装配关系的图样称为装配图。

零件与装配体是局部与整体的关系。设计时，一般先画出装配图，再根据装配图绘制非标准件的零件图；制造时，先根据零件图加工出成品零件，再根据装配图将各个零件装配成部件（或机器）。装配体的功能是由其组成零件来体现的，每一个零件在装配体中都担当一定的功用。

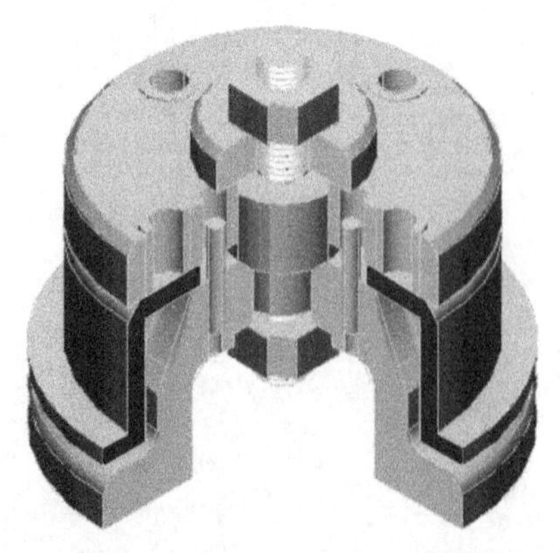

图 7-1　钻模

在识读或绘制机械图样时，要注意零件与装配体、零件图与装配图之间的密切联系，一般应注意以下几方面的问题。

① 要考虑零件在装配体中的作用，如支承、容纳、传动、配合、连接、安装、定位、密封、防松等，从而理解零件的基本结构和形状。

② 要考虑零件的材料、形状特点、不同部位的功用及相应的加工方法，完善零件的工艺结构，正确选择技术要求。

③ 要注意装配体中各相邻零件间形状、尺寸方面的协调关系，如配合、螺纹连接、对齐结构、间隙结构、与标准件连接的结构等，使零件的形状和

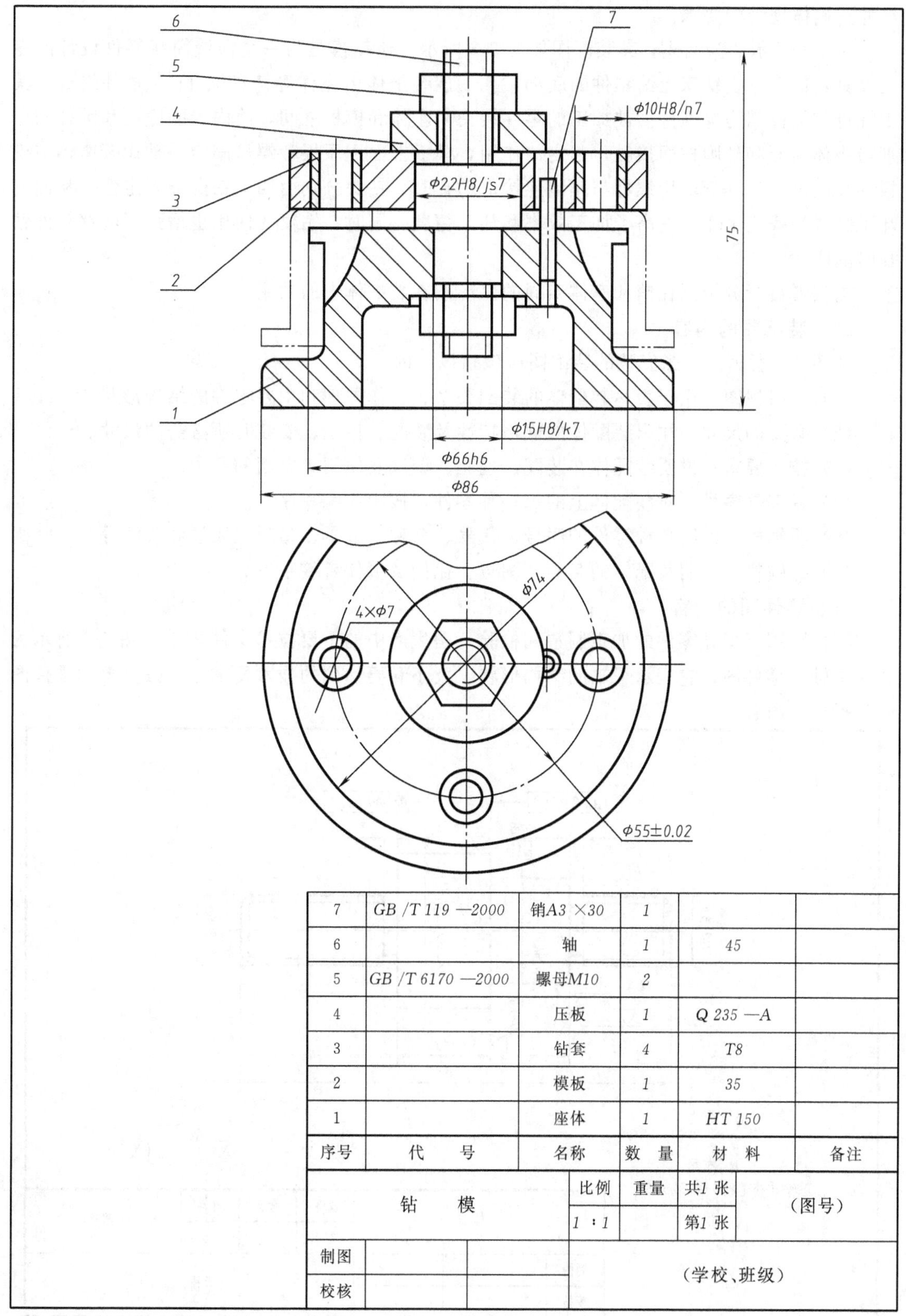

7	GB/T 119—2000	销A3×30	1		
6		轴	1	45	
5	GB/T 6170—2000	螺母M10	2		
4		压板	1	Q 235—A	
3		钻套	4	T8	
2		模板	1	35	
1		座体	1	HT 150	
序号	代　号	名称	数　量	材　料	备注

钻　模	比例	重量	共1 张	(图号)
	1∶1		第1 张	
制图				(学校、班级)
校核				

图 7-2　钻模装配图

尺寸正确体现装配要求。

图 7-1 所示的为钻模，其装配图如图 7-2 所示，该钻模是为一个薄壁筒状零件设计的专用夹具，借助它在钻床上给零件的底部钻孔。该装配体由座体等 7 种共 11 个零件组成，其中螺母和圆柱销为标准件。被加工的零件装夹在座体和模板之间，筒内壁的底面和圆柱面分别与座体顶面和外圆柱面接触，起定位作用，模板上面用压板和螺母固定，轴用于座体与模板的径向定位，其下端用螺母与座体连接。钻孔时，钻头分别由四个钻套导入定位，从而省却了画线和找正工作，提高了加工效率和加工精度。同时，钻模的使用也增强了薄壁零件钻孔时的刚性。

请读者自行分析圆柱销和座体四周的弧形槽在装配体中的功用。

二、装配图的内容

如图 7-2 所示，一张完整的装配图应包括以下内容。

（1）一组视图　用于表达装配体的装配关系、工作原理和主要零件的结构形状。

（2）必要的尺寸　注出装配体的规格特性及装配、检验、安装时所必需的尺寸。

（3）技术要求　说明装配体在装配、检验、调试及使用等方面的要求。

（4）零部件序号　对装配体上的每一种零件，按顺序编写序号。

（5）明细栏　说明各种零件的序号、代号、名称、数量、材料、质量和备注等。

（6）标题栏　注明装配体的名称、图号、比例及责任者签字等。

三、零件图的内容

零件图用于指导零件的加工制造和检验，是生产中的重要技术文件之一。图 7-3 所示为钻模中轴的零件图，它表示了轴的结构形状、大小和要达到的技术要求。一张完整的零件图应包括以下内容。

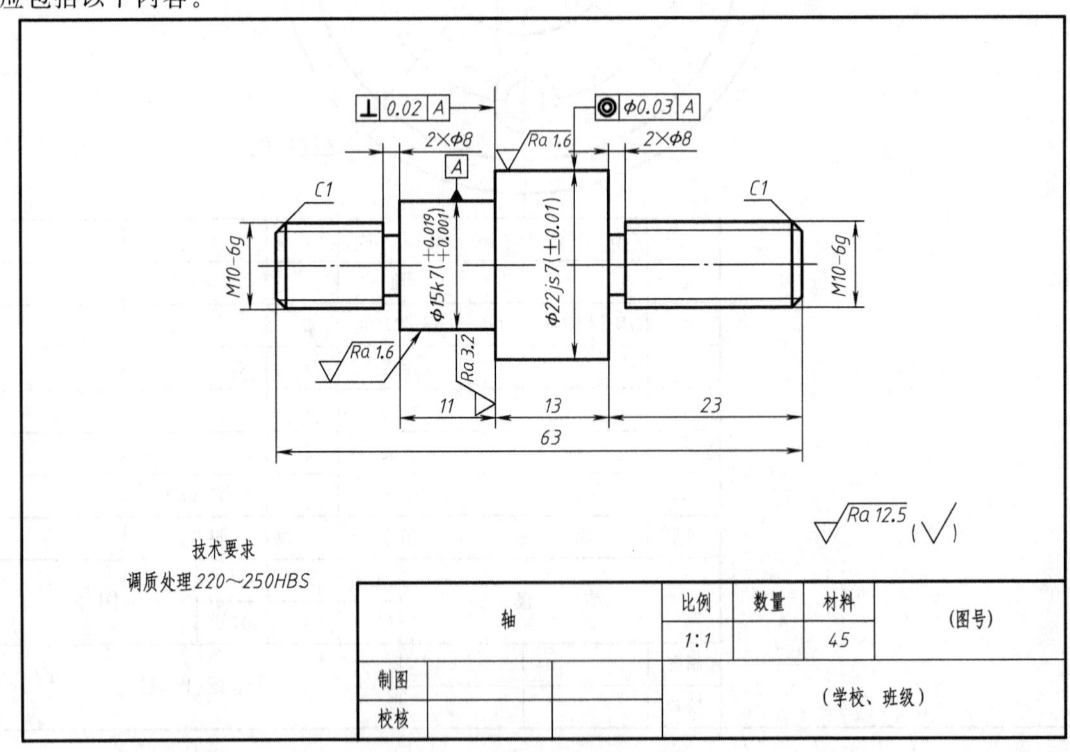

图 7-3　轴的零件图

（1）一组视图　用一定数量的视图、剖视图、断面图等完整、清晰、简便地表达出零件的结构和形状。

（2）足够的尺寸　正确、完整、清晰、合理地标注出零件在制造、检验中所需的全部尺寸。

（3）技术要求　标注或说明零件在制造和检验中要达到的各项质量要求。如表面结构要求、尺寸公差、几何公差及热处理等。

（4）标题栏　说明零件的名称、材料、数量、比例及责任人签字等。

第二节　零件和装配体的工艺结构

一、零件的工艺结构

零件在装配体中的功用决定了零件的主要结构。零件的工艺结构，就是从加工工艺要求出发，为了使零件的毛坯制造、机械加工和测量等工作进行得更顺利而采用的一些局部结构。下面介绍零件上常见工艺结构的画法和尺寸标注方法。

（一）机械加工工艺对零件结构的要求

1. 倒角和倒圆

为了便于装配和去除零件边缘的毛刺，在轴端或孔口常常加工出倒角。倒角通常为45°，必要时可采用30°或60°。45°倒角用符号"*C*"表示，其后的数值代表倒角宽度，45°倒角的画法及尺寸注法如图7-4（a）～（d）所示。非45°倒角必须分别注出角度和宽度，如图7-4（e）所示。

为避免因应力集中而产生裂纹，在轴肩或孔肩处，常加工成圆角环面过渡，称为倒圆，如图7-4（f）所示。

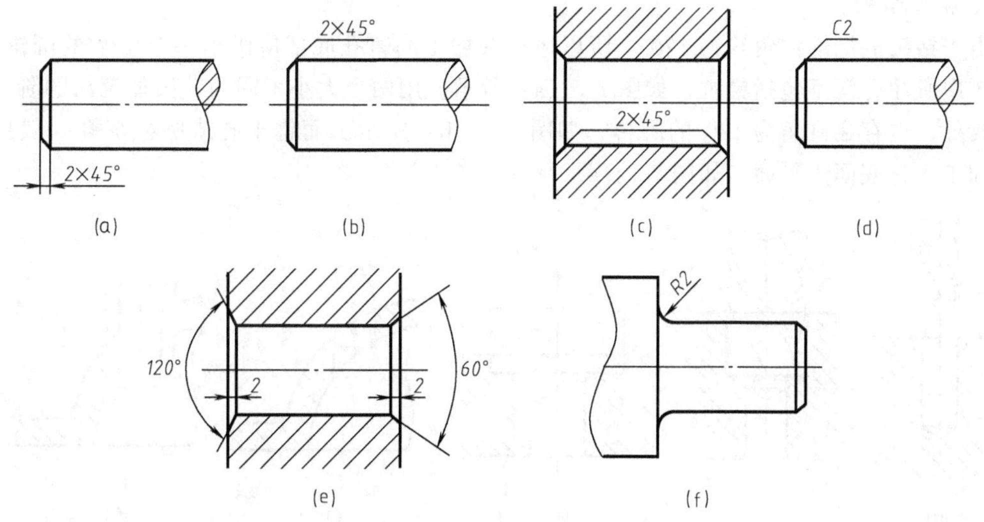

图7-4　倒角和倒圆

倒角宽度和倒圆半径通常较小，一般在0.5～3mm之间，其尺寸系列可查阅有关手册。

2. 退刀槽和砂轮越程槽

在车削螺纹或磨削加工时，为了便于退出刀具或使砂轮可以稍越过被加工的表面，常在待加工表面的台肩处预先加工出退刀槽或砂轮越程槽。退刀槽一般可按“槽宽×直径”或“槽宽×槽深”的形式标注，如图 7-5 所示。

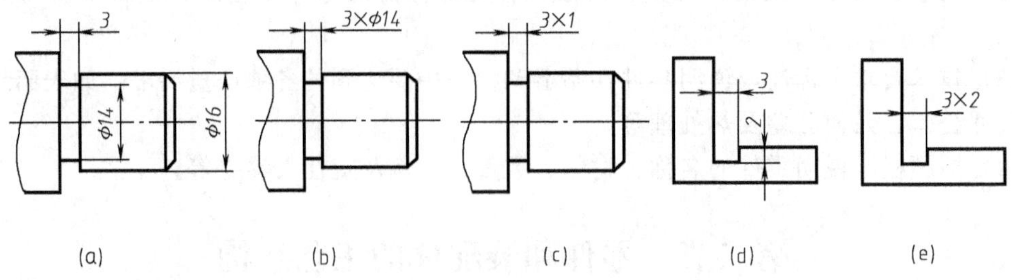

图 7-5 退刀槽和砂轮越程槽

3. 凸台、沉孔和凹槽

为使零件间接触良好，凡与其他零件的接触面一般都要进行加工，但应尽量减小加工面积。因此在加工面处常作出凸台、沉孔或凹槽，如图 7-6 所示。

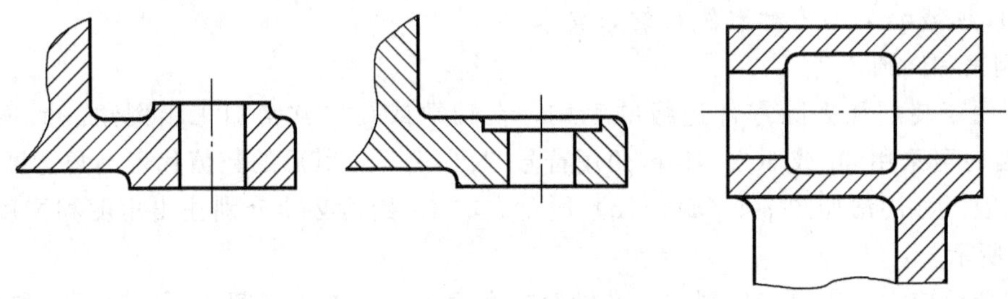

图 7-6 凸台、沉孔和凹槽

4. 钻孔结构

由于钻头的端部锥角约为 120°，所以用钻头加工的盲孔底部应画出一个 120°的圆锥角，零件图中所注孔深不包括锥坑，如图 7-7（a）所示。用两个大小不同的钻头加工出的阶梯孔的过渡处，也存在锥角为 120°的圆台，如图 7-7（b）所示。而锪平孔或圆柱沉孔一般用锪平钻加工，其底面为平面，如图 7-7（c）所示。

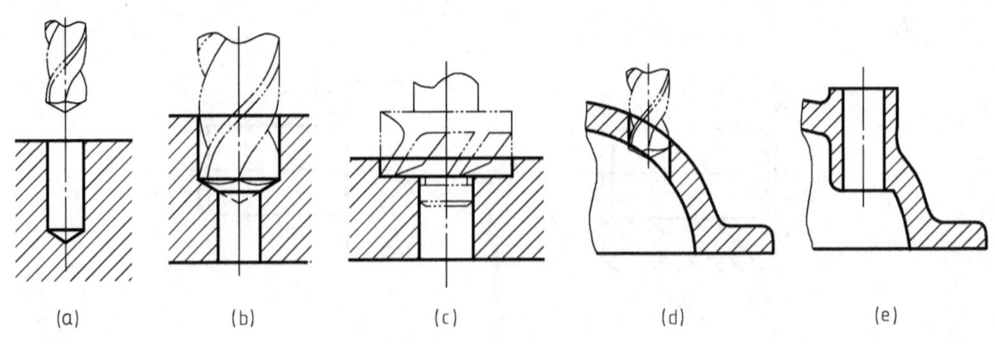

图 7-7 钻孔结构

为避免钻孔时钻头因单边受力产生偏斜或折断钻头，要求钻头轴线尽量垂直于被钻孔零件的端面，如图 7-7（d）、（e）所示。

光孔、沉孔在零件图上的尺寸标注分为直接注法和旁注法两种，见表 7-1。

5. 中心孔

对于较长或精度较高的轴类零件，在轴的两端常预先加工出中心孔，以便加工、检验时的定位和支承。

中心孔的结构形式已标准化。图 7-8 所示为 A 型（不带护锥）、B 型（带护锥）、C 型（带螺纹）和 R 型（弧形）中心孔的结构。

表 7-1 光孔、沉孔的尺寸注法

类型		普通注法	旁注法	说明
光孔	一般孔	4×φ5；15	4×φ5↧15；4×φ5↧15	孔底部圆锥角不用注出 “4×φ5”表示 4 个相同的孔成规律分布(下同) “↧”为孔深符号
	精加工孔	4×φ5H7；15；17	4×φ5H7↧15 孔↧17；4×φ5H5↧15 孔↧17	钻孔深度为 17mm，按“H7”精加工的深度为 15mm
沉孔	埋头孔	90°；φ13；3×φ7	3×φ7 ⌵φ13×90°；3×φ7 ⌵φ13×90°	“⌵”为埋头孔符号
	沉孔	φ11；5；4×φ7	4×φ7 ⌴φ11↧5；4×φ7 ⌴φ11↧5	“⌴”为沉孔或锪平符号
	锪平孔	φ13；6×φ7	6×φ7 ⌴φ13；6×φ7 ⌴φ13	锪平深度不需注出，加工时锪平到不存在毛面即可

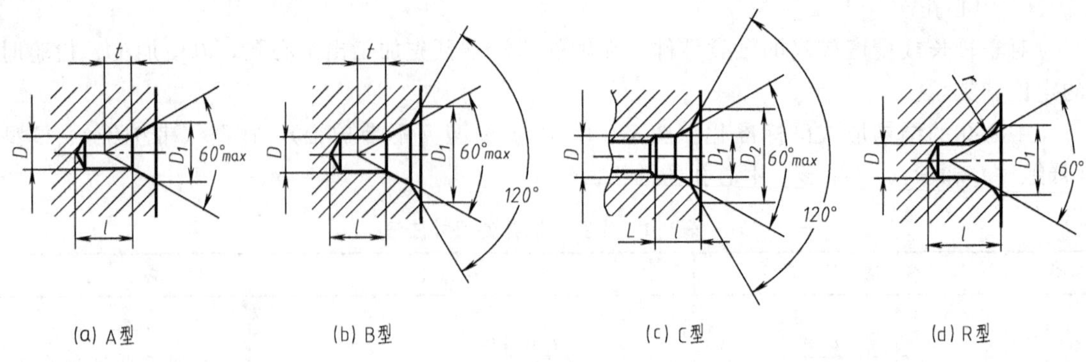

(a) A型　(b) B型　(c) C型　(d) R型

图 7-8　中心孔

对于标准的中心孔可采用简化表示法，图中可不画出其结构，只需在轴端绘制出对中心孔要求的符号并标记，见表 7-2。

表 7-2　中心孔的符号及标注（GB/T 4459.5—1999）

要　求	符　号	标注示例	解　释
在完工的零件上要求保留中心孔		B 2.5/8	采用 B 型中心孔 $D=2.5$　$D_1=8$ 在完工的零件上要求保留
在完工的零件上可以保留中心孔		A 4/8.5	采用 A 型中心孔 $D=4$　$D_1=8.5$ 在完工的零件上是否保留都可以
在完工的零件上不允许保留中心孔		A 1.6/3.35	采用 A 型中心孔 $D=1.6$　$D_1=3.35$ 在完工的零件上不允许保留

（二）铸造工艺对零件结构的要求

1. 铸造圆角和过渡线

为了满足铸造工艺的要求，在铸件毛坯表面的相交处应做成圆角过渡，称为铸造圆角，如图 7-9（a）、（b）所示。铸造圆角用以防止转角处型砂脱落，还可以避免铸件在冷却收缩时产生缩孔或因应力集中而产生裂纹。

铸造圆角半径通常较小，一般为 $R2$～$R5$mm，尺规作图时可徒手勾画，也可省略不画。

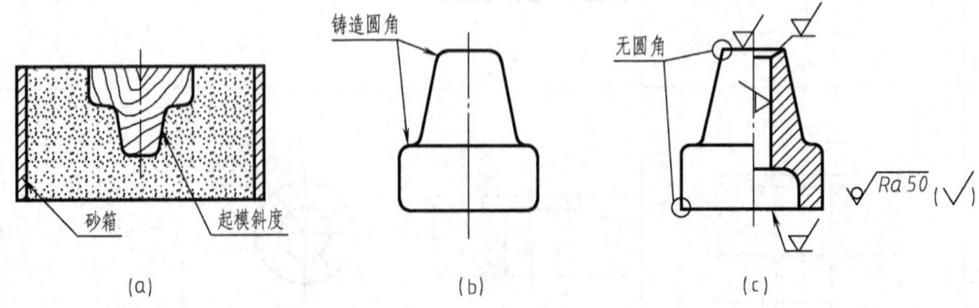

图 7-9　铸造圆角与起模斜度

圆角半径在视图上一般不予标注，集中注写在技术要求中，如“全部圆角 $R3$”或“未注圆角 $R4$”等。

由于铸造圆角的存在，使零件上两表面的交线不太明显了。为了区分不同表面，规定在相交处仍然画出理论上的交线，称为过渡线。

过渡线用细实线绘制，两端不与轮廓线接触，在相切处应该断开。图 7-10（a）所示为两圆柱正交的过渡线画法；图 7-10（b）所示为两等径圆柱正交时过渡线的画法；图 7-10（c）中包括了平面与曲面、平面与平面相交以及平面与曲面相切时过渡线的画法。

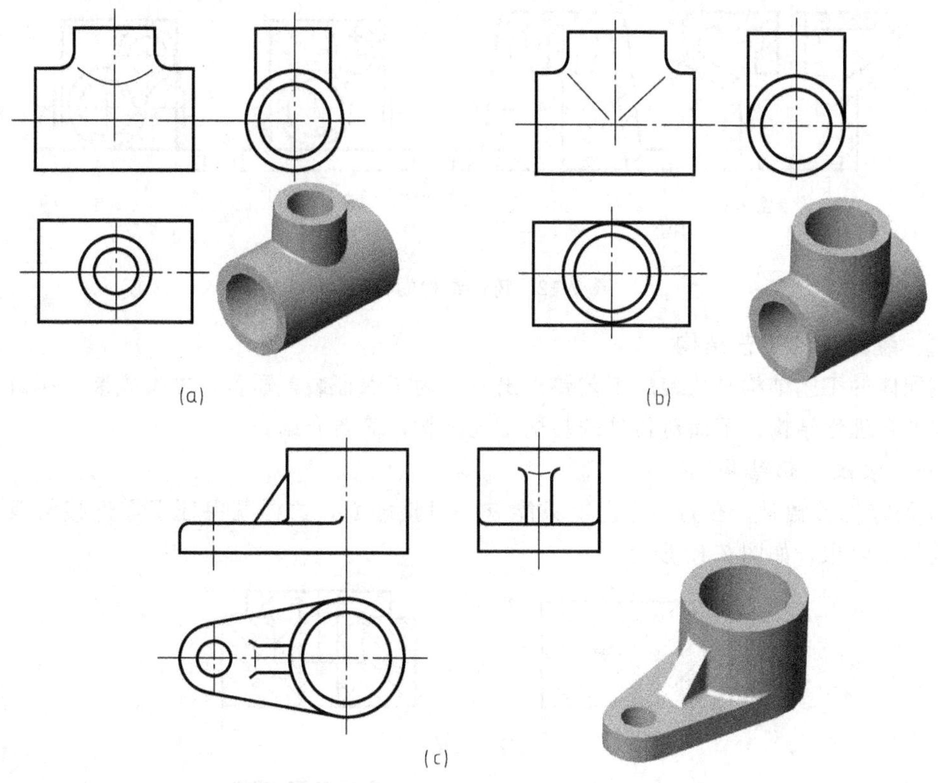

图 7-10　过渡线

铸件毛坯面经加工后，此处的铸造圆角即被切除，如图 7-9（c）所示。画图时必须注意，只有两个不加工的铸造表面相交处才需画出铸造圆角。

2. 起模斜度

为了造型时起模方便，在铸件的内外壁上常沿着起模方向作出 1∶20 的斜度，称为起模斜度，如图 7-9（a）所示。起模斜度在图上可不标注，也可不予画出，必要时可在技术要求中加以说明。

3. 铸造壁厚

为避免铸件因冷却速度不同而产生缩孔或裂纹，设计时应使铸件壁厚保持大致相等，厚薄变化处应逐渐过渡，如图 7-11 所示。

4. 铸件结构的合理性

铸件构形应尽量简单、平直，内腔应采用开式结构，以便于制模、造型、起模和清砂。紧靠的两个凸台应合并构形，避免出现狭缝，如图 7-12 所示。

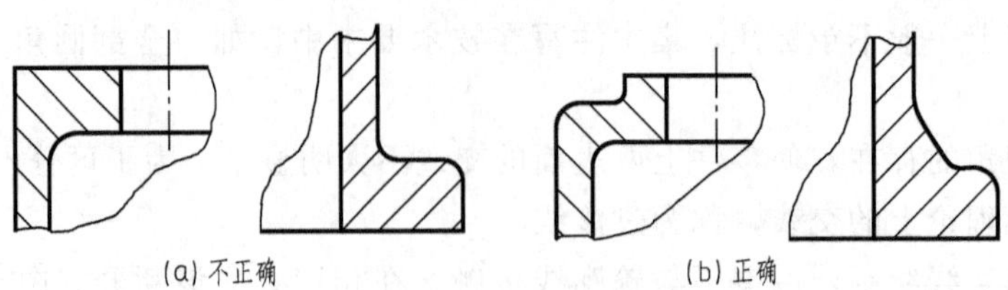

图 7-11 铸造壁厚要均匀

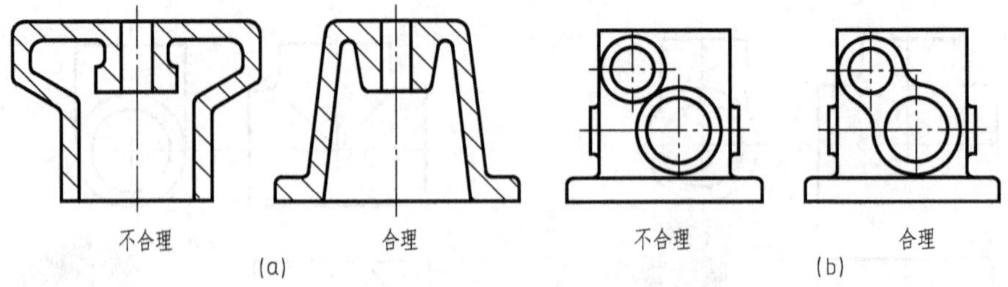

图 7-12 铸件结构的合理性

二、装配体的工艺结构

装配体的工艺结构是从装配工艺要求出发，为了保证装配质量，方便安装、拆卸与维修而采取的合理性结构。下面对常见的装配工艺结构作简要介绍。

（一）装配定位结构

① 两零件接触时，在同一方向上只能有一对接触面，这样既保证了零件接触良好，又可降低加工要求，如图 7-13 所示。

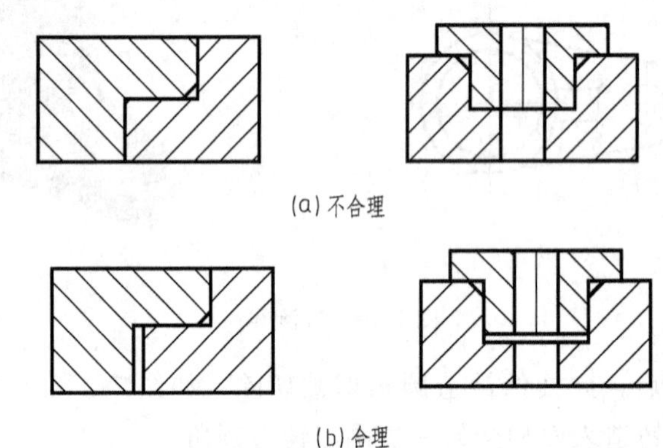

图 7-13 装配定位结构（一）

② 当孔和轴配合，且轴肩和孔的端面互相接触时，为保证接触良好，孔应倒角或轴的根部切槽，如图 7-14 所示。

（二）方便拆装的结构

① 滚动轴承如以轴肩或孔肩定位，其内（外）圈处应有拆卸时的着力位置，如图 7-15 所示。

② 需用扳手或旋锥装拆的螺纹连接处，应留有足够的装拆空间。如图 7-16 所示，在轮体上增加了一个孔，使钻孔和螺钉的装拆得以实现，轮体上的这个孔称为工艺孔（非功能孔）。

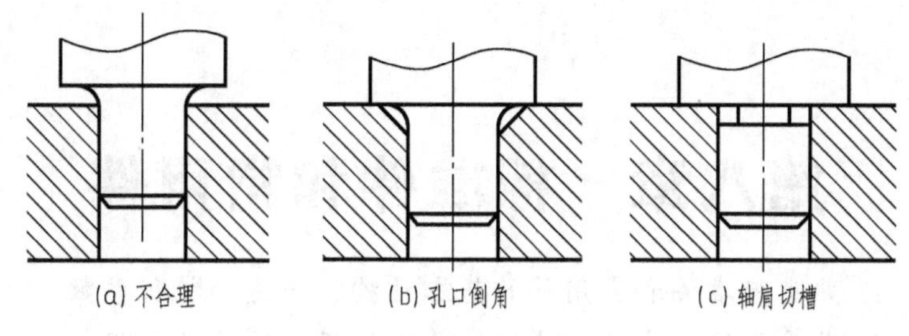

图 7-14　装配定位结构（二）

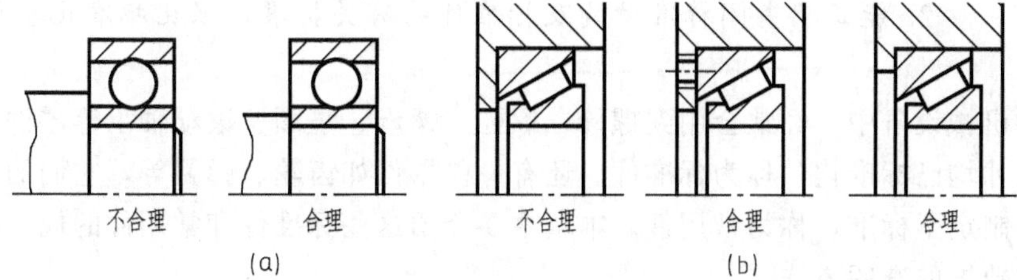

图 7-15　滚动轴承的拆装结构

③ 销连接中，为便于拆卸和加工，在可能的情况下，销孔尽量制成通孔，如图 7-17 所示。

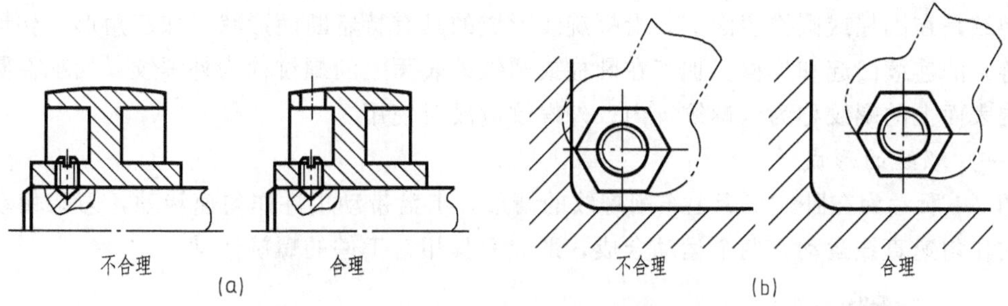

图 7-16　螺纹连接件的装卸操作空间

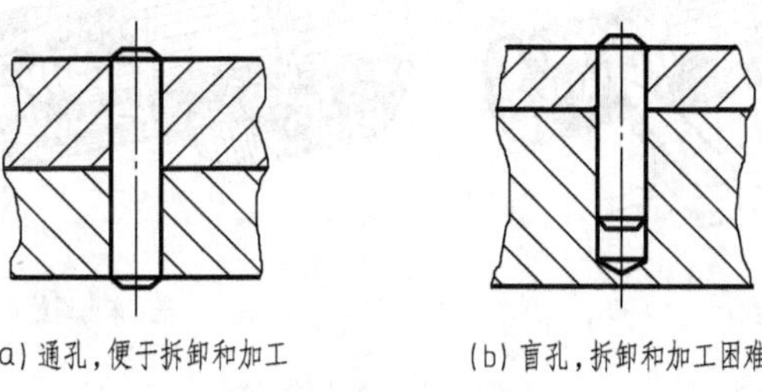

图 7-17　销连接的合理结构

第八章　标准件和常用件

知识目标： 1. 熟悉标准件和常用件的基本结构、用途和特征参数。

2. 熟悉螺纹、齿轮、滚动轴承等的规定画法及标记。

能力目标： 1. 能熟练绘制和阅读螺纹、螺纹紧固件、齿轮等的图样。

2. 能正确查阅标准结构及标准件的有关标准，强化标准化意识。

在各种机械设备中，经常会用到螺栓、螺柱、螺母、垫圈、滚动轴承等零件，这些零件的结构和尺寸均已标准化，称为标准件。还有一些零件如齿轮、弹簧等，它们的部分结构和尺寸也统一制定了标准，称为常用件。本章主要介绍这些标准件和常用件的规定画法、标记和有关标准数据的查阅方法。

第一节　螺纹和螺纹紧固件

一、螺纹

螺纹是在圆柱或圆锥表面上，沿螺旋线形成的具有特定断面形状（如三角形、梯形、锯齿形等）的连续凸起和沟槽。加工在圆柱或圆锥外表面上的螺纹称为外螺纹；加工在圆柱或圆锥内表面上的螺纹称为内螺纹。内、外螺纹应成对使用。

（一）螺纹的形成

图 8-1 所示为在卧式车床上车削螺纹的情形，卡盘带动工件作匀速转动，刀架带动刀具沿轴向作匀速直线运动，两个运动合成，形成刀具相对工件的螺旋运动。

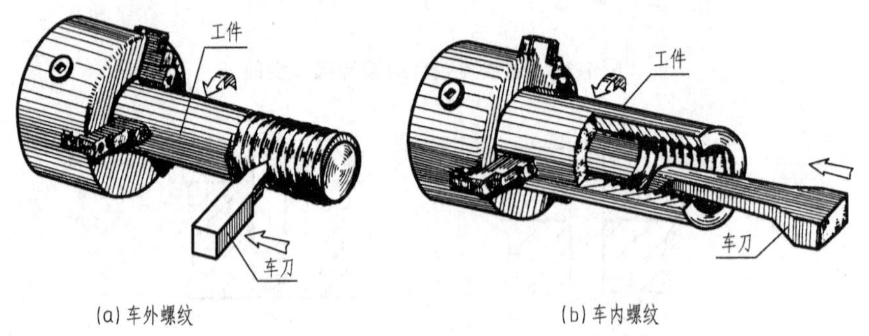

(a) 车外螺纹　　(b) 车内螺纹

图 8-1　车削螺纹

（二）螺纹的基本要素

螺纹的基本要素包括牙型、直径、旋向、线数、螺距和导程。

1. 牙型

过螺纹轴线作剖切，螺纹的断面轮廓形状称为牙型。牙型上向外凸起的尖顶称为牙顶，向里凹进的槽底称为牙底。标准螺纹的牙型有三角形、梯形和锯齿形等，参见表 8-2。

2. 直径

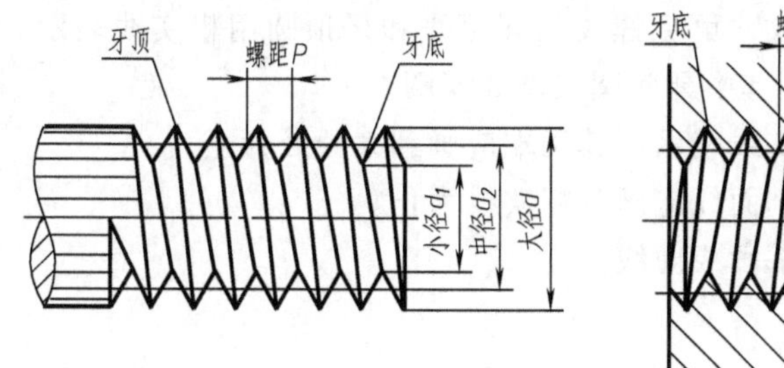

图 8-2　螺纹的结构名称及基本要素

螺纹的直径包括大径、中径和小径，如图 8-2 所示。大径是指通过外螺纹牙顶或内螺纹牙底的假想圆柱面的直径（用 d 或 D 表示）；小径是指通过外螺纹牙底或内螺纹牙顶的假想圆柱面的直径（用 d_1 或 D_1 表示）；中径是指在大径和小径之间的一假想圆柱面的直径，该圆柱面母线通过牙型上沟槽和凸起宽度相等的地方。

3. 线数（n）

在零件的同一部位，形成螺纹的螺旋线条数称为线数。螺纹有单线和多线之分，沿一条螺旋线形成的螺纹为单线螺纹，如图 8-3（a）所示；沿两条或两条以上且在轴向等距分布的螺旋线形成的螺纹为多线螺纹，如图 8-3（b）所示的双线螺纹。从螺纹的端部看，线数多于一的螺纹，每条螺纹的开始位置不同。

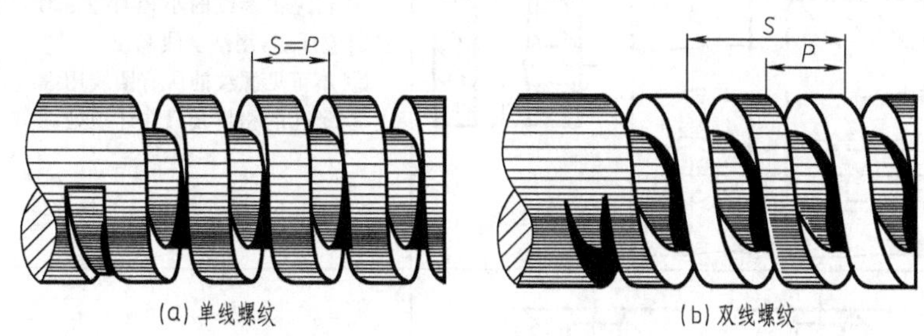

图 8-3　线数、导程与螺距

4. 螺距与导程

螺纹中径线上相邻两牙对应两点间的轴向距离称为螺距（P）［见图 8-3（a）］。同一条螺纹在中径线上相邻两牙对应两点间的轴向距离称为导程（S）［见图 8-3（b）］。线数、螺距和导程三者的关系是：$S=nP$。

5. 旋向

螺纹的旋向有左旋和右旋两种。顺时针旋进的螺纹为右旋，逆时针旋进的螺纹为左旋。判定螺纹旋向较直观的方法是：将外螺纹竖放，右旋螺纹的可见螺旋线左低右高，而左旋螺纹的可见螺旋线左高右低，如图 8-4 所示。

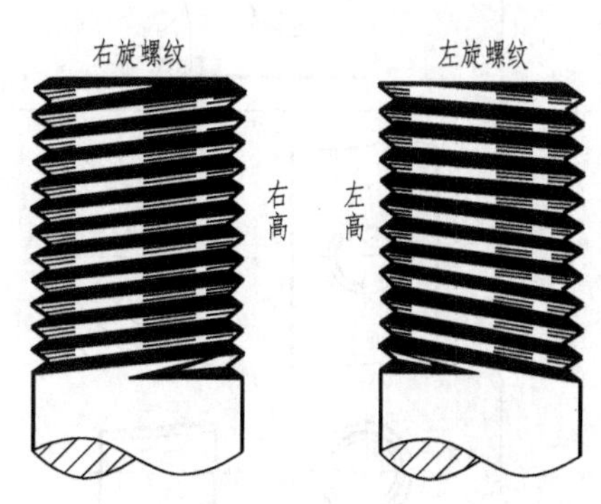

图 8-4　螺纹旋向的判定

（三）螺纹的规定画法

为了简化作图，国家标准（GB/T 4459.1—1995）对螺纹的画法作了统一规定。作图时应注意以下几点。

① 不论是内螺纹还是外螺纹，可见螺纹的牙顶线和牙顶圆用粗实线表示，可见螺纹的牙底线和牙底圆用细实线表示，其中牙底圆只画 3/4 圈。

② 可见螺纹的终止线用粗实线表示，其两端应画到大径处为止。

③ 在剖视图或断面图中，剖面线应画到粗实线为止。

④ 不可见螺纹的所有图线都画成虚线。

螺纹的规定画法见表 8-1。

表 8-1 螺纹的规定画法

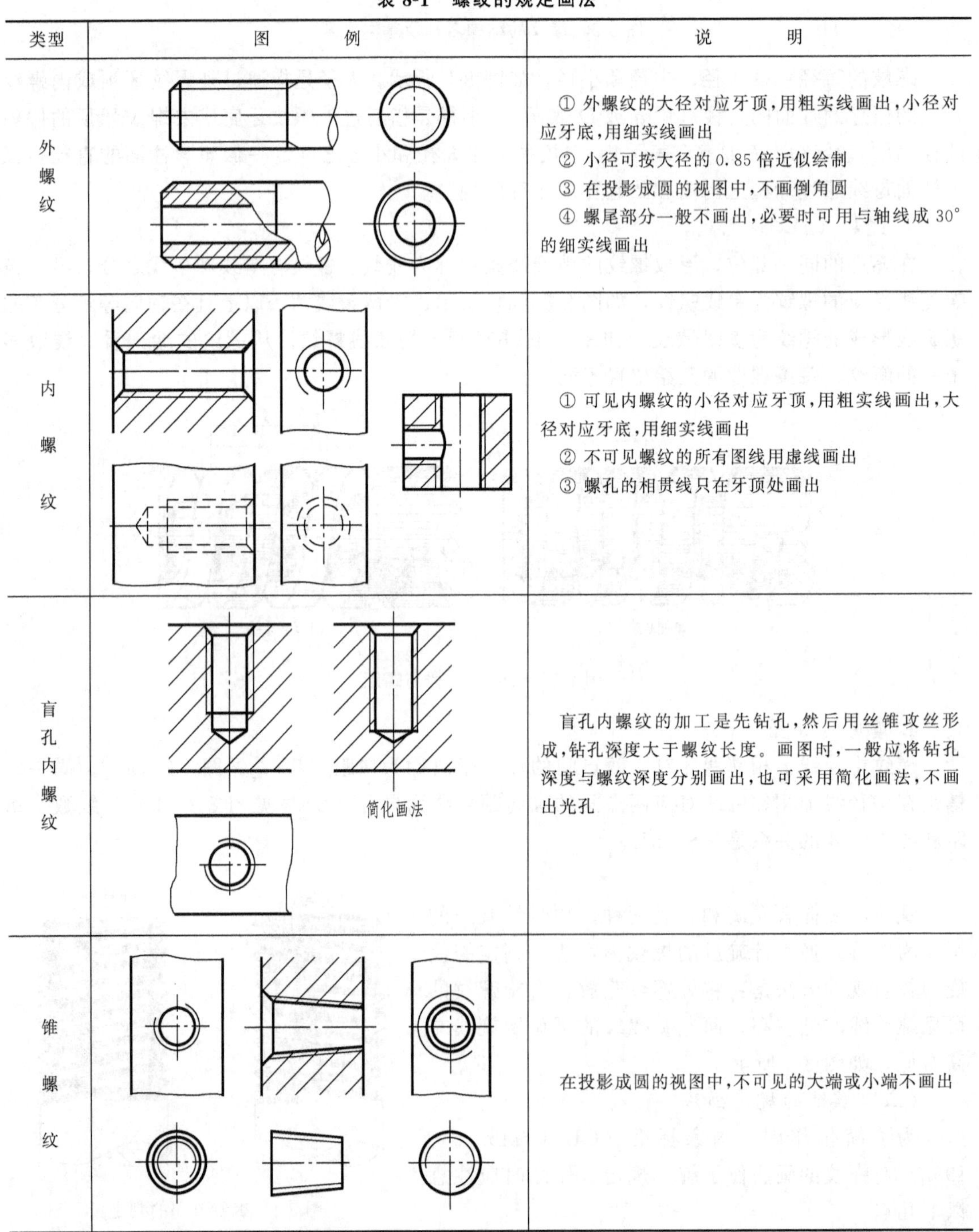

类型	图例	说明
外螺纹		① 外螺纹的大径对应牙顶，用粗实线画出，小径对应牙底，用细实线画出 ② 小径可按大径的 0.85 倍近似绘制 ③ 在投影成圆的视图中，不画倒角圆 ④ 螺尾部分一般不画出，必要时可用与轴线成 30° 的细实线画出
内螺纹		① 可见内螺纹的小径对应牙顶，用粗实线画出，大径对应牙底，用细实线画出 ② 不可见螺纹的所有图线用虚线画出 ③ 螺孔的相贯线只在牙顶处画出
盲孔内螺纹	简化画法	盲孔内螺纹的加工是先钻孔，然后用丝锥攻丝形成，钻孔深度大于螺纹长度。画图时，一般应将钻孔深度与螺纹深度分别画出，也可采用简化画法，不画出光孔
锥螺纹		在投影成圆的视图中，不可见的大端或小端不画出

续表

类型	图　　例	说　　明
内外螺纹旋合	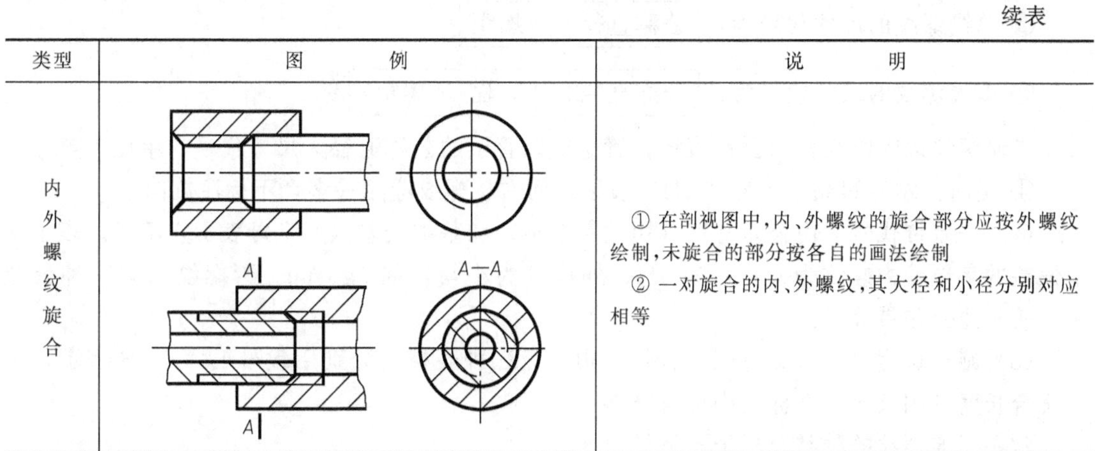	① 在剖视图中,内、外螺纹的旋合部分应按外螺纹绘制,未旋合的部分按各自的画法绘制 ② 一对旋合的内、外螺纹,其大径和小径分别对应相等

（四）螺纹的种类及标注

1. 螺纹的种类

螺纹按牙型可分为三角形螺纹、梯形螺纹、锯齿形螺纹和方牙螺纹等；按线数可分为单线螺纹和多线螺纹；按旋向可分为左旋螺纹和右旋螺纹。

螺纹按使用功能可分为连接螺纹和传动螺纹。连接螺纹用于两零件间的可拆连接，牙型一般为三角形，尺寸相对较小；传动螺纹用于传递运动或动力，牙型多用梯形、锯齿形和方形，尺寸相对较大。

螺纹按其牙型、直径和螺距是否符合国家标准，可分为标准螺纹、非标准螺纹和特殊螺纹。

在标准螺纹中，普通螺纹和管螺纹用于连接；梯形螺纹、锯齿形螺纹用于传动。普通螺纹、梯形螺纹、锯齿形螺纹统称为米制螺纹。常用的标准螺纹见表 8-2，本书附表 1～附表 3 摘录了部分标准螺纹的数据。

在标准螺纹中，普通螺纹应用最广。按其螺距的不同，分为粗牙普通螺纹和细牙普通螺纹。在同一公称直径下，粗牙普通螺纹的螺距只有一种，而细牙普通螺纹的螺距一般有多种，在螺纹标记中，必须明确指定细牙普通螺纹的螺距，而粗牙普通螺纹不必指明螺距。

管螺纹分为用螺纹密封的管螺纹和非螺纹密封的管螺纹。用螺纹密封的管螺纹又分为圆锥外螺纹、圆锥内螺纹和圆柱内螺纹，旋合后内、外螺纹之间自行密封；非螺纹密封的管螺纹需要在内、外螺纹之间加入其他密封材料才能形成密封。

2. 螺纹的标记

由于螺纹采用了统一的规定画法，没有表达出螺纹的基本要素和种类，故需要用螺纹的标记来区分，国家标准规定了标准螺纹的标记和标注方法。

一个完整的螺纹标记由三部分组成，其标记格式为：

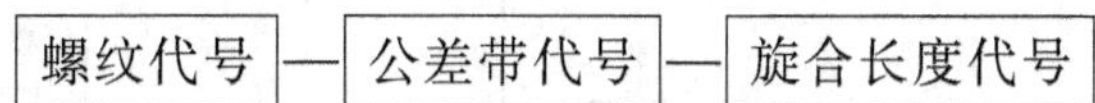

（1）螺纹代号

① 螺纹代号的内容及格式为：特征代号　尺寸代号　旋向

特征代号见表 8-2，如普通螺纹的特征代号为 M，非螺纹密封的管螺纹特征代号为 G。

② 单线螺纹的尺寸代号为：公称直径 × 螺距

③ 多线螺纹的尺寸代号为：公称直径 × 导程（P 螺距）

米制螺纹以螺纹大径为公称直径；管螺纹以管子的公称通径为尺寸代号，单位为英寸。

④ 旋向：左旋螺纹用代号“LH”表示，而右旋螺纹应用最多，不标注旋向。

（2）公差带代号　由公差等级（用数字表示）和基本偏差（用字母表示）组成。表示基本偏差的字母，内螺纹为大写，如 6H；外螺纹为小写，如 5g、6g。管螺纹只有一种公差带，故不注公差带代号。

（3）旋合长度代号　旋合长度有长、中、短三种规格，分别用代号 L、N、S 表示，中等旋合长度应用最多，在标记中可省略 N。

常用标准螺纹的种类及标记示例见表 8-2。

表 8-2　标准螺纹的种类及标记

螺纹种类			特征代号	牙型略图	标记示例	标记说明
连接螺纹	粗牙普通螺纹		M	60°	M12-5g6g-L	公称直径为 12mm 的粗牙普通外螺纹，右旋，中径、顶径公差带分别为 5g、6g，长旋合长度
	细牙普通螺纹		M		M12×1.5LH-6H	公称直径为 12mm，螺距为 1.5mm 的左旋细牙普通内螺纹，中径与顶径的公差带相同，均为 6H，中等旋合长度（N 省略）
	非螺纹密封的管螺纹		G	55°	G1/2A	管螺纹，尺寸代号为 1/2，A 级公差。外螺纹公差分 A、B 两级；内螺纹公差只有一种
	用螺纹密封的管螺纹	圆锥外螺纹	R		R3/4-LH	用螺纹密封的圆锥外螺纹，尺寸代号为 3/4，左旋
		圆锥内螺纹	Rc		Rc1/2	用螺纹密封的圆锥内螺纹，尺寸代号为 1/2，右旋
		圆柱内螺纹	Rp		Rp3/4	用螺纹密封的圆柱内螺纹，尺寸代号为 3/4，右旋
传动螺纹	梯形螺纹		Tr	30°	Tr36×6-8e	公称直径为 36mm，螺距为 6mm 的单线梯形外螺纹，右旋，中径公差带为 8e，中等旋合长度
					Tr40×14(P7)LH-7e	公称直径为 40mm，导程为 14mm，螺距为 7mm 的双线梯形外螺纹，左旋，中径公差带为 7e，中等旋合长度
	锯齿形螺纹		B	3° 30°	B40×7-7A	公称直径为 40mm，螺距为 7mm 的单线锯齿内螺纹，右旋，中径公差带为 7A，中等旋合长度
					B40×14(P7)-7A-L	公称直径为 40mm，导程为 14mm，螺距为 7mm 的双线锯齿内螺纹，右旋，中径公差带为 7A，长旋合长度

3. 螺纹的标注

（1）米制螺纹的标注　把螺纹标记直接标注在大径尺寸线或其引出线上，如图8-5所示。

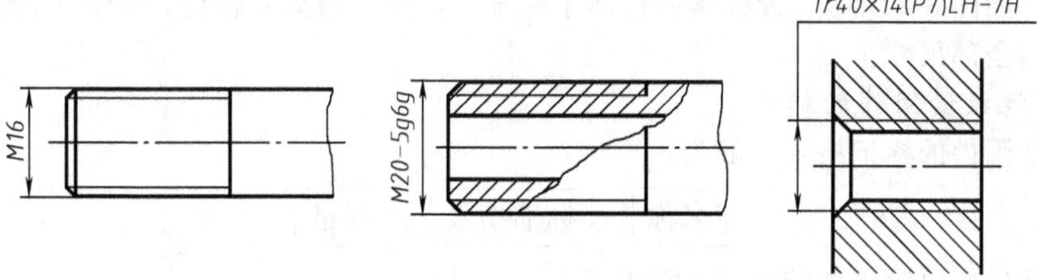

图 8-5　米制螺纹的标注

（2）管螺纹的标注　标注管螺纹时，应先从管螺纹的大径线上画引出线，然后将螺纹标记注写在引出线的水平线上，如图 8-6 所示。

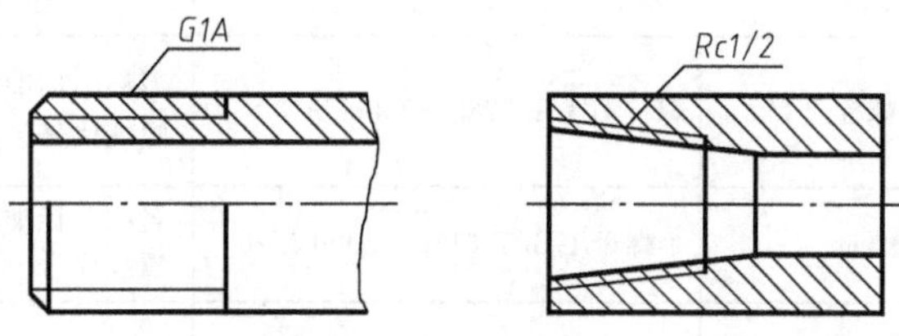

图 8-6　管螺纹的标注

（3）非标准螺纹的标注　非标准螺纹的牙型数据不符合标准，图样上应画出螺纹的牙型，并详细地标注有关尺寸，如图 8-7 所示。

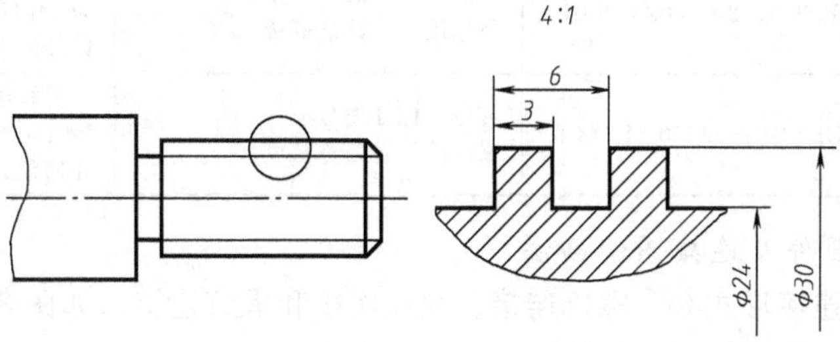

4:1

6

3

φ24

φ30

图 8-7　非标准螺纹的标注

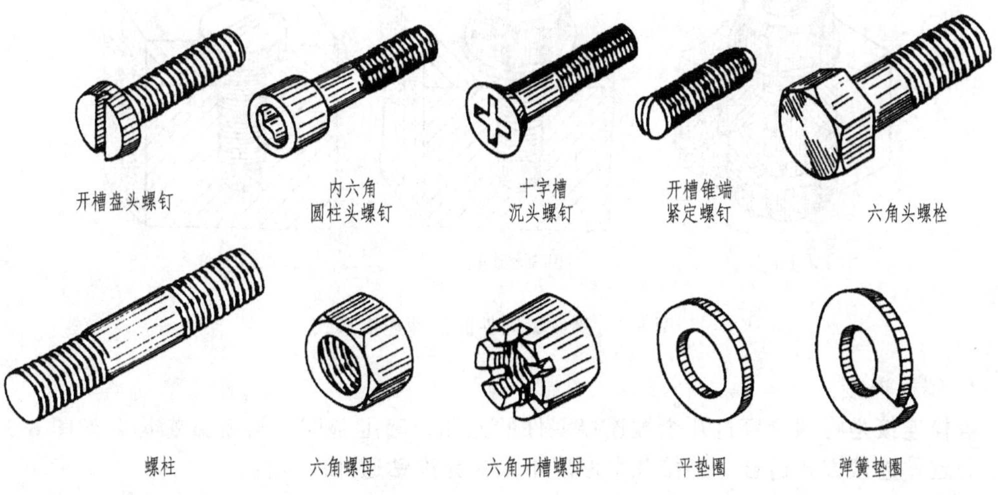

图 8-8　常见的螺纹紧固件

二、螺纹紧固件

螺纹紧固件用于几个零件间的可拆连接，常见的螺纹紧固件有螺栓、螺柱、螺钉、螺母和垫圈等，如图 8-8 所示。螺纹紧固件属于标准件，可以根据其标记，在有关的标准手册中查出它们的全部尺寸。

(一) 螺纹紧固件的标记

螺纹紧固件的标记格式一般为：

名称　标准编号　规格

几种常见螺纹紧固件的标记示例见表 8-3。

表 8-3　螺纹紧固件标记示例

名　　称	标　记　示　例	标　记　格　式	说　　　明
螺栓	螺栓 GB/T 5780—2000 M10×40	名称　标准编号 螺纹代号×公称长度	螺纹规格 d=10mm，公称长度 l=40mm(不包括头部厚度)的 C 级六角头螺栓
螺母	螺母 GB/T 6170—2000 M20	名称　标准编号 螺纹代号	螺纹规格 d=20mm 的 A 级 Ⅰ 型六角螺母
双头螺柱	螺柱 GB/T 899—1988 M10×40	名称　标准编号 螺纹代号×公称长度	螺纹规格 d=10mm，公称长度 l=40mm(不包括旋入端长度)的双头螺柱
平垫圈	垫圈 GB/T 97.2—2002 8 140HV	名称　标准编号 公称尺寸　性能等级	公称尺寸 d=8mm，性能等级为 140HV 级，倒角型，不经表面处理的平垫圈
螺钉	螺钉 GB/T 67—2000 M10×40	名称　标准编号 螺纹代号×公称长度	螺纹规格 d=10mm，公称长度 l=40mm(不包括头部厚度)的开槽盘头螺钉

(二) 螺纹紧固件及连接图的画法

螺纹紧固件的连接形式有：螺栓连接、螺柱连接和螺钉连接，如图 8-9 所示。在画连接图时，螺纹紧固件一般按比例画法绘出。

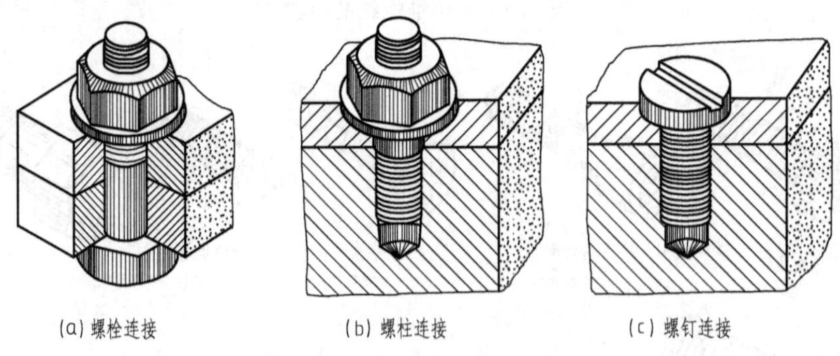

图 8-9　螺纹紧固件的三种连接形式

1. 螺栓连接

螺栓连接是将螺栓穿过几个被连接零件的光孔，套上垫圈，再旋紧螺母，如图 8-9 (a) 所示。这种连接方式适合于连接几个厚度不大并允许钻通孔的零件。

螺栓连接的画法如图 8-10 所示。螺栓、螺母和垫圈的尺寸一般按与螺纹公称直径的近似比例关系画出，比例关系见表 8-4。

为简化作图，螺纹紧固件允许省略倒角，如图 8-11 所示。

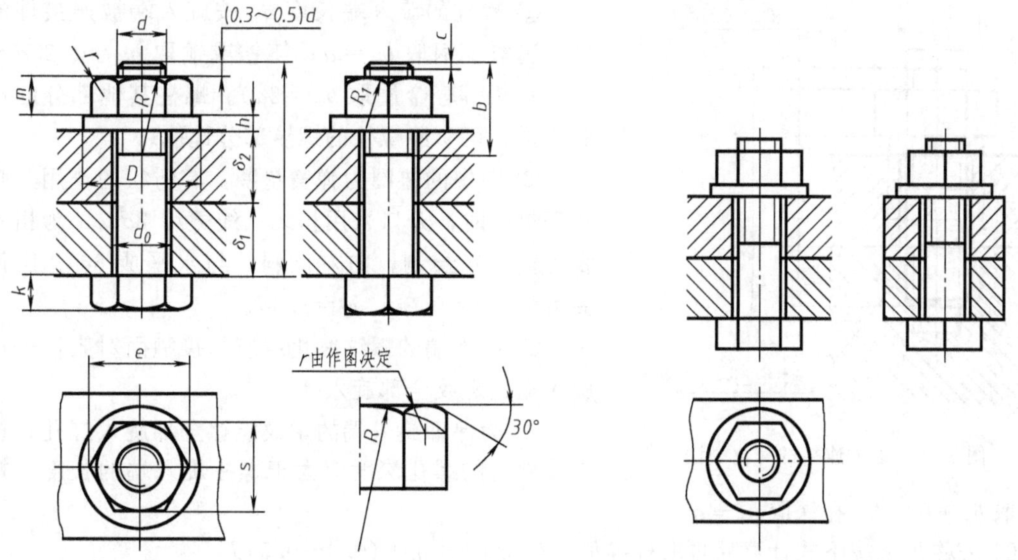

图 8-10 螺栓连接的比例画法

图 8-11 螺栓连接的简化画法

表 8-4 螺栓、螺母和垫圈各部分的比例关系

紧固件名称	螺 栓	螺 母	平 垫 圈
尺寸比率	$b=2d$ $k=0.7d$ $c\approx0.15d$	$m=0.8d$	$h=0.15d$ $D=2.2d$
	$e=2d$ $R=1.5d$ $R_1=d$ r、s 由作图决定		

画螺栓连接图时，应按各个标准件的装配顺序依次画出，作图时应注意以下几点。

① 在主视图和左视图中，剖切面过标准件的轴线剖切，图中的螺栓、螺母和垫圈均按视图绘制。

② 被连接件的接触面只画一条线，光孔（直径 d_0）与螺杆之间为非接触面，应画出间隙（可近似取 $d_0=1.1d$）。

③ 在主视图和左视图中，螺杆的一部分被螺母和垫圈遮住，被连接件的接触面也有一部分被螺杆遮住，这些被遮挡的虚线不必画出。

④ 两个被连接件的剖面线应画成方向相反，或方向相同但间隔不等。

螺栓的长度可根据被连接零件的厚度、螺母和垫圈的厚度按下式进行计算。

$$l=\delta_1+\delta_2+h+m+(0.3\sim0.5)d$$

计算出 l 之后，还要从螺栓标准中查得符合规定的长度。

如 $\delta_1=10$，$\delta_2=20$，螺纹的公称直径为 10mm，确定螺栓的长度。

依上式 $l=\delta_1+\delta_2+h+m+(0.3\sim0.5)d$

$=10+20+0.15\times10+0.8\times10+0.5\times10=44.5(\text{mm})$

查附表 4 可知，M10 螺栓的公称长度 l 的商品规格范围为 40～100，从表中的 l 系列中，查得与 44.5 最接近的值为 45mm，因此螺栓的公称长度应取为 $l=45$mm。

2. 螺柱连接

螺柱连接是将螺柱的一端（旋入端），旋入端部零件的螺孔中，另一端穿过厚度不大的零件的光孔，套上垫圈，再用螺母旋紧，如图 8-9（b）所示。

螺柱连接的简化画法如图 8-12 所示。画图时应注意以下几点。

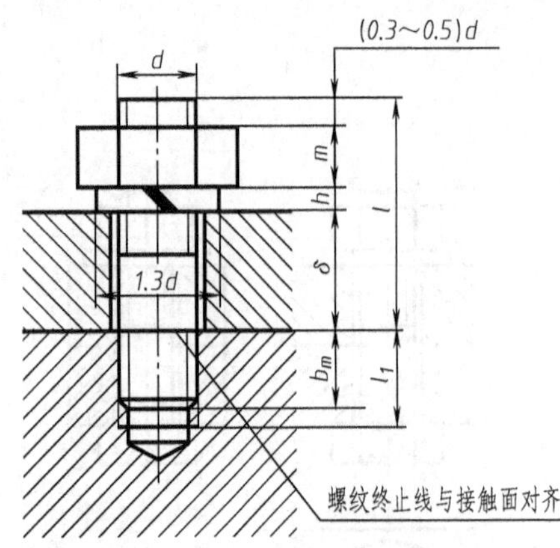

图 8-12 螺柱连接的简化画法

① 螺柱的旋入端长度 b_m 按旋入端被连接件的材料选取（钢取 $b_m=d$；铸铁或铜取 $b_m=1.25d$～$1.5d$；铝等轻金属取 $b_m=2d$）。螺柱其他部分的比例关系，可参照螺栓的螺纹部分选取。

② 图中的垫圈为弹簧垫圈，有防松的作用。画弹簧垫圈时，开口采用粗线（线宽约 $2d$，d 为粗实线的宽度）绘制，向左倾斜，与水平成 60°。比例关系为：$h=0.2d$，$D=1.3d$。

③ 旋入端的螺纹终止线应与接触面对齐，表示旋入端的螺纹全部旋入螺孔中。

④ 为保证旋入端的螺纹能够全部旋入螺孔，被连接件上的螺孔深度应大于螺柱旋入端的长度，螺孔深取 $b_m+0.5d$，孔深取 b_m+d。

⑤ 公称长度按下式计算后再取标准值：$l=\delta+h+m+(0.3\sim0.5)d$

3. 螺钉连接

螺钉连接是将螺钉穿过几个零件的光孔，并旋入另一端部零件的螺孔中，将几个零件固定在一起，如图 8-9（c）所示。螺钉连接主要用于受力不大且不经常拆卸的场合。

螺钉按用途可分为连接螺钉和紧定螺钉两类。连接螺钉的连接图画法如图 8-13 所示，作图时应注意以下几点。

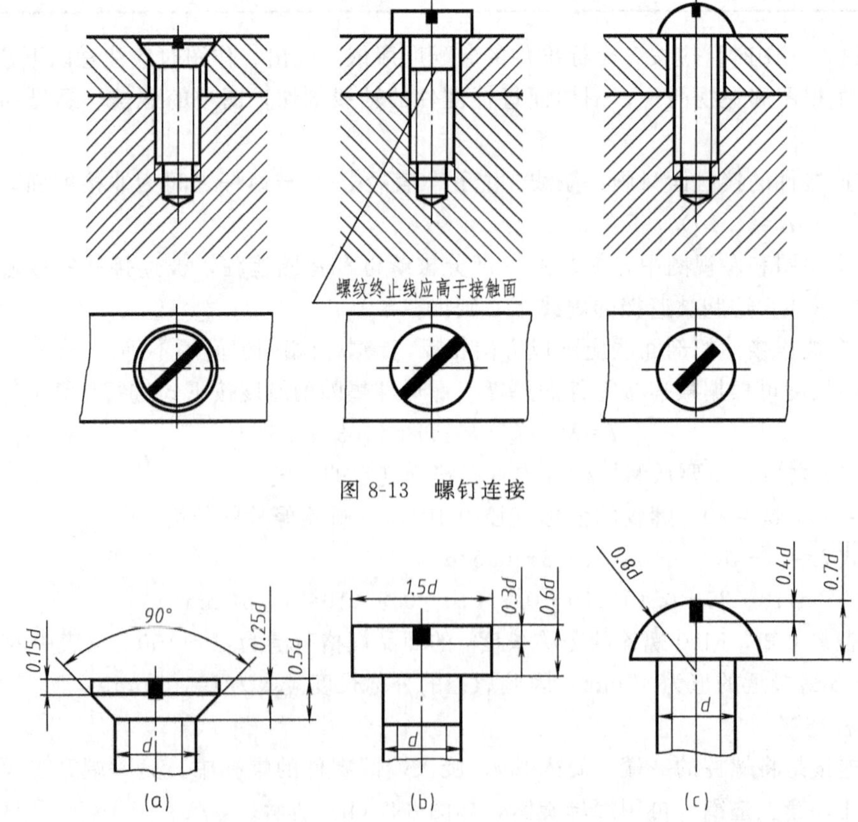

图 8-13 螺钉连接

图 8-14 螺钉头部的比例关系

① 螺钉的螺纹终止线应高于两零件的接触面，以保证正确旋紧。

② 螺钉头部的开槽用粗线（宽约 $2d$，d 为粗实线线宽）表示，在垂直于螺钉轴线的视图中一律向右倾斜 45°画出。

③ 被连接件上螺孔部分的画法与双头螺柱相同。

几种螺钉头部的比例关系如图 8-14 所示。

紧定螺钉的连接图画法如图 8-15 所示。

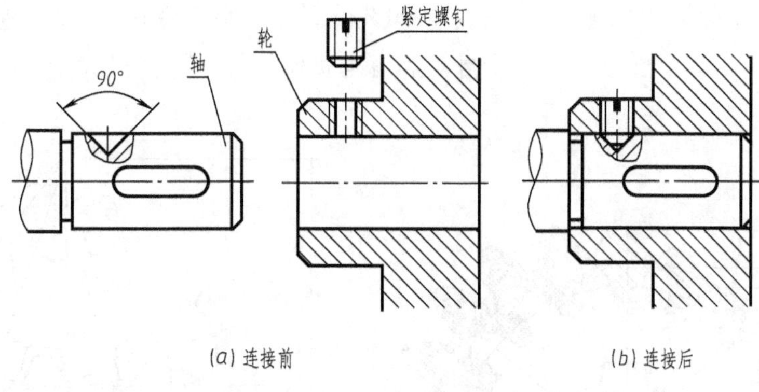

图 8-15 紧定螺钉连接

第二节 齿 轮

齿轮用于在两轴间传递运动或动力，常用的齿轮传动有三大类。

(1) 圆柱齿轮传动 用于平行两轴间的传动，如图 8-16 (a) 所示。

(2) 圆锥齿轮传动 用于相交两轴间的传动，如图 8-16 (b) 所示。

(3) 蜗轮蜗杆传动 用于交叉两轴间的传动，如图 8-16 (c) 所示。

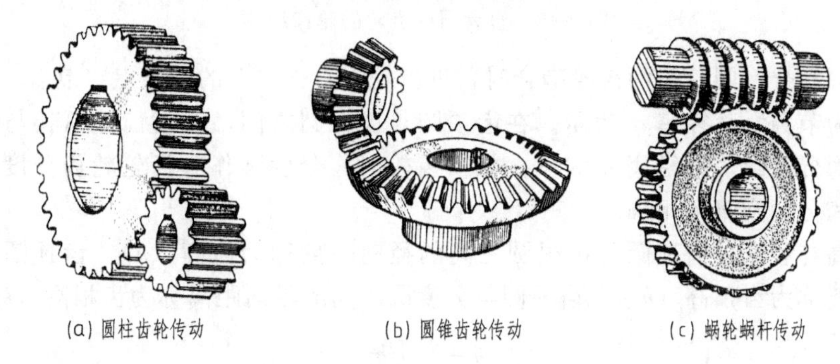

图 8-16 齿轮传动

一、圆柱齿轮

圆柱齿轮的外形为圆柱形，按轮齿的排列方向分为直齿、斜齿和人字齿，如图 8-17 所示。轮齿的齿廓曲线有渐开线、摆线和圆弧等，其中渐开线齿形最为常见，以下重点介绍渐开线齿形的直齿圆柱齿轮。

(一) 直齿圆柱齿轮的轮齿结构、名称及代号（见图 8-18）

(1) 齿顶圆和齿根圆 通过齿轮各轮齿顶部的圆称为齿顶圆，直径用 d_a 表示；通过齿轮各轮齿根部的圆称为齿根圆，直径用 d_f 表示。

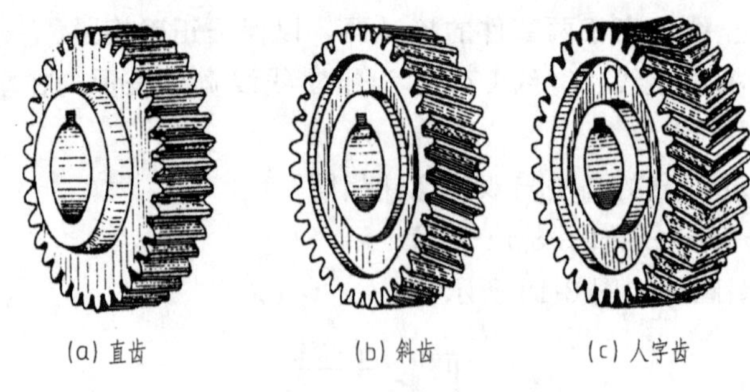

图 8-17 圆柱齿轮

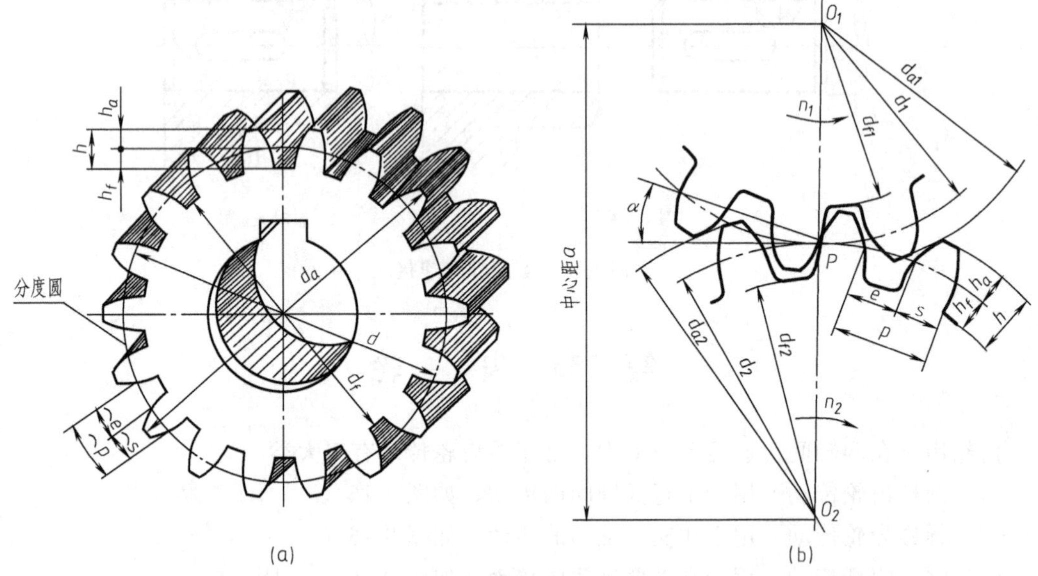

图 8-18 直齿圆柱齿轮的轮齿结构

（2）节圆和分度圆　在两齿轮啮合时，过齿轮中心连线上的啮合点（节点）所作的两个相切的圆称为节圆，直径用 d' 表示。在齿顶圆与齿根圆之间，通过齿隙弧长与齿厚弧长相等处的圆称为分度圆，直径用 d 表示。加工齿轮时，分度圆作为齿轮轮齿分度使用。标准齿轮的节圆和分度圆直径相等。

（3）齿高与齿宽　齿顶圆与齿根圆之间的径向距离称为齿高（h）。齿顶圆与分度圆之间的径向距离称为齿顶高（h_a）。齿根圆与分度圆之间的径向距离称为齿根高（h_f）。

$$h=h_a+h_f$$

齿轮的轮齿部分沿分度圆柱面母线方向度量的宽度，称为齿宽（b）。

（4）齿距　分度圆上相邻两齿同侧齿廓间的弧长称为齿距（p），包含齿厚（s）和槽宽（e）。

$$p=s+e$$

（二）直齿圆柱齿轮的基本参数和尺寸关系

标准直齿圆柱齿轮的基本参数有齿数（z）、模数（m）和齿形角（α），其中模数 m 和齿形角 α 为标准参数。

1. 模数

分度圆的周长$=\pi d=pz$，$d=\frac{p}{\pi}z=mz$，其中 $m=\frac{p}{\pi}$称为模数。设计齿轮时，模数应取标准值，标准模数见表 8-5。

表 8-5　圆柱齿轮的标准模数系列（摘自 GB/T 1357—1987）　mm

第一系列	1,1.25,1.5,2,2.5,3,4,5,6,8,10,12,16,20,25,32,40,50
第二系列	1.75,2.25,2.75,(3.25),3.5,(3.75),4.5,5.5,(6.5),7,9,(11),14,18

注：优先选用第一系列，其次是第二系列，括号内的模数尽可能不用。

2. 齿形角

齿廓在节圆上啮合点处的受力方向（法向）与该点瞬时速度方向所夹的锐角称为齿形角（α），如图 8-18（b）所示。标准齿轮的齿形角 $\alpha=20°$。

一对相互啮合的标准直齿圆柱齿轮，模数和齿形角必须相等。若已知它们的模数和齿数，则可以计算出齿轮的其他尺寸，计算关系见表 8-6。

表 8-6　标准直齿圆柱齿轮的尺寸计算

基 本 参 数	名称及符号	计 算 公 式
模数 m 齿数 z	齿顶圆直径(d_a)	$d_a=m(z+2)$
	分度圆直径(d)	$d=mz$
	齿根圆直径(d_f)	$d_f=m(z-2.5)$
	齿顶高(h_a)	$h_a=m$
	齿根高(h_f)	$h_f=1.25m$
	齿高(h)	$h=h_a+h_f=2.25m$
	齿距(p)	$p=\pi m$
	中心距(a)	$a=(d_1+d_2)/2=m(z_1+z_2)/2$

（三）直齿圆柱齿轮的画法

1. 单个齿轮的画法

单个直齿圆柱齿轮的画法如图 8-19 所示。齿顶圆和齿顶线用粗实线绘制；分度圆和分度线用细点画线绘制；视图中，齿根圆和齿根线用细实线绘制（可省略不画），剖视图中，齿根线用粗实线绘制，轮齿部分不画剖面线。

2. 直齿圆柱齿轮的零件图

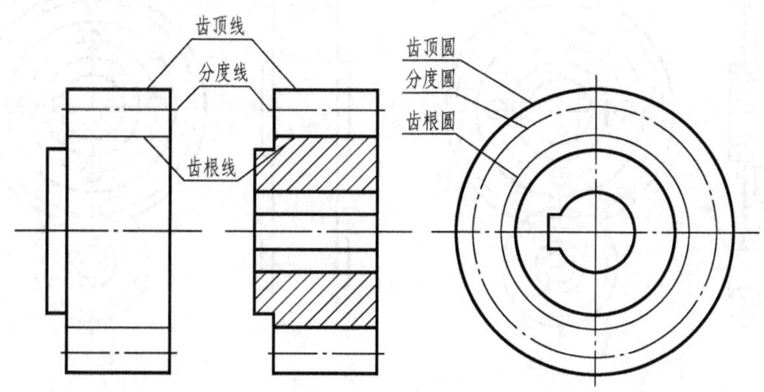

图 8-19　直齿圆柱齿轮的画法

在齿轮零件图上，除应有一般零件的内容外，还应在图纸右上角画出参数表，填写出齿轮的模数、齿数、齿形角及精度等级等，如图 8-20 所示。

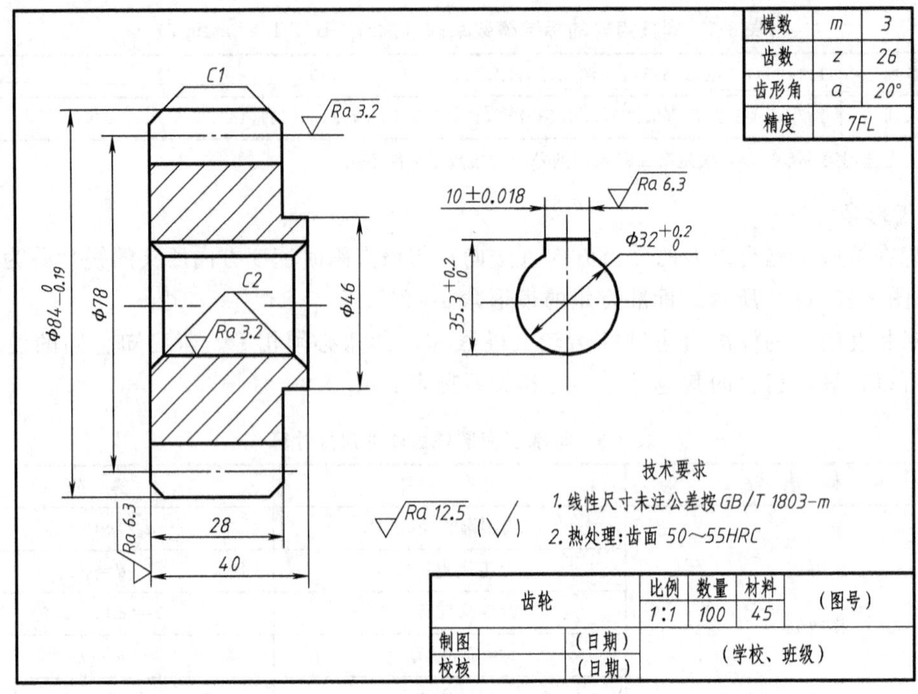

图 8-20 直齿圆柱齿轮的零件图

3. 啮合画法

两齿轮的啮合画法如图 8-21 所示。

在与轴线平行的投影面内，若过轴线作剖视，啮合区内将一个齿轮的轮齿用粗实线绘制，另一个齿轮的轮齿被遮挡的部分用虚线绘制，也可省略不画，如图 8-21（a）所示；若作视图，在啮合区仅将节线用粗实线绘制，如图 8-21（b）所示。

在与轴线垂直的投影面内，两齿轮节圆应相切，啮合区内两齿轮的齿顶圆均用粗实线绘制，如图 8-21（a）所示。其省略画法如图 8-21（b）所示。

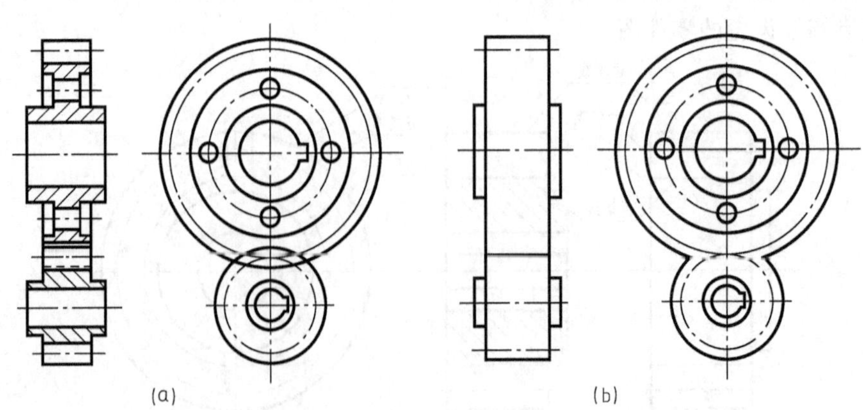

图 8-21 直齿圆柱齿轮的啮合画法

（四）斜齿圆柱齿轮简介

1. 斜齿圆柱齿轮的尺寸关系

斜齿圆柱齿轮的轮齿排列方向与轴线间有一倾角 β，称为螺旋角。轮齿的端面齿形与法向截面齿形不同，因此，其齿距相应地有法向齿距（p_n）和端面齿距（p_t），模数也分为法向模数（m_n）和端面模数（m_t），它们的关系为 $m_n=m_t\cos\beta$。由于刀具在加工时的方向与法向一致，因此以法向模数 m_n 为标准模数。斜齿圆柱齿轮各部分的尺寸关系见表 8-7。

表 8-7　斜齿圆柱齿轮的尺寸计算

基本参数	名称及代号	计算公式
齿数 z 螺旋角 β 法向模数 m_n	分度圆直径(d)	$d=m_t z=m_n z/\cos\beta$
	齿顶高(h_a)	$h_a=m_n$
	齿根高(h_f)	$h_f=1.25m_n$
	齿高(h)	$h=h_a+h_f=2.25m_n$
	齿顶圆直径(d_a)	$d_a=d+2h_a=m_n(z/\cos\beta+2)$
	齿根圆直径(d_f)	$d_f=d-2h_f=m_n(z/\cos\beta-2.5)$
	端面模数(m_t)	$m_t=m_n/\cos\beta$
	中心距(a)	$a=(d_1+d_2)/2=m_n(z_1+z_2)/2\cos\beta$

2. 斜齿圆柱齿轮的画法

在非圆视图中，可用三条与齿线方向一致的细实线表示齿线的特征，其他画法与直齿圆柱齿轮相同，如图 8-22 所示。

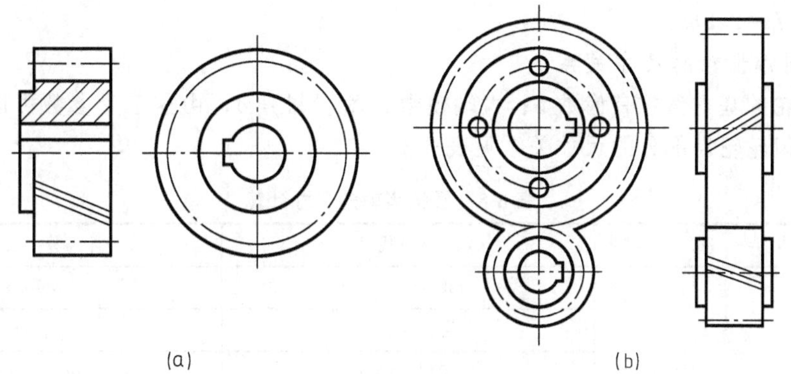

图 8-22　斜齿圆柱齿轮的画法

二、圆锥齿轮

圆锥齿轮的轮齿分布在圆锥面上，其齿顶、齿根和分度圆分别位于三个不同的圆锥面上。

（一）圆锥齿轮的结构、名称及代号（见图 8-23）

1. 五个锥面和五个锥角

圆锥齿轮上的五个锥面分别为顶锥、根锥、分锥（节锥）、背锥及前锥。其中顶锥、根锥、分锥共顶，背锥、前锥素线垂直于分锥素线。

圆锥齿轮上的五个锥角分别为节锥角 δ、顶锥角 δ_a、根锥角 δ_f、齿顶角 θ_a 及齿根角 θ_f。

2. 齿高

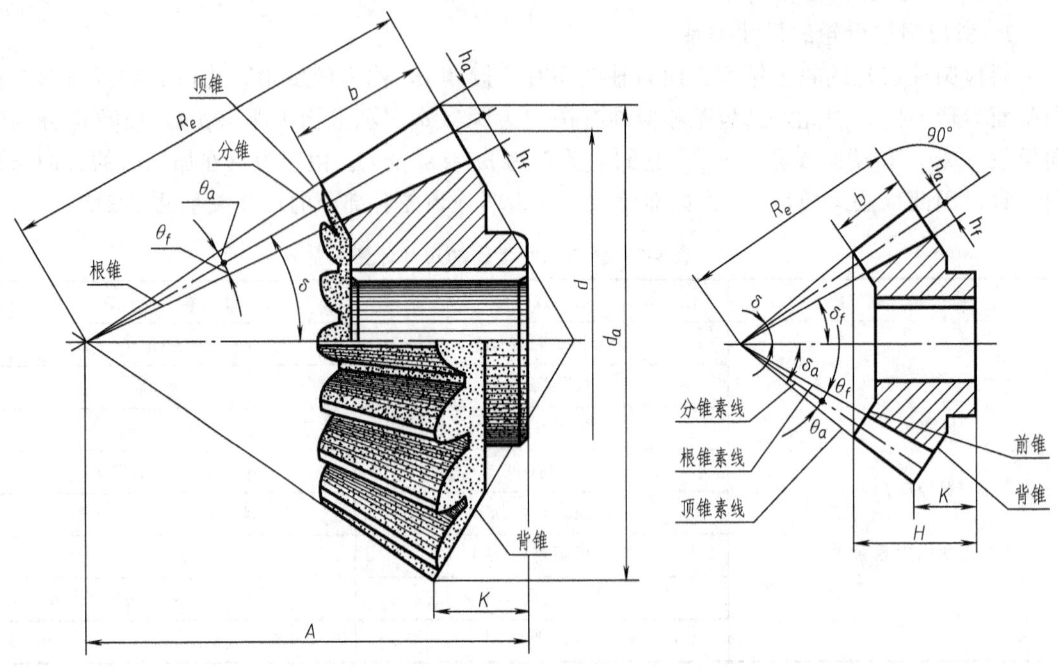

图 8-23　圆锥齿轮的结构

圆锥齿轮分大端与小端，两端的齿高不同，规定齿高以大端为准。齿高是指在背锥素线上轮齿的高度，分锥面将其分为齿顶高（h_a）和齿根高（h_f）。标准圆锥齿轮 $h_a=m$，$h_f=1.2m$，齿高 $h=2.2m$。

（二）圆锥齿轮的尺寸关系

圆锥齿轮的基本参数有齿数 z、大端模数 m 和分锥角 δ，由这三个参数可以计算出其他尺寸。圆锥齿轮轮齿部分的尺寸关系见表 8-8。

表 8-8　圆锥齿轮的尺寸计算

基本参数	名称及代号	计算公式
齿数(z) 分度圆锥角(δ) 大端模数(m)	分度圆直径(d)	$d=mz$
	齿顶高(h_a)	$h_a=m$
	齿根高(h_f)	$h_f=1.2m$
	齿高(h)	$h=h_a+h_f=2.2m$
	齿顶圆直径(d_a)	$d_a=m(z+2\cos\delta)$
	齿根圆直径(d_f)	$d_f=m(z-2.4\cos\delta)$
	齿顶角(θ_a)	$\tan\theta_a=2\sin\delta/z$
	齿根角(θ_f)	$\tan\theta_f=2.4\sin\delta/z$
	分度圆锥角(δ_1、δ_2)	$\tan\delta_1=z_1/z_2$；$\tan\delta_2=z_2/z_1$
	根锥角(δ_f)	$\delta_f=\delta-\theta_f$
	顶锥角(δ_a)	$\delta_a=\delta+\theta_a$
	齿宽(b)	$b\leqslant R_e/3$
	锥距(R_e)	$R_e=mz/2\sin\delta$

（三）圆锥齿轮的画法

1. 单个圆锥齿轮的画法

在圆形视图中，轮齿部分仅画出大端齿顶圆、分度圆和小端齿顶圆。其他画法与圆柱齿轮类似，如图 8-24 所示。

单个圆锥齿轮的画图步骤如图 8-25 所示。

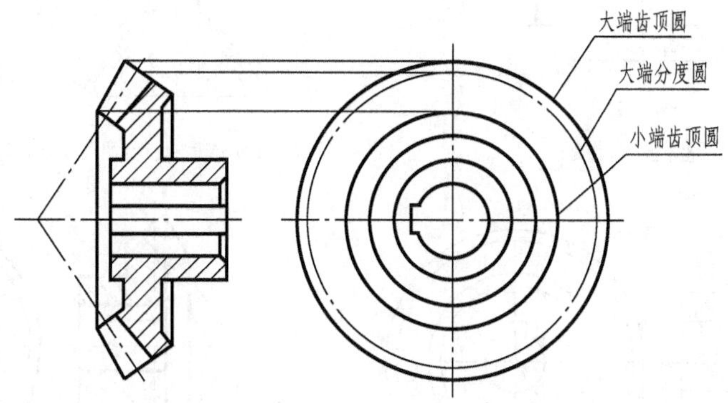

图 8-24　圆锥齿轮的画法

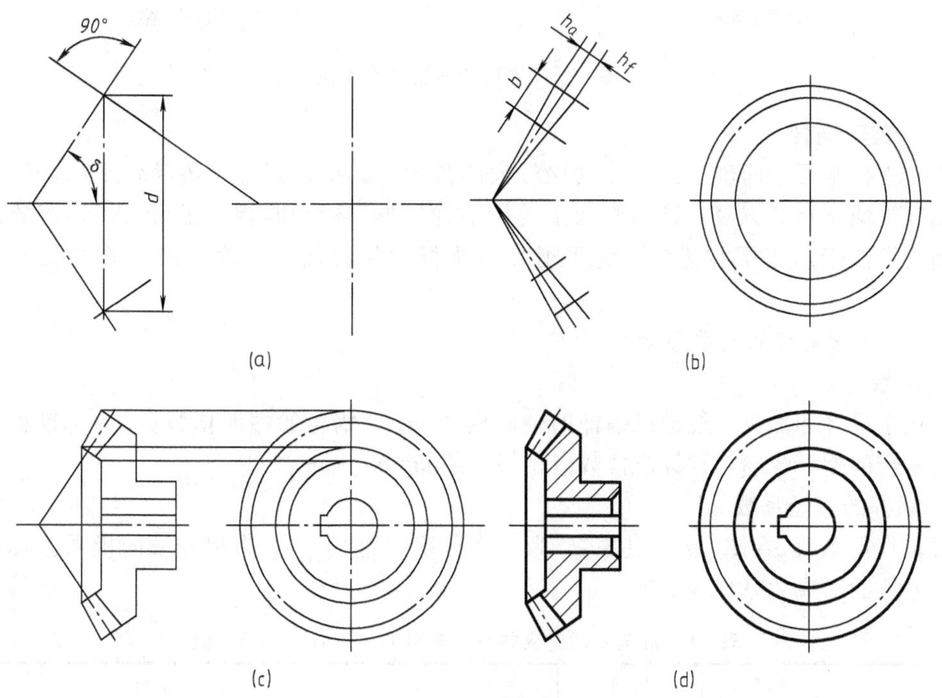

图 8-25　圆锥齿轮的画图步骤

2. 圆锥齿轮的啮合画法

一对啮合的圆锥齿轮，其模数应相等，节锥面相切，节锥交于一点，轴线一般垂直相交，即 $\delta_1+\delta_2=90°$，啮合画法与圆柱齿轮类似。圆锥齿轮啮合的画图步骤如图 8-26 所示。

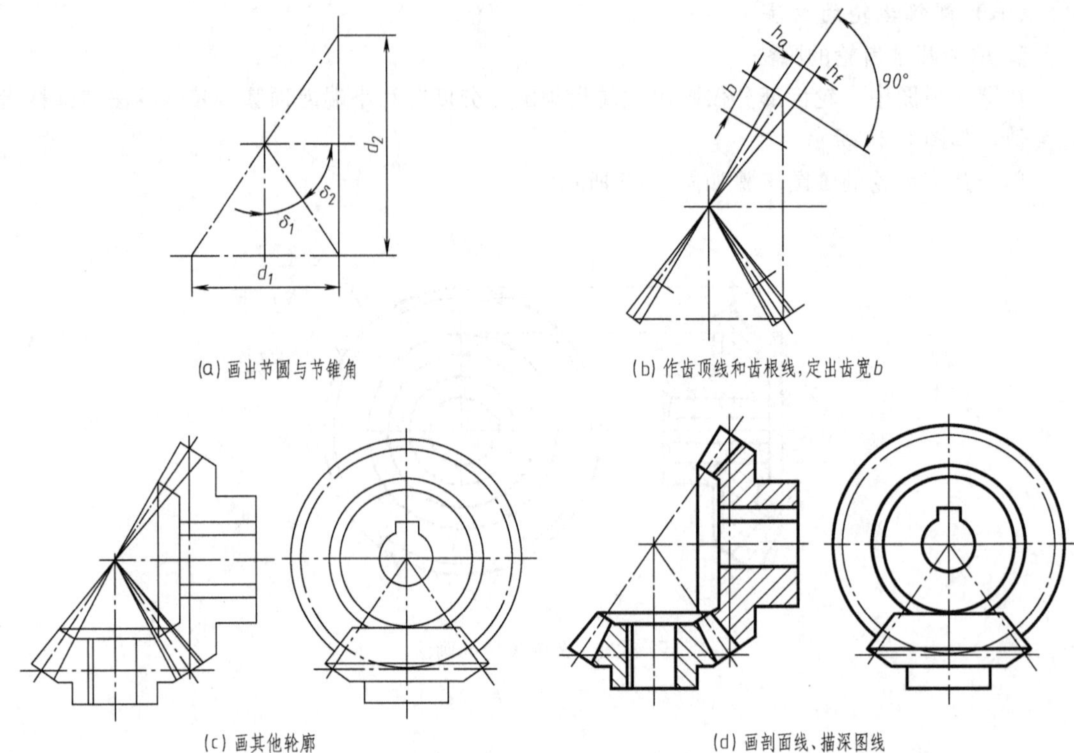

图 8-26 圆锥齿轮的啮合画法

三、蜗轮蜗杆

蜗轮蜗杆常用于两轴交叉、传动比较大的传动。其结构紧凑、传动较平稳，但效率较低。蜗杆类似于梯形螺纹，轴向断面上的齿型为梯形，传动时相当于齿条，其齿数即为线数。蜗轮类似于斜齿圆柱齿轮，为了增加与蜗杆的接触面，蜗轮轮齿一般加工成凹形圆环面。

（一）蜗轮蜗杆的主要参数

1. 模数

为便于设计和加工，规定以蜗杆的轴向模数 m_x 和蜗轮的端面模数 m_t 为标准模数。一对相互啮合的蜗杆蜗轮，其标准模数应相等，即 $m=m_x=m_t$。

2. 蜗杆的直径系数

规定直径系数 $q=d_1/m_x$，其中 d_1 为蜗杆分度圆直径，m_x 为蜗杆轴向模数。标准模数和直径系数的对应关系见表 8-9。

表 8-9 *m* 与 *q* 的对应关系（摘自 GB/T 10085—1988）

m_x	2		2.5		3.15		4		5		6.5		8		10	
q	11.2	17.75	11.2	18	11.27	17.778	10	17.75	10	18	10	17.778	10	17.5	9	16

3. 蜗杆的导程角（γ）

将蜗杆按分度圆柱面展开后如图 8-27 所示，可得出如下计算关系。

$$\tan\gamma=\frac{导程}{分度圆周长}=\frac{蜗杆头数\times轴向齿距}{分度圆周长}=\frac{z_1p_x}{\pi d_1}=\frac{z_1\pi m}{\pi mq}=\frac{z_1}{q}$$

一对蜗轮蜗杆，只有在蜗轮的螺旋角 β 与蜗杆的导程角 γ 相等、方向相同时才能相互啮合。

（二）蜗轮蜗杆各部分的尺寸关系

在计算蜗轮蜗杆的尺寸时，应知道的基本参数是：模数 $m=m_x=m_t$、导程角 γ、蜗杆直径系数 q、蜗杆头数 z_1 及蜗轮齿数 z_2。尺寸计算关系见表 8-10。

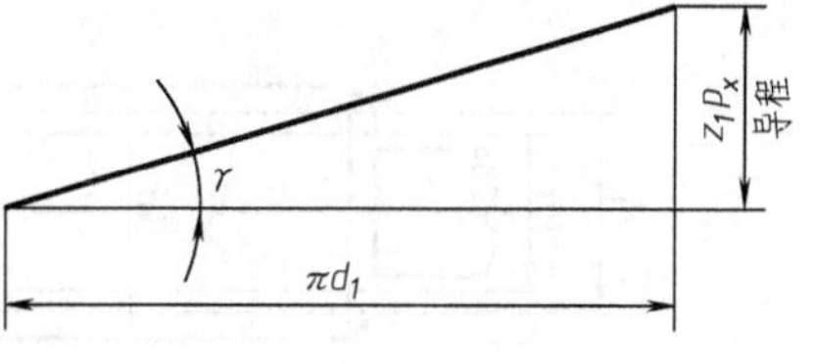

图 8-27　γ、d_1 与导程的关系

表 8-10　蜗杆蜗轮的尺寸计算

基本参数	零件	名称及代号	计算公式
标准模数 $m=m_x=m_t$ 导程角 γ 蜗杆直径系数 q 蜗杆头数 z_1 蜗轮齿数 z_2	蜗杆	轴向齿距（p_x）	$p_x=\pi m$
		分度圆直径（d_1）	$d_1=mq$
		齿顶高（h_{a1}）	$h_{a1}=m$
		齿根高（h_{f1}）	$h_{f1}=1.2m$
		齿高（h_1）	$h_1=h_{a1}+h_{f1}=2.2m$
		导程角（γ）	$\tan\gamma=z_1/q$
		齿顶圆直径（d_{a1}）	$d_{a1}=d_1+2h_{a1}=d_1+2m$
		齿根圆直径（d_{f1}）	$d_{f1}=d_1-2h_{f1}=d_1-2.4m$
		蜗杆导程（p_z）	$P_z=z_1p_x$
		轴向齿形角（α）	$\alpha=20°$
	蜗轮	齿顶高（h_{a2}）	$h_{a2}=m$
		齿根高（h_{f2}）	$h_{f2}=1.2m$
		齿高（h_2）	$h_2=2.2m$
		分度圆直径（d_2）	$d_2=mz_2$
		齿根圆直径（d_{f2}）	$d_{f2}=d_2-2h_{f2}=m(z_2-2.4)$
		喉圆直径（d_{a2}）	$d_{a2}=d_2+2h_{a2}=m(z_2+2)$
		齿顶圆弧半径（R_{a2}）	$R_{a2}=d_{f1}/2+0.2m=d_1/2-m$
		齿根圆弧半径（R_{f2}）	$R_{f2}=d_{a1}/2+0.2m=d_1/2+1.2m$
		顶圆直径（d_{e2}）	$z_1=1$ 时，$d_{e2}\leqslant d_{a2}+2m$
		齿宽（b_2）	$z_1\leqslant3$ 时，$b_2\leqslant0.75d_{a1}$
	中心距（a）		$a=(d_1+d_2)/2=m(q+z_2)/2$

（三）蜗轮蜗杆的画法

1. 蜗杆的画法

蜗杆的画法与圆柱齿轮画法基本相同，但常根据需要用局部剖视或局部放大图画出轴向或法向齿形，如图 8-28 所示。

2. 蜗轮的画法

在与蜗轮轴线平行的投影面内，蜗轮一般作剖视图，画法与圆柱齿轮基本相同。但应当注意，蜗轮的齿形为凹弧形，弧形中心与相啮合蜗杆的中心重合。在圆形视图中，轮齿部分仅画出分度圆和顶圆，分度圆用细点划线绘制，顶圆用粗实线绘制，如图 8-29 所示。

3. 蜗轮蜗杆的啮合画法

如图 8-30（a）所示的剖视图中，啮合部位将蜗杆完整画出，蜗轮被蜗杆遮挡的部分不

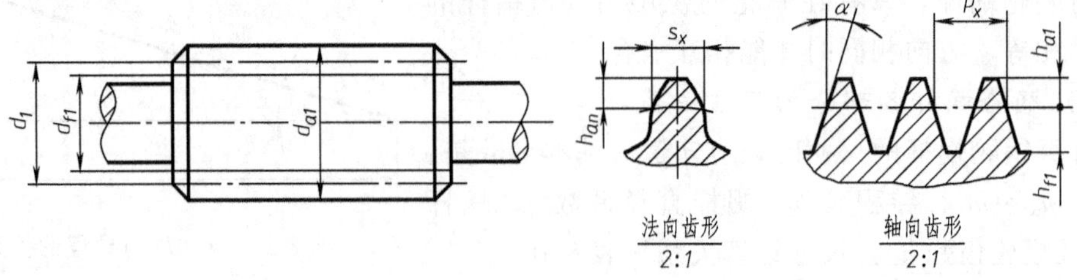

图 8-28 蜗杆的画法

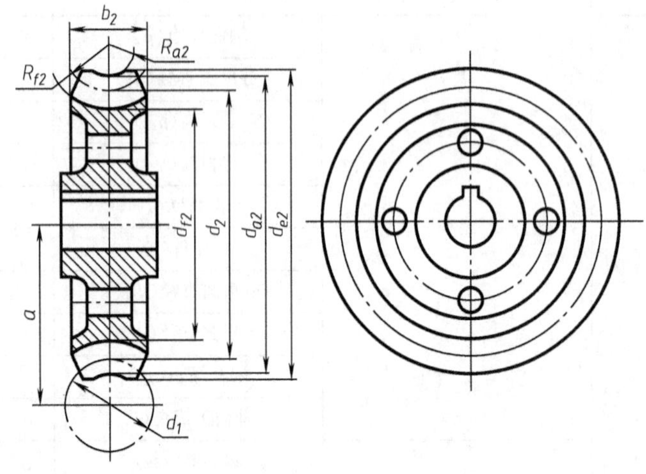

图 8-29 蜗轮的画法

画出，轮齿按不剖绘制，蜗杆的分度线应与蜗轮的分度圆相切。蜗轮蜗杆啮合的视图画法如图 8-30（b）所示。

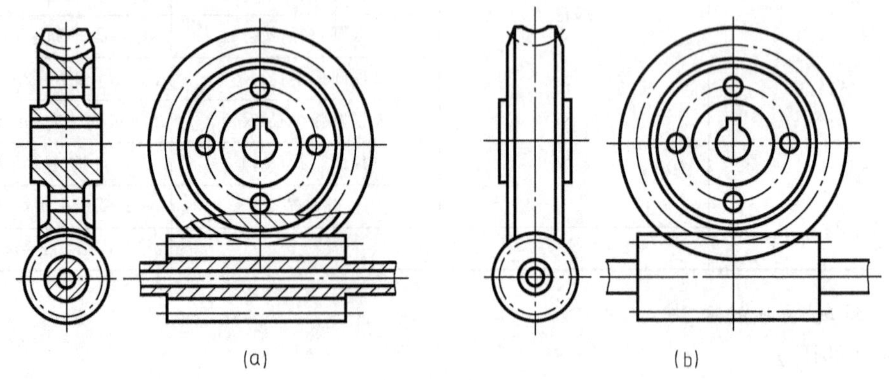

图 8-30 蜗轮蜗杆的啮合画法

第三节 键 和 销

一、键

键常用来连接轴和轮，以在两者之间传递运动或动力，如图 8-31 所示。

键是标准件，常用形式有普通平键、半圆键和钩头楔键，如图 8-32 所示。

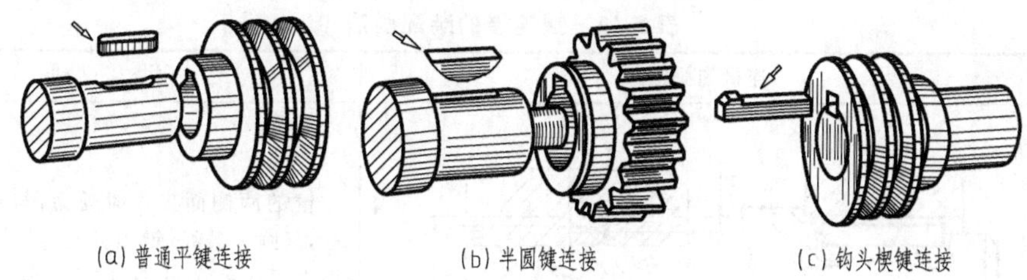

图 8-31　键连接

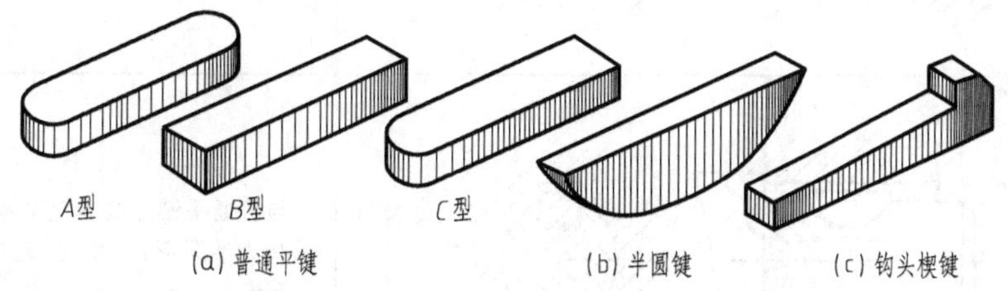

图 8-32　键的形式

普通平键应用最广，按形状分为 A 型（两端为圆头）、B 型（两端为平头）和 C 型（一端为圆头，另一端为平头）三种。

普通平键、半圆键和钩头楔键的画法与标记见表 8-11。

常见的键连接的装配画法见表 8-12。

表 8-11　常用键的形式、画法与标记

名　称	图　　例	标　　记
普通平键		圆头普通平键(A 型)b=8mm,h=7mm,l=25mm: 键 GB/T 1096—2003　8×25 平头普通平键(B 型)b=16mm,h=10mm,l=100mm: 键 GB/T 1096—2003　B16×100
半圆键		半圆键 b=6mm,h=10mm,d=25mm: 键 GB/T 1099—2003　6×25
钩头楔键		钩头楔键 b=18mm,h=11mm,l=100mm: 键 GB/T 1565—2003　18×100

表 8-12 键连接的装配画法

名称	连接图画法	说明
普通平键连接	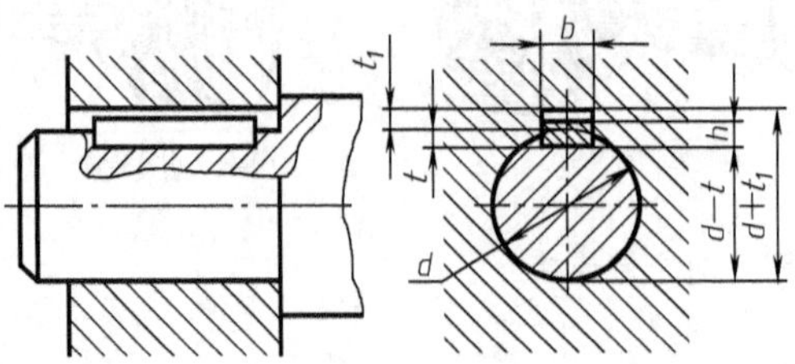	键的两侧面工作时受力，与键槽侧面接触，只画一条线；键顶面与轮毂上键槽的顶面之间有间隙，作图时应画出两条线 沿键长度方向剖切时，键按不剖绘制 键上的倒圆、倒角省略不画
半圆键连接	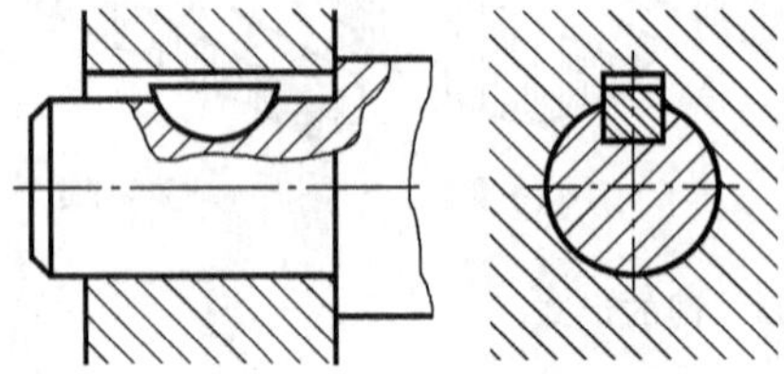	与普通平键连接情况基本相同，只是键的形状为半圆形；使用时，允许轴与轮毂轴线之间有少许倾斜
钩头楔键连接	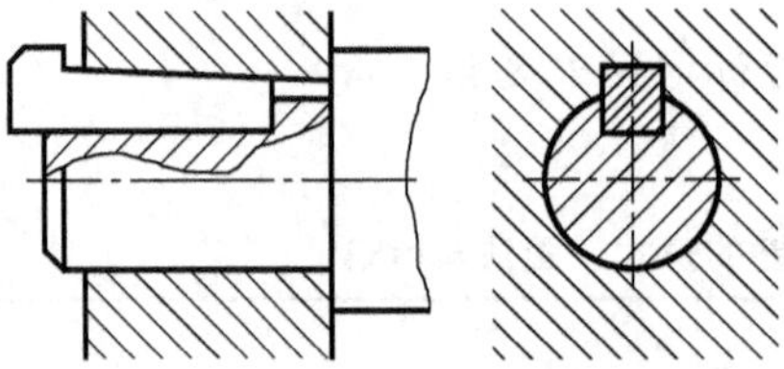	钩头楔键的上、下两面为工作面，上表面有 1∶100 的斜度，可用来消除两零件间的径向间隙，作图时上下两面和侧面都不留间隙，画成接触面形式
矩形花键连接	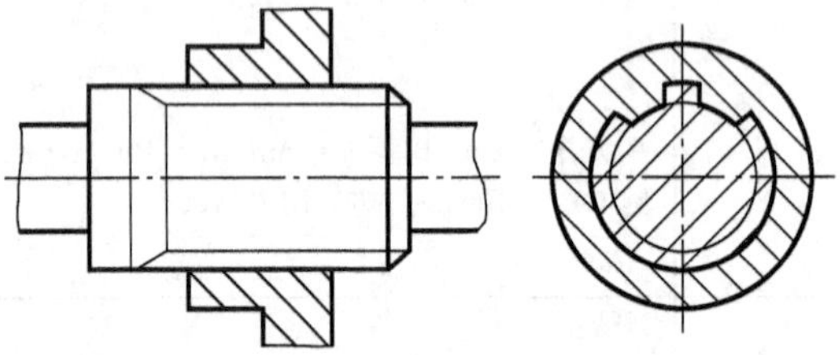	由内花键和外花键组成，外花键是在轴表面上作出均匀分布的矩形齿，与轮毂孔的花键槽连接。其连接可靠，导向性好，传递力矩大 矩形外花键的大径用粗实线绘制，小径、尾部及终止线用细实线绘制；矩形内花键的大、小径在非圆剖视图中均用粗实线绘制；连接图中，其连接部分按外花键绘制

在绘制键连接时，键和键槽的尺寸是根据被连接的轴或孔的直径确定的，可参照附表 12 查阅。例如，要确定连接直径为 40mm 的轴和孔的 A 型普通平键，由附表 12 可查得 b=12mm，h=8mm，公称长度 l 按轮毂长度在 28～140mm 之间选取，同时 l 要符合规定的长度系列。

二、销

销主要用于两零件间的定位，也可用于受力不大的连接和锁定。销为标准件，常见的形式有圆柱销、圆锥销和开口销，其标记示例见表 8-13。

在销连接的装配图中，当剖切面通过其轴线剖切时，销按不剖绘制，销连接的画法见表 8-14。

表 8-13　销的形式与标记

名称	图例	标记
圆柱销	d　l	公称直径为 $d=8$mm，公称长度 $l=32$mm，材料为35号钢，热处理硬度为2838HRC、表面氧化处理的A型圆柱销：销 GB/T 119—2000　A8×32
圆锥销	d　l	公称直径为 $d=5$mm，公称长度 $l=32$mm，材料为35号钢，热处理硬度为28～38HRC，表面氧化处理的A型圆锥销：销 GB/T 117—2000　5×32
开口销	l　d	公称规格为 $d=5$mm，公称长度 $l=50$mm，材料为Q215，不经表面处理的开口销：销 GB/T 91—2000　5×50

表 8-14　销连接的装配画法

类型	画法	说明
圆柱销		用于定位和连接。工件需要配作铰孔，可传递的载荷较小
圆锥销		用于定位和连接。圆锥销制成1∶50的锥度，安装、拆卸方便，定位精度高
开口销		可与槽形螺母配合使用，用于防松，拆卸方便、工作可靠

第四节　滚动轴承

滚动轴承在机器中用于支撑旋转轴，其结构紧凑、摩擦小、效率高，使用广泛。滚动轴承是标准组件，其结构和尺寸已标准化。

一、滚动轴承的类型及特点

滚动轴承由内圈、外圈、滚动体和保持架组成。内圈套在轴上与轴一起转动，外圈装在机座孔中。滚动轴承按所承受载荷的特点分为三类。

（1）径向承载轴承　主要承受径向载荷，如深沟球轴承，如图 8-33（a）所示。

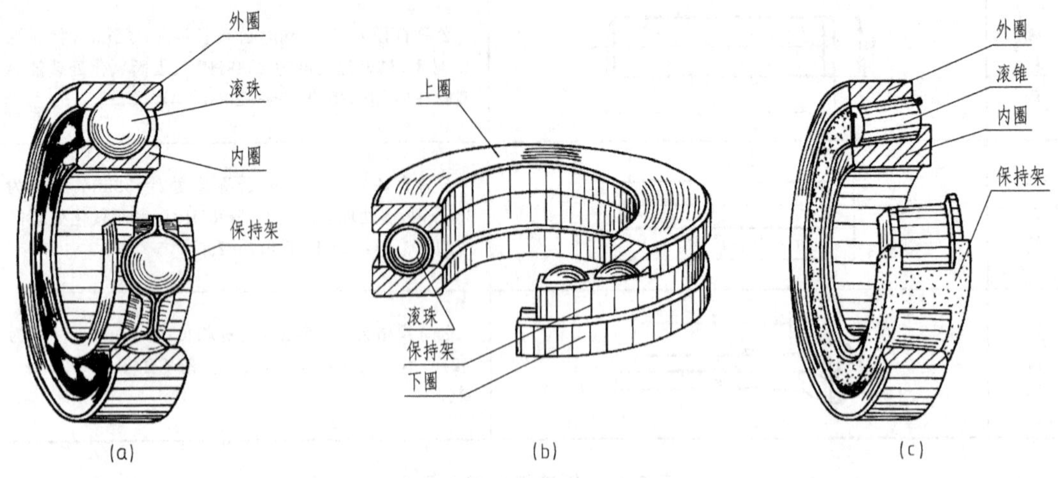

图 8-33　轴承的类型

（2）轴向承载轴承　主要承受轴向载荷，如推力球轴承，如图 8-33（b）所示。

（3）径向和轴向承载轴承　可同时承受径向和轴向载荷，如圆锥滚子轴承，如图 8-33（c）所示。

二、滚动轴承的基本代号

滚动轴承用代号表示其结构、类型、公差等级和技术性能等特征。轴承的代号分前置代号、基本代号和后置代号，常使用的是基本代号。基本代号由轴承类型代号、尺寸系列代号和内径代号三部分组成。

1. 轴承类型代号

滚动轴承的类型代号用数字或字母表示，见表 8-15。

表 8-15　轴承类型代号（摘自 GB/T 272—1993）

代号	0	1	2	3	4	5	6	7	8	N	U	QJ
轴承类型	双列角接触球轴承	调心球轴承	调心滚子轴承和推力调心滚子轴承	圆锥滚子轴承	双列深沟球轴承	推力球轴承	深沟球轴承	角接触球轴承	推力圆柱滚子轴承	圆柱滚子轴承	外球面球轴承	四点接触球轴承

2. 尺寸系列代号

轴承的尺寸系列代号由轴承的宽（高）度系列代号和直径系列代号组成，用两位阿拉伯数字表示。尺寸系列代号用来区别内径相同而外径和宽度不同的轴承。

3. 内径代号（d）

内径代号表示轴承内孔的公称尺寸，用两位阿拉伯数字表示。代号为 00，01，02，03 的轴承，轴承内径分别为 10mm，12mm，15mm，17mm；代号数字为 04～96 的轴承，对应的轴承内径值可用代号数乘以 5 计算得到。轴承内径为 1～9mm 时，直接用公称内径数值（mm）表示；内径值为 22mm，28mm，32mm，以及大于或等于 500mm 时，也用公称内径直接表示，但要用“/”与尺寸系列代号隔开。

例如：

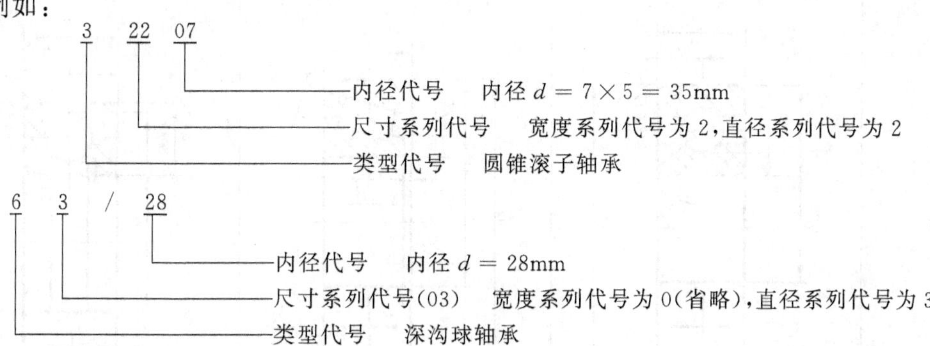

除基本代号外，还可添加前置代号和后置代号，进一步表示轴承的结构形状、尺寸、公差和技术要求等。

常见滚动轴承的尺寸系列可查阅附表 15。

三、滚动轴承的画法

国家标准对滚动轴承的画法作了规定，分为简化画法和规定画法两种，其中简化画法又分为通用画法和特征画法。

滚动轴承的画法及比例关系见表 8-16。

表 8-16　滚动轴承的画法

轴承类型		深沟球轴承 (GB/T 276—1994)	圆锥滚子轴承 (GB/T 297—1994)	推力球轴承 (GB/T 301—1995)
简化画法	通用画法	B　A　2A/3　2B/3　d　D	B　B/3　A　d　D 外圈无挡边	B　A　B/6　d　D 内圈有单挡边
	特征画法	B　A　B/6　2B/3　d　D	2B/3　30°　A　B/6　d　D　B	T　A　2A/3　A/6　d　D

续表

轴承类型	深沟球轴承 (GB/T 276—1994)	圆锥滚子轴承 (GB/T 297—1994)	推力球轴承 (GB/T 301—1995)
规定画法			
装配示意图			

在通用画法中，使用粗实线绘制的矩形框和十字形符号简单地表示滚动轴承。在不需要表示滚动轴承的外形轮廓、载荷特性、结构特征时采用通用画法。

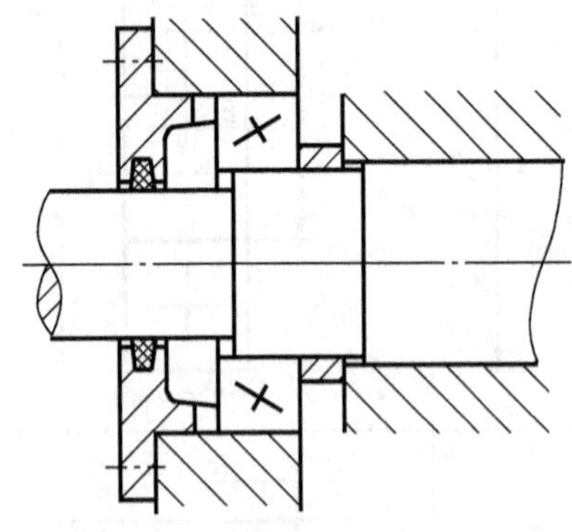

图 8-34　装配图中轴承的画法

在特征画法中，矩形框内十字形符号的方向及长短较形象地反映了轴承的结构特征和载荷特性。在需要较形象地表示滚动轴承的结构特征时采用特征画法。

在滚动轴承的规定画法中，其中一侧较形象地画出其结构特征和载荷特性，滚子按不剖画出，另一侧采用通用画法绘制。在滚动轴承的产品样图、样本、标准、用户手册和使用说明中可采用规定画法绘制。

在装配图中，轴承一般采用通用画法或特征画法，同一张图中应采用一种画法，如图 8-34 所示。

第五节　弹　　簧

一、弹簧简介

弹簧是一种储能元件，广泛用于减振、测力、夹紧等。弹簧的类型有螺旋弹簧、蜗卷弹簧、碟形弹簧、板弹簧等，以螺旋弹簧最为常见。如图 8-35 所示为圆柱螺旋弹簧，按承受载荷的不同分为压缩弹簧、拉伸弹簧和扭转弹簧。

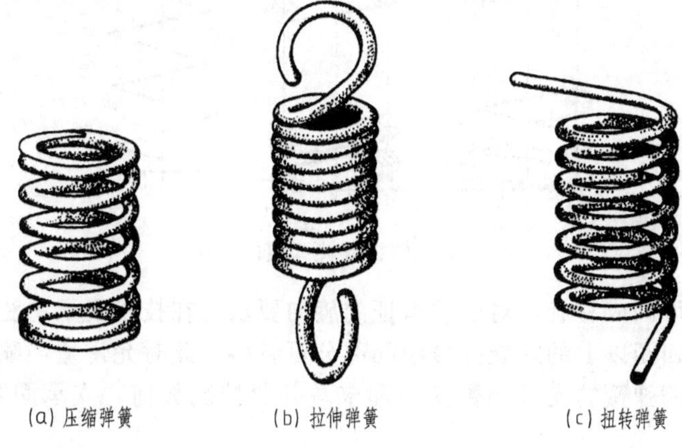

图 8-35　圆柱螺旋弹簧

二、弹簧的主要参数

下面以圆柱螺旋压缩弹簧为例，说明其主要参数，如图 8-36 所示。

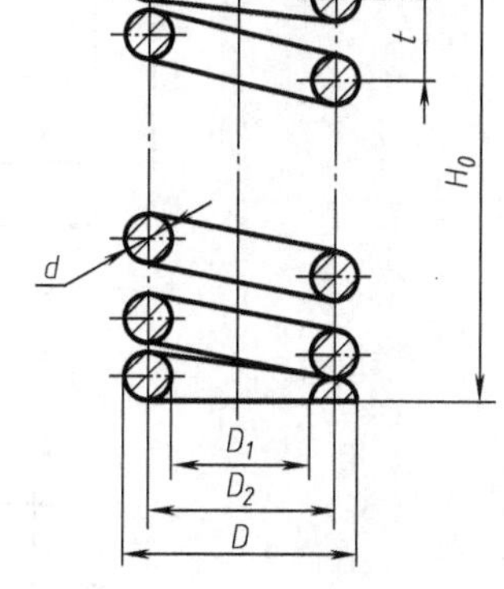

图 8-36　弹簧的主要参数

(1) 簧丝直径 d　制造弹簧所用钢丝的直径。

(2) 弹簧外径 D　弹簧的最大直径。

(3) 弹簧内径 D_1　弹簧的最小直径。

(4) 弹簧中径 D_2　过弹簧丝中心假想圆柱面的直径，$D_2=(D+D_1)/2$。

(5) 节距 t　相邻两有效圈上对应点间的轴向距离。

(6) 圈数　弹簧中间保持正常节距部分的圈数称为有效圈数 (n)；为使弹簧平衡、端面受力均匀，弹簧两端应磨平并紧，磨平并紧部分的圈数称为支承圈数 (n_2)，有 1.5、2 及 2.5 圈三种。

弹簧的总圈数 $n_1=n+n_2$。

(7) 自由高度 H_0　弹簧在自由状态下的高度。

$$H_0=nt+(n_2-0.5)d$$

(8) 弹簧展开长度 L　即制造弹簧用的簧丝长度。

$$L\approx n_1\sqrt{(\pi D_2)^2+t^2}$$

(9) 旋向　分为左旋和右旋两种。

三、弹簧的画法

国家标准 (GB/T 4459.4—2003) 对弹簧的画法作了规定。圆柱螺旋弹簧按需要可画成视图、剖视图及示意图，如图 8-37 所示。

1. 规定画法

① 在平行于弹簧轴线的视图中，螺旋弹簧各圈的轮廓应画成直线。

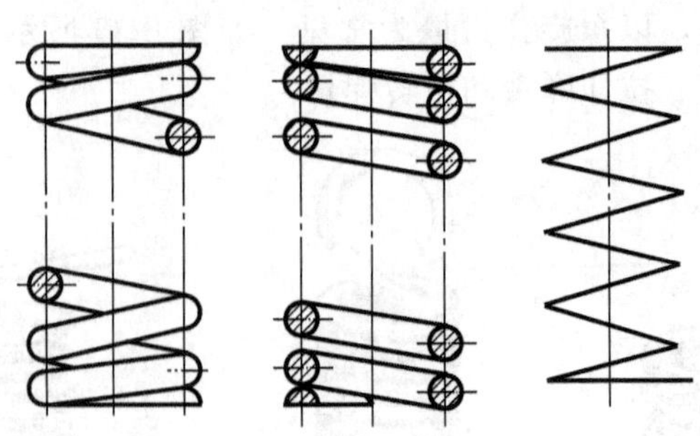

图 8-37　圆柱螺旋弹簧的画法

② 螺旋弹簧均可画成右旋，对必须保证的旋向要求应在技术要求中注明。

③ 有效圈数在四圈以上的螺旋弹簧中间部分可省略，此时允许适当缩短图形的长度。

④ 不论螺旋压缩弹簧的支承圈数多少和末端并紧情况如何，支承圈数按 2.5 圈、磨平圈数按 1.5 圈画出。

圆柱螺旋压缩弹簧的作图步骤如图 8-38 所示。

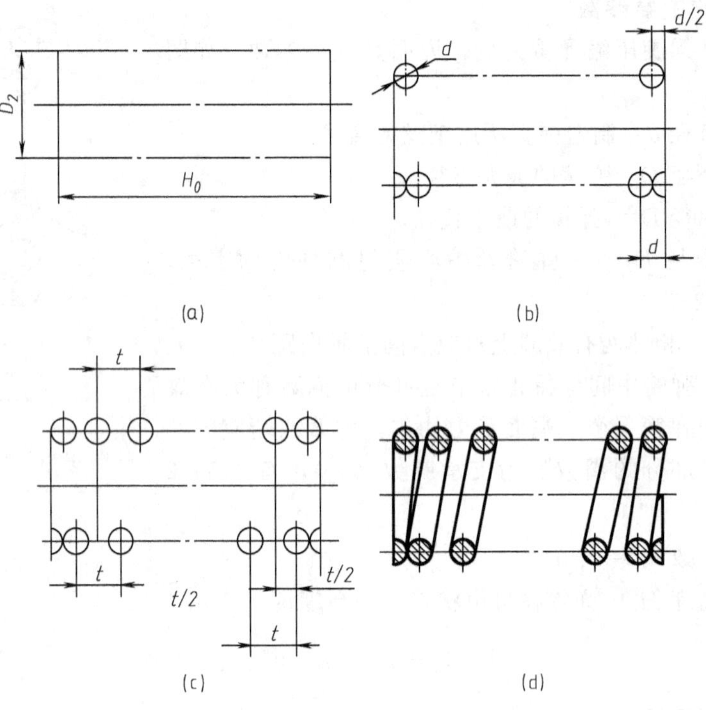

图 8-38　圆柱螺旋压缩弹簧的画法

2. 装配图中弹簧的画法

装配图中弹簧的画法如图 8-39 所示。画图时应注意以下几点。

① 在装配图中，将弹簧看成一个实体，被弹簧挡住的结构一般不画出，可见部分应从弹簧的外轮廓线或从弹簧钢丝剖面的中心线画起，如图 8-39（a）所示。

② 簧丝直径在图中小于或等于 2mm 时，允许用示意图表示，如图 8-39（c）所示；当弹簧被剖切时，也可用涂黑表示，如图 8-39（b）所示。

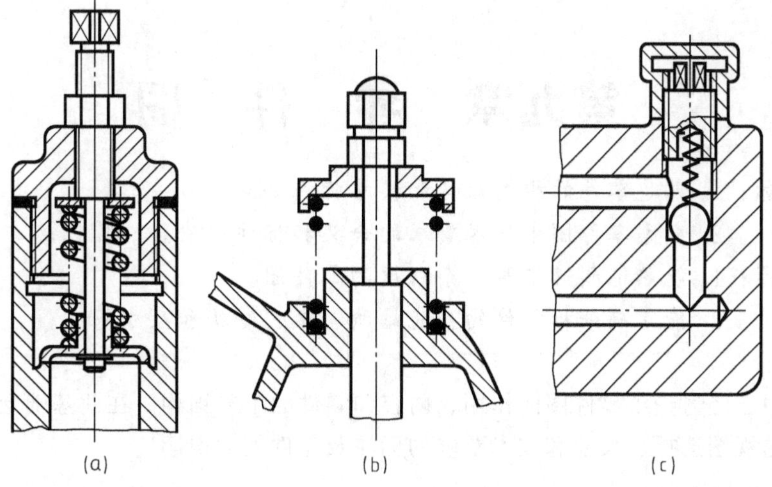

图 8-39　装配图中弹簧的画法

第九章　零　件　图

知识目标： 1. 熟悉零件的视图表达和尺寸标注要点。

2. 熟悉零件图中技术要求的含义和标注方法。

能力目标： 1. 能熟练阅读中等复杂程度的零件图。

2. 能正确分析零件的功能结构、工艺结构和尺寸基准。

第七章中已经讨论了零件图的作用、内容和零件的工艺结构。在此基础上，本章进一步学习零件图的视图选择、尺寸和技术要求的标注及零件图的识读。

第一节　零件的视图选择

零件的视图选择，应首先考虑看图方便。根据零件的结构特点，选用适当的表示方法。在完整、清晰的前提下，力求制图简便。确定表达方案时，首先应合理地选择主视图，然后根据零件的结构特点和复杂程度恰当地选择其他视图。

一、主视图的选择

选择主视图包括选择主视图的投射方向和确定零件的安放位置，应遵循以下几个原则。

(1) 形状特征原则　零件属于组合体的范畴，主视图是零件表达的核心，应把能较多地反映零件结构形状特征的方向作为主视图的投射方向。

(2) 加工位置原则　在确定零件安放位置时，应使主视图尽量符合零件的加工位置，以便于加工时看图。如轴套类零件主要在车床上进行加工，故其主视图应按轴线水平位置绘制，如图 9-1 所示。

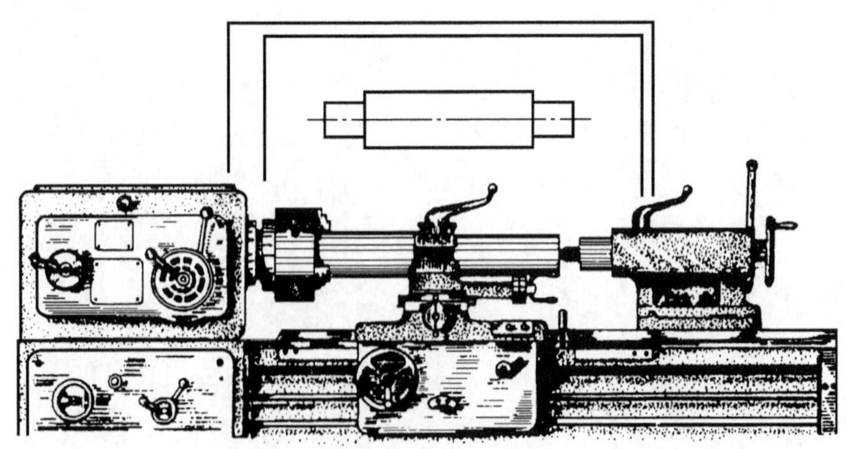

图 9-1　加工位置原则

(3) 工作位置原则　主视图中零件的安放位置，应尽量符合零件在机器或设备上的安装位置，以便于读图时想像其功用及工作情况。如图 9-2 所示的吊钩和汽车前拖钩。

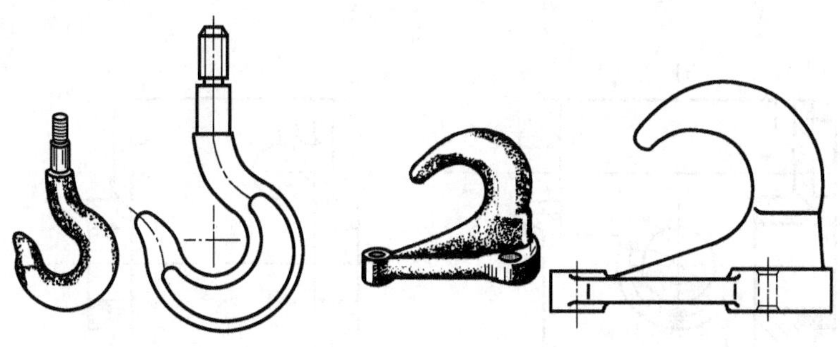

图 9-2 工作位置原则

在确定主视图中零件的放置位置时，应根据零件的实际加工位置和工作位置综合考虑。当零件具有多种加工位置时，则主要考虑工作位置，例如壳体、支座类零件的主视图通常按工作位置画出。对于某些安装位置倾斜或工作位置不确定的零件，应遵循自然安放的平稳位置。

选择主视图时，还应兼顾其他视图作图方便及图幅的合理使用。

二、其他视图的选择

主视图确定后，要运用形体分析法，分析该零件还有哪些形状和位置没有表达完全，还需要增加哪些视图。对每一视图，还要根据其表达的重点，确定是否采用剖视或其他表达方法。

视图数量以及表达方法的选择，应根据零件的具体结构特点和复杂程度而定，是第六章所学习的各种表达方法的综合运用，具体选择表达方案时，应注意以下几方面的问题。

① 选择其他视图时，零件的主要结构形状优先在基本视图（包括取剖视）上表达；次要结构、局部细节形状可用局部视图、斜视图、局部放大图、断面图等表达。

② 正确运用集中表达与分散表达。对一些局部结构，可以适当集中，以充分发挥每个视图的作用，但应避免在同一视图中过多地使用局部剖视，不应单纯追求少选视图而增加读图困难。

③ 尽量避免使用虚线表达零件的轮廓，但在不会造成读图困难时，可用少量虚线表示尚未表达完整的局部结构，以减少一个视图。

④ 尽量避免不必要的重复表达，特别是要善于通过适当的表达方法避免复杂而不起作用的投影，提倡运用标准规定的简化画法，以简化作图。

⑤ 在视图上标注具有特征内含的尺寸如 ϕ、$S\phi$、t、C、M、□、EQS 等，可以减少视图数量。

图 9-3（a）所示为减速箱体的轴测图。零件的主体为方形壳体，中空部分用以容纳轴、齿轮等传动件；箱体四周有圆柱形凸台和轴孔，凸台外侧均布一定数量的螺孔，用以支承传动轴及固定端盖；箱体顶面布置有四个螺孔，用以固定箱盖；箱体底座为长方体结构，四角分布着四个圆形凸台及安装孔；为减少加工面积并增加稳固性，箱体底部的安装接触面为四角凸起、中部凹下的结构。

图 9-3（b）所示为箱体的表达方案。由于箱体的结构比较复杂，故选用了三个基本视图、三个局部视图和一个局部剖视图来表达。箱体的主视图按工作位置放置，采用局部剖视表达了箱体左下侧和右侧的轴孔及螺孔的内部结构，视图部分表达了前凸台上螺

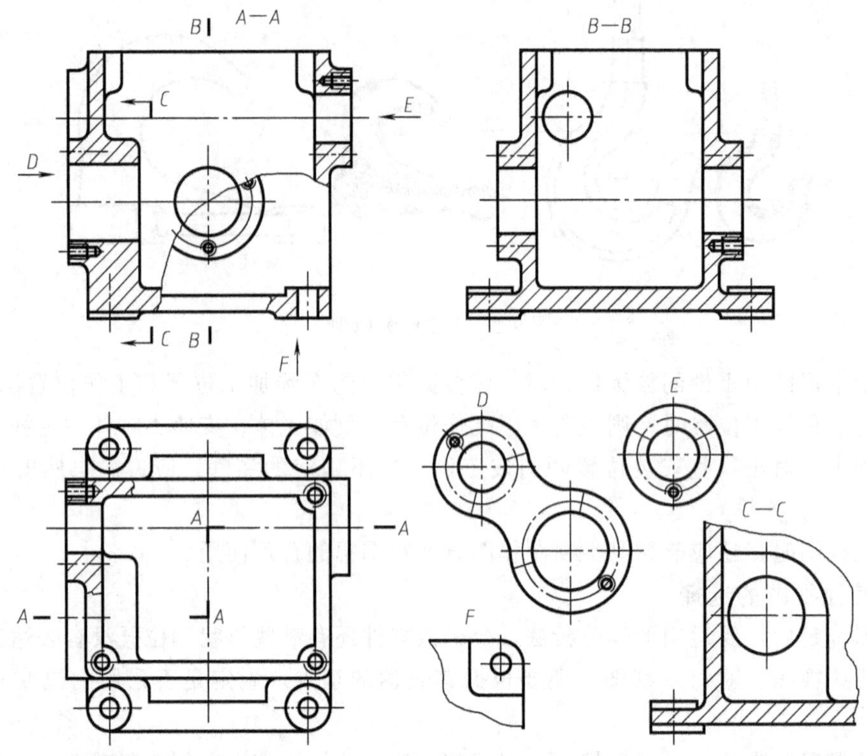

图 9-3 箱体

孔的分布情况，并用局部剖视表达底板上的安装孔。俯视图表达了底板的外形和箱体四周各个凸台的分布情况，同时表达了箱体顶面的螺孔及凸台的分布情况；采用局部剖视表达了箱体左上侧轴孔和螺孔的内部结构。左视图采用全剖视，进一步表达了箱体的内腔和前后轴孔及螺孔的内部结构。*C—C* 局部剖视图表达了箱体左内侧凸台的形状及轴孔的具体位置。*D* 向局部视图表达了箱体左侧两个相连的圆形凸台的形状及其上螺孔的分布情况。*E* 向局部视图表达了右凸台上螺孔的分布情况。箱体底面凸台的形状由 *F* 向局部视图表达。

第二节 零件图的尺寸标注

零件图上的尺寸是零件加工、检验时的重要依据，是零件图的主要内容之一。在零件图上标注尺寸的基本要求是：正确、完整、清晰、合理。尺寸的正确性、完整性、清晰性要求在前面章节已作了介绍，本节着重介绍合理标注尺寸的有关要求。

零件图尺寸的合理性，是指所注尺寸应符合设计要求和工艺要求。设计要求是指零件按规定的装配基准正确装配后，应保证零件在装配体中获得准确的预定位置、必要的配合性质、规定的运动条件或要求的连接形式，从而保证产品的工作性能和装配精度，保证机器的使用质量。这就要求正确选择尺寸基准，直接注出零件的功能尺寸等。工艺要求是指零件在加工过程中要便于加工制造。这就要求零件图所注的尺寸应与零件的安装定位方式、加工方法、加工顺序、测量方法等相适应，以使零件加工简单、测量方便。

一、功能尺寸的确定

从形体分析的角度，零件的尺寸可以分为定形尺寸、定位尺寸和总体尺寸。从结构功能分析的角度，零件的尺寸可分为功能尺寸和非功能尺寸。

功能尺寸或称主要尺寸，是指那些影响产品的机械性能、工作精度等的尺寸。功能尺寸通常有一定的精度要求，一般包括以下几方面的尺寸。

（1）参与装配尺寸链的尺寸　图 9-4 所示为某圆柱齿轮减速器轴系零件沿轴线方向的功能尺寸，其重要性在于图中所注的公称尺寸应满足 $A=A_1+2A_2+A_3+A_4+A_5+A_6$，其中 A_3 为可调整尺寸，以满足轴系装配后的松紧要求。

（2）与其他零件构成配合的尺寸　如图 9-4 中传动轴上安装轴承及齿轮轴段的直径尺寸 ϕ_1、ϕ_2，它们的大小影响着安装后配合的松紧程度。有关配合的概念将在本章第三节介绍。

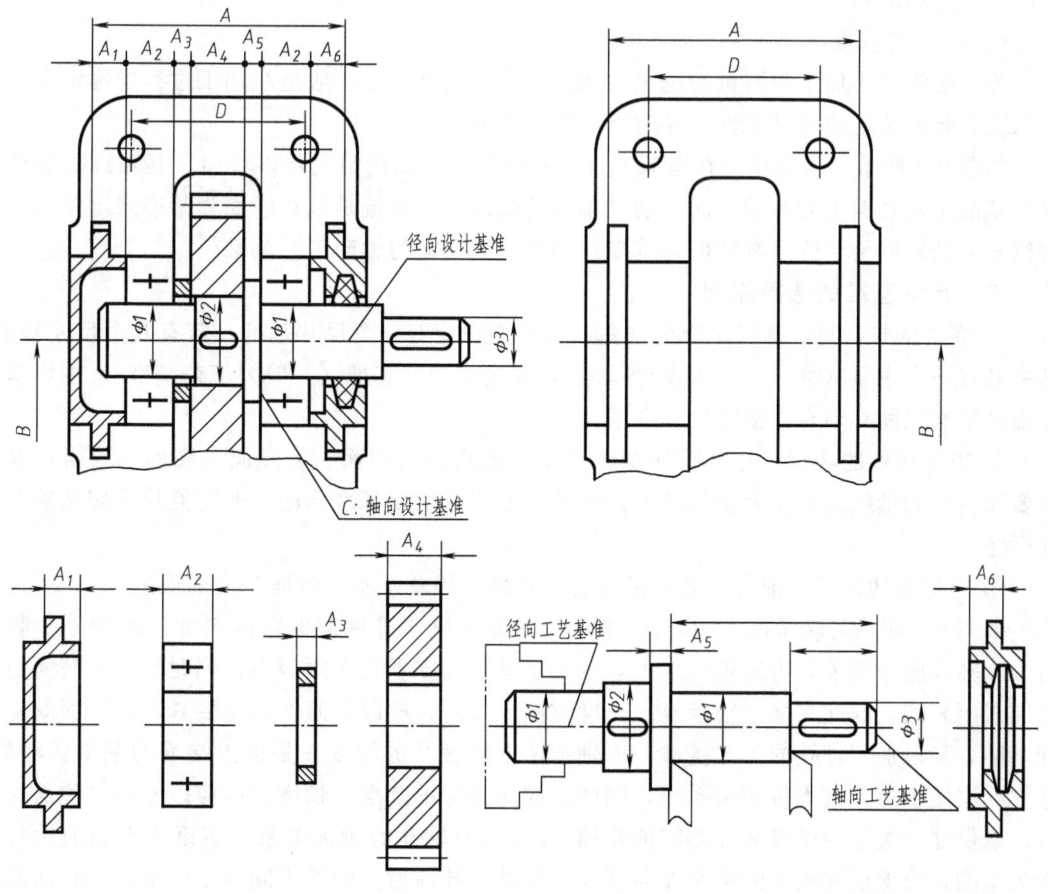

图 9-4　功能尺寸与尺寸基准

（3）重要的定位尺寸　如图 9-4 中箱体相邻两支承孔的中心距 B（另一个支承孔未画出），该尺寸影响着传动轴上两啮合齿轮的径向间隙。

（4）与其他零件配对连接的定位尺寸　如图 9-4 中箱体安装孔的定位尺寸 D，该尺寸应与箱盖上相应配对孔的定位尺寸相同。

非功能尺寸是指那些不影响产品机械性能和工作精度的结构尺寸。这类尺寸一般不参与装配尺寸链，它们所确定的是零件上一些与其他零件的表面不相连接的非主要表面，其尺寸精度一般要求不高。

二、尺寸基准

尺寸基准就是标注、度量尺寸的起点，其基本概念在第一章和第五章已作了初步介绍。选择零件的尺寸基准时，首先要考虑功能设计要求，其次考虑方便加工和测量，为此有设计基准和工艺基准之分。

（一）设计基准

根据零件的结构特点和设计要求所选定的基准称为设计基准。一般是在装配体中确定零件位置的面或线。

如图 9-4 所示，传动轴是通过两个滚动轴承支承在箱体两侧的同心孔内，实现径向定位；轴向以轴肩 C 与滚动轴承接触定位。因此，从设计要求出发，该轴的径向基准为轴线，轴向基准为轴肩 C。

（二）工艺基准

为方便零件的加工和测量而选定的基准称为工艺基准。一般是在加工过程中确定零件在机床上的装夹位置或测量零件尺寸时所利用的面或线。

如图 9-4 所示，从传动轴在车床上加工时的装夹及测量情况可以看出，其轴线既是径向设计基准又是径向工艺基准。而车削时车刀的轴向终点位置是以右端面为基准来定位的，故右侧轴段的轴向尺寸应以右端面为基准，因此，右端面为轴向工艺基准。

三、尺寸基准的选择原则

① 零件的长、宽、高三个方向，每一方向至少应有一个尺寸基准。若有几个尺寸基准，其中必有一个主要基准（一般为设计基准），其余为辅助基准（一般为工艺基准），主要基准和辅助基准之间必须有直接的尺寸联系。

② 决定零件的功能尺寸且首先加工或画线确定的对称面、装配面（底面、端面）以及主要回转面的轴线等常作为主要基准。功能尺寸应从主要基准标注，非功能尺寸应从辅助基准标注。

③ 应尽量使设计基准与工艺基准重合，以减少因基准不一致而产生的误差。

如图 9-5 所示的轴承座，中心高 19±0.02 是影响工作性能的功能尺寸。由于轴一般是由两个轴承座来支承，为使轴线水平，两个轴承座的支承孔必须等高，同时轴承座底面是首先加工出来的，因此在标注轴承座的高度方向尺寸时，应以底面作为主要基准，底面既是设计基准，又是加工轴孔的工艺基准。而轴承座上部螺孔的深度 6 是以上端面为基准标注的，这样标注便于加工时直接测量孔深，因此上端面是辅助基准。长度方向应以左右对称面为基准，以保证底板上两个安装孔之间的距离 46 及其对轴孔的对称关系；宽度方向以前后对称面为基准，以保证底板上的两个安装孔及上端的螺孔前后方向处于同一平面上。对称面通常既是设计基准又是工艺基准。

四、合理标注尺寸的具体要求

（一）功能尺寸必须直接注出

如图 9-6 所示的轴承座，轴孔的中心高 19±0.02 是功能尺寸，加工时必须保证其尺寸精度，所以应直接以底面为基准标注，而不能将其代之为 8 和 11。因为在加工零件过程中，

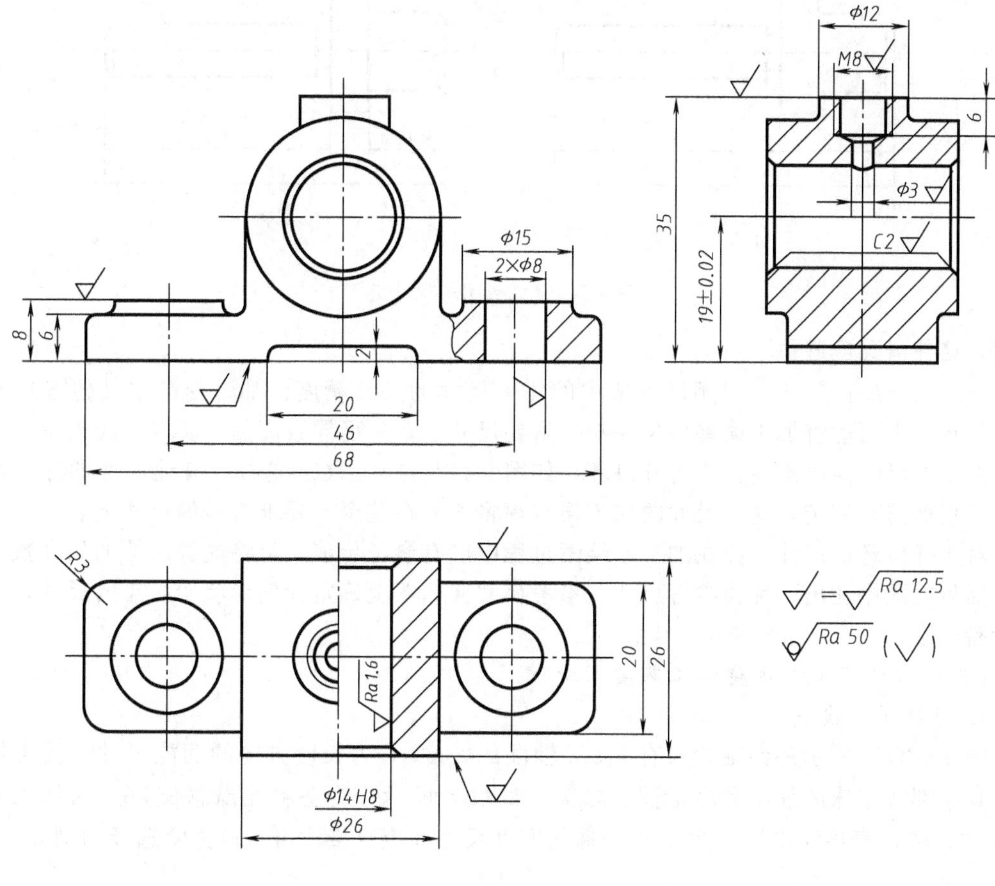

图 9-5　轴承座

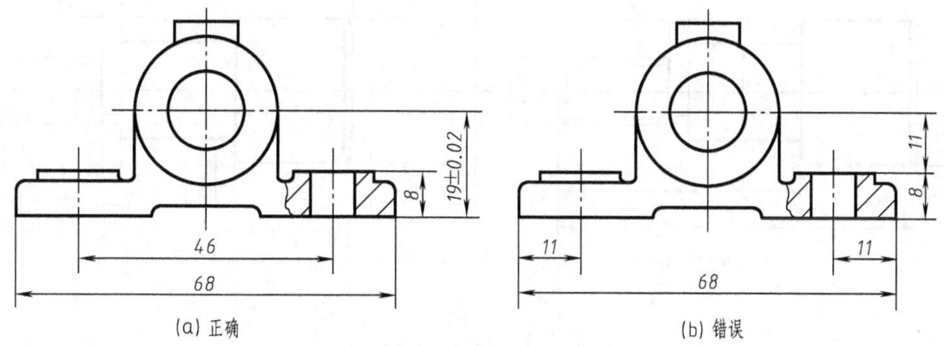

图 9-6　功能尺寸应直接注出

尺寸总会有误差，如果分别注写 8 和 11，两个尺寸加在一起就会有积累误差，为了保证 19±0.02，若将误差平均分配，8 和 11 的误差都将控制在±0.01，这显然增加了加工的难度，况且这两个尺寸也没必要加工到这样的精度。同理，轴承座底板上两个螺栓孔的中心距 46 应直接注出，而不应该注 11。

（二）不要注成封闭的尺寸链

图 9-7 所示的阶梯轴，其长度方向的尺寸 A、B、C、D 首尾相接，构成一个封闭的尺

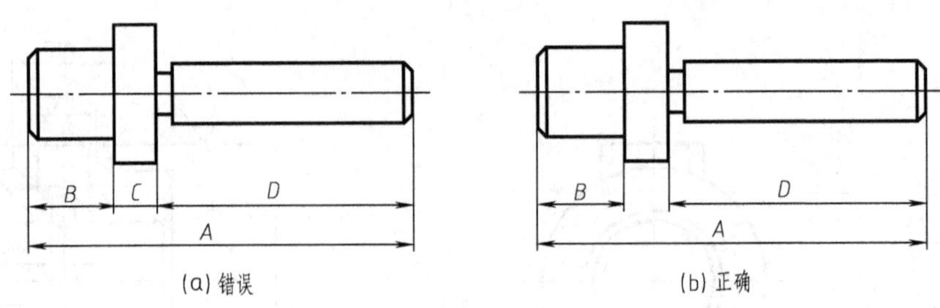

图 9-7 避免封闭的尺寸链

寸链，这种情况应避免。

由于 $A=B+C+D$，封闭尺寸链中的每一尺寸的尺寸精度，都将受链中其他各尺寸误差的影响，很可能将加工误差积累在某一重要尺寸上，从而导致废品。所以，应当挑选一个最不重要的尺寸空出不注，称为开口环，如图 9-7 中的尺寸 C。这样，其他尺寸的加工精度就可以根据需要制定，这些尺寸的加工误差都将积累在这个不要求检验的尺寸上。

对于开口环的尺寸，如在加工或绘图过程中确有参考价值，可将这类尺寸的尺寸数字加上圆括号在图中注出，称为参考尺寸。参考尺寸并非图上确定几何形状所必需的尺寸，故无需检验。

（三）非功能尺寸主要按工艺要求标注

1. 符合加工顺序

图 9-8（a）所示的销轴，只有 ϕ15f8 轴段的长度 18 为长度方向的功能尺寸，要直接注出，其余都按车床的加工顺序标注。如图 9-8（b）所示，为备料注出总长 56，为加工右端 M10 的外圆，直接注出尺寸 20。退刀槽的宽度尺寸 3 应直接注出，以方便选择切槽刀。

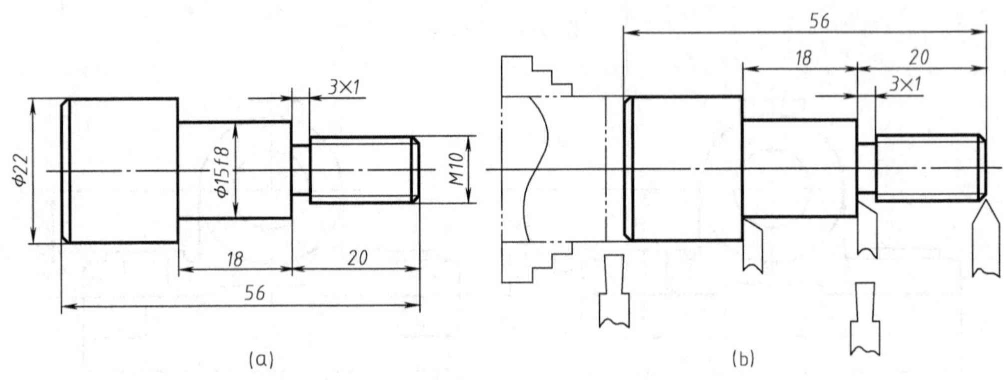

图 9-8 按加工顺序标注尺寸

2. 考虑加工方法

如图 9-9（a）所示，轴承座和轴承盖上的半圆孔是两者合起来共同加工的，因此它们半圆尺寸应注 ϕ 而不注 R。如图 9-9（b）所示，轴上的半圆键键槽用盘形铣刀加工，故其圆弧轮廓也应注直径 ϕ（即铣刀直径）。标注圆锥销孔的尺寸时，应按图 9-9（c）的形式引出标注，因为定位及连接用的锥销孔是将两个零件装配在一起后加工的（称为“配作”），其中 ϕ3 指所配圆锥销的公称直径（小端直径）。

3. 区分不同的加工阶段

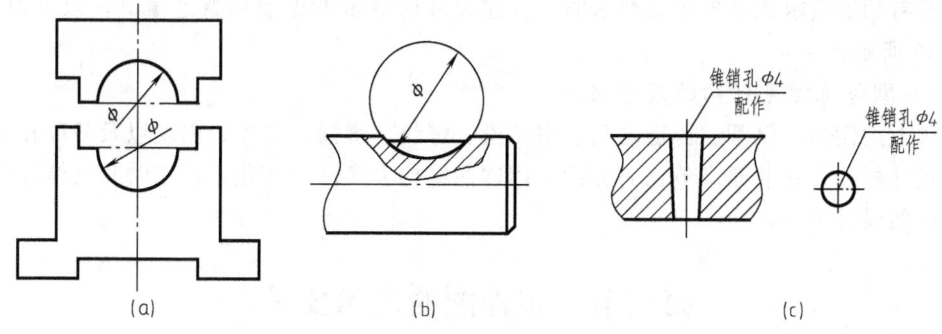

图 9-9　按加工方法标注尺寸

对属于同一加工阶段的尺寸，最好自成一组，并使其中一个尺寸与其他阶段的尺寸联系起来。如图 9-10（a）所示，零件的高度方向上，底面和顶面为加工面，其余均为铸造毛坯面。各毛坯面均以底面为基准标注尺寸不合理，因为毛坯面在切削加工之前就已形成，切削加工后，这些尺寸都要改变，要同时保证这几个尺寸实际上是不可能的，所以毛坯面尺寸应自成一组，并且与加工面之间一般只用一个尺寸联系起来。正确注法如图 9-10（b）所示。如图 9-11 所示轴的轴向尺寸，最好将车削和铣削尺寸分开标注，便于不同加工阶段的读图。

4. 考虑测量方便

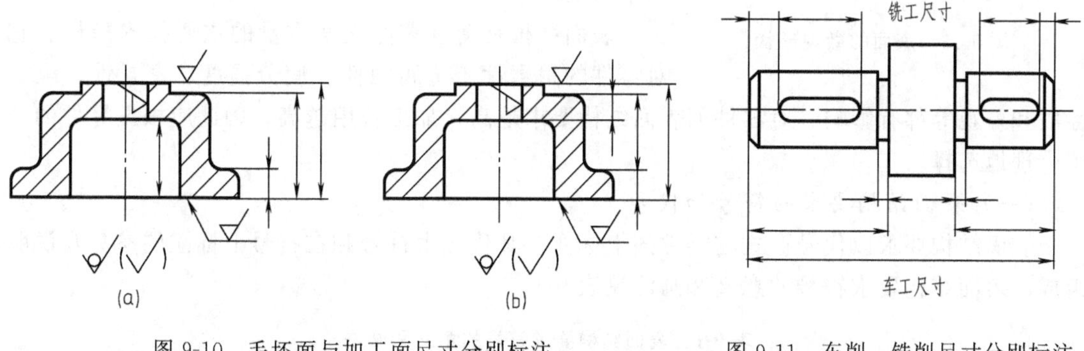

图 9-10　毛坯面与加工面尺寸分别标注　　图 9-11　车削、铣削尺寸分别标注

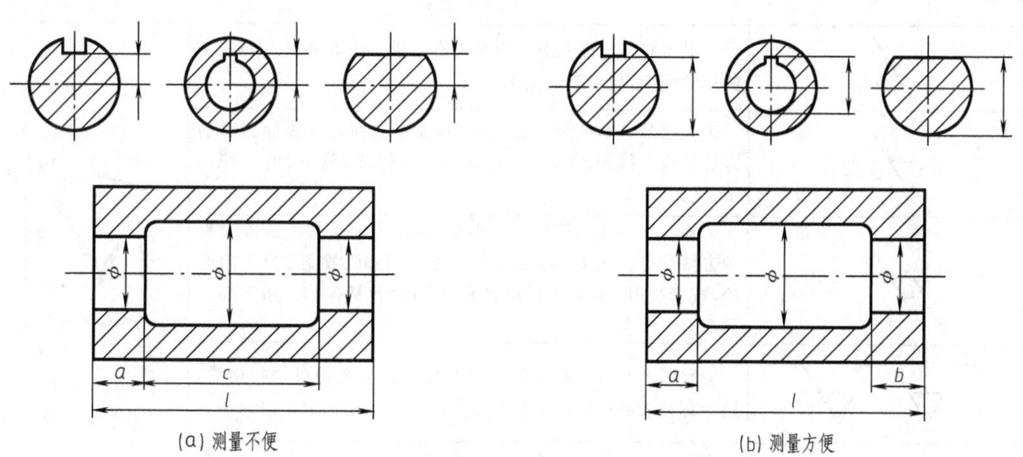

图 9-12　尺寸标注应便于测量

在没有功能要求或其他重要要求时，标注尺寸应尽量考虑使用普通量具，以方便测量，如图 9-12 所示。

（四）零件上常见结构的尺寸注法

零件上的倒角、倒圆、铸造圆角、退刀槽、螺纹、键槽、锥度、斜度以及各种孔等常见结构的尺寸标注，在前面章节已有介绍，因这些结构大多已标准化，应用时其具体的尺寸可查阅相关的设计手册。

第三节　零件图的技术要求

零件图除了表达零件结构形状与大小的一组视图和尺寸外，还必须标注和说明零件在制造和检验中的技术要求，主要包括表面结构要求、极限与配合、几何公差、材料及热处理要求等。这些内容用规定的符号、代号标注在图中，有的可用文字分条注写在图纸下方的空白处。

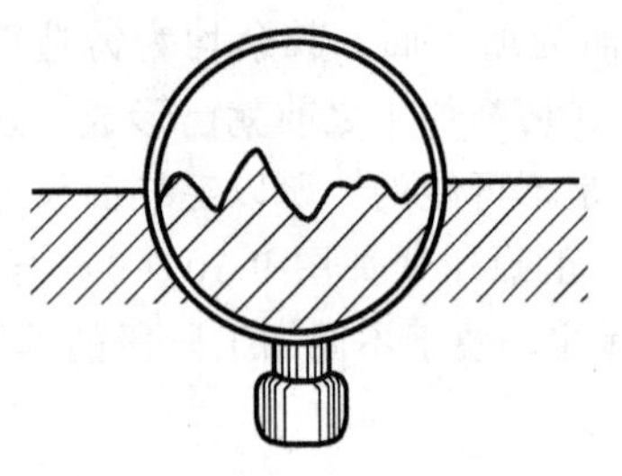

图 9-13　表面的微观形状

一、表面结构的表示法

零件上宏观看起来光滑的加工表面，在放大镜（或显微镜）下观察时，可以看到不同程度的峰谷，如图 9-13所示。零件表面的微观几何形状特性用表面结构要求来限定。

表面结构是衡量零件表面质量的重要技术指标。它对零件的耐磨性、抗腐蚀性、疲劳强度、密封性、配合性质和外观等都有影响。对零件的表面结构要求越高，加工费用越高，因此应根据零件的功用合理地选择。

（一）表面结构要求的符号和代号

表面结构要求以代号形式在零件图上标注。其代号由符号和在符号上标注的参数及说明组成。表面结构要求符号的意义和画法见表 9-1。

表 9-1　表面结构要求符号的意义和画法

符　号	意义及说明	符号画法
	基本符号　表示对表面结构有要求。没有补充说明时不能单独使用，仅用于简化代号标注	60　d'　H_1　H_2 $H_1 \approx 1.4h$ H_2（最小值）$\approx 3h$ $d' \approx h/10$ （h 为字体高度）
	扩展符号　基本符号加一短划，表示表面是用去除材料的方法获得。例如：车、铣、钻、磨、剪切、抛光、腐蚀、电火花加工、气割等	
	扩展符号　基本符号加一小圆，表示表面是用不去除材料的方法获得。例如：铸、锻、冲压变形、热轧、冷轧、粉末冶金等，或者是用于保持原供应状况的表面（包括保持上道工序的状况）	
	完整图形符号　在上述三个符号的长边上均可加一横线，用于标注表面结构特征的补充信息	
	在上述三个符号上均可加一小圆，标注在图样中工件的封闭轮廓线上，表示在该视图上构成封闭轮廓的各表面有相同的表面结构要求	

为了明确表明表面结构要求，除了标注表面结构参数和数值外，必要时应标注补充要求，补充要求包括传输带、取样长度、加工工艺、表面纹理及方向、加工余量等。表面结构的单一要求和补充要求在完整图形符号中的注写位置如图 9-14 所示。

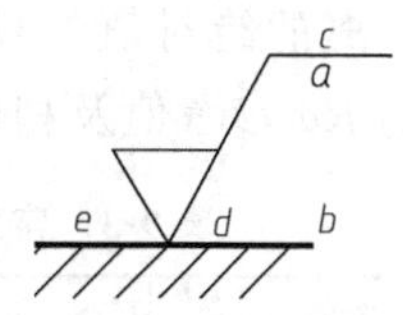

a——注写表面结构的单一要求；
b——注写第二个表面结构要求；
c——加工方法、表面处理、涂层或其他加工工艺要求等；
d——表面纹理和方向符号；
e——加工余量（mm）。

图 9-14　表面结构要求代号

表面结构的表示法涉及到下面的参数。

① 轮廓参数。与 GB/T 3505 相关的参数有 R 轮廓（粗糙度参数）、W 轮廓（波纹度参数）、P 轮廓（原始轮廓参数）。

② 图形参数。与 GB/T 18618 相关的参数有粗糙度图形、波纹度图形。

③ 与 GB/T 18778.2 和 GB/T 18778.3 相关的支承率曲线参数。

允许在表面结构参数的所有实测值中超过规定值的个数少于总数的 16%称为“16%规则”，此规则是所有表面结构要求标注的默认规则。要求表面结构参数的所有实测值不得超过规定值称为“最大规则”，应用此规则时，参数代号中应加注“max”。最大规则不适用于图形参数。

传输带用于指定表面结构参数测定滤波器的截止波长（mm），短波滤波器在前，长波滤波器（取样长度）在后，并用连字号“-”隔开。表面结构要求的注写示例见表 9-2。

表 9-2　表面结构要求的注写

代　　号	含　　义	代　　号	含　　义
0.0025-0.1/Rx 0.2	表示任意加工方法，单向上限值，传输带 λ_s=0.0025mm，A=0.1mm，评定长度 3.2mm（默认），粗糙度图形参数，粗糙度图形最大深度 0.2μm，“16%规则”（默认）	0.008-0.8/Ra 6.3	表示去除材料，单向上限值，传输带 0.008～0.8mm，R 轮廓，算术平均偏差 6.3μm，评定长度为 5 个取样长度（默认），“16%规则”（默认）
Rz 25	表示不允许去除材料，单向上限值，默认传输带，R 轮廓，粗糙度最大高度 25μm，评定长度为 5 个取样长度（默认），“16%规则”（默认）	-0.8/Ra 3　3.2	表示去除材料，单向上限值，传输带：取样长度 0.8mm（λ_s 默认 0.0025mm）。R 轮廓，算术平均偏差 3.2μm，评定长度为 3 个取样长度，“16%规则”（默认）
Ra 3.2	表示去除材料，单向上限值，默认传输带，R 轮廓，算术平均偏差 3.2μm，评定长度为 5 个取样长度（默认），“16%规则”（默认）	0.8-25/Wz3 10	表示去除材料，单向上限值，传输带 0.8～25mm，W 轮廓，波纹度最大高度 10μm，评定长度为 3 个取样长度，“16%规则”（默认）
U Ra max 3.2 L Ra 0.8	表示不允许去除材料，双向极限值，两极限值均使用默认传输带，R 轮廓。上限值：算术平均偏差 3.2μm，评定长度为 5 个取样长度（默认），“最大规则”；下限值：算术平均偏差 0.8μm，评定长度为 5 个取样长度（默认），“16%规则”（默认）	0.008-/Ptmax 25	表示去除材料，单向上限值，传输带 λ_s=0.008mm，无长波滤波器，P 轮廓，轮廓总高 25μm，评定长度等于工件长度（默认），“最大规则”

（二）*Ra* 值及其选择

表面结构 *R* 轮廓（粗糙度参数）参数中，算术平均偏差 *Ra* 表示在取样长度内，被测轮廓上各点到中线距离的绝对值的算术平均值。*Rz* 表示取样长度内的轮廓最大高度。表 9-3 列出了常见表面的 *Ra* 参考值及相应的加工方法。

表 9-3 常见表面的 *Ra* 参考值及相应的加工方法

表面特征	*Ra* 参考值/μm	加工方法	应用
粗面	100、50、25	粗车、粗铣、粗刨、钻孔等	非接触面
半光面	12.5、6.3、3.2	精车、精铣、精刨、粗磨等	一般要求的接触面、要求不高的配合面
光面	1.6、0.8、0.4	精车、精磨、研磨、抛光等	较重要的配合表面
极光面	0.2 及更小	研磨、超精磨、精抛光等特殊加工	特别重要的配合面，特殊装饰面

（三）表面结构要求在图样中的注法

1. 基本注法

表面结构要求对每一表面一般只标注一次，并尽可能注在相应的尺寸及其公差的同一视图上。表面结构要求代号一般标注在可见轮廓线、尺寸界线、引出线或它们的延长线上，符号的尖端应从材料外指向并接触表面，如图 9-15（a）所示。表面结构参数的注写和读取方向与线性尺寸的注写和读取方向一致，如图 9-15（b）所示。

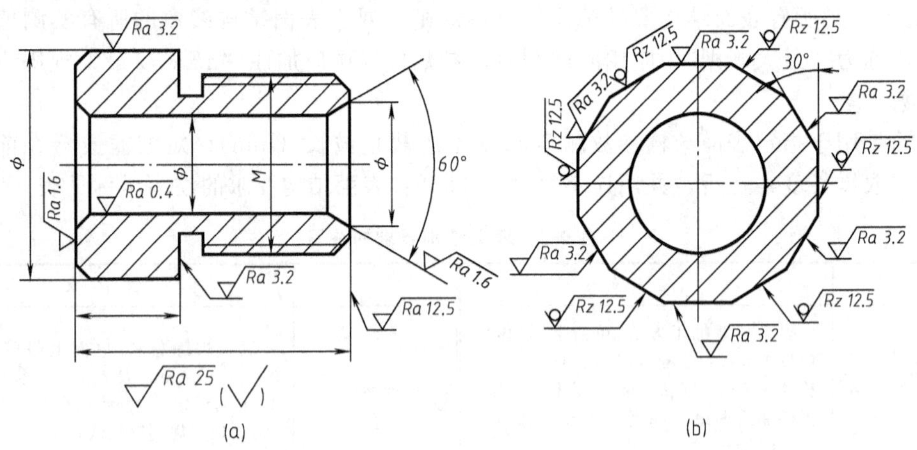

图 9-15 表面结构要求的基本注法

2. 统一注法

零件的所有表面都应有明确的表面结构要求，但可采用统一说明的方法简化标注。

① 如果工件的多数表面有相同的表面结构要求，则其表面结构要求可统一标注在图样的标题栏附近，如图 9-16 所示。

② 当所有表面具有相同的表面结构要求时，其表面结构要求可统一标注在图样的标题栏附近，如图 9-17（a）所示。

③ 当图样某个视图上构成封闭轮廓的各表面有相同的表面结构要求时，可采用图 9-17（b）所示的注法。

3. 简化代号注法

为了简化标注方法，或者标注位置受到限制时，可以标注简化代号，如图 9-18（a）所示，也可以采用省略的注法，如图 9-18（b）所示，但应在标题栏附近说明这些简化符号、代号的含义。

4. 连续表面及重复要素注法

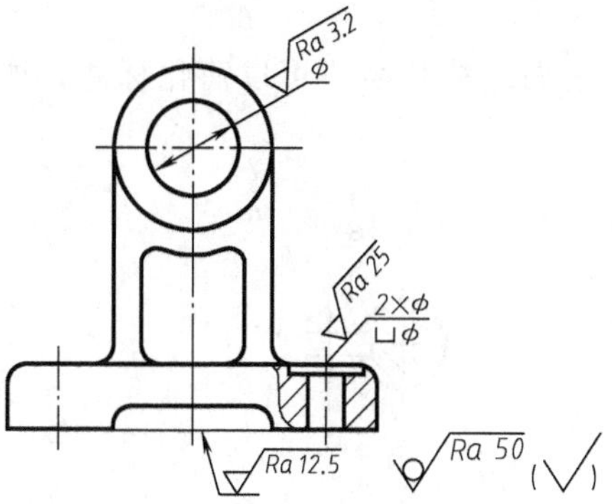

图 9-16 统一注法（一）

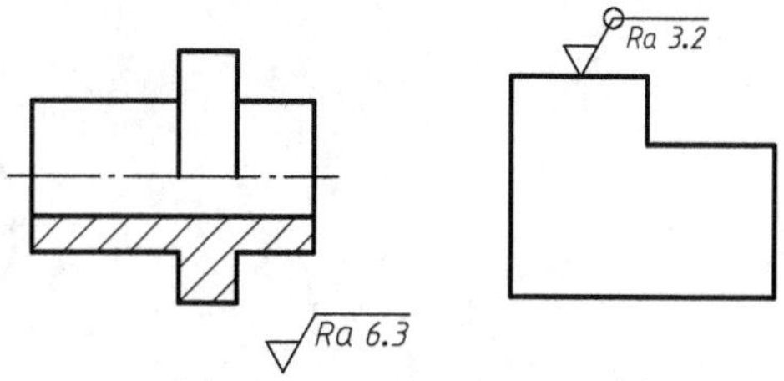

(a) (b)

图 9-17 统一注法（二）

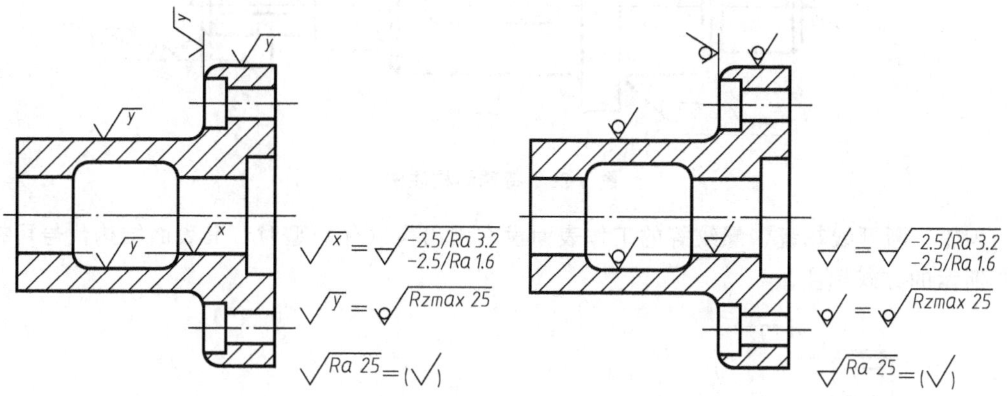

(a) (b)

图 9-18 简化代号标注

零件上连续表面、重复要素（孔、槽、齿等）的表面及用细实线连接的不连续的同一表面，其表面结构代号只标注一次，如图 9-19（a）、（b）和图 9-16 所示。

同一表面上有不同的表面结构要求时，须用细实线画出分界线，并注出相应的表面结构代号和尺寸，如图 9-19（c）所示。

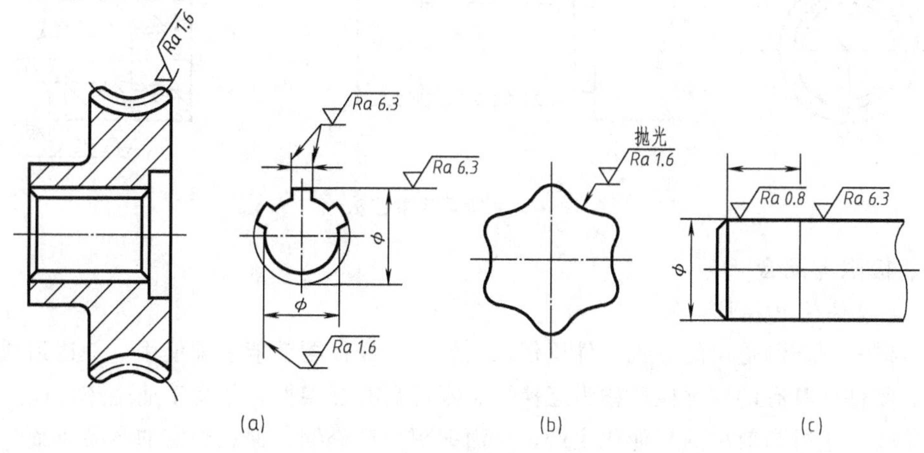

图 9-19 连续表面及重复要素注法

5．特殊结构要素注法

中心孔的工作表面，键槽工作面，倒角、圆角的表面结构代号，可以简化标注，如图9-20所示。

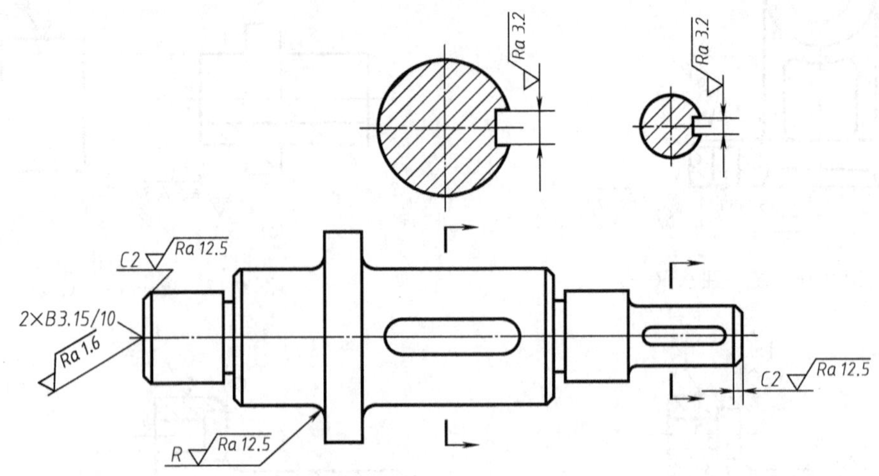

图 9-20 特殊结构注法

齿轮、渐开线花键、螺纹等的工作表面没有画出齿（牙）型时，其表面结构代号可按图9-21所示的方式标注。

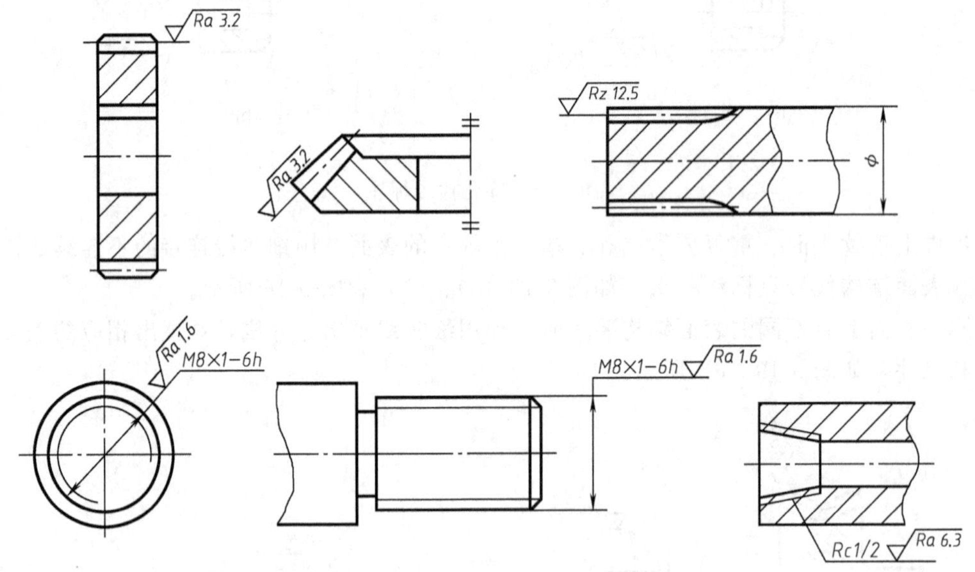

图 9-21 特殊要素注法

二、极限与配合

（一）零件的互换性

在按同一图样制造出的一批零件里任取一件，不经修配就能装配使用，并达到预期的性能要求，零件所具有的这种性质称为互换性。零件具有互换性，使得工业生产可以广泛地组织分工协作，进行高效率的专业化生产，从而缩短生产周期、保证稳定的产品质量。

零件的互换性主要由零件的尺寸、形状、位置以及表面质量等方面的精确度决定。就尺寸而言，互换性要求尺寸的一致性，但在加工过程中受机床、刀具、测量等因素的影响，零件的尺寸不可能做到绝对准确。为了保证零件的互换性，必须将误差限制在一定的范围内，根据不同的使用要求并兼顾制造上的经济性，规定出尺寸允许的最大变动量。

（二）极限与配合的基本概念

下列公差术语如图 9-22 所示。

1. 尺寸要素

由一定大小的线性尺寸或角度尺寸确定的几何形状。

2. 公称尺寸

由图样规范确定的理想形状要素的尺寸。通过它应用上、下极限偏差可计算出极限尺寸，公称尺寸由设计时给定。

3. 实际（组成）要素

由接近实际（组成）要素所限定的工件实际表面的组成要素部分。

4. 提取组成要素

按规定方法，由实际（组成）要素提取有限数目的点所形成的实际（组成）要素的近似替代。

5. 提取组成要素的局部尺寸

一切提取组成要素上两对应点之间距离的统称。

6. 极限尺寸

尺寸要素允许的尺寸的两个极端。分为上极限尺寸和下极限尺寸，提取组成要素的局部尺寸应位于其中，也可达到极限尺寸。

上极限尺寸指尺寸要素允许的最大尺寸，下极限尺寸指尺寸要素允许的最小尺寸。

7. 极限偏差

极限尺寸减其公称尺寸所得的代数差。上极限尺寸减其公称尺寸所得的代数差为上极限偏差，下极限尺寸减其公称尺寸所得的代数差为下极限偏差。

轴的上、下极限偏差用小写字母 es、ei 表示，孔的上、下极限偏差用大写字母 ES、EI 表示。

8. 尺寸公差（简称公差）

上极限尺寸减下极限尺寸之差，或上极限偏差减下极限偏差之差。它是允许尺寸的变动量。

例如，一孔径的公称尺寸为 $\phi20$，若上极限尺寸为 $\phi20.01$，下极限尺寸为 $\phi19.99$，则：

上极限偏差 $=20.01-20=+0.01$

下极限偏差 $=19.99-20=-0.01$

公差 $=20.01-19.99=0.01-(-0.01)=0.02$

上极限偏差和下极限偏差为代数值，可为正、负或零，但上极限偏差必大于下极限偏差，因此公差必为正值。

在图中标注极限偏差时，采用小一号字体，上极限偏差注在公称尺寸右上方，下极限偏差应与公称尺寸注在同一底线上。上、下极限偏差的小数点必须对齐，小数点后的有效数字位数也必须相等。当某一偏差为零时，数字“0”应与另一偏差的小数点前的个位数对齐。例如：

$$\phi20^{+0.006}_{-0.015} \qquad \phi20^{+0.021}_{0} \qquad \phi20^{+0.028}_{+0.007} \qquad \phi20^{-0.007}_{-0.028}$$

当上、下极限偏差绝对值相等符号相反时，以“公称尺寸±极限偏差绝对值”的形式标注，如 $\phi20\pm0.01$。

9. 公差带

为了简化起见，在实用中常不画出孔和轴，而只画出放大的表示公称尺寸的零线和上、下极限偏差，称为公差带图。在公差带图中，由代表上、下极限偏差的两条直线所限定的区域称为公差带，如图 9-23 所示。

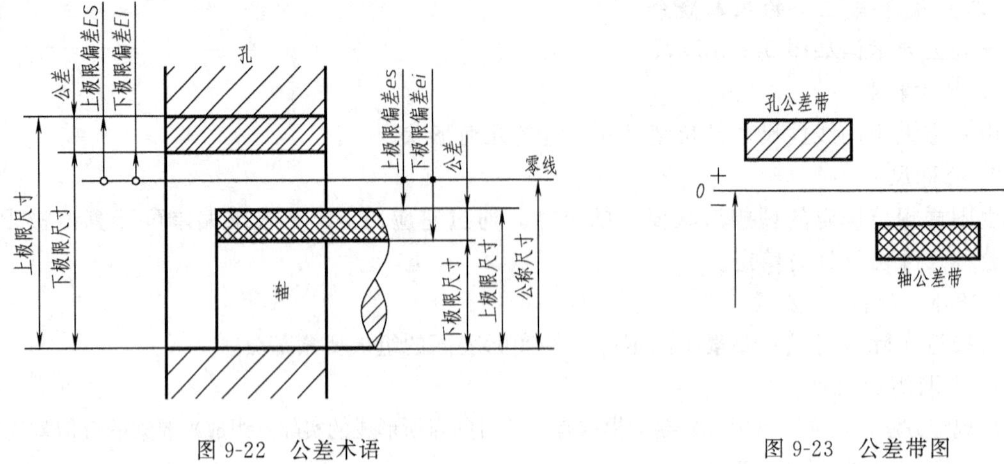

图 9-22　公差术语　　　图 9-23　公差带图

（三）极限制

经标准化的公差和偏差制度称为极限制。在极限制中，国家标准规定了标准公差和基本偏差来分别确定公差带的大小和相对零线的位置。

1. 标准公差

在标准极限与配合制中，所规定的任一公差称为标准公差。国家标准规定的标准公差分为 20 个等级，表示为 IT01、IT0、IT1～IT18。“IT”表示标准公差，其中 IT01 公差值最小，尺寸精度最高，从 IT01 到 IT18 精度依次降低。

公差值大小还与尺寸大小有关，同一公差等级下，尺寸越大，公差值越大。表 9-4 为摘自 GB/T 1800.2－2009 的标准公差数值，从中可查出某一尺寸、某一公差等级下的标准公差值。如公称尺寸为 20、公差等级为 IT7 的公差值为 0.021mm。

2. 基本偏差

确定公差带相对零线位置的那个极限偏差称为基本偏差，一般为靠近零线的那个极限偏差。当公差带位于零线上方时，基本偏差为下极限偏差；当公差带位于零线下方时，基本偏差为上极限偏差。

国家标准对孔和轴分别规定了二十八种基本偏差，用拉丁字母表示，大写字母表示孔，小写字母表示轴，构成基本偏差系列。图 9-24 所示为基本偏差系列示意图，图中各公差带只表示了公差带位置即基本偏差，另一端开口，具体数值由相应的标准公差确定。

表 9-4　标准公差数值（摘自 GB/T 1800.2－2009）

公称尺寸/mm		标准公差等级																	
		IT1	IT2	IT3	IT4	IT5	IT6	IT7	IT8	IT9	IT10	IT11	IT12	IT13	IT14	IT15	IT16	IT17	IT18
大于	至	μm											mm						
—	3	0.8	1.2	2	3	4	6	10	14	25	40	60	0.1	0.14	0.25	0.4	0.6	1	1.4
3	6	1	1.5	2.5	4	5	8	12	18	30	48	75	0.12	0.18	0.3	0.48	0.75	1.2	1.8
6	10	1	1.5	2.5	4	6	9	15	22	36	58	90	0.15	0.22	0.36	0.58	0.9	1.5	2.2

续表

公称尺寸 /mm		标准公差等级																	
		IT1	IT2	IT3	IT4	IT5	IT6	IT7	IT8	IT9	IT10	IT11	IT12	IT13	IT14	IT15	IT16	IT17	IT18
大于	至	μm											mm						
10	18	1.2	2	3	5	8	11	18	27	43	70	110	0.18	0.27	0.43	0.7	1.1	1.8	2.7
18	30	1.5	2.5	4	6	9	13	21	33	52	84	130	0.21	0.33	0.52	0.84	1.3	2.1	3.3
30	50	1.5	2.5	4	7	11	16	25	39	62	100	160	0.25	0.39	0.62	1	1.6	2.5	3.9
50	80	2	3	5	8	13	19	30	46	74	120	190	0.3	0.46	0.74	1.2	1.9	3	4.6
80	120	2.5	4	6	10	15	22	35	54	87	140	220	0.35	0.54	0.87	1.4	2.2	3.5	5.4
120	180	3.5	5	8	12	18	25	40	63	100	160	250	0.4	0.63	1	1.6	2.5	4	6.3
180	250	4.5	7	10	14	20	29	46	72	115	185	290	0.46	0.72	1.15	1.85	2.9	4.6	7.2
250	315	6	8	12	16	23	32	52	81	130	210	320	0.52	0.81	1.3	2.1	3.2	5.2	8.1
315	400	7	9	13	18	25	36	57	89	140	230	360	0.57	0.89	1.4	2.3	3.6	5.7	8.9
400	500	8	10	15	20	27	40	63	97	155	250	400	0.63	0.97	1.55	2.5	4	6.3	9.7
500	630	9	11	16	22	32	44	70	110	175	280	440	0.7	1.1	1.75	2.8	4.4	7	11
630	800	10	13	18	25	36	50	80	125	200	320	500	0.8	1.25	2	3.2	5	8	12.5
800	1000	11	15	21	28	40	56	90	140	230	360	560	0.9	1.4	2.3	3.6	5.6	9	14
1000	1250	13	18	24	33	47	66	105	165	260	420	660	1.05	1.65	2.6	4.2	6.6	10.5	16.5
1250	1600	15	21	29	39	55	78	125	195	310	500	780	1.25	1.95	3.1	5	7.8	12.5	19.5
1600	2000	18	25	35	46	65	92	150	230	370	600	920	1.5	2.3	3.7	6	9.2	15	23
2000	2500	22	30	41	55	78	110	175	280	440	700	1100	1.75	2.8	4.4	7	11	17.5	28
2500	3150	26	36	50	68	96	135	210	330	540	860	1350	2.1	3.3	5.4	8.6	13.5	21	33

注1：公称尺寸大于500mm的IT1～IT5的标准公差数值为试行。

2：公称尺寸小于或等于1mm时，无IT14～IT18。

3. 公差带代号及极限偏差的确定

公差带代号由其基本偏差代号（字母）和标准公差等级（数字）组成，如H8、f7。由公称尺寸和公差带代号可查表确定其基本偏差和标准公差，而基本偏差即为极限偏差中的上极限偏差或下极限偏差，另一极限偏差则可由基本偏差和标准公差计算得出。

若基本偏差为下极限偏差（EI或ei），则上极限偏差（ES或es）＝下极限偏差（EI或ei）＋标准公差IT；若基本偏差为上极限偏差（ES或es），则下极限偏差（EI或ei）＝上极限偏差（ES或es）－标准公差IT。

例如ϕ20H8，H为基本偏差代号，所限定基本偏差（下极限偏差）为0，查得公差IT＝0.033，则：

下极限偏差 EI＝0

上极限偏差 ES＝EI＋IT＝0＋0.033＝＋0.033

又如ϕ20f7，f为基本偏差代号，所限定基本偏差（上极限偏差）为－0.020，公差IT＝0.021，则：

上极限偏差 es＝－0.020

下极限偏差 ei＝es－IT＝－0.020－0.021＝－0.041

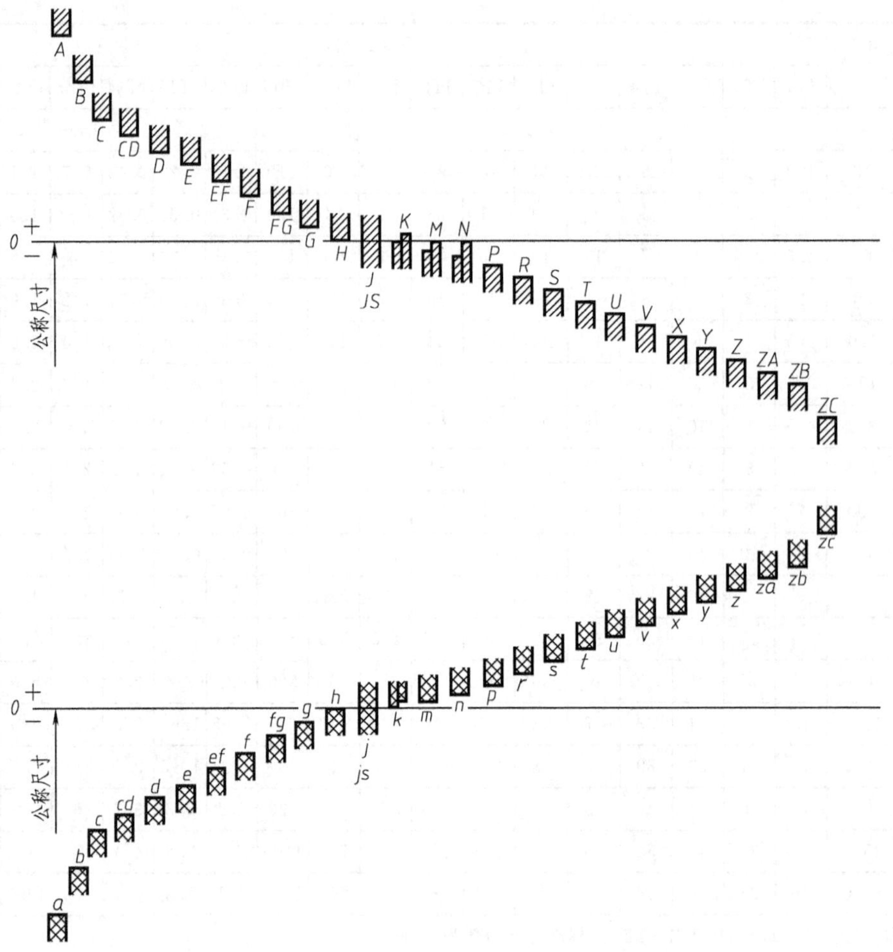

图 9-24 基本偏差系列示意图

为避免计算，本书附录给出了优先及常用轴和孔公差带的极限偏差（见附表 19、附表 20），可直接查出上、下极限偏差。例如，由 ϕ20H8 查孔的极限偏差表，其上极限偏差为 +0.033，下极限偏差为 0；由 ϕ20f7 查轴的极限偏差表，其上极限偏差为 −0.020，下极限偏差为 −0.041。

（四）配合

1. 配合及其种类

公称尺寸相同的并且相互结合的孔和轴公差带之间的关系称为配合。这里所说的“孔”和“轴”，通常指工件的圆形内外尺寸要素，也包括非圆形内外尺寸要素（由二平行平面或切面形成的包容面、被包容面），如键槽和键。

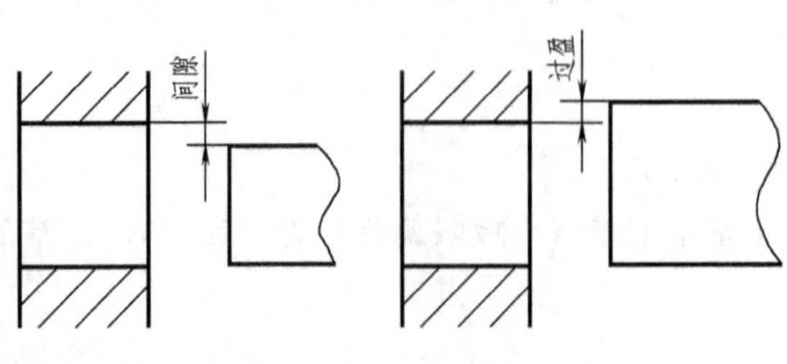

图 9-25 间隙和过盈

孔的尺寸减去相配合的轴的尺寸之差，为正称为间隙，为负称为过盈，如图 9-25 所示。

根据不同的使用要求，配合有松

有紧。有的具有间隙，有的具有过盈，因此有以下几种不同的配合。

（1）间隙配合。具有间隙（包括最小间隙等于零）的配合。

间隙配合中孔的下极限尺寸大于或等于轴的上极限尺寸，孔的公差带位于轴的公差带之上，如图 9-26（a）所示。

（2）过盈配合。具有过盈（包括最小过盈等于零）的配合。

过盈配合中孔的上极限尺寸小于或等于轴的下极限尺寸，孔的公差带位于轴的公差带之下，如图 9-26（b）所示。

（3）过渡配合。可能具有间隙或过盈的配合。

过渡配合中孔的公差带与轴的公差带相互交叠，如图 9-26（c）所示。

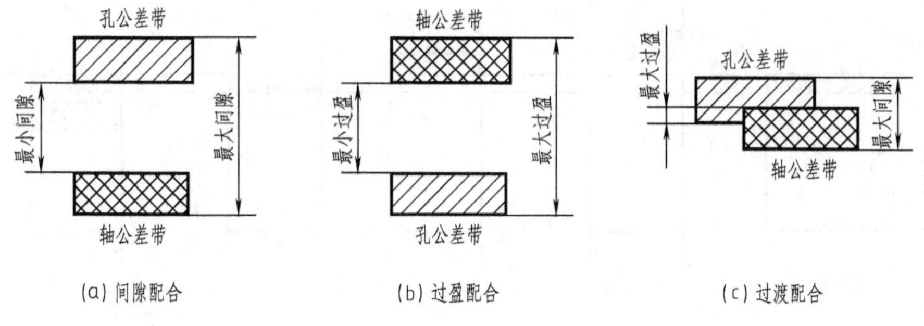

图 9-26 配合种类

综合上述三种配合可以得出：配合的种类取决于孔、轴公差带的相对位置。

2. 配合制

配合制即同一极限制的孔和轴组成配合的一种制度。

孔和轴组成配合时，如果二者的公差带都可任意变动，各种排列组合的情况变化极多，这样不利于零件的设计与制造。因此，国家标准规定了两种不同基准制度的配合制。

（1）基孔制配合。基本偏差为一定的孔的公差带，与不同基本偏差的轴的公差带形成各种配合的一种制度。基孔制中选择基本偏差代号为 H，即下极限偏差为 0 的孔为基准孔，如图 9-27（a）所示。

（2）基轴制配合。基本偏差为一定的轴的公差带，与不同基本偏差的孔的公差带形成各种配合的一种制度。基轴制中选择基本偏差为代号 h，即上极限偏差为 0 的轴为基准轴，如图 9-27（b）所示。

结合图 9-24 的基本偏差示意图可以看出：在基孔制配合中，轴的基本偏差在 a～h 之间时为间隙配合；在 js～zc 之间时为过渡配合或过盈配合。在基轴制配合中，孔的基本偏差在 A～H 之间时为间隙配合；在 JS～ZC 之间时为过渡配合或过盈配合。

配合基准制的选择主要考虑加工的经济性和结构的合理性。由于加工孔比轴困难，故应优先选择基孔制配合，这样可以减少加工孔时所用刀具、量具的规格数量，既方便加工，又比较经济。当等直径轴的不同部位装有不同配合要求的几个零件时，采用基轴制就较为合理。

（五）极限与配合的标注与识读

1. 在装配图中的标注

装配图中应标注配合代号。配合代号用分数形式表示，分子为孔的公差带代号，分母为

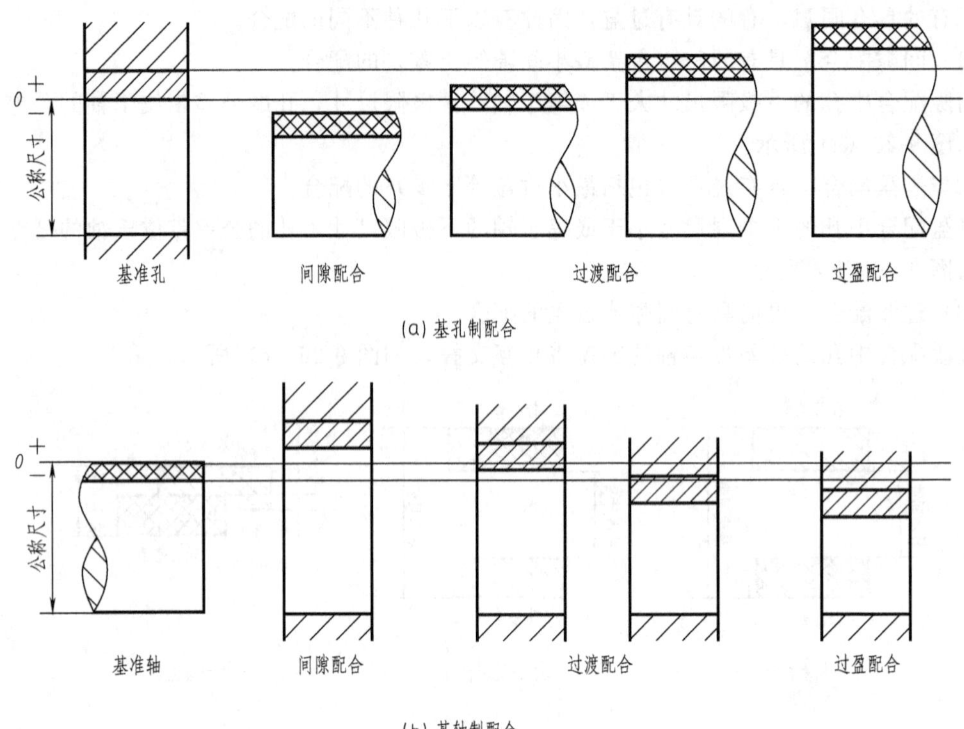

图 9-27 配合基准制

轴的公差带代号。标注时，将配合代号注在公称尺寸之后，如：$\phi 20\ \dfrac{\mathrm{H8}}{\mathrm{f7}}$、$\phi 20\ \dfrac{\mathrm{H7}}{\mathrm{s6}}$、$\phi 20\ \dfrac{\mathrm{K7}}{\mathrm{h6}}$ 或分别写作 φ20H8/f7、φ20H7/s6、φ20K7/h6，标注形式如图 9-28（a）、（b）所示。

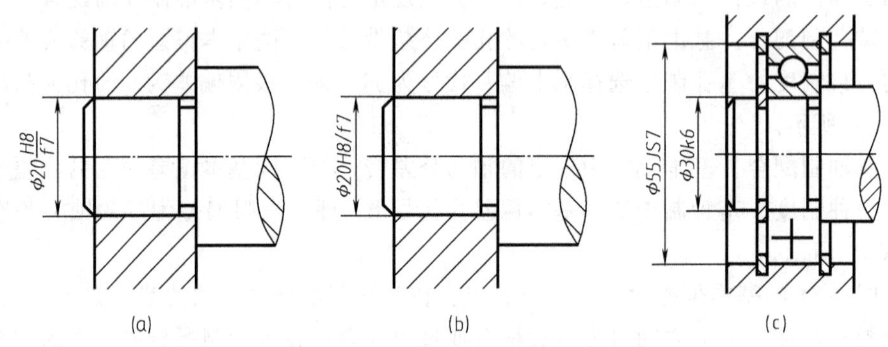

图 9-28 配合代号在装配图中的标注

如果配合代号中孔的基本偏差代号为 H，说明孔为基准孔，则为基孔制配合；如果配合代号中轴的基本偏差代号为 h，说明轴为基准轴，则为基轴制配合。如上例中 φ20H8/f7 为基孔制间隙配合，φ20H7/s6 为基孔制过盈配合，φ20K7/h6 为基轴制过渡配合（参见表 9-5）。

非标准件与标准件形成配合时，应按标准件确定配合制。例如与滚动轴承配合的轴应采用基孔制，而与滚动轴承外圈配合的孔则应采用基轴制，在装配图中只注写非标准件的公差代号，如图 9-28（c）所示。

表 9-5 配合代号识读示例

配合代号	极限偏差		公差带图解	解释
	孔	轴		
$\phi20H8/f7$	$\phi20^{+0.033}_{0}$	$\phi20^{-0.020}_{-0.041}$	0 + − 孔 +0.003 轴 −0.020 −0.041	基孔制间隙配合 最小间隙：0－(－0.020)＝＋0.020 最大间隙：0.033－(－0.041)＝＋0.074
$\phi20H7/s6$	$\phi20^{+0.021}_{0}$	$\phi20^{+0.048}_{+0.035}$	轴 +0.048 +0.035 0 + − 孔 +0.021	基孔制过盈配合 最小过盈：0.021－0.035＝－0.014 最大过盈：0－0.048＝－0.048
$\phi20K7/h6$	$\phi20^{+0.006}_{-0.015}$	$\phi20^{0}_{-0.013}$	0 + − +0.006 孔 轴 −0.013 −0.015	基轴制过渡配合 最大间隙：0.006－(－0.013)＝＋0.019 最大过盈：－0.015－0＝－0.015

2. 在零件图中的标注

在零件图中标注尺寸公差有三种形式：

① 标注公差带代号，如图 9-29（a）所示。这种注法一般用于大批量生产，用专用量具检验零件的尺寸。

② 标注极限偏差，如图 9-29（b）所示。这种注法用于少量或单件生产。

③ 公差代号和极限偏差一起标注，偏差数值注在公差带代号后的圆括号内，如图 9-29（c）所示。

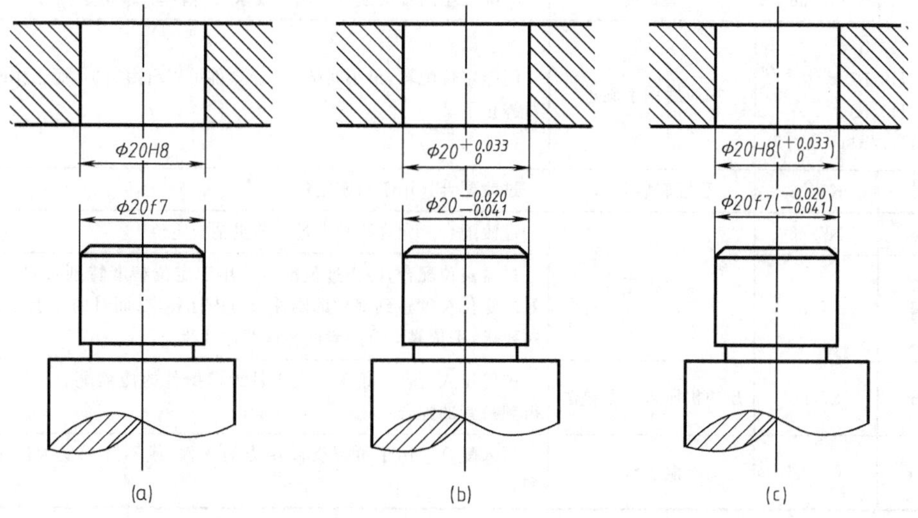

图 9-29 尺寸公差在零件图中的标注

（六）公差等级与配合种类的选择

1. 公差等级的选择

公差等级的选择既要满足产品的使用要求，又要考虑加工的经济性。一般机械的配合尺寸及非配合的重要尺寸根据重要程度在 IT5～IT11 之间选择，其中 IT6～IT9 最为常用，IT12～IT18 则用于非配合的次要尺寸。优先选择的公差等级见表 9-6。

表 9-6 优先选择的公差等级

公差等级	应用
IT9	为基本公差等级。用于机构中的一般连接或配合;配合要求有高度互换性,装配为中等精度
IT6 IT7 IT8	用于机构中的重要连接或配合;配合要求有高度均匀性;装配要求精确,使用要求可靠
IT11	用于对配合要求不很高的机构

2. 配合种类的选择

对于工作时有相对运动，或无相对运动但要求装拆方便的孔和轴应选用间隙配合；对于主要靠过盈保证相对静止或传递负荷的孔和轴，应选用过盈配合；而对于既要求对中性好，又要求装拆方便的孔和轴，应选用过渡配合。优先选择的配合种类见表 9-7。

表 9-7 优先选择的配合

优先配合		装配方法	配合特性及应用
基孔制	基轴制		
H11/c11	C11/h11	手轻推进	间隙非常大的配合。用于装配方便的、很松的、转动很慢的配合;要求大公差与大间隙的外漏组件
H9/d9	D9/h9		间隙很大的自由转动配合。用于精度非主要要求,或温度变动大、高速或大轴颈压力时
H8/f7	F8/h7	手推滑进	间隙不大的转动配合。用于速度及轴颈压力均为中等的精确转动;也用于中等精度的定位配合
H7/g6	G7/h6	手旋进	间隙很小的转动配合。用于要求自由转动、精密定位时
H7/h6 H8/h7 H9/h9 H11/h11		加油后用手旋进	间隙定位配合,最小间隙为 0。零件可以自由装拆,而工作时一般相对静止不动
H7/k6	K7/h6	手锤轻轻打入	过渡配合。用于精密定位
H7/n6	N7/h6	压力机压入	过渡配合。允许有较大过盈的更精密定位
H7/p6	P7/h6		过盈定位配合,即小过盈配合。用于定位精度特别重要时,能以最好的定位精度达到部件的刚性及对中性要求,而对内孔承受压力无特殊要求,不依靠配合的紧固传递摩擦载荷
H7/s6	S7/h6	压力机压入或温差法	中等压入配合。用于一般钢件或薄壁件的冷缩配合。用于铸铁可得到最紧的配合
H7/u6	U7/h6	温差法	压入配合。用于可以受高压力的零件,或不宜承受大压力的冷缩配合

三、几何公差

零件的实际尺寸有误差存在，为了满足使用要求，由尺寸公差对误差加以限制。同样，零件上几何要素（点、线或面）的形状及相互间的方向、位置和跳动，不可能、也没有必要制造得绝对准确，允许有误差存在，从功能要求出发，误差范围则由形状、方向、位置和跳动公差（统称几何公差）加以限制。

（一）基本概念

1. 要素

指工件上的特定部位，如点、线或面。这些要素可以是组成要素（如圆柱体的外表面），也可以是导出要素（如中心线或中心面）。

① 被测要素。给出了几何公差的要素。

② 基准要素。用来确定被测要素的方向、位置或跳动的要素。

③ 单一要素。仅对本身给出形状公差的要素。

④ 关联要素。对其他要素有功能关系的要素。

2. 形状公差

指单一要素的形状所允许的变动全量。

3. 方向公差

关联实际要素对基准在方向上允许的变动全量。

4. 位置公差

关联实际要素对基准在位置上允许的变动全量。

5. 跳动公差

关联实际要素绕基准回转一周或连续回转时所允许的最大跳动量。

国家标准规定的几何公差的几何特征和符号见表 9-8。

表 9-8 几何特征符号及公差带

公差类型	几何特征	符号	基准	公差带
形状公差	直线度	—	无	两平行直线;两平行平面;圆柱面
	平面度	▱	无	两平行平面
	圆度	○	无	两同心圆
	圆柱度	⌭	无	两同轴圆柱面
	线轮廓度	⌒	无	两包络线(等距曲线)
	面轮廓度	⌓	无	两包络面(等距曲面)
方向公差	平行度	//	有	两平行平面;圆柱面
	垂直度	⊥	有	两平行平面;圆柱面
	倾斜度	∠	有	两平行平面;圆柱面
	线轮廓度	⌒	有	两包络线(等距曲线)
	面轮廓度	⌓	有	两包络面(等距曲面)
位置公差	位置度	⌖	有或无	圆;球;两平行直线;两平行平面;圆柱面
	同心度（用于中心点）	◎	有	圆
	同轴度（用于轴线）	◎	有	圆柱面
	对称度	⌯	有	两平行平面
	线轮廓度	⌒	有	两包络线(等距曲线)
	面轮廓度	⌓	有	两包络面(等距曲面)

续表

公差类型	几何特征	符　号	基　准	公　差　带
跳动公差	圆跳动	↗	有	两同心圆
	全跳动	⌰	有	两同轴圆柱面;两平行平面

6. 公差带

几何公差的公差带指限制实际要素变动的区域，其大小由公差值确定。几何公差的公差带必须包含实际的被测要素。

根据被测要素的特征和结构尺寸，公差带有平面区域和空间区域两类。属于平面区域的公差带形式有：圆内的区域；两同心圆之间的区域；两等距曲线之间的区域；两平行直线之间的区域。属于空间区域的公差带形式有：圆柱面内的区域；两等距曲面之间的区域；两平行平面之间的区域；两同轴圆柱面之间的区域；球内的区域。各项几何公差的公差带形式见表 9-8，关于各项几何公差的公差带的定义可查阅 GB/T 1182—2008。

(二) 几何公差的标注方法

图样中，几何公差采用代号标注。无法采用代号标注时，允许在技术要求中用文字说明。几何公差代号包括：公差项目符号、框格及指引线、公差数值和基准字母。

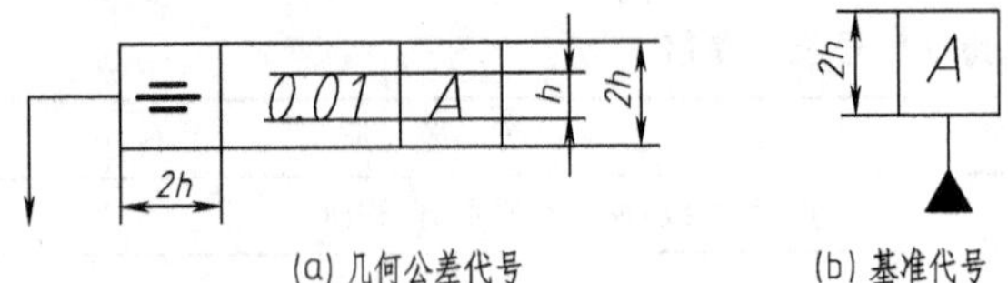

(a) 几何公差代号　(b) 基准代号

图 9-30　几何公差代号和基准代号

1. 公差框格

公差框格是一个用细实线绘制，由两格或多格横向连成的矩形方框。公差框格画法如图 9-30 (a)，图中 h 为字高。框内各格的填写内容自左向右如下。

第一格——公差项目符号。几何公差的几何特征符号见表 9-8。

第二格——公差数值。如公差带为圆形或圆柱形的则在公差数值前加注“ϕ”，如是球形的则加注“$S\phi$”。

第三格及以后各格——表示基准的字母。单一基准要素用大写字母表示；由两个要素组成的公共基准，用由横线隔开的两个大写字母表示，如图 9-31 (a) 所示；由两个或三个要素组成的基准体系，如多基准组合，表示基准的大写字母应按基准的优先次序从左至右分别置于各格中，如图 9-31 (b) 所示。为不致引起误解，字母 E、F、I、J、L、M、O、P、R 不用来表示基准。

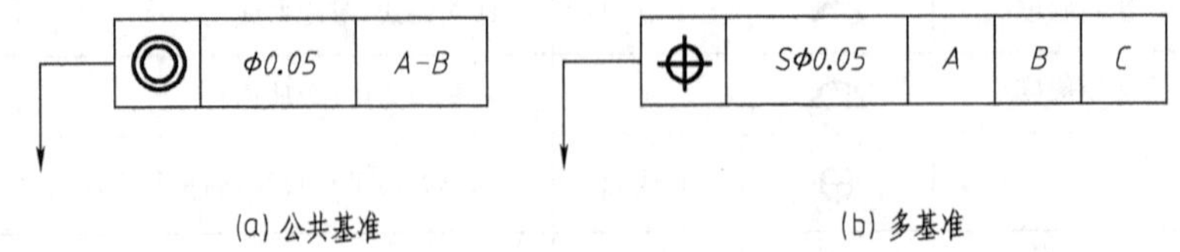

(a) 公共基准　(b) 多基准

图 9-31　基准字母的书写

2. 被测要素的标注

由公差框格的任一短边侧引出指引线（细实线）指向被测要素，端部画箭头，箭头方向应是公差带宽度或直径方向。按被测要素不同，有下列注法：

① 当被测要素为组成要素（轮廓线或轮廓面）时，指引线箭头应指在该要素的轮廓线或其延长线上，并明显地与尺寸线错开，如图 9-32 (a)、(b) 所示。

② 当被测要素为导出要素，如中心线、中心面或中心点，指引线箭头应位于相应尺寸线的延长线上，如图 9-32（c）、（d）所示。

③ 当被测要素为实际表面时，箭头可置于带点的参考线上，该点指在实际表面上，如图 9-32（e）所示。

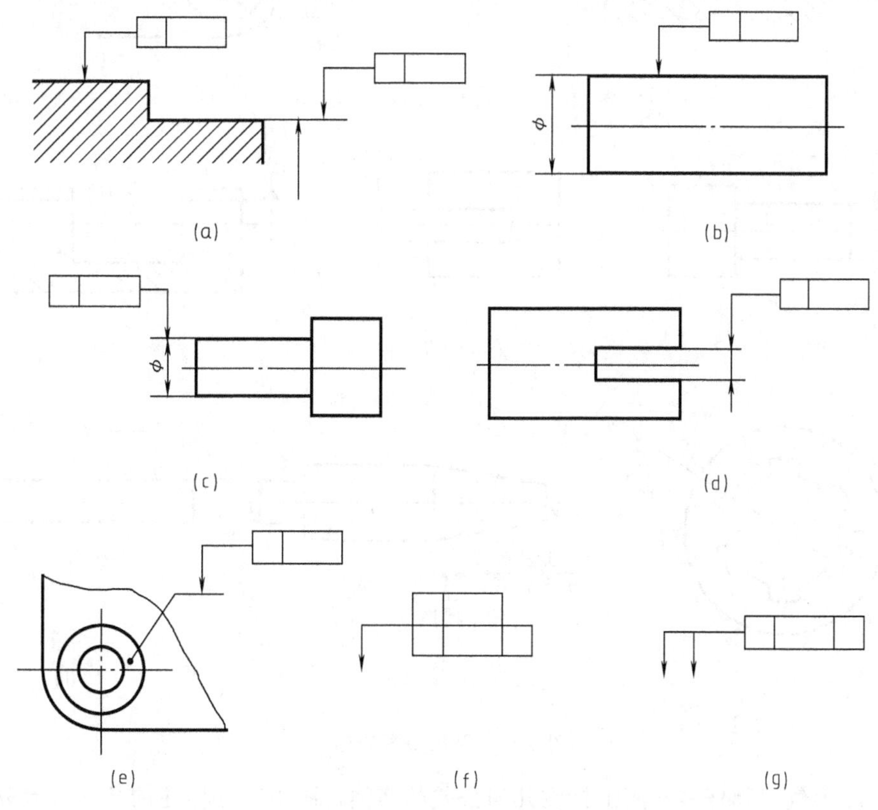

图 9-32 被测要素的标注

④ 当同一被测要素有多项几何公差要求时，可用一个指引箭头连接几个公差框格，如图 9-31（f）所示；当多个被测要素具有相同几何公差要求时，可以从同一几何公差框格上引出多个指引箭头，如图 9-31（g）所示。

3. 基准要素的标注

方向、位置和跳动公差必须指明基准要素，基准要素通过基准代号标注。基准代号由基准符号、细实线方框、连线及大写字母组成，如图 9-30（b）所示。涂黑的和空白的基准三角形符号含义相同，连线方向与基准垂直。基准代号的字母应水平注写，并与相应的几何公差框格内表示基准的字母相呼应。按基准要素不同，有下列注法。

① 当基准要素为组成要素时，基准符号应放置在该要素的轮廓线或其延长线上，并明显地与尺寸线错开，如图 9-33（a）所示。

② 当基准要素为实际表面时，基准符号可置于带点的参考线上，该点指在实际表面上，如图 9-33（b）所示。

③ 当基准要素为导出要素，如轴线、中心平面或中心点时，基准符号应放置在相应尺寸线的延长线上（如果与尺寸线上的箭头重合，箭头可省略），如图 9-33（c）、（d）、（e）所示。

④ 必要时，允许将基准代号标注在基准要素尺寸引出线的下方。如图 9-33（f）、（g）所示。

⑤ 任选基准的标注方法如图 9-33（h）所示。

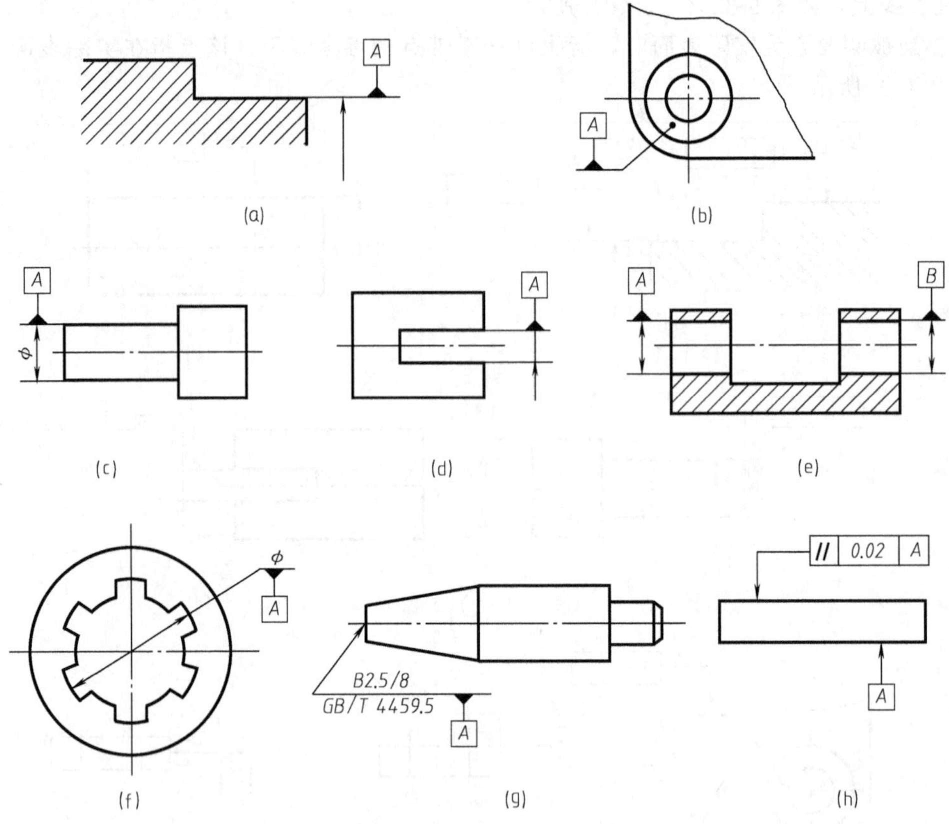

图 9-33 基准要素的标注

图 9-34 为气门阀杆零件图上标注几何公差的实例，图中三处标注的几何公差分别表示：

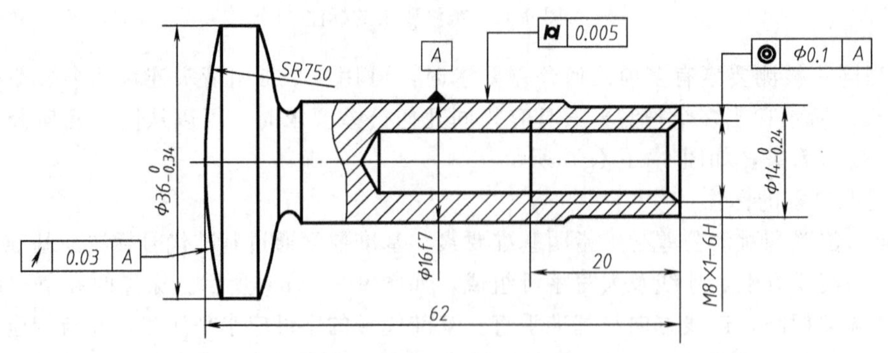

图 9-34 几何公差标注实例

① 杆身 ϕ16f7 圆柱面的圆柱度公差为 0.005mm。

② *SR*750 球面对 ϕ16f7 轴线的圆跳动公差为 0.03mm。

③ M8×1－6H 螺孔（中径圆柱）中心线对 ϕ16f7 轴线的同轴度公差为 ϕ0.1mm。

四、材料、热处理及表面处理

零件的材料种类应填写在零件图的标题栏中，常用金属材料和非金属材料牌号及用途参见本书附录附表 16。

热处理是对金属零件按一定要求进行加热、保温及冷却，从而改变金属的内部组织，提高材料力学性能的工艺，如淬火、退火、回火、正火、调质等。表面处理是为了改善零件表面材料性能，提高零件表面硬度、耐磨性、抗蚀性等而采用的加工工艺，如渗碳、表面淬火、表面涂层等。对零件的热处理及表面处理的方法和要求一般注写在技术要求中，局部热处理和表面处理也可在图上标注，如图 9-35 所示。

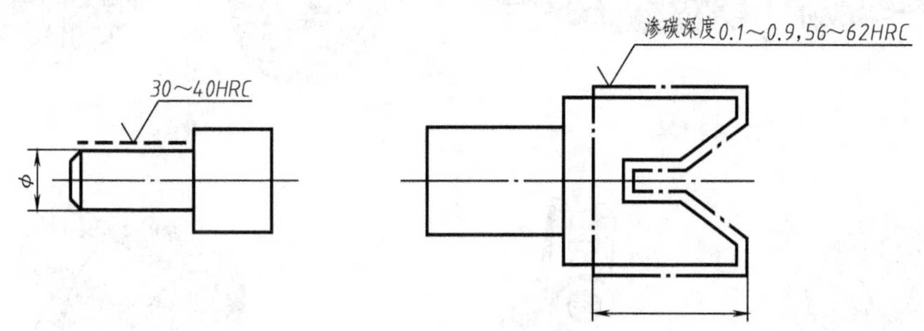

图 9-35 局部热处理和表面处理标注示例

第四节 读零件图

一、读零件图的方法和步骤

（一）概括了解

读图时首先从标题栏了解零件的名称、材料、画图比例等，并粗看视图，大致了解该零件的结构特点和大小。

（二）分析表达方案，搞清视图间的关系

要看懂一组视图中选用了几个视图，哪个是主视图，哪些是基本视图。对于局部视图、斜视图、断面图及局部放大图等非基本视图，要根据其标注找出它们的表达部位和投射方向。对于剖视图要搞清楚其剖切位置、剖切面形式和剖开后的投射方向。

（三）分析零件结构，想像整体形状

在看懂视图关系的基础上，运用形体分析法和线面分析法分析零件的结构形状，并注意分析零件各部分的功用。

（四）分析尺寸

先分析零件长、宽、高三个方向上的尺寸基准，搞清哪些是主要基准和功能尺寸，然后从基准出发，找出各组成部分的定位尺寸和定形尺寸。

（五）分析技术要求

对零件图上标注的表面结构要求、尺寸公差、几何公差、热处理等要逐项识读，明确主要加工面，以便确定合理的加工方法。

（六）综合归纳

在以上分析的基础上，对零件的形状、大小和技术要求进行综合归纳，形成一个清晰的认识。有条件时还应参考有关资料和图样，如产品说明书、装配图和相关零件图等，以对零件的作用、工作情况及加工工艺作进一步了解。

二、典型零件读图举例

由于零件作用的不同，导致了零件结构形状上的多样性。按结构形状上的差异，一般可

将常见零件分为四大类：轴套类、轮盘类、叉架类、壳体类，如图 9-36 所示。

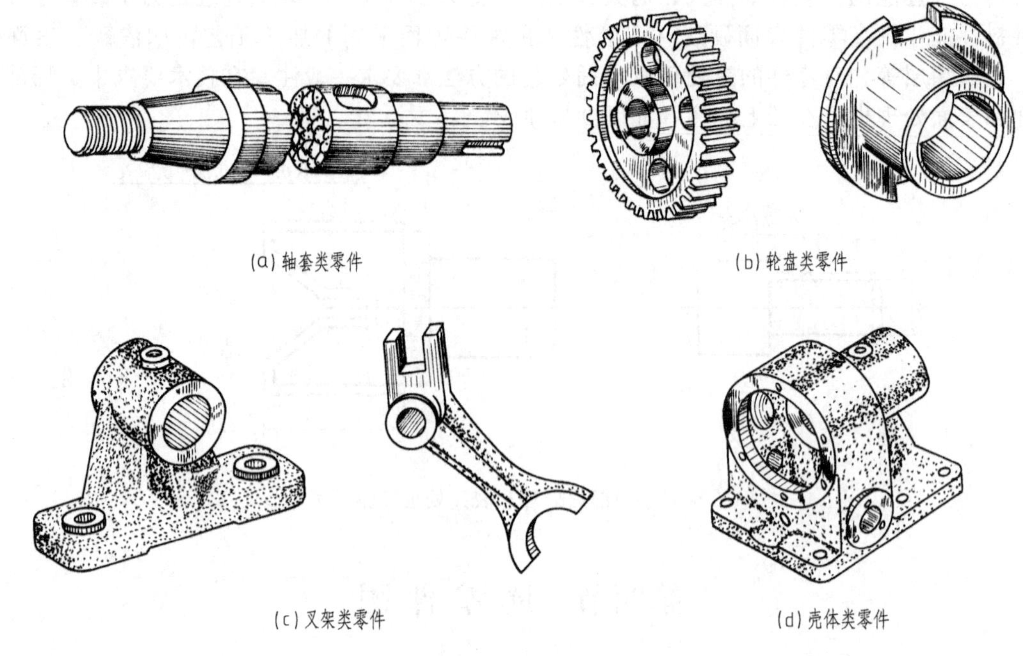

图 9-36 常见零件种类

(一) 轴套类零件

轴套类零件主要在车床和磨床上加工，选择主视图时，一般将其轴线放成水平位置，并将先加工的一端放在右边。

轴类零件的主要结构是回转体，其工作部分、安装部分以及连接部分均为直径不同的圆柱或圆锥体。因此，结合尺寸标注，一般只用一个基本视图（主视图）即能表示出其主要结构形状。而常用断面图、局部视图及局部放大图等表示轴上孔、槽等局部结构。空心轴套因存在内部结构，其主视图常采用全剖视图或半剖视图。

图 9-37 所示为图 9-4 中减速器传动轴的零件图。该轴主要由五段直径不同的圆柱体组成（称为阶梯轴），画出主视图，并结合所注的直径尺寸，就反映了其基本形状。但轴上键槽、螺孔等局部结构尚未表达清楚，因而在主视图基础上采用了两个移出断面图表达键槽的深度及螺孔。

轴的两端有倒角，以方便安装轴承和带轮。右侧 ϕ30k6 轴肩处有砂轮越程槽，以方便磨削加工并保证轴承的准确定位；左侧 ϕ30k6 轴段中，轴承依靠套筒实现轴向定位，并不与轴肩直接接触，故没有设砂轮越程槽。ϕ24k7 轴肩处有圆角，用以改善受力状况。轴的右端中心处有螺孔，和螺栓、端盖一起用于带轮的轴向紧固。

如前所述，轴肩 C 为装配定位面，是轴向主要基准，由此注出参与装配尺寸链的尺寸 13。右端面为轴向辅助基准，由此注出尺寸 38，两个基准通过尺寸 76 联系起来。ϕ32k7 轴段的长度与所安装齿轮的宽度有协调关系，故直接注出尺寸 25。径向尺寸基准为轴线，与轴承、齿轮和带轮有配合关系的四个轴段的直径尺寸，根据配合要求加注公差。键槽的宽度、深度及公差根据键连接结构查表确定。

ϕ30k6、ϕ32k7、ϕ24k7 圆柱面与轴承、齿轮、带轮内孔配合，属重要配合面，Ra 上限

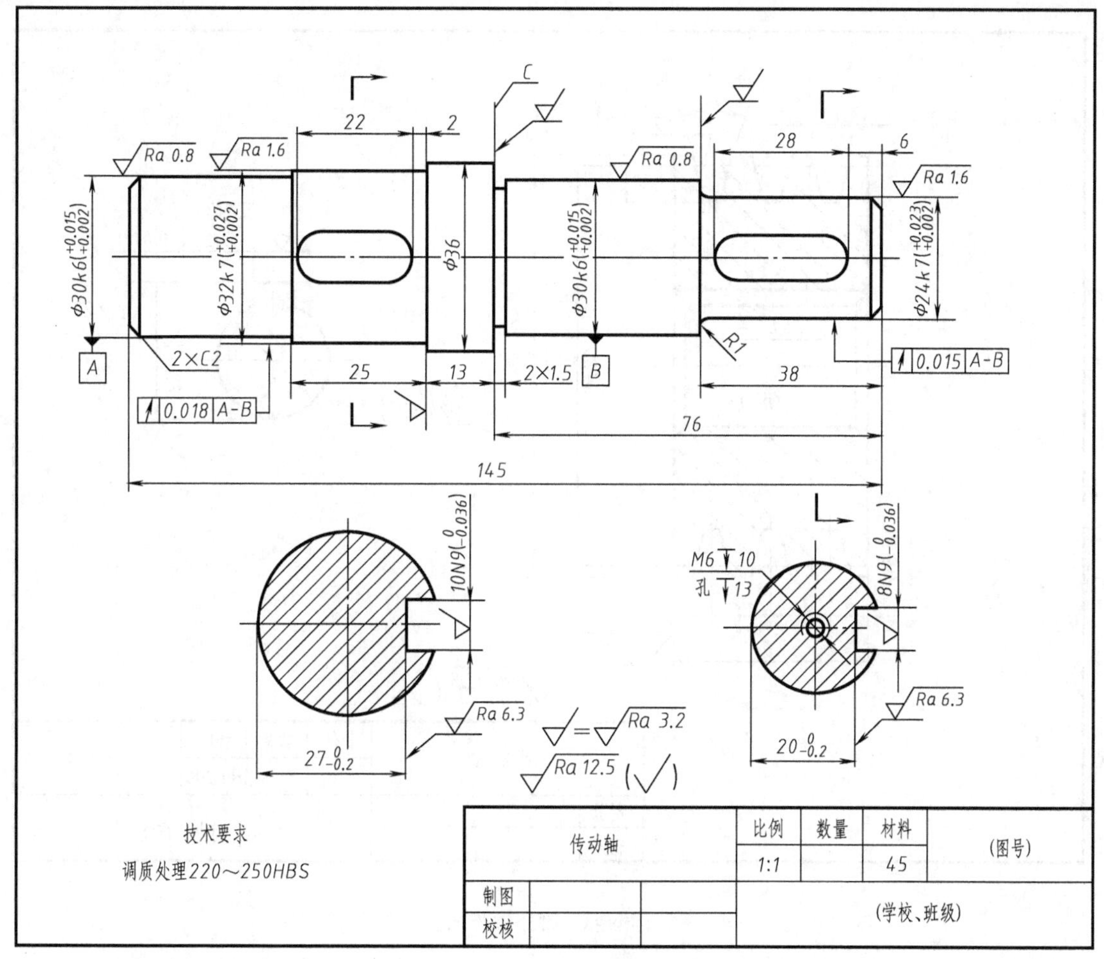

图 9-37 轴的零件图

值分别为 0.8μm 和 1.6μm。ϕ36 两侧轴肩和 ϕ24k7 轴肩分别为齿轮、轴承及带轮的定位面，*Ra* 上限值为 3.2μm。键槽侧面为配合工作面，*Ra* 上限值为 3.2μm，底面为一般结合面，*Ra* 上限值为 6.3μm。轴上其余表面不与其他零件接触，属于自由表面，*Ra* 上限值为 12.5μm。另外，为保证传动轴工作平稳，减少因偏心等引起的振动，图中标注了齿轮和带轮安装圆柱面的径向圆跳动公差。

（二）轮盘类零件

轮、盘类零件有较多的工序在车床上加工，选择主视图时，一般多将轴线水平放置。轮、盘类零件通常由轮辐、幅板、轴孔、键槽等结构组成，一般采用两个基本视图表达其主要结构形状，再选用剖视图、断面图、局部视图及斜视图等表达其内部结构和局部结构。对于结构形状比较简单的轮盘类零件，有时只需一个基本视图，再配以局部视图或局部放大图等即能将零件的内、外结构形状表达清楚。

如图 9-38 所示为带轮的零件图，安装于图 9-37 所示轴的右端。主视图按轴线水平画出，符合带轮的主要加工位置和工作位置，也反映了形状特征。主视图采用全剖视，基本上把带轮的结构形状表达完整了，只有轴孔上的键槽未表达清楚，故用局部视图表达键槽的形状。

带轮的左端面（或右端面）为安装定位面，是长度方向的主要基准，径向尺寸基准为轴

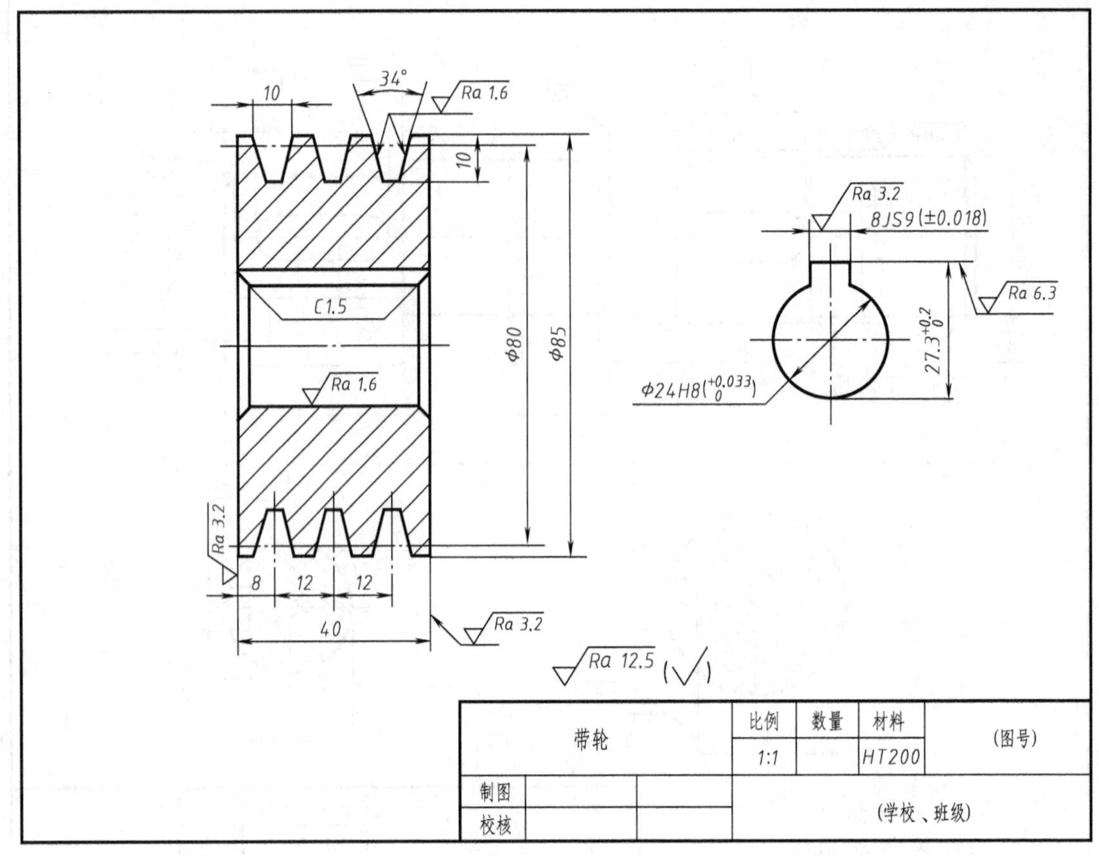

图 9-38　带轮零件图

线。ϕ24H8 轴孔与传动轴 ϕ24k7 圆柱面形成过渡配合，带轮的宽度尺寸 40 比配合轴段的长度大 2，以正确实现带轮的轴向紧固。三角带槽和键槽的尺寸、公差通过查表获得。

轴孔（配合面）和三角带槽侧面（工作面）的表面结构要求最高，*Ra* 上限值为 1.6μm；键槽侧面（工作面）和带轮两端面（定位面）的表面结构要求次之，*Ra* 上限值为 3.2μm；其他次要表面的 *Ra* 上限值为 12.5μm。

（三）叉架类零件

叉架类零件的形状一般较为复杂且不规则，毛坯多为铸、锻件，其加工工序较多，主要加工位置不明显，一般按工作位置选择主视图，使主要轴线水平或垂直放置。叉架类零件一般用两个以上的基本视图表示其主要结构形状，而用局部视图和斜视图等表达局部结构外形，也常选用局部剖视图、断面图等表达内部结构和断面形状。

如图 9-39 所示为支架零件图。从标题栏可知，支架毛坯为铸件，材料为灰口铸铁 HT150。

支架采用主、俯两个基本视图及一个局部视图、一个移出断面图表达。主视图按工作位置放置并体现支架的形状特征，图中上部的局部剖视表达托板孔的内部结构及板厚，下部的局部剖视表达圆柱内孔及两个螺纹孔的内部结构。俯视图主要表达支架的整体外形及两个长圆孔的分布情况。*A* 向局部视图表达凸台的端面形状及两个螺孔的分布情况。移出断面图表达 U 形板的断面形状。

从视图分析可知，支架的结构分为上、中、下三部分：上部为长方形托板，其上有两个

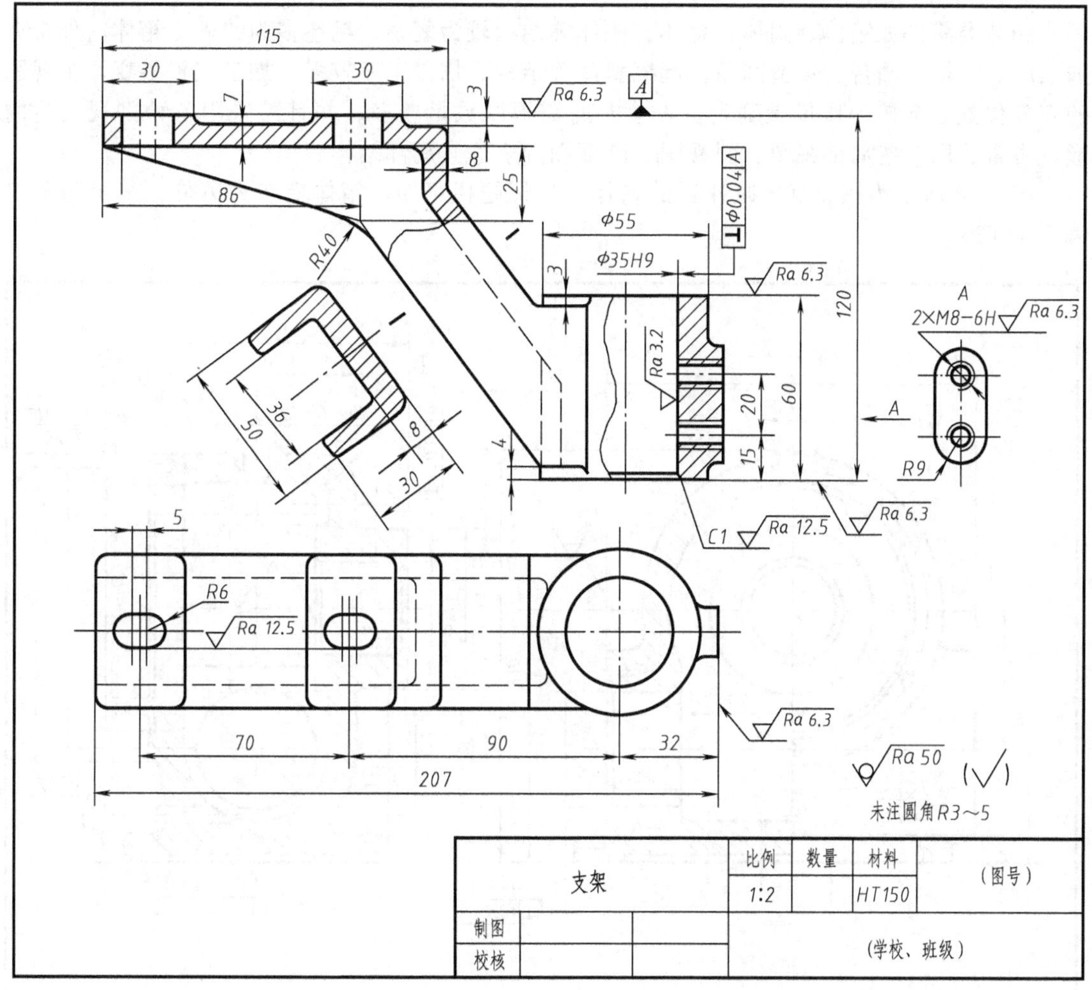

图 9-39 支架零件图

凸台及长圆孔，用以实现和其他零件的连接，故上部为安装部分；下部为圆筒结构，其右侧有凸台及两个螺孔，用以支承并紧固其他回转类零件，故下部为工作部分；中部的 U 形板为连接部分，将工作部分和安装部分连成整体。

ϕ35H9 圆柱面为重要配合面，其轴线为支架长度方向的主要基准，由此注出凸台定位尺寸 32、右长圆孔定位尺寸 90。两长圆孔的中心距为功能尺寸，应直接注出，故选取右长圆孔中心为长度方向辅助基准，注出左长圆孔的定位尺寸 70。托板凸台的上表面为重要结合面，应作为高度方向的主要基准，由此注出圆筒定位尺寸 120，考虑到加工及测量的方便，将圆筒下端面作为高度方向的辅助基准，由此注出下螺孔定位尺寸 15 及圆筒高度 60。由于支架为前后对称结构，故其前后对称面为宽度方向的尺寸基准。支架上非加工面的形状尺寸依据各自的形状特点注出。

ϕ35H9 圆柱面（重要配合面）的表面结构要求最高，Ra 上限值为 3.2μm，凸台上表面（重要结合面）及圆筒两端面的 Ra 上限值为 6.3μm，长圆孔及倒角的 Ra 上限值为 12.5μm。支架未注表面保持毛坯状态，铸造圆角为 R3～5。从功能要求出发，图中还注出了 ϕ35H9 圆柱面中心线相对于上部安装面的垂直度公差。

（四）壳体类零件

壳体类零件如箱体、阀体、泵体、座体等结构较为复杂，毛坯多为铸件，箱体内外常有加强肋、凹坑、凸台、铸造圆角、起模斜度等结构。加工工序较多，加工位置多变，主视图的安放位置通常按工作位置确定。表达时所需视图数量较多，并且需采用各种剖视表达内形，也常选用一些局部视图、斜视图、断面图等表达其局部结构。

图 9-40 所示为蜗轮蜗杆减速器的箱体，从标题栏可知，箱体毛坯为铸件，材料为灰口铸铁 HT200。

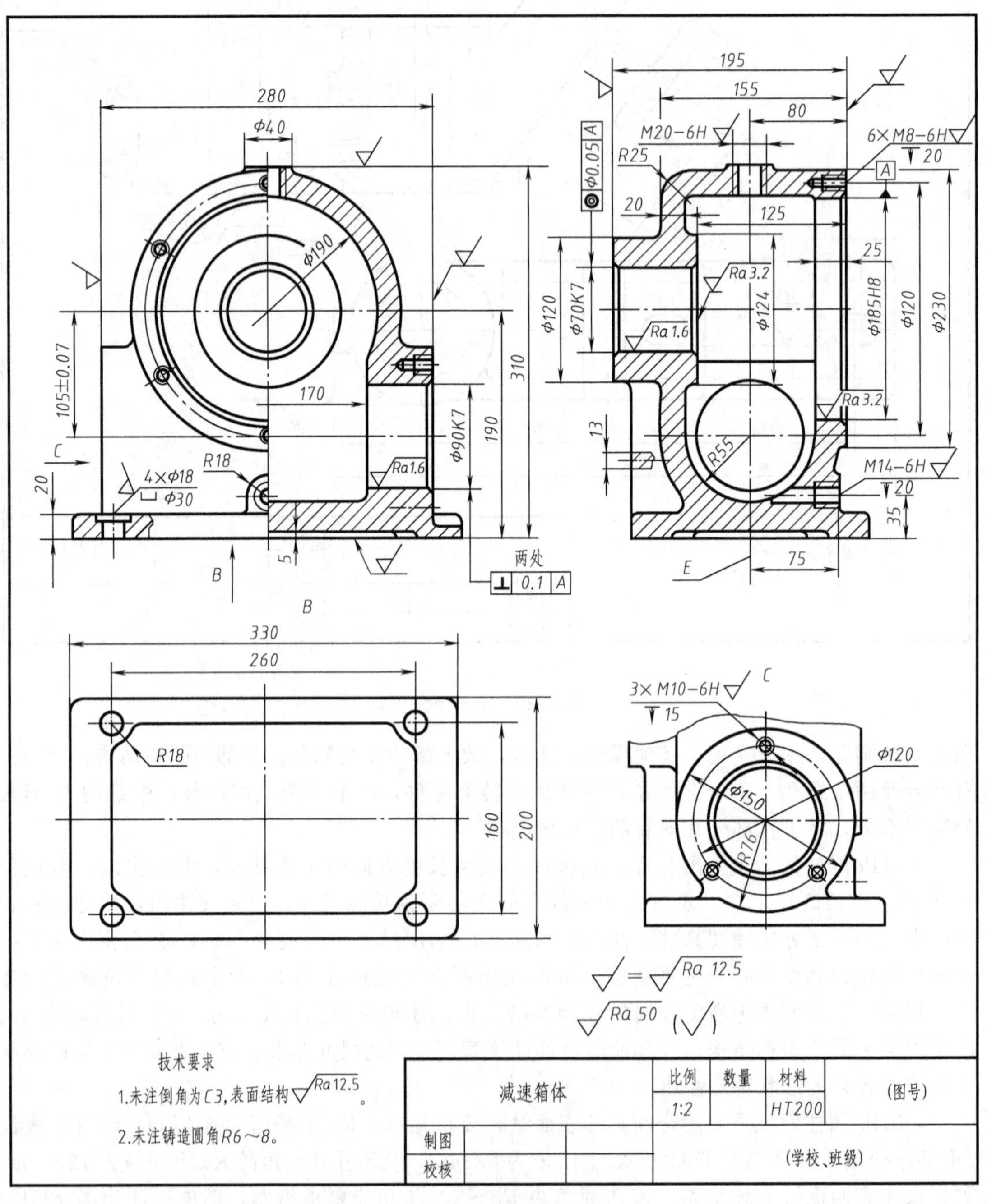

图 9-40　箱体零件图

主视图按工作位置放置，采用半剖视（形体左右对称）。剖视图侧表达箱体内腔及蜗杆轴孔、右端面螺纹孔的内部结构；视图侧表达箱体的外形及箱体前端面上六个螺孔的分布情况，采用局部剖视表达了箱体底面安装孔的内部结构。左视图采用全剖视，在进一步表达箱体内腔结构形状的同时，还表达了箱体后轴孔、上方注油螺孔、下方排油螺孔的内部结构，辅以重合断面图，表达了后部加强肋的结构形状。

除了用两个基本视图表达主体结构外，B 向局部视图表达底板、凹坑的外形及四个安装孔的分布情况。C 向局部视图表达左端筒体、$R76$ 凹槽的形状及三个螺孔的分布情况。

从视图分析可知，该箱体主要由圆形壳体、圆筒体和底板座三部分组成。圆形壳体和圆筒体的轴线垂直交叉而形成内腔，用以容纳蜗轮和蜗杆。为保证蜗轮轴支承平稳，在圆形壳体的后面配以轴孔和加强肋板。底板座为长方形板块，用以支承和安装箱体，为减少加工面并保证安装面接触良好，底部开有长形凹坑。

由于箱体左右对称，故选用左右对称面作为长度方向尺寸的主要基准，由此注出安装孔左右定位尺寸 260、内腔凸台间距尺寸 170 和左右端面的距离尺寸 280。

根据蜗轮蜗杆的啮合特点，通过蜗杆轴线并与蜗轮轴线垂直的平面为基准平面，故应将图中的 E 平面作为宽度方向尺寸的主要基准，而圆形壳体前端面至内腔 $\phi124$ 凸台端面的距离 125 为参与装配尺寸链的功能尺寸，应直接注出，故选取圆形壳体前端面为宽度方向尺寸的辅助基准，两个基准通过尺寸 80 相联系。

由于箱体底面既是安装面又是各轴孔加工时的定位基准面，故应选取箱体底面为高度方向尺寸的主要基准，由此注出上轴孔的定位尺寸 190。选取上轴孔的轴线为高度方向尺寸的辅助基准，注出两垂直交叉轴孔的中心距 105 ± 0.07，这是一个重要的定位尺寸，它影响着蜗轮和蜗杆的啮合间隙。其他定形、定位尺寸请依据形体分析法自行分析。

$\phi90K7$、$\phi70K7$、$\phi185H8$ 轴孔均为重要配合面，其表面结构要求较高，Ra 上限值为 $1.6\mu m$ 及 $3.2\mu m$。底面为安装面，前端面、后端面、顶面及圆筒左、右端面均为接触面，这些平面和底板安装孔及倒角的 Ra 上限值均为 $12.5\mu m$。箱体未注表面保持毛坯状态，铸造圆角为 $R6\sim8$。从功能要求出发，图中还注出了支承蜗轮轴的后轴孔相对于前轴孔的同轴度公差，以及支承蜗杆的左、右轴孔相对于前轴孔的垂直度公差。

第十章　装　配　图

知识目标： 1. 熟悉装配图的视图表达和尺寸标注要点。

2. 熟悉装配图的规定画法、特殊画法和简化画法。

能力目标： 1. 能熟练阅读中等复杂程度的装配图。

2. 强化零件和装配体的关联意识，能拆画典型零件的工作图。

装配图是表达装配体（机器或部件）的图样，用于指导装配体的装配、检验、安装、使用及维修等。本章在第七章的基础上，进一步讨论装配图的各项内容以及装配图的画法和识读。

第一节　装配图的表达方法

一、装配图的视图选择

从装配图的作用出发，装配图的视图选择和零件图在表达重点和要求上有所不同。装配图的一组视图主要用于表达装配体的工作原理、装配关系和基本结构形状。

表达装配关系包括：

① 构造，即装配体由哪些零、部件组成；

② 各零件间的装配位置，装配体中常见许多零件依次装在一根轴上的，这根轴线称为装配线，装配图要清楚地表达出每一条装配线；

③ 相邻零件间的连接方式。

表达工作原理，是指装配图应反映出装配体是怎样工作的。装配体的功能通常通过某些零件的运动得以实现，装配图应表达出运动情况和传动路线以及每个零件在装配体中的功用。

表达基本结构形状，是指要将主要零件的结构形状表达清楚。由于装配图主要用于将已加工好的零件进行装配，而不是用来指导零件加工，所以装配图上不要求也不可能将所有零件的全部结构形状表达完整。

主视图一般应符合工作位置，工作位置倾斜时应自然放正。要选取反映主要或较多装配关系的方向作为主视图的投射方向。在主视图的基础上，选用一定数量的其他视图把工作原理、装配关系进一步表达完整，并表达清楚主要零件的结构形状。视图的数量根据装配体的复杂程度和装配线的多少而定。由于装配体通常有一个外壳，以表达工作原理和装配关系为主的视图，通常采用各种剖视，并大多通过装配线剖切。

图 10-1 所示为传动器的装配图。该装配体由座体、轴、齿轮、带轮、轴承等 13 种零件组成，原动机通过 V 带驱动左侧带轮，而带轮和右侧的齿轮均通过普通平键与轴连接，从而将旋转动力从轴的一端传递到另一端。该装配图采用了主、左两个基本视图，由于传动器只有一条装配线，主视图按工作位置放置并采用全剖视，表达装配关系和基本形状。左视图采用局部剖视，进一步表达座体的形状及紧固螺钉的分布情况。

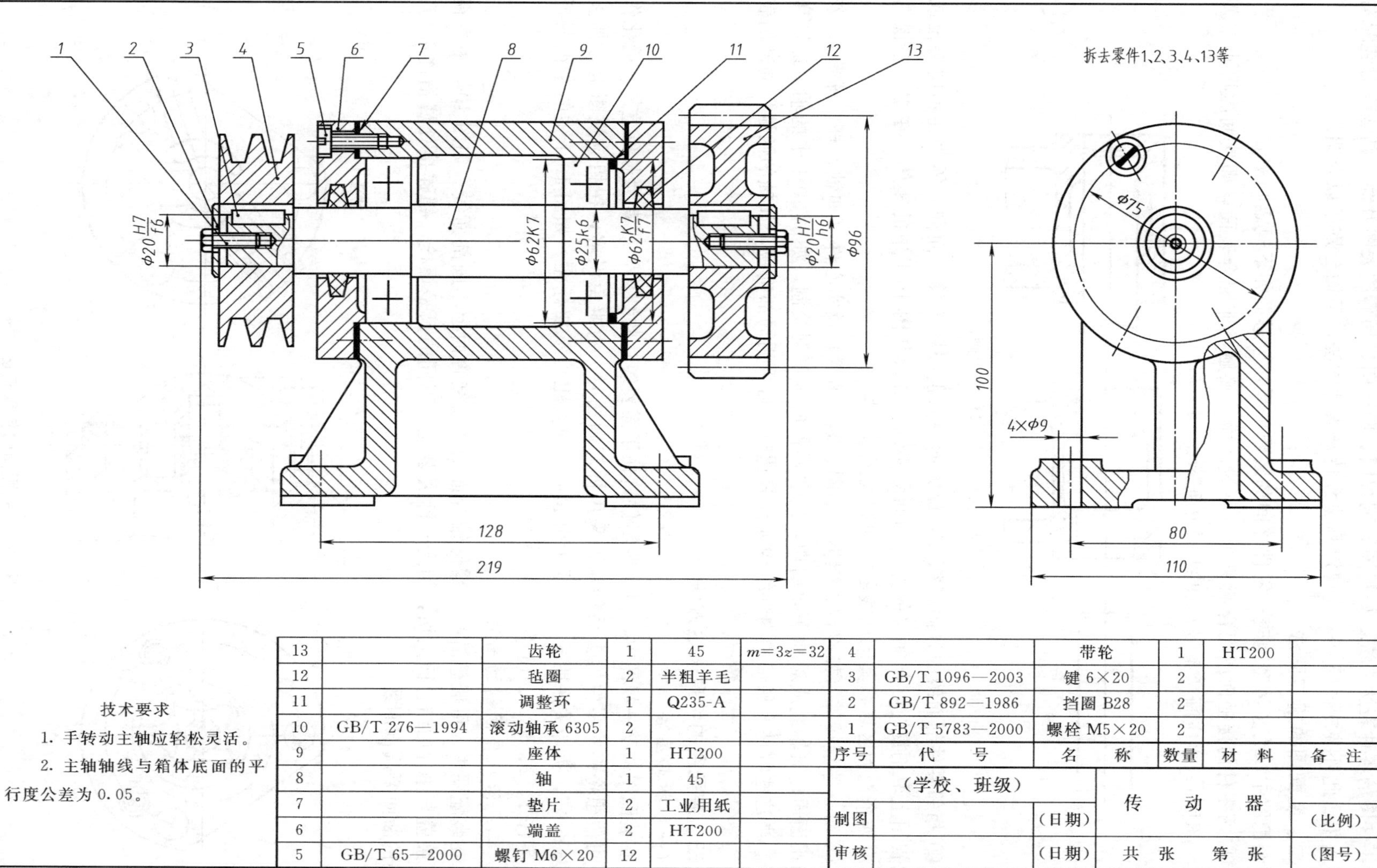

技术要求

1. 手转动主轴应轻松灵活。

2. 主轴轴线与箱体底面的平行度公差为 0.05。

序号	代号	名称	数量	材料	备注
13		齿轮	1	45	$m=3$ $z=32$
12		毡圈	2	半粗羊毛	
11		调整环	1	Q235-A	
10	GB/T 276—1994	滚动轴承 6305	2		
9		座体	1	HT200	
8		轴	1	45	
7		垫片	2	工业用纸	
6		端盖	2	HT200	
5	GB/T 65—2000	螺钉 M6×20	12		
4		带轮	1	HT200	
3	GB/T 1096—2003	键 6×20	2		
2	GB/T 892—1986	挡圈 B28	2		
1	GB/T 5783—2000	螺栓 M5×20	2		

（学校、班级）			传 动 器	
制图		（日期）		（比例）
审核		（日期）	共 张 第 张	（图号）

图 10-1 传动器装配图

零件图的各种表达方法，如视图、剖视图、断面图、局部放大图及简化画法等对装配图同样适用。此外装配图还有一些规定画法和特殊表达方法，下面分别予以介绍。

二、装配图的规定画法

装配图中，为了清楚地表达零件之间的装配关系，应遵循如下规定画法。

① 两零件的接触面或配合面只画一条线。而非接触、非配合表面，即使间隙再小（公称尺寸不同），也应画两条线，如图 10-2 所示。

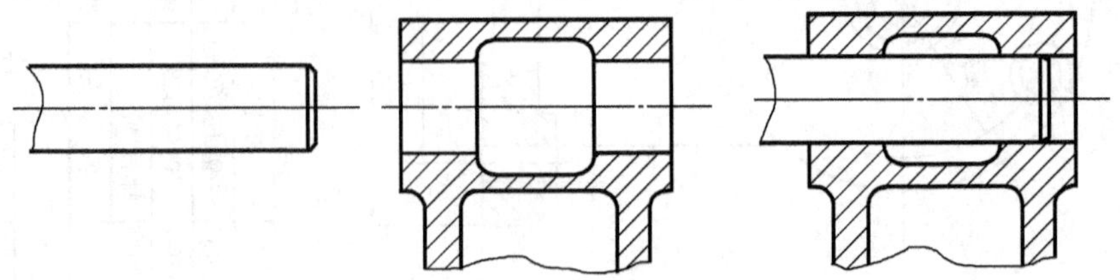

图 10-2 接触面与非接触面画法

② 相邻零件剖面线的方向应相反，或方向一致但间隔不等。而同一零件在不同部位或不同视图上取剖视时，剖面线的方向和间隔必须一致。如图 10-1 中的座体，在主、左视图中共有四个剖面区域，其剖面线的方向和间隔应相同。

③ 对一些连接件（如螺栓、螺母、垫圈、键、销等）及实心件（如轴、杆、球等），若剖切平面通过其轴线或对称平面剖切，这些零件应按不剖绘制，如图 10-1 中的轴、螺钉和键等。当这些零件有局部的内部结构需要表达时，可采用局部剖视，如轴的两端用局部剖表达了与螺钉、键的连接情况。

三、装配图的特殊表达方法

（一）拆卸画法

在装配图的某一视图中，当某些零件遮住了需要表达的结构，或者为避免重复，简化作图，可假想将某些零件拆去后绘制。采用拆卸画法时，为避免误解，在相应视图上方加注"拆去××"，拆卸关系明显，不至于引起误解时，也可不加标注。如图 10-1 中的左视图拆去了零件 1、2、3、4、13 等。

（二）沿结合面剖切画法

在装配图中，可假想沿某些零件结合面剖切，结合面上不画剖面线。如图 10-3 中右视图沿泵盖与垫片的结合面剖切，相当于拆去泵盖，不同的只是螺栓、销连接处属横向剖切，它们的断面要画剖面线。

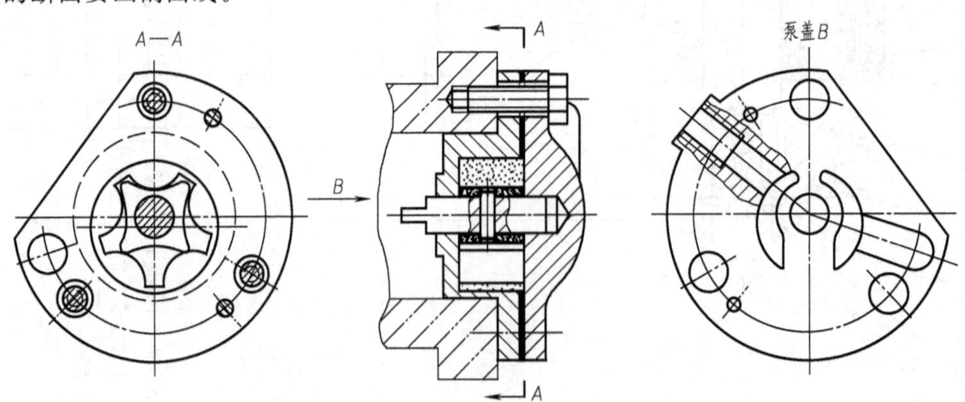

图 10-3 装配图的特殊表达方法

（三）单件画法

装配图中，当某个主要零件的形状未表达清楚时，可以单独画出该零件的视图。这时应在该视图上方注明零件及视图名称，如图 10-3 中的“泵盖 B”。

（四）夸大画法

在装配图中，对一些薄、细、小零件或间隙，若无法按其实际尺寸画出时，可不按比例而适当地夸大画出，图中厚度或直径小于 2mm 的薄、细零件的剖面符号可涂黑表示，如图 10-1、图 10-3 中的垫片。

（五）假想画法

为了表示运动件的运动范围或极限位置，可用双点画线假想画出该零件的某些位置，如图 10-4 中手柄的运动极限位置。

为了表示与装配体有装配关系但又不属于本部件的其他相邻零部件时，也可采用假想画法，将其他相邻零部件用双点画线画出外形轮廓，如图 10-4 中床头箱的外形轮廓。

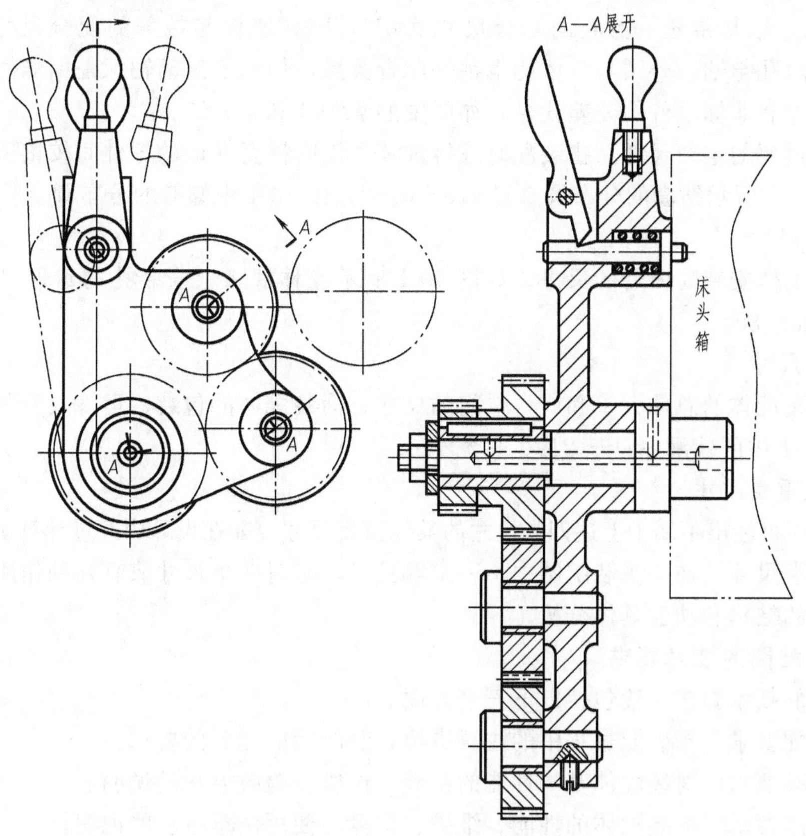

图 10-4 假想画法和展开画法

（六）展开画法

当传动机构中各轴系的轴线不在同一平面上时，为了表达传动路线和装配关系，可假想沿传动路线上各轴线顺序剖切，然后展开在一个平面上，画出其剖视图，并标注“×－×展开”，如图 10-4 中的“*A*—*A* 展开”图。

四、装配图的简化画法

① 在装配图中，零件的倒角、圆角、凹坑、凸台、沟槽、滚花、刻线及其他细节等可省略不画。螺栓、螺母头部的倒角曲线也可省略不画，如图 10-3、图 10-4 所示。

② 在装配图中，对于若干相同的零件或零件组，如螺纹紧固组件，可仅详细地画出一处，其余只需用细点画线表示出其中心位置，如图 10-1 中的螺钉连接及图 10-3 中的螺栓。

第二节 装配图的尺寸标注及其他

一、装配图的尺寸标注

装配图的作用与零件图不同，图中不需要注出各零件的所有尺寸，一般只需标注下列几类尺寸。

1. 特性尺寸

表明装配体的性能和规格的尺寸。如图 10-1 传动器的中心高 100。

2. 装配尺寸

(1) 配合尺寸 在装配图中，所有配合尺寸应在配合处注出其公称尺寸和配合代号。如图 10-1 所示，轴与带轮、齿轮的配合尺寸 ϕ20H7/h6，座体与端盖的配合尺寸 ϕ62K7/f7，滚动轴承的内孔与轴、外圆与座体孔也都是配合关系，但由于滚动轴承是标准件，图中只需注出公称尺寸和非标准件的公差代号，如图中的 ϕ25k6 和 ϕ62K7。

(2) 较重要的定位尺寸 指装配时或拆画零件图时需要保证的零件间较重要的相对位置尺寸。如图 7-1 所示钻套的分布圆直径 $\phi55\pm0.02$，图 10-1 中螺钉的分布圆直径 ϕ75。

3. 安装尺寸

是指装配体安装时所需的尺寸。如图 10-1 所示座体底板上安装孔的定形尺寸 $4\times\phi9$ 及定位尺寸 128、80。

4. 外形尺寸

指反映装配体的总体大小和所占空间的尺寸，为装配体的包装、运输及安装布置提供依据。如图 10-1 中的装配体总长 219、总宽 110。

5. 其他重要尺寸

必要时还可注出不属于上述四类尺寸的其他重要尺寸，如在设计中经过计算确定的尺寸。

上述五类尺寸，在一张装配图中不一定都具备，有时一个尺寸兼有几种作用，标注时应根据装配体的结构和功能具体分析。

二、装配图的技术要求

装配图的技术要求一般包括以下三个方面。

(1) 装配要求 指装配过程中的注意事项，装配后应达到的要求。

(2) 检验要求 对装配体基本性能的检验、试验、验收方法的说明。

(3) 使用要求 对装配体的性能、维护、保养、使用注意事项的说明。

由于装配体的性能、用途各不相同，因此其技术要求也不相同，应根据具体情况拟定。用文字说明的技术要求注写在标题栏上方或图样下方空白处，如图 10-1 所示。

三、零部件序号的编写

为了便于看图和生产管理，装配图中所有的零、部件必须编写序号。相同的零、部件用一个序号，一般只标注一次。序号编写方法如下。

① 序号用指引线引到视图之外，端部画一水平线或圆，序号数字比尺寸数字大一号 [见图 10-5 (a)] 或两号 [见图 10-5 (b)]，指引线、水平线和圆均用细实线绘制。也可直接将序号注在指引线附近，序号比尺寸数字大两号 [见图 10-5 (c)]。同一装配图中应采用同一种形式。

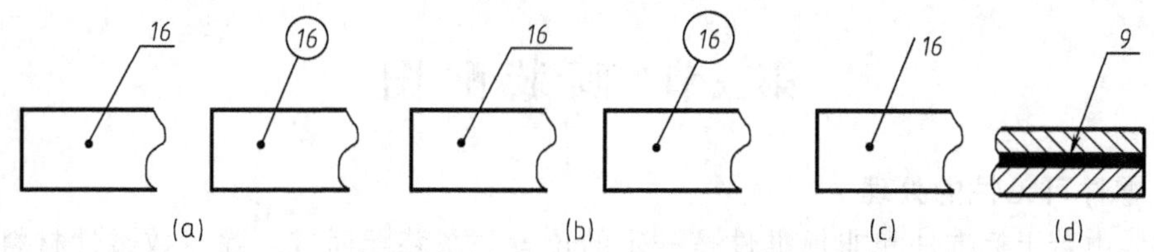

图 10-5 零部件序号的标注

② 指引线从被注零件的可见轮廓内引出，引出端画一小圆点，当不便画圆点时（如零件很薄或为涂黑的剖面），可用箭头指向该零件的轮廓，如图 10-5（d）所示。

③ 为避免误解，指引线不得相互交叉，当通过有剖面线的区域时，不要与剖面线重合或平行，如图 10-5（d）所示。必要时可将指引线画成折线，但只允许折一次。

④ 一组紧固件以及装配关系清楚的零件组，可以采用公共指引线，如图 10-6 所示。

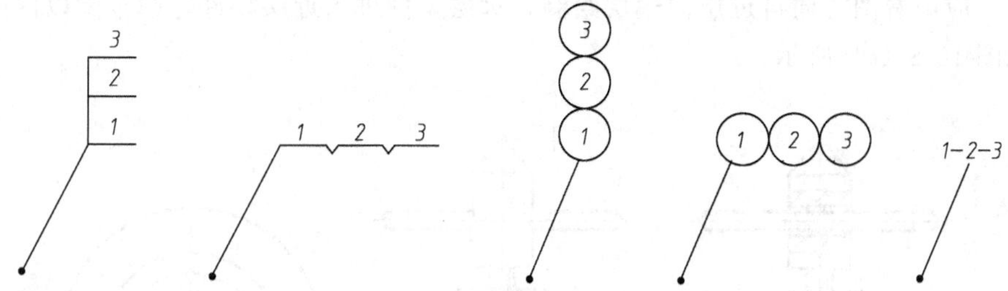

图 10-6 公共指引线

⑤ 序号应沿水平或竖直方向排列整齐，并按顺时针或逆时针方向依次编写。

四、标题栏和明细栏

装配图中应画出标题栏和明细栏。明细栏一般绘制在标题栏上方，按由下而上的顺序填写，当延伸位置不够时，可紧靠在标题栏的左边自下而上延续。

明细栏的内容一般包括图中所编各零、部件的序号、代号、名称、数量、材料和备注等。明细栏中的序号必须与图中所编写的序号一致，对于标准件，在代号一栏要注明标准号，并在名称一栏注出规格尺寸，标准件的材料无特殊要求时可不填写。

手工制图作业中，装配图的标题栏和明细栏可采用图 10-7 所示的格式。

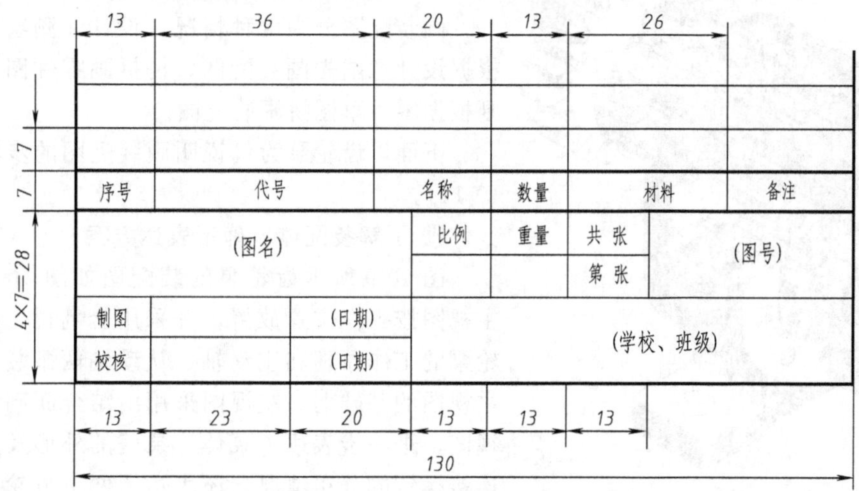

图 10-7 装配图的标题栏和明细栏

第三节 画装配图

一、零件可见性的处理

装配体由若干标准件和非标准件按一定的位置关系装配而成，除少数柔性材料的零件（如密封填料）外，大部分零件为刚性材料，它们在装配体中仍保持各自的形状，即零件的独立性。零件装配在一起，相互之间会产生遮挡，即零件的可见性。为保证清晰，装配图中应省略不必要的虚线。

为了正确区分可见性，画装配图时应采用“分层绘制”的原则。包含型结构的剖视图应自内向外绘制，外层零件进入内层零件轮廓范围以内的部分不可见，如图 10-8（a）所示；包含型结构外形视图的画图顺序与剖视图恰恰相反，如图 10-8（b）所示。绘制叠加型结构的视图时，应由看图方向自近层向远层绘制，远层零件进入近层零件轮廓范围以内的部分不可见，如图 10-8（c）所示。

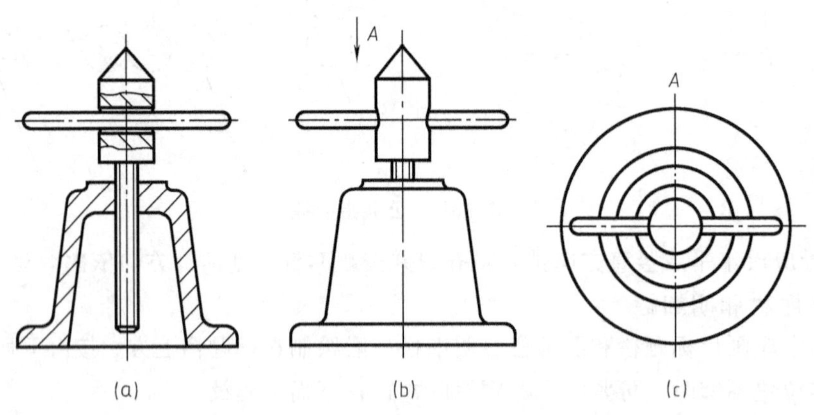

图 10-8 零件的可见性

此外，对于一些标准件和常用件的连接结构，如螺纹连接、花键连接、齿轮啮合、弹簧的装配结构等，应遵循第八章所述的规定画法。

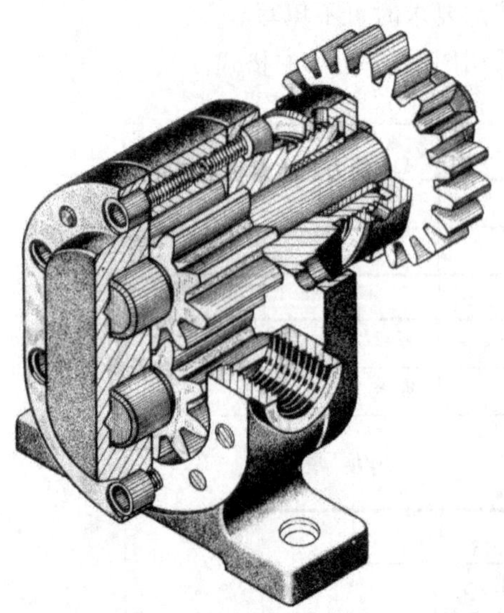

图 10-9 齿轮泵

二、画装配图的方法和步骤

画装配图分为两种情况：设计和测绘。设计时根据设计意图先画装配图，再拆画零件图；测绘时则根据零件草图拼画装配图。

下面以齿轮泵为例说明画装配图的步骤（见图 10-11）。

① 了解装配体，确定表达方案。

图 10-9 所示齿轮泵的装配图如图 10-10 所示。主视图按工作位置放置，并采用全剖视，以表达齿轮泵的工作原理和主动轴、从动轴两条装配线。在主视图的基础上，左视图采用沿结合面剖切的半剖视图，进一步表达了泵体、泵盖的外形及定位销和连接螺钉的分布情况，还表达了两个齿轮与泵体内腔的配合结构。

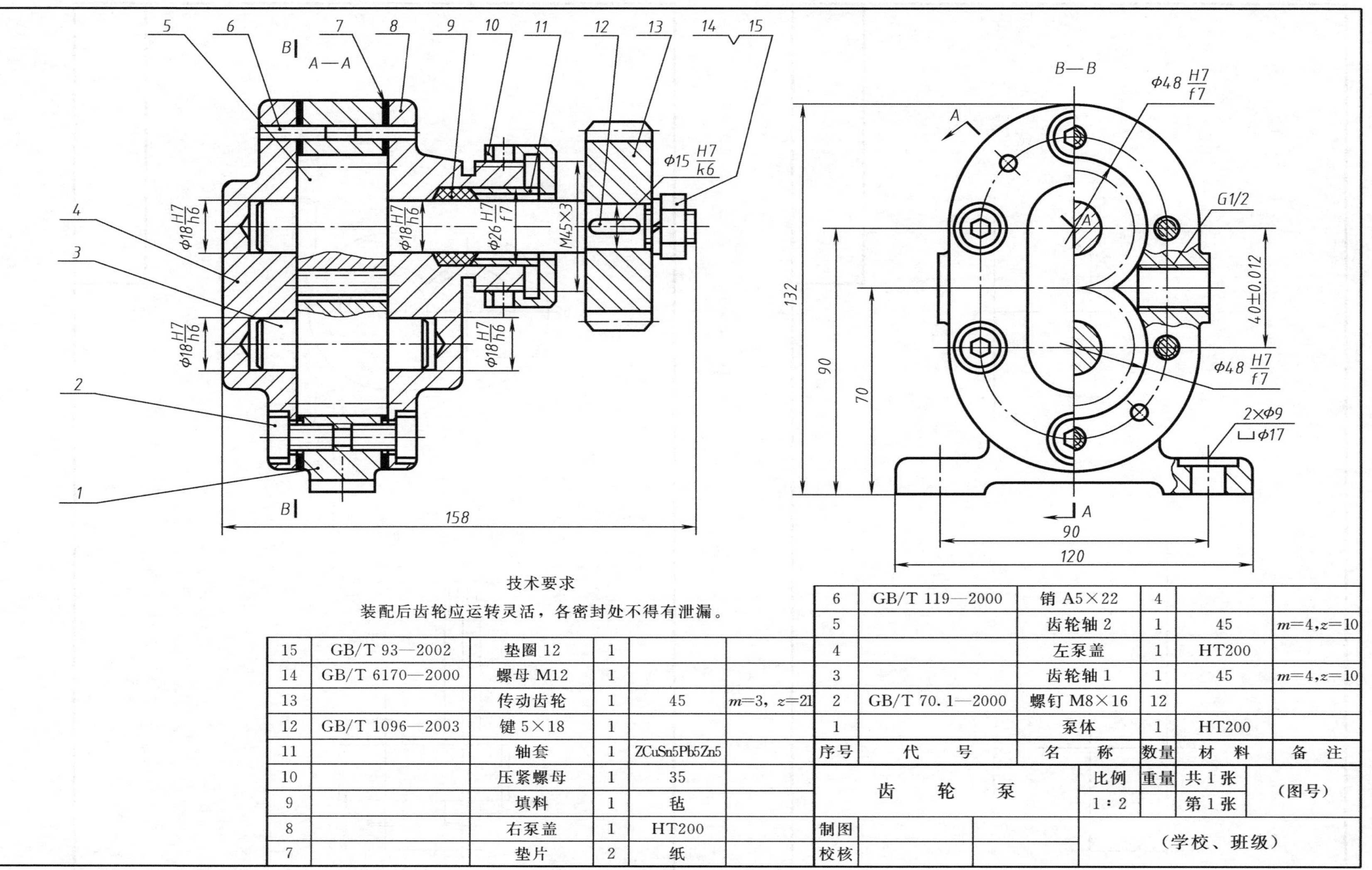

序号	代号	名称	数量	材料	备注
15	GB/T 93—2002	垫圈 12	1		
14	GB/T 6170—2000	螺母 M12	1		
13		传动齿轮	1	45	$m=3,\ z=21$
12	GB/T 1096—2003	键 5×18	1		
11		轴套	1	ZCuSn5Pb5Zn5	
10		压紧螺母	1	35	
9		填料	1	毡	
8		右泵盖	1	HT200	
7		垫片	2	纸	
6	GB/T 119—2000	销 A5×22	4		
5		齿轮轴 2	1	45	$m=4,z=10$
4		左泵盖	1	HT200	
3		齿轮轴 1	1	45	$m=4,z=10$
2	GB/T 70.1—2000	螺钉 M8×16	12		
1		泵体	1	HT200	

图 10-10　齿轮泵装配图

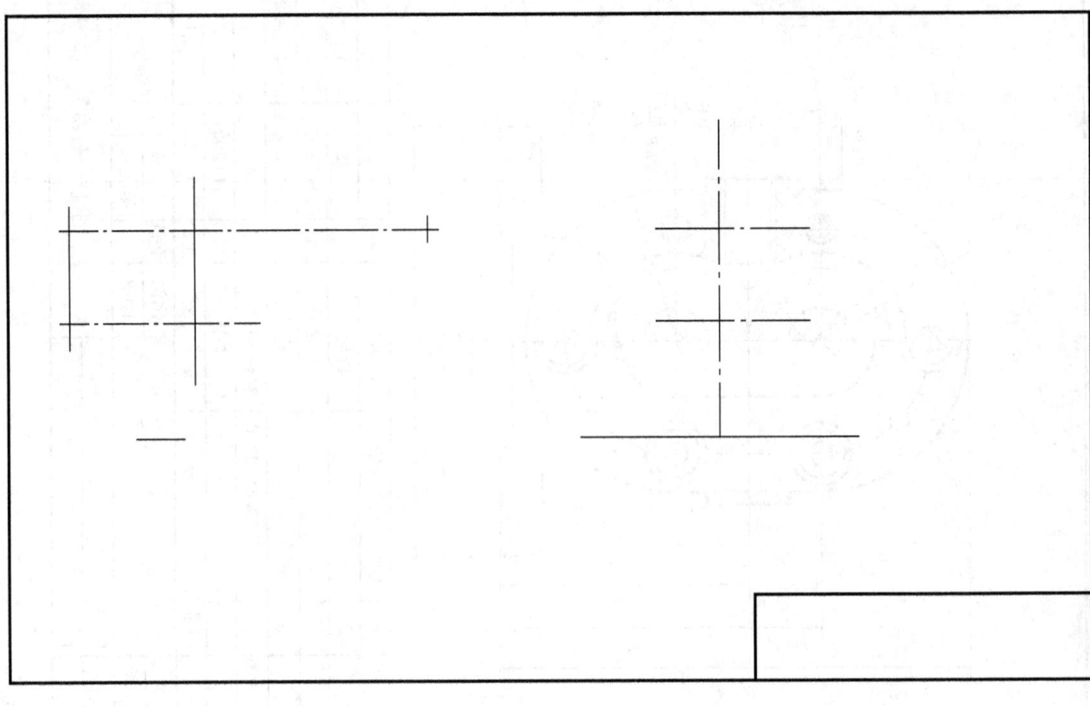

(a)

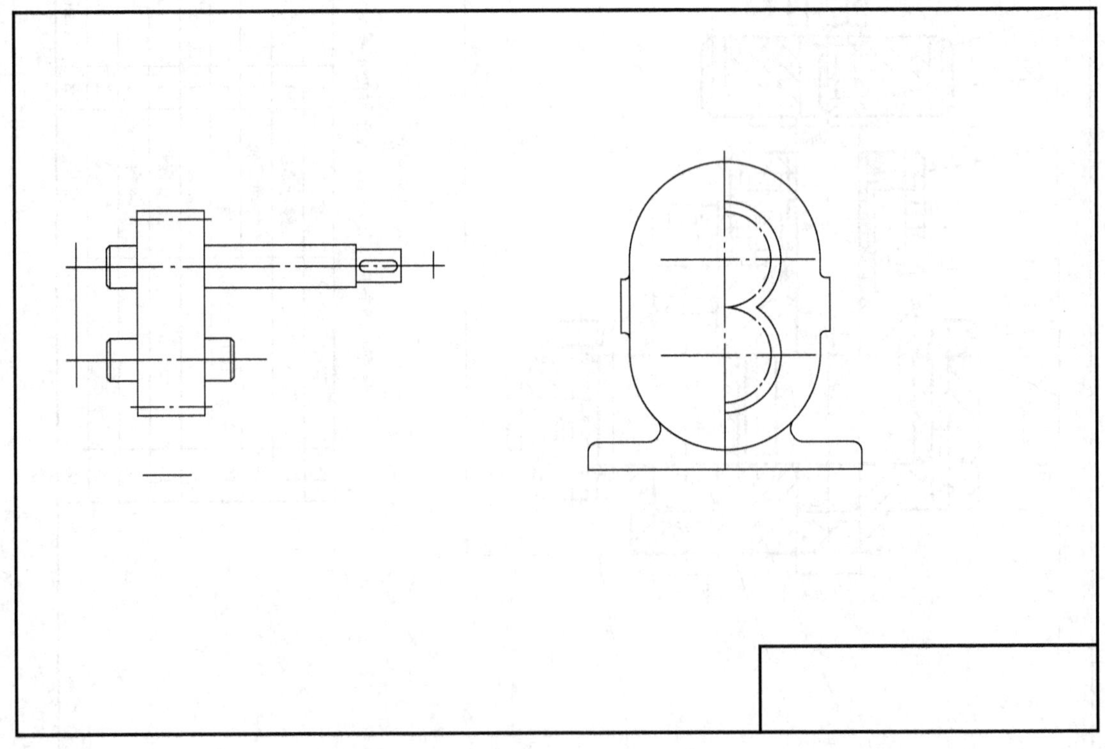

(b)

图 10-11 装配图

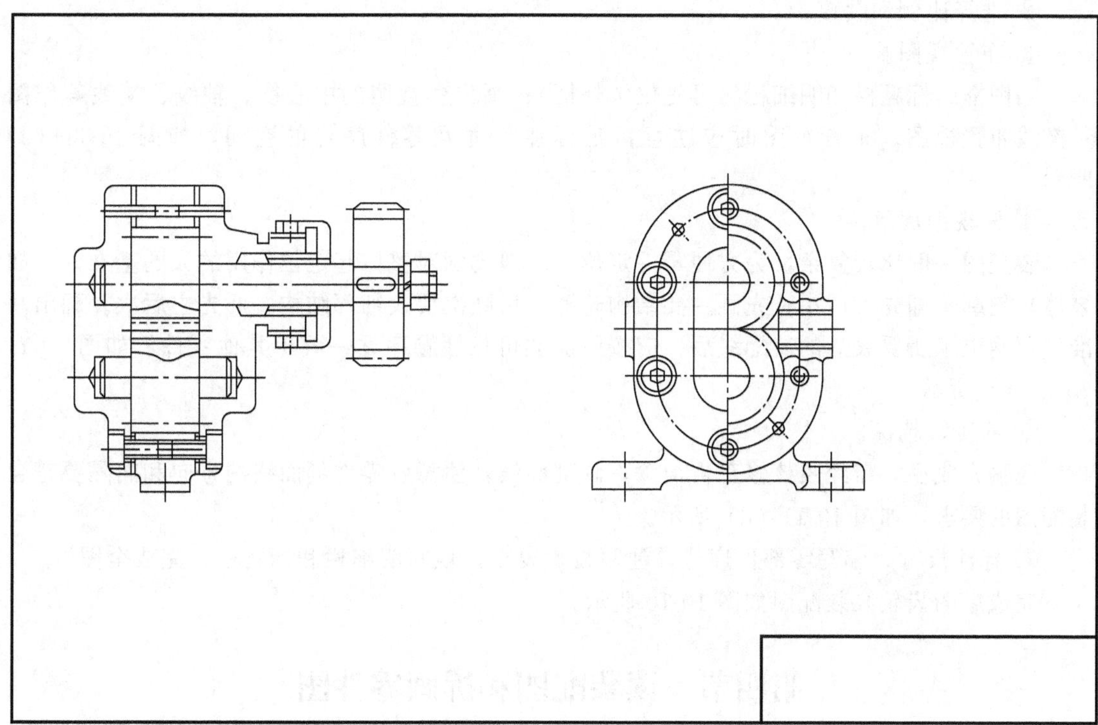

(c)

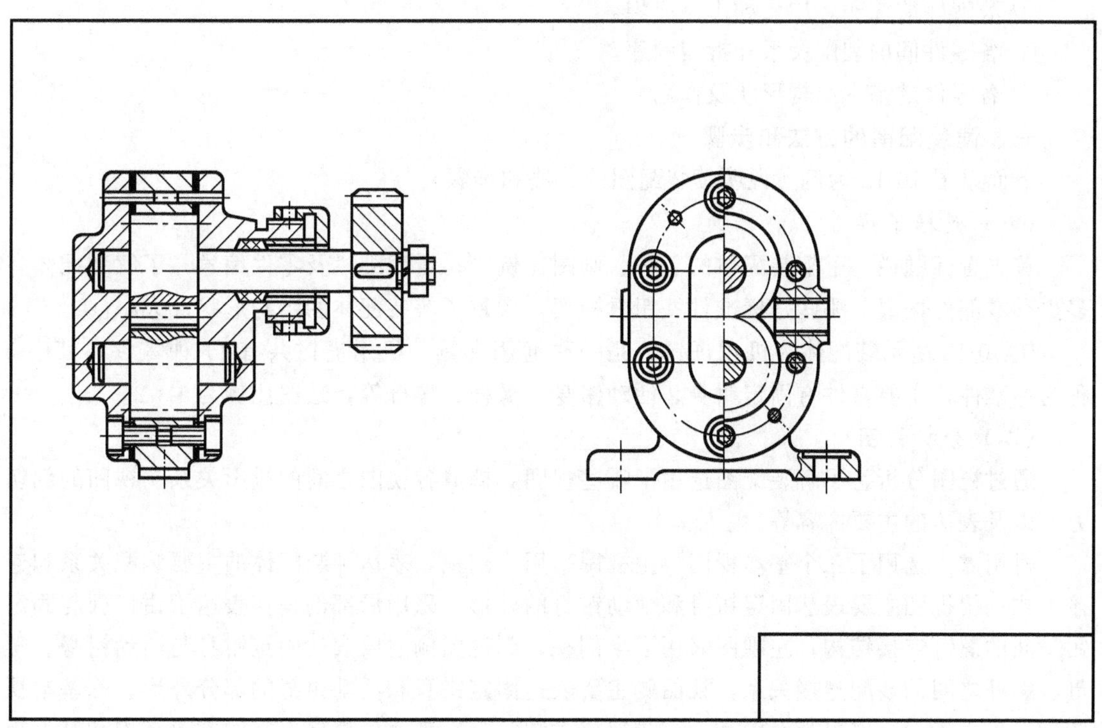

(d)

的画图步骤

② 选择比例和图幅。

③ 布置视图。

画图框、标题栏和明细栏（可先仅画外框）；画出各视图的中心线、轴线、端线等作图基准线布置视图。布置视图时应注意留足标注尺寸及零件序号的空间，如图 10-11（a）所示。

④ 画视图底稿。

装配图一般比较复杂，为方便零件定位，一般先画对整体起定位作用的大的基准件（如泵体）轮廓，即先大后小；先画主要结构轮廓，后画次要及细部结构，即先主后次。画出基准件，确定了所要表达的装配线后，应按照前述可见性顺序逐一画出其他零件，如图 10-11（b）、（c）所示。

⑤ 检查、描深。

底稿完成后，需经校核修正再加深，画剖面线，注意各零件剖面线的方向和间隔要符合装配图的要求，如图 10-11（d）所示。

⑥ 标注尺寸，编写零部件序号，注写技术要求，填写明细栏和标题栏，完成全图。

完成后的齿轮泵装配图如图 10-10 所示。

第四节　读装配图和拆画零件图

在机器设备的设计、制造、安装、维修及进行技术交流时，都需要阅读装配图。通过读装配图，要了解以下内容。

① 装配体的性能、用途和工作原理。

② 各零件间的装配关系和拆装顺序。

③ 各零件的基本结构形状及作用。

一、读装配图的方法和步骤

下面以图 10-12 为例，说明读装配图的方法和步骤。

（一）概括了解

首先看标题栏，了解装配体的名称、画图比例等；看明细栏及零件编号，了解装配体有多少种零部件构成，哪些是标准件；粗看视图，大致了解装配体的结构形状及大小。

图 10-12 所示装配体为机用虎钳，是一种通用夹具。机用虎钳共有 11 种零件，其中 3 种为标准件，主要零件有固定钳身、活动钳身、螺杆、螺母等，绘图比例为 1∶2。

（二）分析视图

通过视图分析，了解装配图选用了哪些视图，搞清各视图之间的投影关系、视图的剖切方法以及表达的主要内容等。

机用虎钳选用了三个基本视图。主视图采用全剖视，表达了装配体的主要装配关系和连接方式；俯视图主要表达固定钳身和活动钳身的外形，采用局部剖视，表达了钳口板与固定钳身间的螺钉连接结构；左视图采用了半剖视，剖视图侧主要表达固定钳身与活动钳身、螺母、螺杆之间的装配连接关系，视图侧主要表达固定钳身和活动钳身的部分外形。除基本视图外，采用了一个移出断面图和一个局部放大图，分别表达了螺杆右端的方形结构和其上矩形螺纹的牙型，*A* 向局部视图表达钳口板的外形。

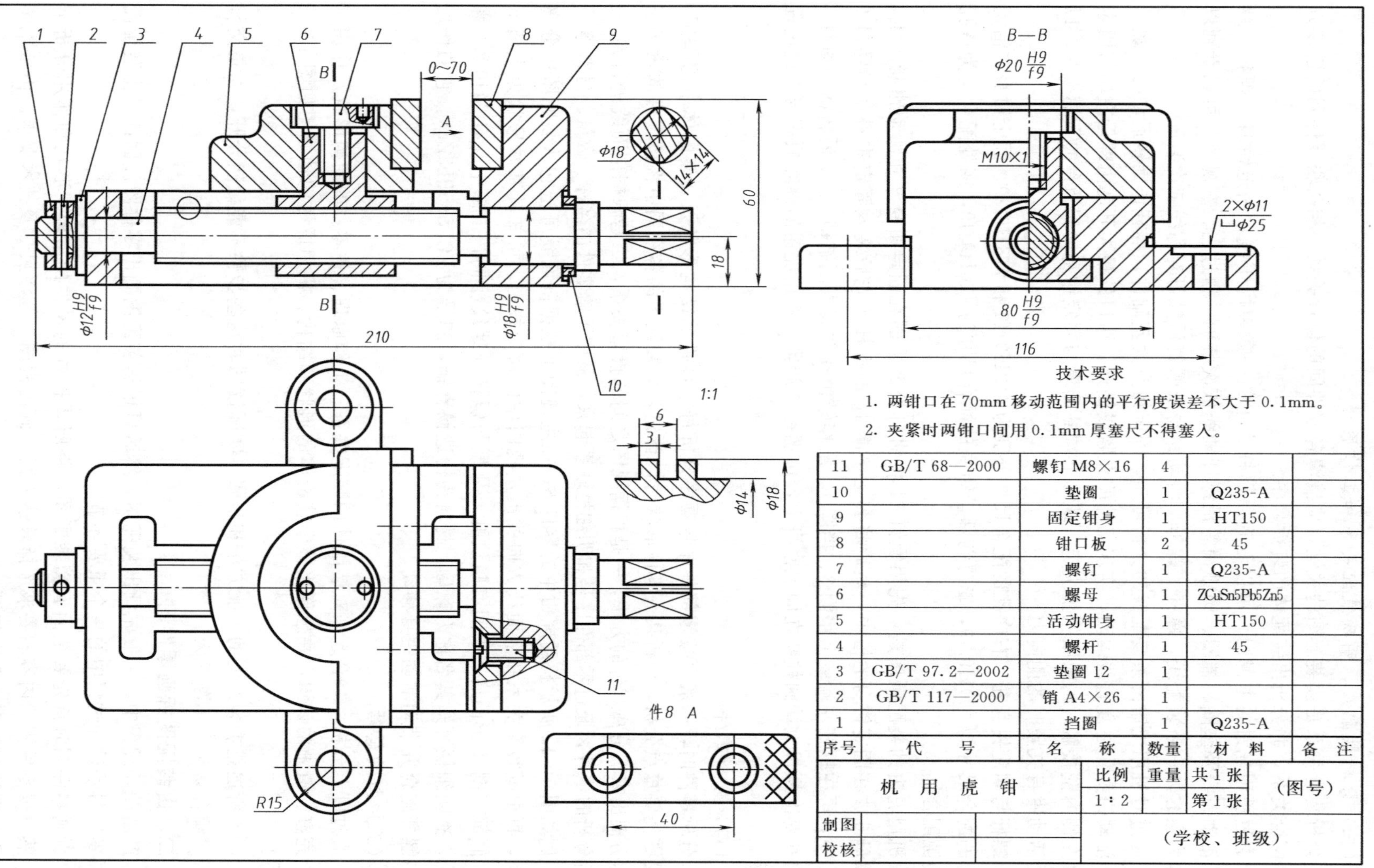

技术要求

1. 两钳口在 70mm 移动范围内的平行度误差不大于 0.1mm。

2. 夹紧时两钳口间用 0.1mm 厚塞尺不得塞入。

11	GB/T 68—2000	螺钉 M8×16	4		
10		垫圈	1	Q235-A	
9		固定钳身	1	HT150	
8		钳口板	2	45	
7		螺钉	1	Q235-A	
6		螺母	1	ZCuSn5Pb5Zn5	
5		活动钳身	1	HT150	
4		螺杆	1	45	
3	GB/T 97.2—2002	垫圈 12	1		
2	GB/T 117—2000	销 A4×26	1		
1		挡圈	1	Q235-A	
序号	代 号	名 称	数量	材 料	备 注

机 用 虎 钳		比例	重量	共 1 张	(图号)
		1∶2		第 1 张	
制图			(学校、班级)		
校核					

图 10-12 机用虎钳装配图

（三）分析装配线，明确装配关系和工作原理

分析装配关系是读装配图的关键，应搞清各零件间的位置关系，相关联零件间的连接方式和配合关系，并分析出装配体的装拆顺序。

通过机用虎钳的主视图，可以看到以螺杆为主的一条装配干线，固定钳身、螺杆、螺母、活动钳身及垫圈、挡圈、圆锥销等沿螺杆轴线依次装配。通过主、左视图，可以看到以螺母为主的另一条装配线，螺杆、螺母、活动钳身及螺钉沿螺母对称线依次装配。

通过对机用虎钳两条装配线的分析可知，固定钳身为基础件，螺杆作旋转运动时，螺母带动活动钳身作往复直线运动，实现工件的夹紧或松开，钳口的最大开度由螺母左端与固定钳身左侧内壁接触时的极限位置决定，螺母下端的凸肩与固定钳身内侧凸台的下端接触，以承受活动钳身夹紧时的侧向力。

螺杆与固定钳身左、右内孔的配合尺寸分别为 ϕ12H9/f9 和 ϕ18H9/f9，固定钳身与活动钳身的配合尺寸为 ϕ80H9/f9，螺母与活动钳身的配合尺寸为 ϕ20H9/f9，四处配合均为基孔制间隙配合。

机用虎钳的装配顺序是：先用螺钉 11 将钳口板 8 紧固在固定钳身 9 和活动钳身 5 上，将螺母 6 放在固定钳身的槽中，然后将套上垫圈 10 的螺杆 4 先后装入固定钳身 9 和螺母 6 的孔中，再在螺杆左端装上垫圈 3、挡圈 1，配作锥销孔并装入圆锥销 2，最后将活动钳身 5 的内孔对准螺母上端圆柱装在固定钳身上，用螺钉 7 旋紧。机用虎钳的拆卸顺序与上述过程相反。

（四）分析零件

分析零件时，一般可按零部件序号顺序分析每一零件的结构形状及在装配体中的作用，主要零件要重点分析。分析某一零件形状时，首先要从装配图的各视图中将该零件的投影正确地分离出来。分离零件的方法，一是根据视图之间的投影关系，二是根据剖面线进行判别。对所分析的零件，通过零部件序号和明细栏联系起来，从中了解零件的名称、数量、材料等。

例如图 10-12 所示机用虎钳中的零件 6，在主视图上根据剖面线可把它从装配图中分离出来，再根据投影关系和剖面线方向找出左视图中的对应投影，可知其基本形状为上圆下方，底部有倒 T 形凸肩，中间有螺纹孔，牙型与螺杆外螺纹相同，顶部中心有 M10×1 螺纹孔。查明细栏可知其名称为螺母，材料为铸造锡青铜，牌号为 ZCuSn5Pb5Zn5。它的作用是与螺杆旋合并带动活动钳身移动。

（五）归纳总结

通过以上分析，综合起来对装配体的装配关系、工作原理、各零件的结构形状及作用有一个完整、清晰的认识，并想像出整个装配体的形状和结构。机用虎钳的轴测图如图 10-13 所示。

以上所述是看装配图的一般方法和步骤，实际读图时这些步骤不能截然分开，而是交替进行，综合认识，不断深入。

二、由装配图拆画零件图

产品设计过程中，一般先画出装配图，然后再根据装配图画出零件图。因此，由装配图拆画零件图是设计过程中的一个重要环节。

拆画零件图时首先要全面看懂装配图，将所要拆画的零件的结构、形状和作用分析清楚，然后按零件图的内容和要求选择表达方案，画出视图，标注尺寸及技术要求。由装配图拆画零件图要注意以下几个问题。

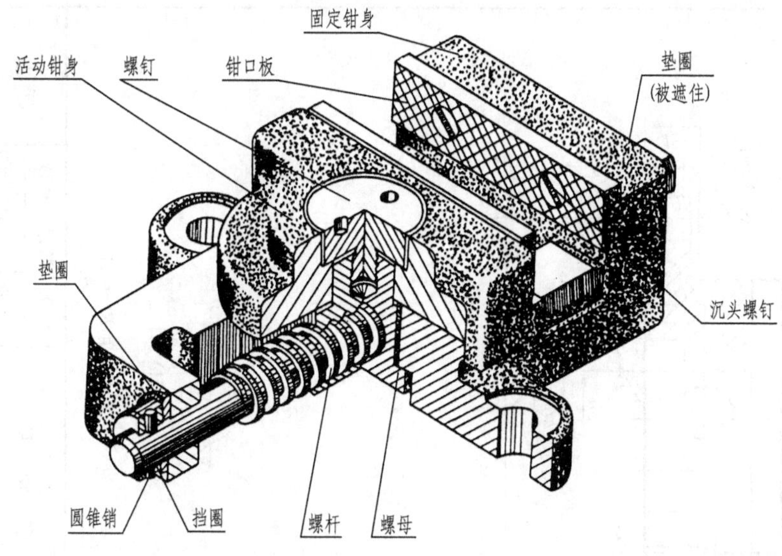

图 10-13　机用虎钳轴测图

（一）表达方案的确定

拆画零件图时，零件的表达方案不能简单照抄装配图上该零件的表达模式，因为装配图的表达方案是从整个装配体来考虑的，很难符合每个零件的要求，因此在拆画零件图时应根据零件自身的加工、工作位置及形状特征选择主视图，综合其形状特点确定其他视图数量及表达方法。

（二）零件结构形状的完善

零件上的一些工艺结构，如倒角、退刀槽、圆角等，在装配图上往往省略不画，但在画零件图时应根据工艺要求予以完善。

由于装配图主要用于表达装配关系和工作原理，因此对某一零件，特别是形状复杂的零件往往表达不完全，这时需要根据零件的功用，合理地加以完善和补充。

（三）零件尺寸的确定

装配图上对单个零件的尺寸标注不全，拆画零件图时，则应按零件图的尺寸标注要求，完整、清晰、合理地进行标注。由装配图确定零件尺寸的方法通常有以下几种。

(1) 抄注　装配图上已注出的尺寸必须抄注。配合尺寸应根据配合代号注出相应零件的公差带代号或极限偏差。

(2) 查表　对于标准件、标准结构以及与它们有关的尺寸应从相关标准中查取。如螺纹、键槽、与滚动轴承配合的轴和孔的尺寸等。

(3) 计算　某些尺寸必须计算确定，如齿轮的轮齿部分尺寸及中心距、涉及装配尺寸链的各组成环尺寸等。

(4) 量取　零件的其他尺寸可按比例直接从装配图上量取。

标注尺寸时，应特别注意各相关零件间尺寸的关联性，避免相互矛盾。

（四）零件图上技术要求的确定

根据零件在机器上的作用及使用要求，合理地确定各表面的表面结构要求、尺寸公差、几何公差以及其他技术要求，也可参考有关资料或类似产品的图样，采用类比的方法确定。

图 10-14 所示为根据图 10-12 拆画的机用虎钳固定钳身的零件图。

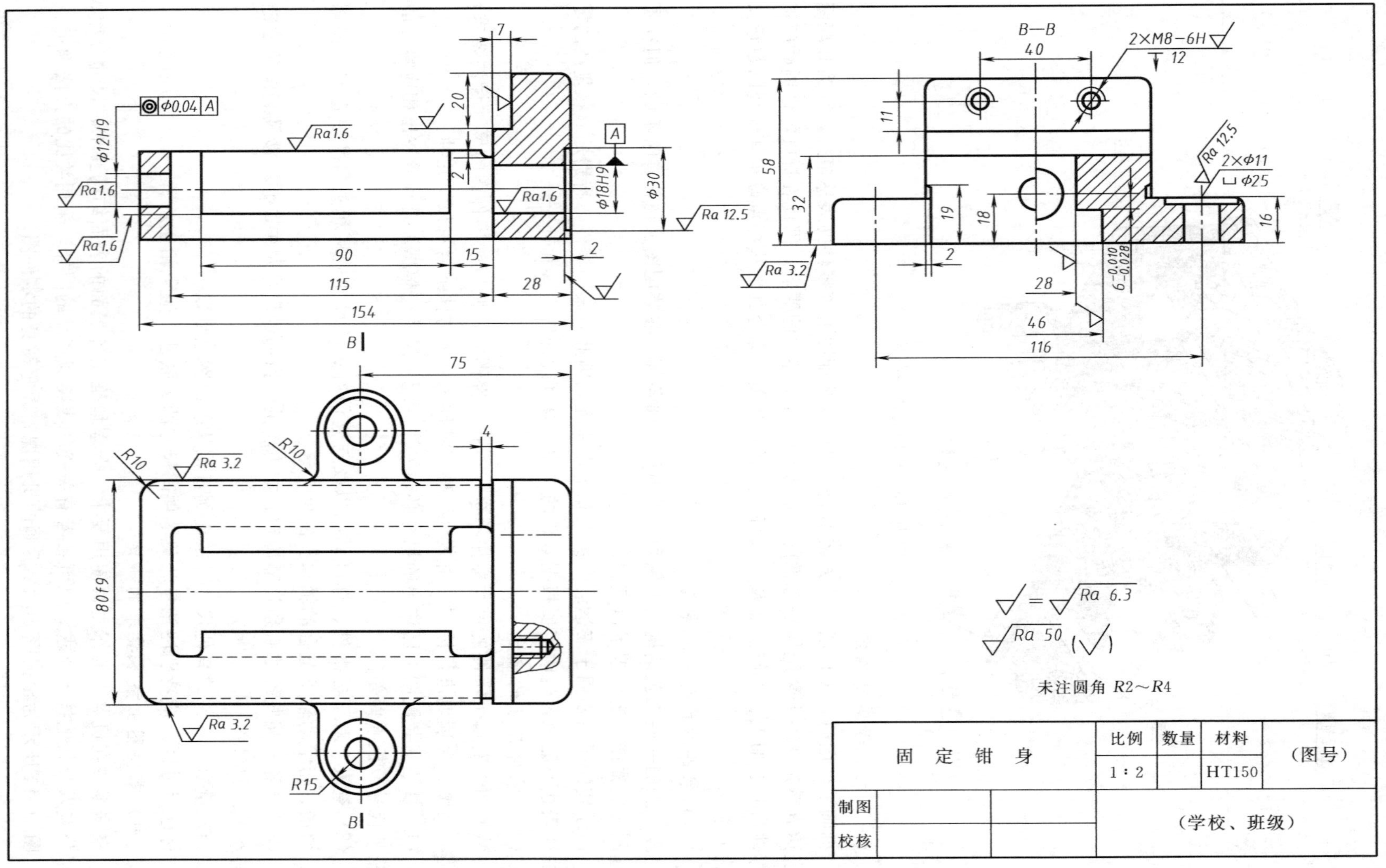

图 10-14 固定钳身零件图

第十一章　其他工程图

知识目标： 1. 熟悉表面展开图、焊接图、管路图的画法。
2. 了解第三角画法的投影规律。

能力目标： 1. 能正确绘制常见立体形状的表面展开图。
2. 能正确阅读焊接图和管路图。

第一节　表面展开图

将立体的表面按其实际大小，依次摊平在同一平面上，称为立体表面的展开，展开后所得的图形称为表面展开图。工业生产中，有些零部件是由板材加工制成的，制造时需依据表面展开图下料，然后采用咬封或焊接等形式制作完成。

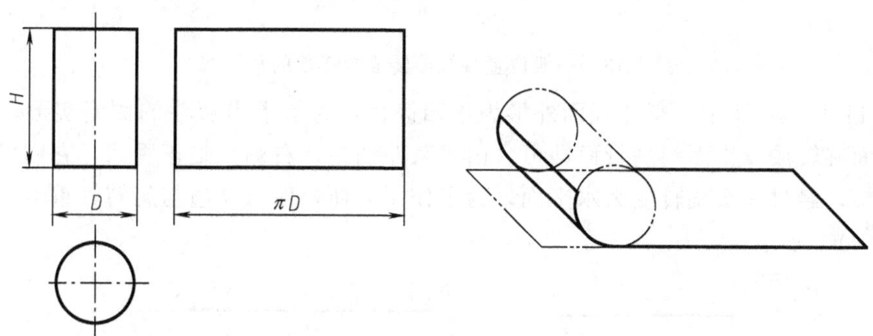

图 11-1　表面展开图的概念

图 11-1 所示为圆柱面的表面展开图（矩形），展开高度与圆柱等高，展开长度等于圆柱的周长。为了准确地摊平立体表面，可通过图解法或计算法求出立体表面棱线或素线的实长及各表面的实形。

一、求直线的实长和平面的实形

求直线的实长和平面实形常用的方法有换面法和旋转法，本节介绍用旋转法求直线的实长和平面实形的方法。

（一）直线和平面的旋转

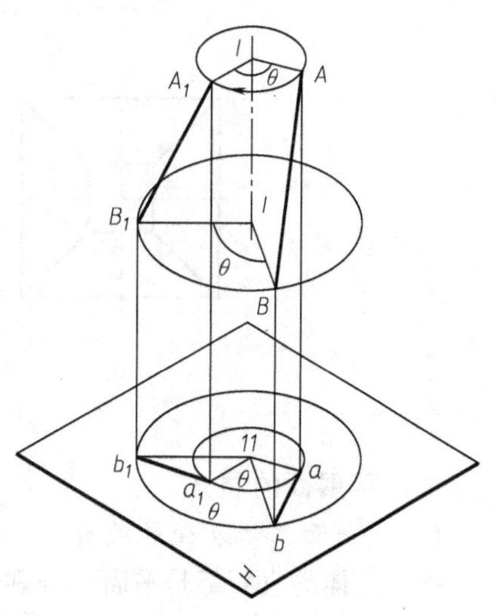

图 11-2　直线绕铅垂线旋转

如图 11-2 所示，当直线 AB 绕铅垂线Ⅱ沿顺时针方向旋转到 A_1B_1 时，该直线上各点均沿顺时针方向旋转，且转过的角度相等，因此直线 AB 对 H 面的倾角不变，所以 ab 的长度也不变。同理，当平面图形（如△ABC，图中未示出）绕铅垂线Ⅱ旋转时，该平面图形上的各点均绕同一旋转轴同向旋转相同的角度，且此平面图形对 H 面的倾角不变，所以其水平投影的大小（如$\triangle abc$）也不变。

（二）实长及实形的求解方法

由于正平线的正面投影反映实长，水平线的水平投影反映实长，因此，只要将一般位置直线设法旋转成正平线或水平线即得所求。如图 11-3（a）所示，AB 为一般位置直线，为了作图简便，可使旋转轴通过 A 点，则 A 点在旋转过程中位置不变，只要旋转 B 点就可达到要求。绕铅垂轴线旋转的作图方法如图 11-3（b）所示；绕正垂轴线旋转的作图方法如图 11-3（c）所示。

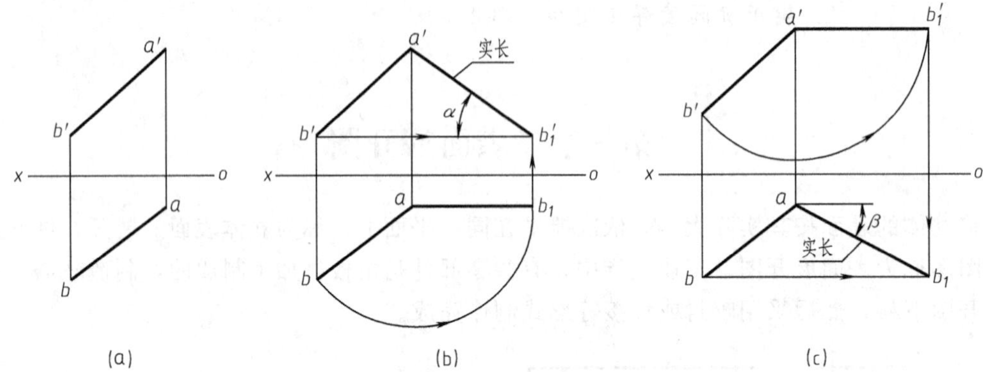

图 11-3 一般位置直线旋转成投影面的平行线

如图 11-4（a）所示，灰斗表面外形为正四棱台，为了求出灰斗的侧面实形，只要将它的任一侧面旋转成投影面的平行面即可。由于灰斗的左、右侧面是正垂面，它们可以绕垂直于正面的轴，经过一次旋转变为水平面，为了作图简便，使 AD 边与旋转轴重合，作图步骤如图 11-4（b）所示。

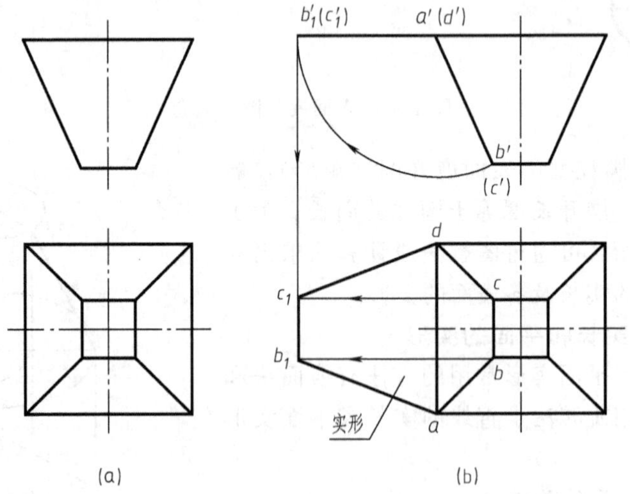

图 11-4 求灰斗侧面的实形

二、可展面的展开

（一）平面立体表面的展开

平面立体的表面都是平面，分别作出立体各表面的实形，依次排列在一个平面上，就是该立体表面的展开图。

1. 棱柱面的展开

图 11-5（a）所示为斜口四棱柱，展开图的作图过程如图 11-5（b）所示。

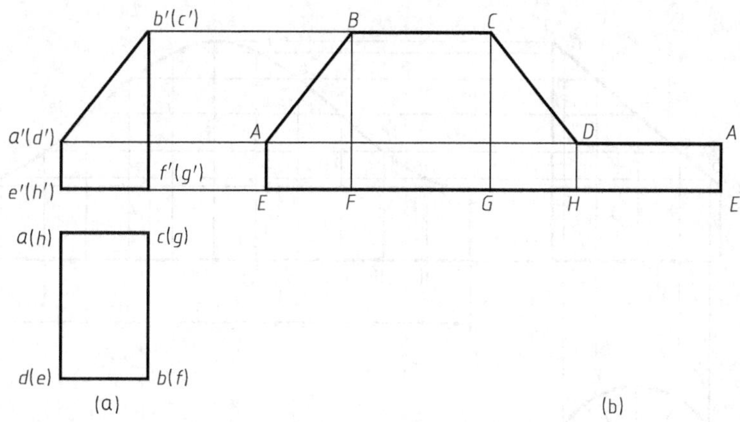

图 11-5　四棱柱的展开

① 按水平投影所反映的各底边实长，展开成一条水平线，标出 E、F、G、H 各点。

② 由这些点作铅垂线，在铅垂线上量取正面投影所反映的各棱线的实长，即得端点 A、B、C、D。

③ 按顺序连接这些端点，即为棱柱的展开图。

2. 棱锥面的展开

图 11-6（a）所示为斜口四棱台，四条棱线延长后相交于顶点 S，形成一个完整的四棱锥。四棱锥的四个侧面分别是前后相同、左右相同的两对等腰三角形，各底边的水平投影反映实长。四条棱线的实长相同，但在两面投影中都不反映实长，可用旋转法求出，如图 11-6（a）所示。

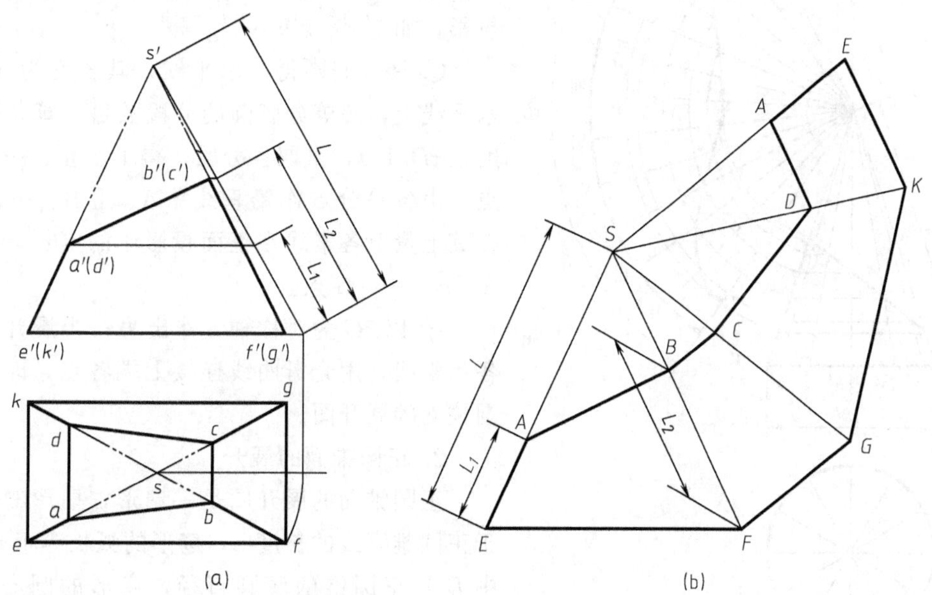

图 11-6　斜口四棱台的展开

按根据边长作三角形的方法，顺次作出各三角形侧面的实形，拼得四棱锥的展开图，在各棱线上截去上端相应的长度并顺次连线，即得斜口四棱台的展开图，如图 11-6（b）所示。

（二）曲面立体表面的展开

1. 斜口圆柱面的展开

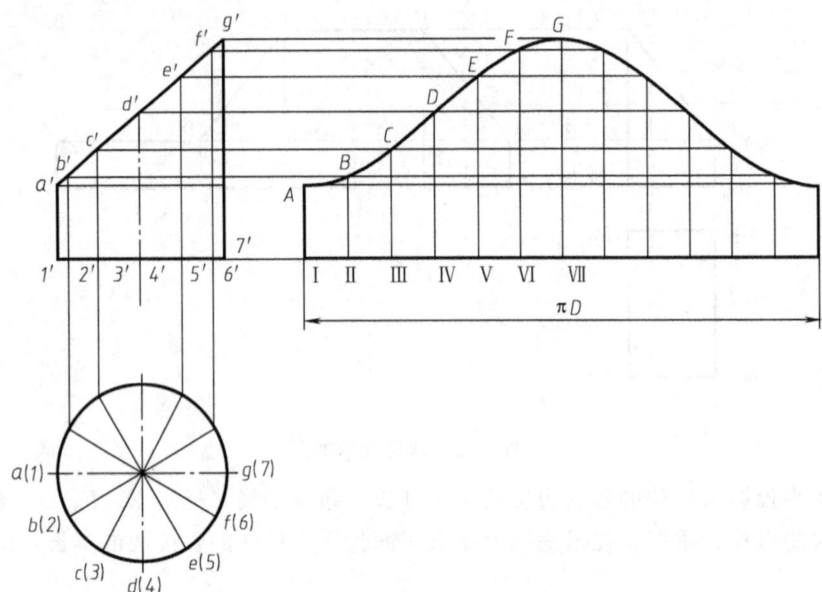

图 11-7 斜口圆柱面的展开

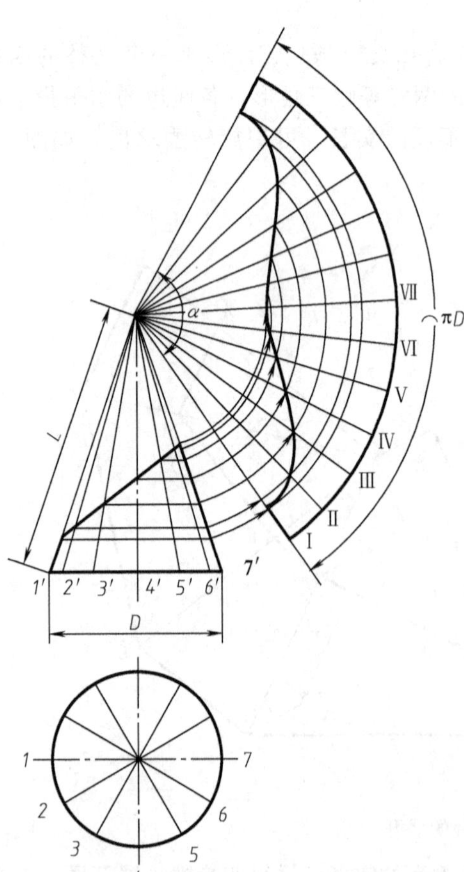

图 11-8 斜口圆锥面的展开图

斜口圆柱面的展开方法，与图 11-1 所示平口圆柱面的展开基本相同，只是斜口部分展开成为曲线，作图过程如图 11-7 所示。

① 将底圆分成若干等份（如水平投影中的 12 等份），在各点的正面投影处做出相应素线的投影，如 $1'a'$、$2'b'$…$7'g'$等。

② 展开底圆得一水平线，其长度为 πD，在水平线上，按等分底圆的分段数目计算各分段长度（$\pi D/12$），量取各分段，得Ⅰ、Ⅱ、…、Ⅶ等点。由各等分点作铅垂线ⅠA、ⅡB、…、ⅦG，在其上量取各素线在正面投影中的实长，得端点 A、B、…、G 点。

③ 以 $7G$ 为对称轴，作出另一半展开图中的各条素线，用光滑曲线连接上端各点，即得斜口圆柱面的展开图。

2. 正圆锥面的展开

正圆锥面的展开图是一扇形，扇形的半径等于正圆锥素线的长度 L，扇形的弧长等于 πD，其中 D 是正圆锥的底圆直径，扇形的圆心角 $\alpha=(D/L)\cdot 180°$。

正圆锥面截切后的展开图画法与棱锥面的展开画法类似，如图 11-8 所示。

三、不可展曲面的近似展开

（一）球面的展开

如图 11-9（a）所示，将球面分成若干等份（图中是 12 等份，等分数目越多，展开图越精确），对每一等份用和球面相切的正圆柱面来代替，展开图的作图步骤如图 11-9（b）、（c）所示。

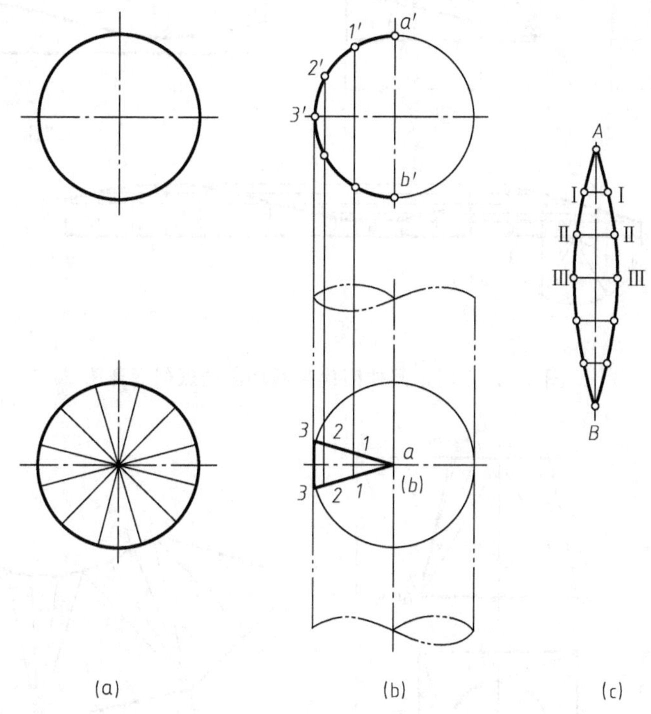

图 11-9　用正圆柱面代替球面的近似展开图

① 将半圆 $a'b'$分成若干等份（图中是 6 等份），得分点 1′、2′、3′等。

② 作出相应的水平投影 11、22、33 等，即得正圆柱面上各等分点素线的实长。

③ 作直线 AB 等于 $a'b'$弧长（或等于 6 段弦长之和），并将其分成 6 等份。

④ 过各等分点作 AB 的垂线，在相应垂线上量取ⅠⅠ＝11、ⅡⅡ＝22、ⅢⅢ＝33，按对称形式作出下端各素线。

⑤ 依次光滑连接各素线的端点，即得展开图。用相同的 12 片板弯曲后焊接起来，即得近似球面。

（二）圆环面的展开

如图 11-10（a）所示，将 1/4 圆环分成 6 等份（等分数目越多，图形越精确），从左端开始，隔点作四个斜头正圆柱面分别与之相切，图 11-10（b）所示为环面的近似形状。A 段的展开图画法如图 11-10（d）所示，B 段实际上是由两个 A 段组成，完成后的展开图如图 11-10（c）所示。

（三）“天圆地方”变形接头的展开

图 11-11（a）所示是“天圆地方”变形接头，用以连接方管和圆管，其侧面由四个相同的等腰三角形和四个相同的 1/4 斜圆锥面组合而成。展开图的作图步骤如图 11-11（b）、（c）所示。

① 在投影图中作斜圆锥的三等分素线，求出素线 BD 和 BE 的实长。

② 量取等腰三角形底边 $AB=ab$，中心高 $GC=b'f'$（$b'f'$为中心高的实长），作出等腰

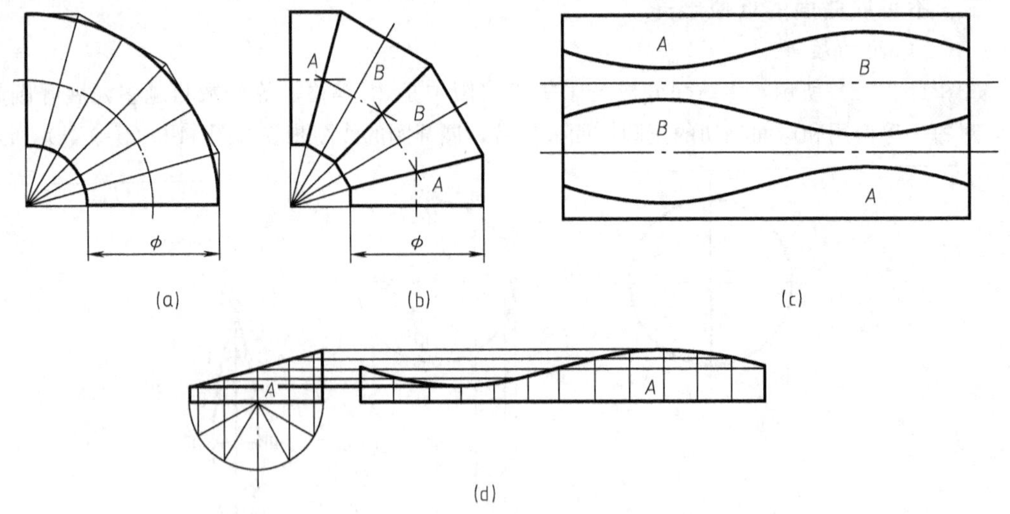

图 11-10 用正圆柱面代替圆环面的近似展开图

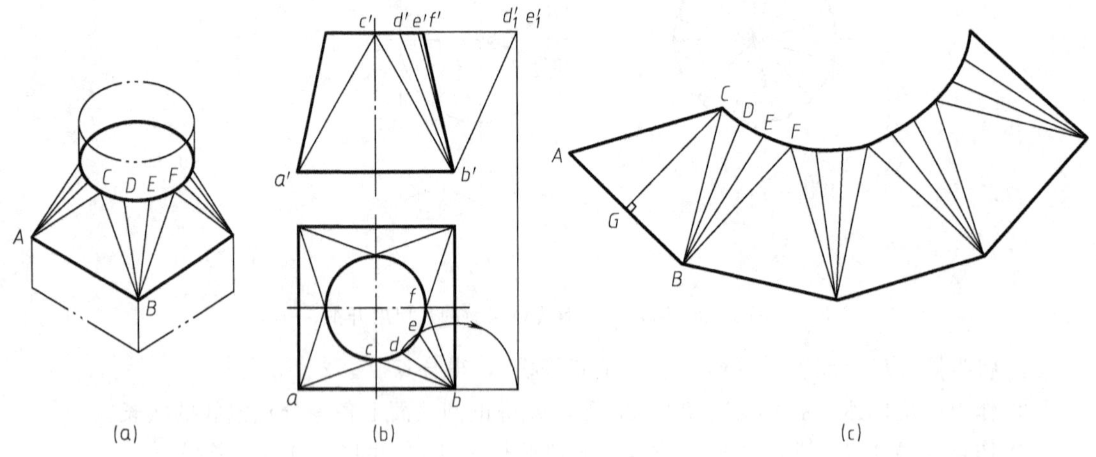

图 11-11 变形接头及其展开图

三角形 ABC。

③ 以 B 为圆心，素线 BD 实长为半径画弧，再以 C 为圆心 cd 弦长为半径画弧，两弧交于 D 点。以 B 为圆心，素线 BE 实长为半径画弧，再以 D 为圆心 de 弦长为半径画弧，两弧交于 E 点。以 B 为圆心，BC 为半径画弧，再以 E 为圆心 ef 弦长为半径画弧，两弧交于 F 点。光滑连接 $CDEF$，得锥面的展开图。

④ 按上述方法并利用对称原理，可作出变形接头的展开图。

第二节 焊 接 图

采用局部加热，填充熔化金属或用加压等方法，将两块或几块金属熔合在一起，称为焊接。焊接是一种不可拆卸的连接形式，由于它施工简便，连接可靠，在工程上应用广泛。

一、焊接的接头形式

常见的焊接接头有对接、搭接、角接、T 形接等四种形式，如图 11-12 所示。

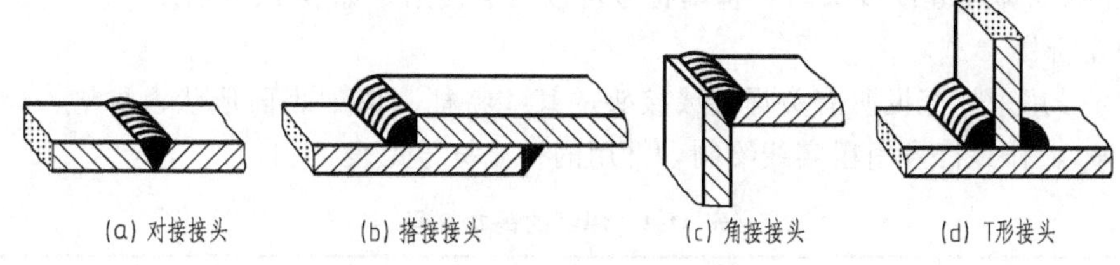

图 11-12　焊接的接头形式

二、焊缝的规定画法及标注

（一）焊缝的规定画法

工件经焊接所形成的接缝称为焊缝。国家标准（GB/T 12212—1990）规定，图样上的焊缝一般采用焊缝符号表示，但也可采用图示方法表示。在视图中，可见焊缝用细实线绘制的栅线（可徒手绘制）表示；在剖视图或断面图中，焊缝断面涂黑表示。焊缝的规定画法如图 11-13 所示。

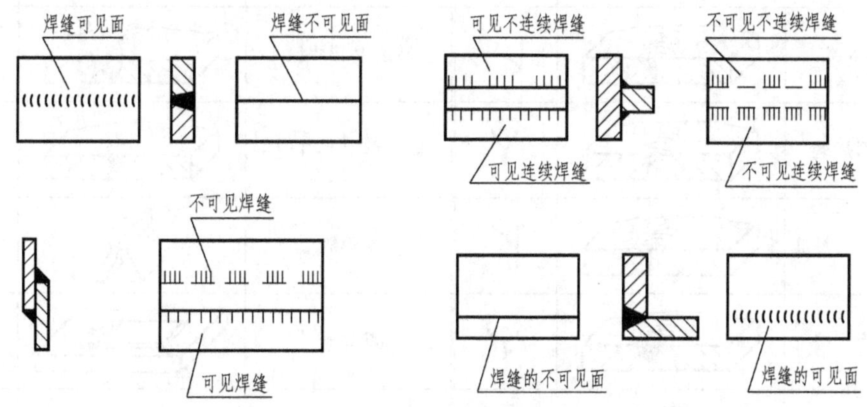

图 11-13　焊缝的规定画法

只需在图样中简易地表示焊缝时，将焊缝的切断面涂黑表示，视图中的焊缝可省略不画。

（二）焊缝符号表示法

焊缝符号一般由基本符号与指引线组成，必要时还可以加注补充符号、尺寸符号及数据等。

1. 焊接方法的字母符号

焊接的方法很多，如电弧焊、接触焊、电渣焊、点焊和钎焊等，其中以电弧焊应用最广泛。常用焊接方法的字母符号见表 11-1。

表 11-1　常用焊接方法的字母符号

焊接方法	字母符号	焊接方法	字母符号
手工电弧焊	RHS	激光焊	RJG
埋弧焊	RHM	气焊	RQH
丝极电渣焊	RZS	烙铁钎焊	QL
电子束焊	RDS	加压接触焊	VJ

2. 基本符号

基本符号是表示焊缝横截面的基本形式或特征的符号。基本符号用粗实线绘制，见表

11-2。标注双面焊焊缝或接头时，基本符号可以组合使用，如表 11-3 所示。

3. 补充符号

补充符号用来补充说明有关焊缝或接头的某些特征（诸如表面形状、衬垫、焊缝分布、施焊地点等），补充符号用粗实线绘制，常用的补充符号见表 11-4。

表 11-2 焊缝的基本符号

焊缝名称	示意图	符号	焊缝名称	示意图	符号
卷边焊缝（卷边完全溶化）			塞焊缝或槽焊缝	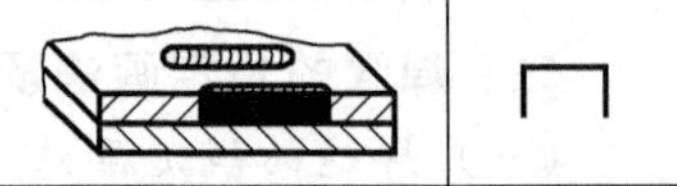	
I 形焊缝			点焊缝		
V 形焊缝	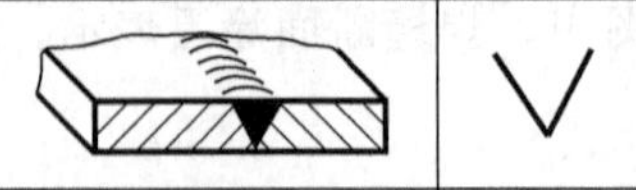		缝焊缝	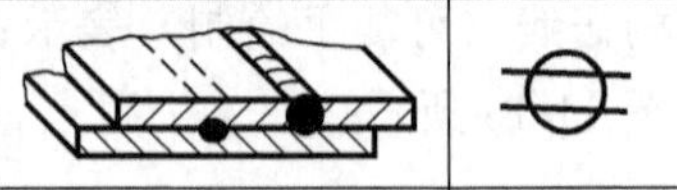	
单边 V 形焊缝	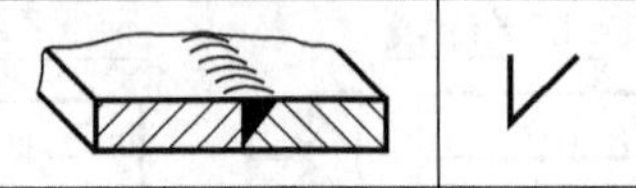		陡边 V 形焊缝		
带钝边 V 形焊缝	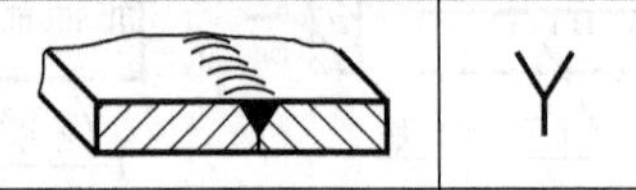		陡边单 V 形焊缝	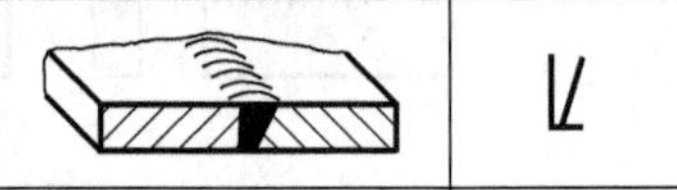	
带钝边单边 V 形焊缝	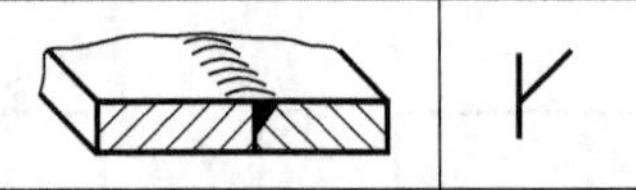		端焊缝	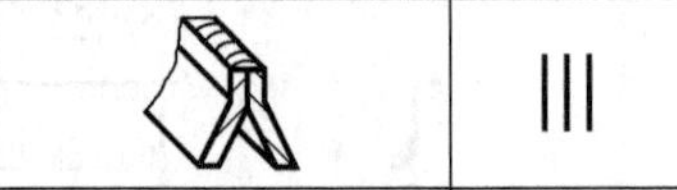	
带钝边 U 形焊缝	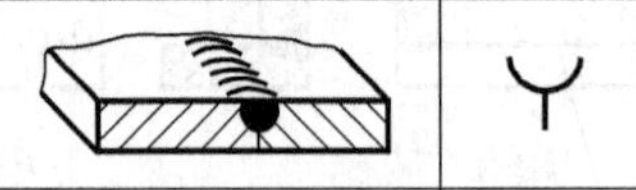		堆焊缝		
带钝边 J 形焊缝	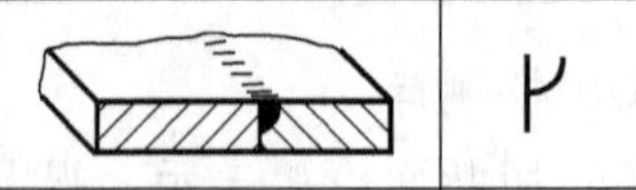		平面连接（钎焊）	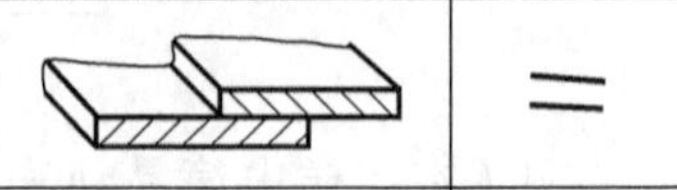	
封底焊缝	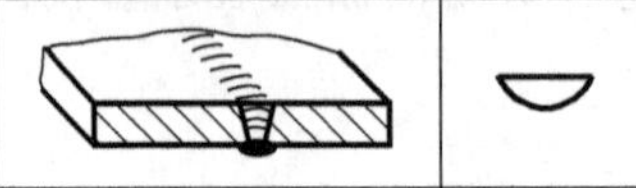		斜面连接（钎焊）	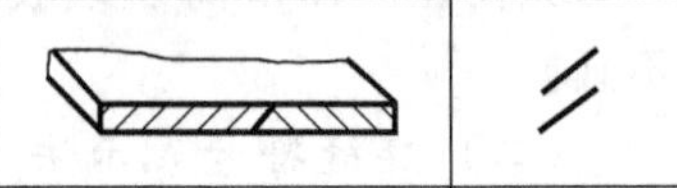	
角焊缝	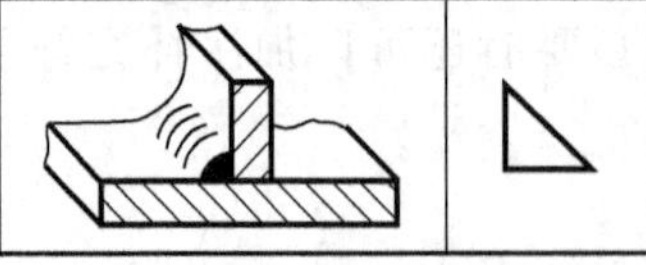		折叠连接（钎焊）	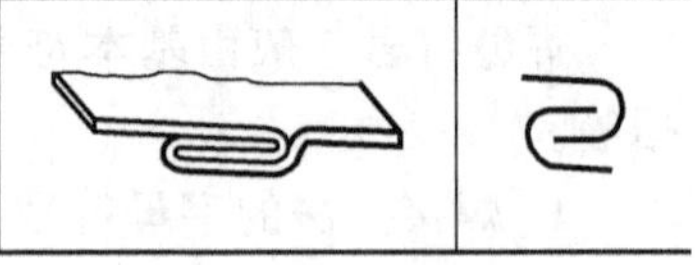	

表 11-3 基本符号的组合

焊缝名称	示意图	符号	焊缝名称	示意图	符号
双面 V 形焊缝（X 焊缝）	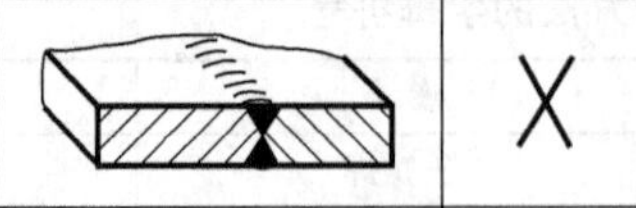		带钝边的双面单 V 形焊缝	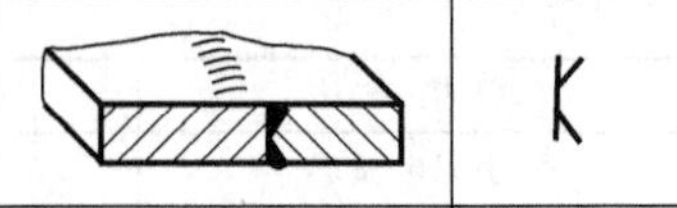	
双面单 V 形焊缝（K 焊缝）	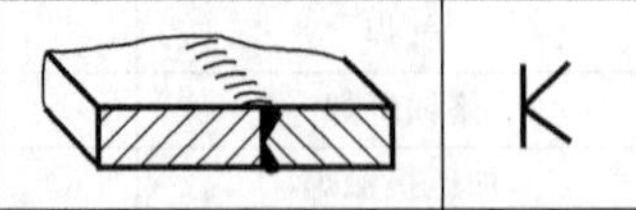		双面单 U 形焊缝	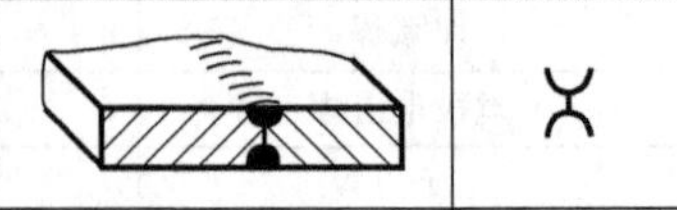	
带钝边的双面 V 形焊缝	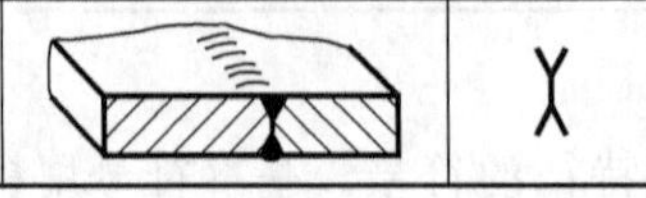				

表 11-4　焊缝的补充符号

名称	符号	说　明	名称	符号	说　明
平面		焊缝表面通常经过加工后平整	临时衬垫	MR	衬垫在焊接完成后拆除
凹面		焊缝表面凹陷	三面焊缝		三面带有焊缝
凸面		焊缝表面凸起	周围焊缝		沿着工件周边实施的焊缝
圆滑过渡		焊趾处过渡圆滑	现场焊缝		在现场焊接的焊缝
永久衬垫	M	衬垫永久保留	尾部		可以表示所需的信息

4. 指引线

指引线由箭头线和两条基准线（一条为细实线，另一条为虚线）组成，如图 11-14 所示，箭头线用细实线绘制，箭头指向焊缝处。基准线一般应与图样的底边平行，必要时也可与底边垂直。基本符号注在实线侧时，表示焊缝在箭头侧；基本符号注在虚线侧时，表示焊缝在非箭头侧。必要时，可在基准线末端加一尾部符号，作为其他说明之用（如焊接方法）。

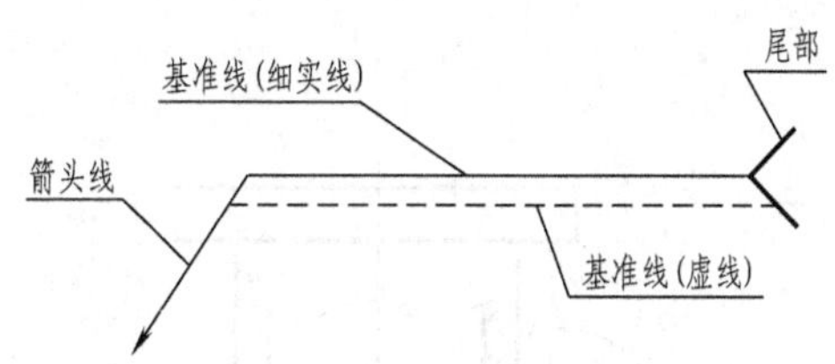

图 11-14　指引线的画法

5. 焊缝的尺寸

焊缝尺寸一般不标注，当设计或生产中需要注明焊缝尺寸时才标注。常用焊缝的标注示例见表 11-5。

表 11-5　常用焊缝的标注示例

焊缝形式	标注方法	说　明
		对接接头，带钝边 V 形焊缝。板材厚度 δ、坡口角度 α、根部间隙 b、钝边高度 p
		角焊缝，焊角尺寸 K，焊缝表面分别为平面、凸起、凹陷
		周围角焊缝，焊角尺寸 K

续表

焊缝形式	标注方法	说明
		三面角焊缝，焊角尺寸 K

当焊缝按上述画法和标注方法不能完整、清晰地表达其结构及尺寸时，可将焊缝用局部放大图另行绘制，如图 11-15 所示。

当图样上全部或大部分焊缝所采用的焊接方法、焊接接头形式及尺寸、焊接要求相同时，可在技术要求中用文字统一说明。

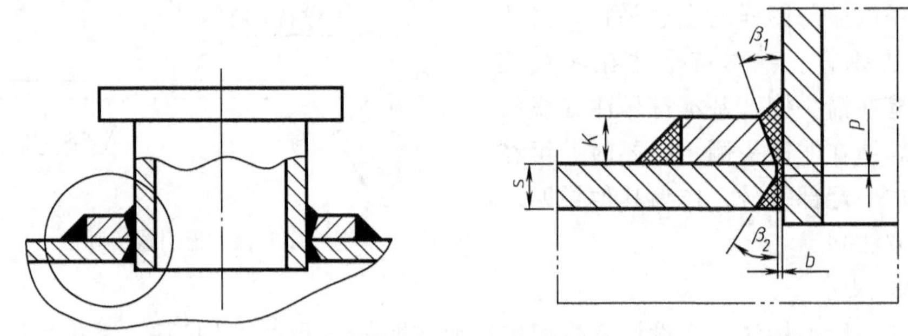

图 11-15 焊缝的局部放大图

第三节 管 路 图

在流体输送的具体工作中，经常需要绘制或阅读管路图，它主要用来表达管道及其附件的配置情况、尺寸规格以及与相关设备的连接关系。本节简要介绍管道及常用附件的图示方法。

一、管道的表示方法

管路图中的管道按正投影法绘制，一般以单线（粗实线）表示，公称通径 DN 大于和等于 400mm 或 16in 的管道用双线（中粗实线）表示，在管道两端的断开处应画出断裂符号，如图 11-16 所示。管道转折、交叉及重叠的表示方法见表 11-6。

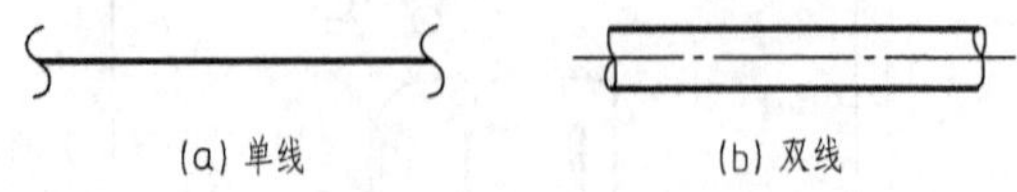

图 11-16 一段直管的图示方法

表 11-6　管道的画法

类型	管道画法		
管道转折	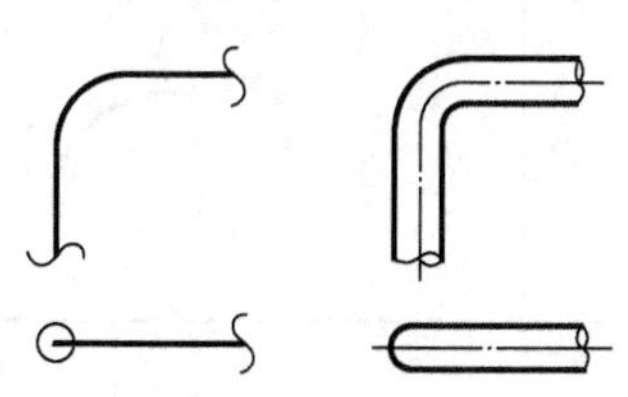		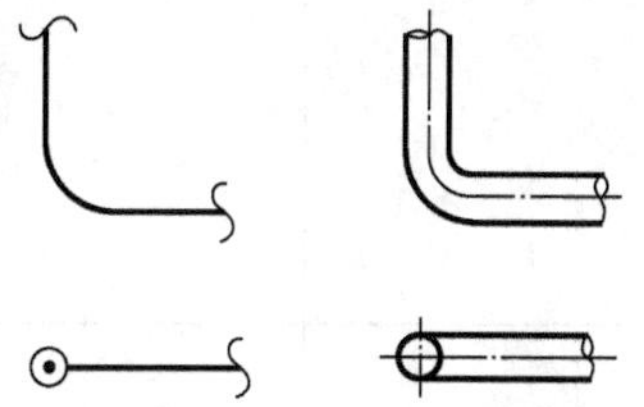
管道交叉	将被遮挡的下方(或后方)管道断开		若需表示不可见管道,也可将上面(或前面)管道断开,但必须画出断裂符号
管道重叠	将上面(或前面)管道的投影断开,并画出断裂符号	将下面(或后面)的管道画至重影处并稍留间隙	多根管道投影重叠时,将最上面(或最前面)管道画双重断裂符号,也可在投影断开处标注管道标识字母

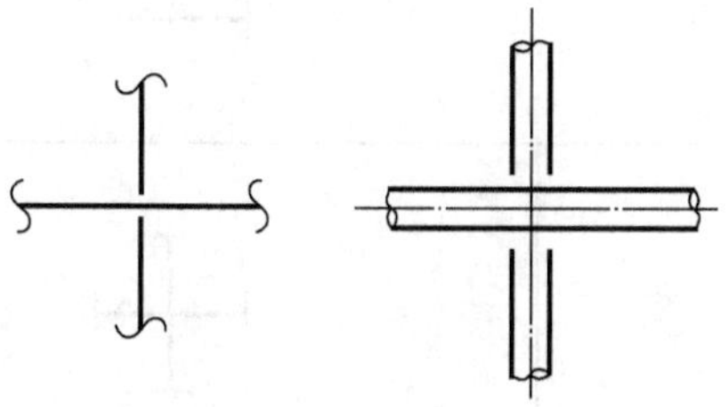

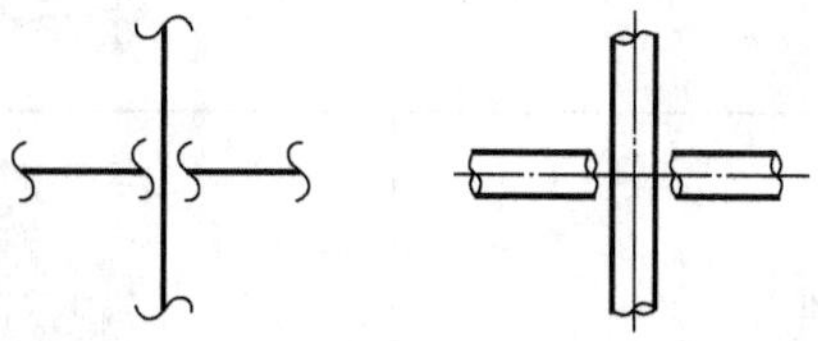

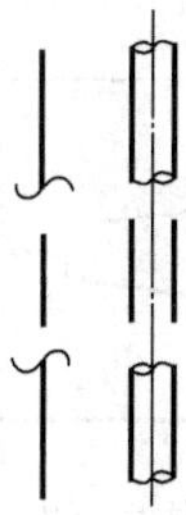

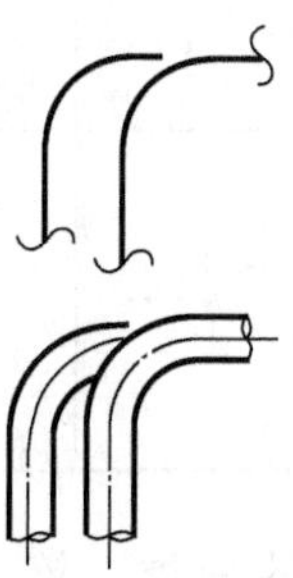

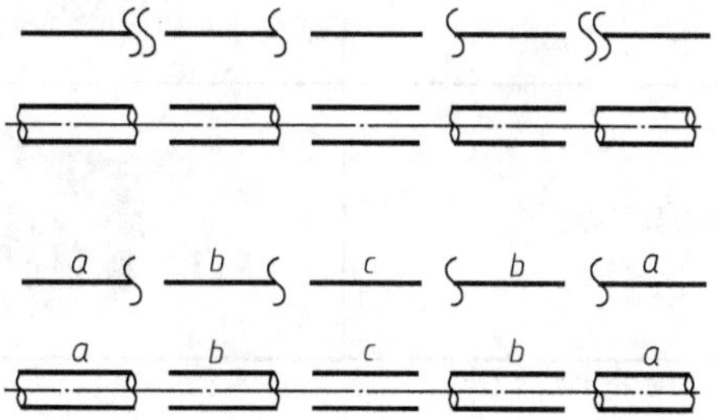

二、管道连接的表示方法

常见管道的连接形式包括法兰连接、承插连接、螺纹连接、焊接等，图示方法如图 11-17所示。

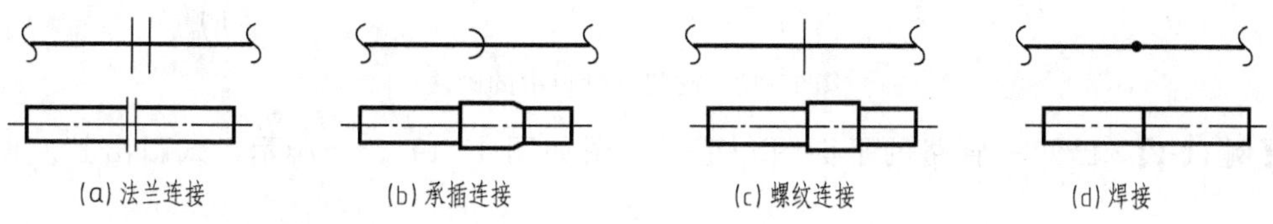

图 11-17　管道连接表示法

三、管件及阀门的表示方法

管道连接中的常用管件包括弯头、三通、四通、管接头等，其图示方法见表 11-7。

表 11-7 管件的表示方法

名 称	轴 测 图	图 示 符 号
弯头		
三通		
四通		
活接头		
同心异径接头		

阀门一般用细实线示意画出，以表示阀门的种类、控制方式及安装方位，如图 11-18（a）所示。图 11-18（b）所示为不同安装方位的阀门的画法。阀门与管道的连接方式如图 11-18（c）所示。

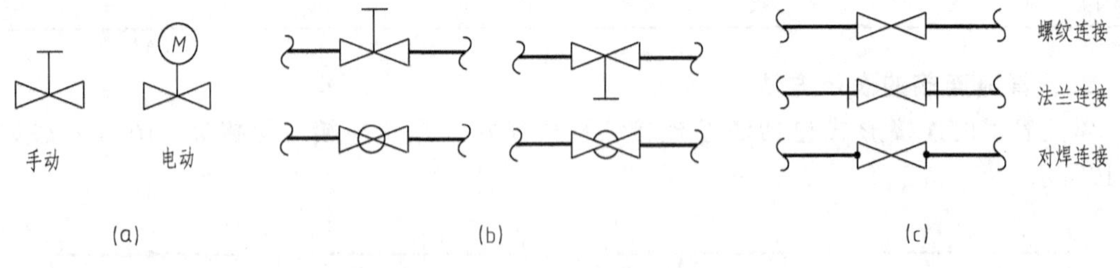

图 11-18 阀门在管道中的画法

【例 11-1】 已知一管路的平面图和正立面图如图 11-19（a）所示，试画出其左、右立面图。

分析： 由平面图和正立面图可知，该管路的空间走向为自上向下→向右→向后→向左→向下。前端竖直管道上装有一个截止阀（螺纹连接），手轮朝右。

根据上述分析，可画出管路的左、右立面图，如图 11-19（b）所示。

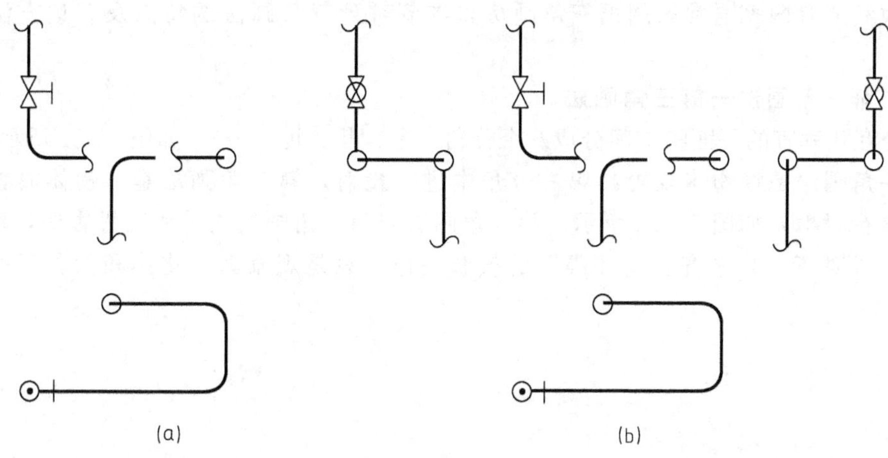

图 11-19　补画立面图

【例 11-2】 已知一管路的轴测图如图 11-20（a）所示，试画出其平面图和正立面图。

分析：这一管路由三部分组成，主体管路的走向为自前向后→向右→向上→向右；第二部分为向左的支管；第三部分为向前的支管。共装有四个截止阀（法兰连接），主体管路下部阀门的手轮朝上，另两个阀的手轮朝前，向前支管上阀的手轮朝下。

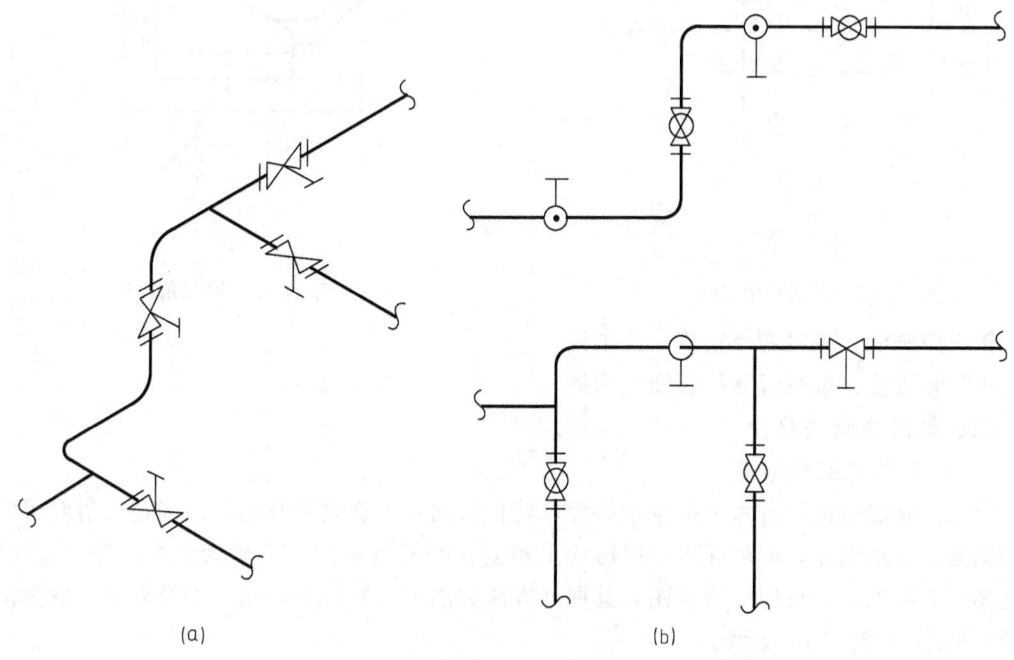

图 11-20　根据轴测图画平面图和立面图

根据上述分析，可画出管路的平面图和正立面图，如图 11-20（b）所示。

第四节　第三角画法简介

世界各国均采用正投影法绘制机械图样，ISO 国际标准规定，第一角画法和第三角画法等效使用。中国、英国、德国、法国等国家通常采用第一角画法，日本、美国、加拿大、澳大利亚等国家通常采用第三角画法。本节对第三角画法的特点及表达方法作一简单介绍。

一、第一角画法与第三角画法

三个互相垂直的平面将空间分成八个分角（Ⅰ、Ⅱ、Ⅲ、…），如图 11-21 所示。

第一角画法是将物体放置在第一分角中进行投射，第三角画法是将物体放置在第三分角中进行投射，如图 11-22 所示。第三角画法与第一角画法均采用正投影法，视图之间都保持“长对正、高平齐、宽相等”的投影规律，只是观察者、物体和投影面的相对位置不同。

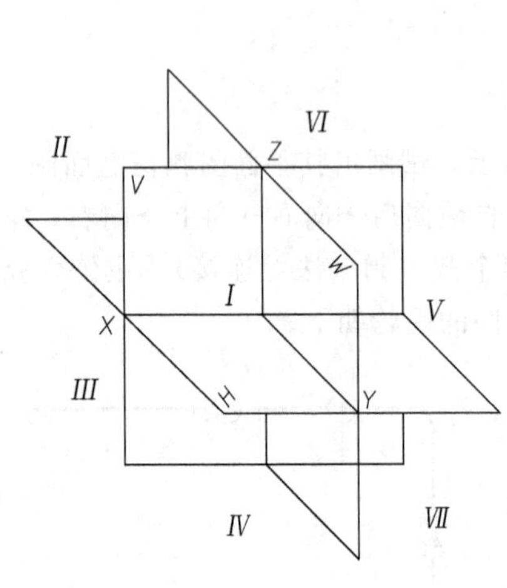

图 11-21　空间八个分角

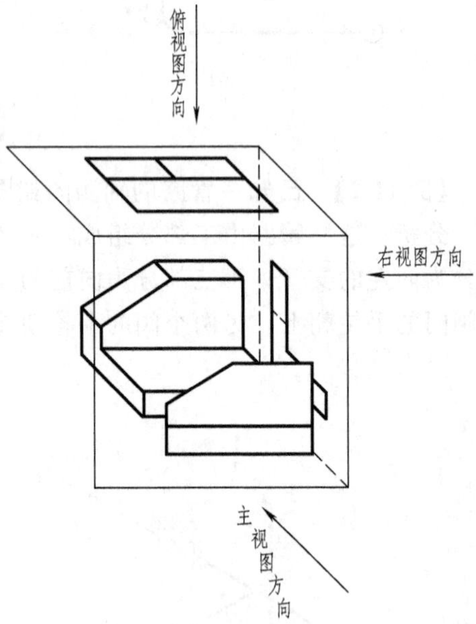

俯视图方向

右视图方向

主视图方向

图 11-22　第三角投影

第一角画法：观察者→物体→投影面。

第三角画法：观察者→投影面→物体。

二、第三角画法简介

（一）基本视图的形成

第三角画法中同样有六个基本投影面，将投影面置于观察者与物体之间，投射时可假设投影面是一个透明体，即可在六个投影面上得到六个基本视图，分别为：主视图、俯视图、左视图、右视图、仰视图、后视图，其展开方法如图 11-23（a）所示。展开后基本视图的配置形式如图 11-23（b）所示。

（二）基本视图之间的方位关系

第三角画法中的右视图、左视图、俯视图、仰视图，其靠近主视图的一侧为物体的前面，远离主视图的一侧为物体的后面。这与第一角画法中相应视图的前后方位正好相反。

第三角画法与第一角画法相比，其主视图与后视图的配置相同，而俯视图与仰视图、左视图与右视图的位置对调，其配置对比如图 11-24 所示。

（三）第一角画法与第三角画法的标记

第一角画法与第三角画法的识别符号如图 11-25 所示（圆台的主、左视图）。国家标准

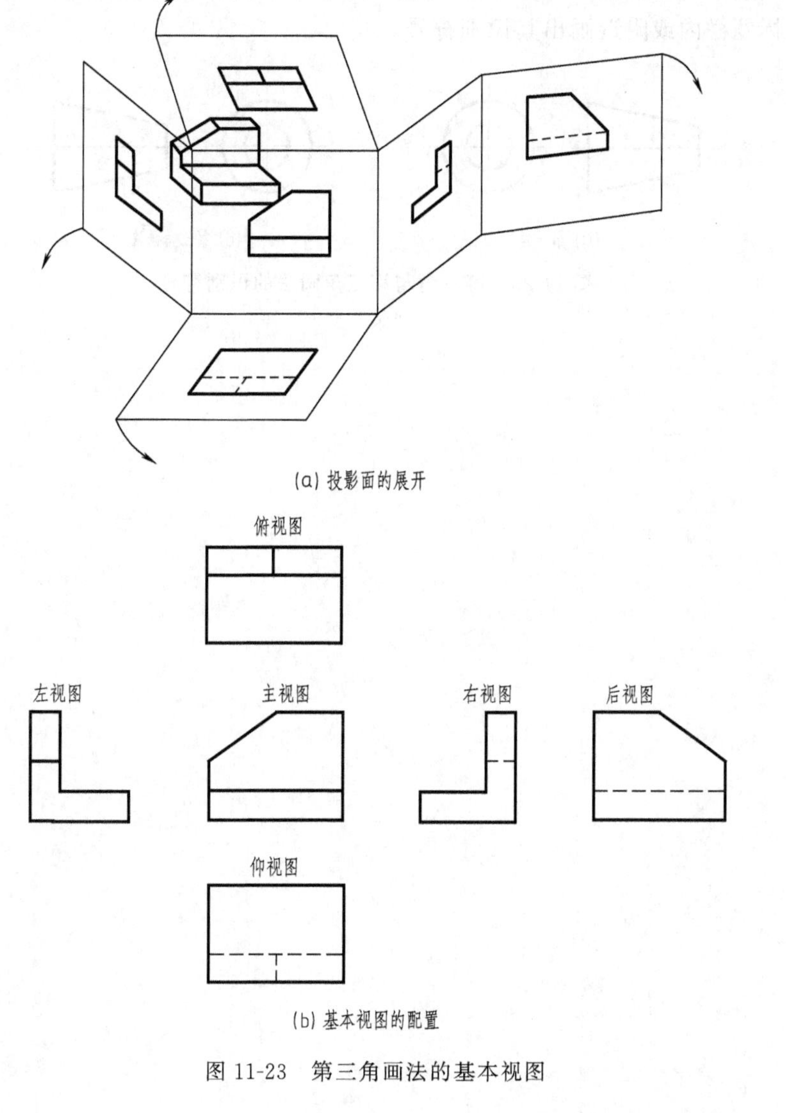

(a) 投影面的展开

(b) 基本视图的配置

图 11-23　第三角画法的基本视图

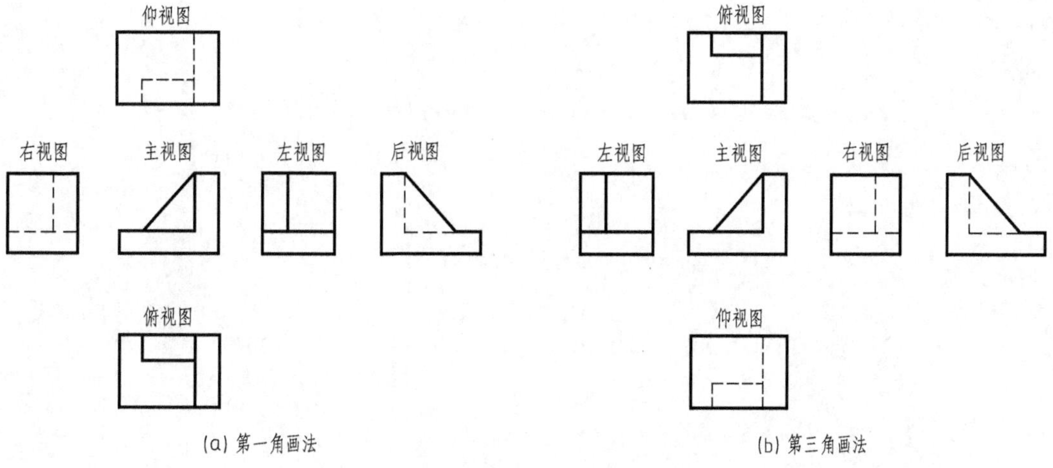

(a) 第一角画法　(b) 第三角画法

图 11-24　第一角与第三角画法的配置对比

规定，我国采用第一角画法，故采用第一角画法时无需标注其识别符号。当采用第三角画法时，必须在标题栏内或附近画出其识别符号。

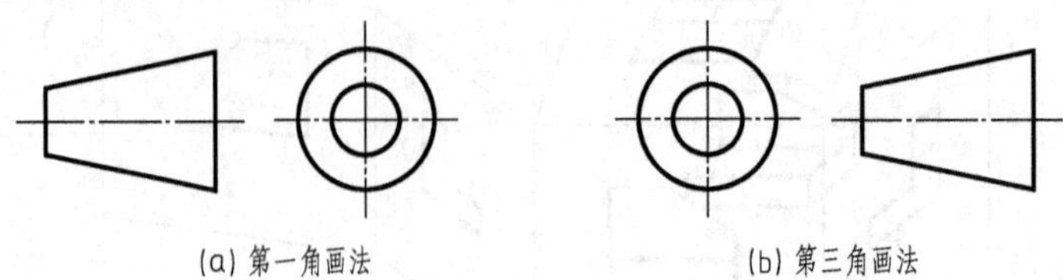

图 11-25　第一角与第三角画法的识别符号

第十二章　部件测绘

知识目标： 1. 熟悉部件测绘的一般方法和步骤。

能力目标： 1. 能完成简单装配体的测绘任务。

2. 能综合运用所学知识与技能，解决工程实际问题。

部件测绘就是对现有机器或部件进行测量，画出零件草图，并根据零件草图绘制装配图，再由装配图及零件草图绘制零件工作图的过程。

测绘与设计的不同之处在于：测绘是一个认识实物、再现实物的过程，即先有实物后有图样；而设计是一个构思实物的过程，即先有图样后有实物。

按测绘目的不同，可将部件测绘分为三种。

(1) 设计测绘　测绘的目的是为了设计。在实际生产中，对原有机器或部件进行更新改造时，需要测绘同类的零件，供设计时参考。

(2) 机修测绘　测绘的目的是为了修配。对机器或部件进行维修时，在没有配件也没有图纸的情况下，就需要对损坏的零件进行测绘，以满足修配的需要。

(3) 仿制测绘　测绘的目的是为了仿制。在缺乏技术资料和图纸时，可以对选定的样机进行测绘，得到生产所需的技术资料，以便组织生产。

本章以齿轮油泵为例，说明部件测绘的方法、步骤及注意事项。

第一节　了解和拆卸部件

一、了解、分析测绘对象

测绘时，首先要通过观察实物，参阅有关的技术文件、资料或同类产品的图样，了解装配体的用途、性能、工作原理，分析各零件的结构特点和装配关系。

齿轮油泵的结构图如图 12-1 所示，该部件由 14 种零件组成，其中螺栓和圆柱销为标准件。其工作部分由一对齿轮、泵体及泵盖组成，两啮合齿轮被密封在泵体的内腔中，泵体的两侧各有一个锥螺纹的通孔，用来连接吸油管和压油管。泵盖上有一个与吸油腔和压油腔连通的螺纹孔，其内的钢球、弹簧、调节螺钉组成了一个溢流（安全）装置，当出油口处的油压过高时，油液就克服弹簧力顶开钢球，回流到吸油口，当油压恢复正常时，钢球在弹簧的作用下自动关闭，调节螺钉用以调节弹簧压力的大小。

齿轮油泵的工作原理如图 12-2 所示。当上面的主动齿轮作顺时针旋转时，带动下面的从动齿轮做逆时针旋转，这时左侧轮齿逐渐脱开，局部容积增大，形成真空，油箱中的油液在大气压作用下被吸入，随着齿轮的连续旋转，齿槽中的油液被带到右侧，当右侧轮齿重新进入啮合时，局部容积减小，油液从压油口压出，进入传动系统。

齿轮油泵的装配干线有三个：主动齿轮轴线、从动齿轮轴线及溢流装置轴线。分析清楚这三条装配线，便能了解齿轮油泵的结构及零件间的装配关系。

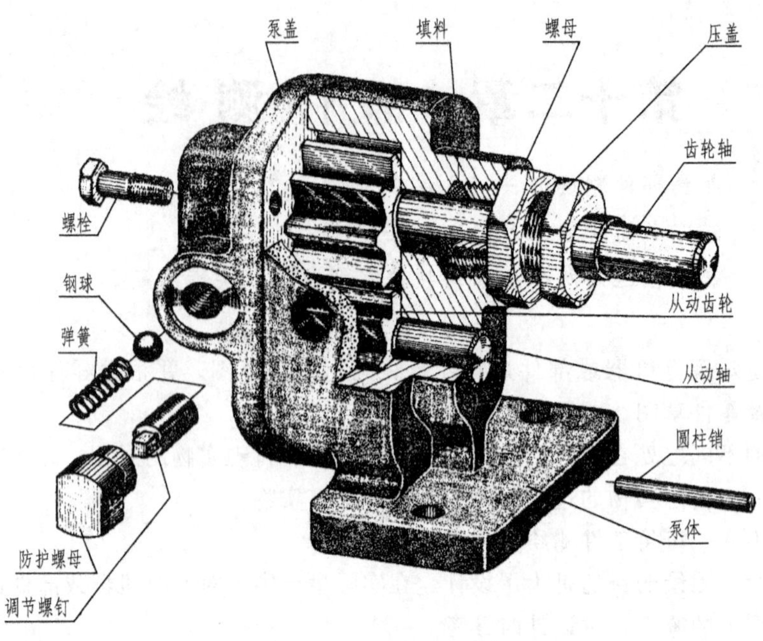

图 12-1 齿轮油泵结构图

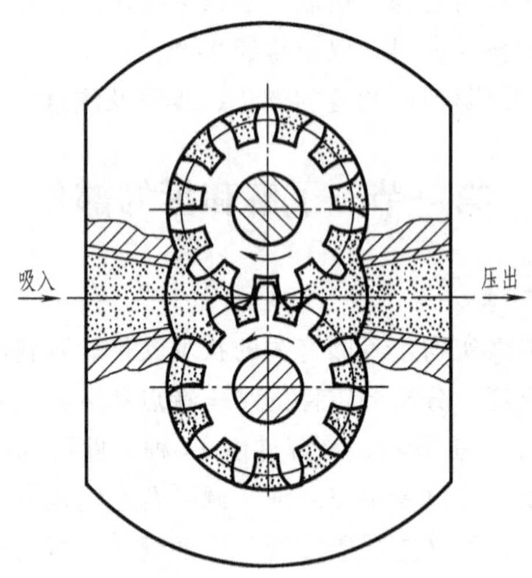

图 12-2 齿轮油泵的工作原理

二、拆卸零件、画装配示意图

在初步了解装配体的基础上，依次拆卸各零件。在拆卸零件时，首先要弄清零件的连接方法和拆卸顺序，然后使用适当的工具和方法顺序拆下各零件。对不可拆卸的连接不可强行拆卸，对配合精度较高的结合件或过盈配合的零件应尽量少拆或不拆，以保证装配体原有的精密性和密封性。

为了记录装配关系并便于装配体被拆散后能装配复原，在拆卸过程中应做好原始记录并画出装配示意图。装配示意图只要求用简单的线条，大致的轮廓，将各零件之间的相对位置、装配连接关系及传动情况表达清楚，并尽可能把所有零件集中在一个图上。示意图上应编写零件序号，并注写零件的名称，在拆下的每个零件上扎上标签，注明与示意图相对应的序号及名称，拆下的零件应妥善保管，以免损坏和丢失。

齿轮油泵的装配示意如图 12-3 所示。

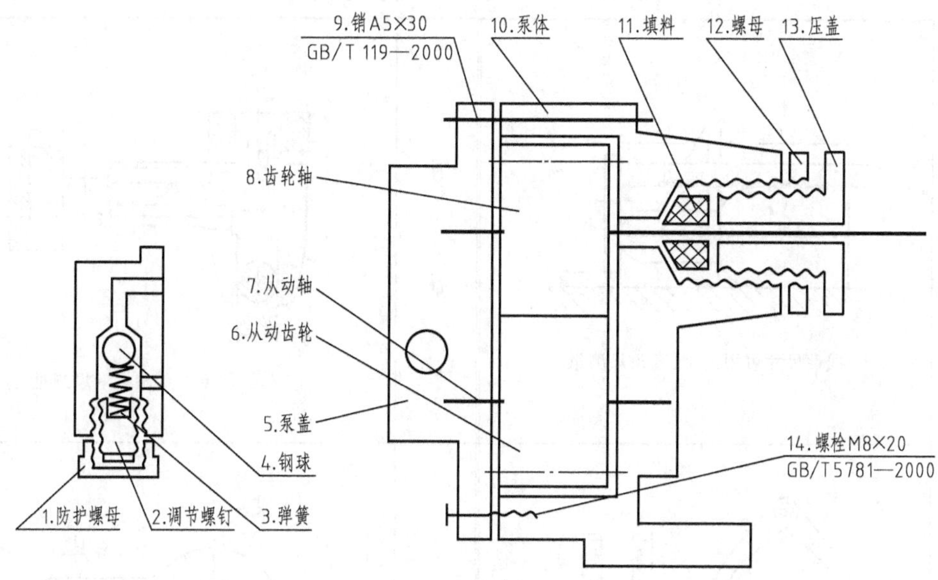

图 12-3 装配示意图

装配示意图的画法有以下特点。

① 假想装配体是一个透明体，可同时表达部件的内、外结构。

② 装配示意图是用规定符号（可参考 GB/T 4460—1984 机构运动简图）、简单的线条画出的图，各零件只画主体轮廓，一般只画一个图形，必要时也可增加图形。

③ 装配示意图各部分的比例应大致协调，两相邻零件的接触面或配合面间要留有间隙，以便区分不同的零件。

第二节 绘制零件草图

对于装配体中的标准件，应通过测量、查表确定其规定标记，填写在装配示意图中或列表记录这些标准件的名称、规格及数量。所有非标准零件都应画出草图。

一、绘制草图的注意事项

绘制零件草图是部件测绘的基础，一般在测绘现场徒手完成，为了提高绘图速度及图面质量，最好利用坐标纸绘图，同时应注意以下几点。

① 草图的比例靠目测确定，一般先画好图形，在分析零件结构和功用的基础上画出全部尺寸界线、尺寸线和箭头，然后逐一测量并注写尺寸数字。

② 对零件的缺陷部位（如砂眼、裂纹、对称形状不太对称等）和使用过程中造成的磨损、变形等，草图中应予纠正。零件上的工艺结构，如倒角、凹坑、凸台、退刀槽、铸造圆角等应正确画出，不能忽略。

③ 零件草图应具备零件图的完整内容，尽量做到线型分明、字体工整、图面整洁。

二、尺寸的测量

测量零件尺寸的常用量具有钢直尺、钢卷尺、内卡钳、外卡钳、游标卡尺、螺纹规、圆角规等。常用的测量方法见表 12-1。

表 12-1 常用测量工具的使用方法

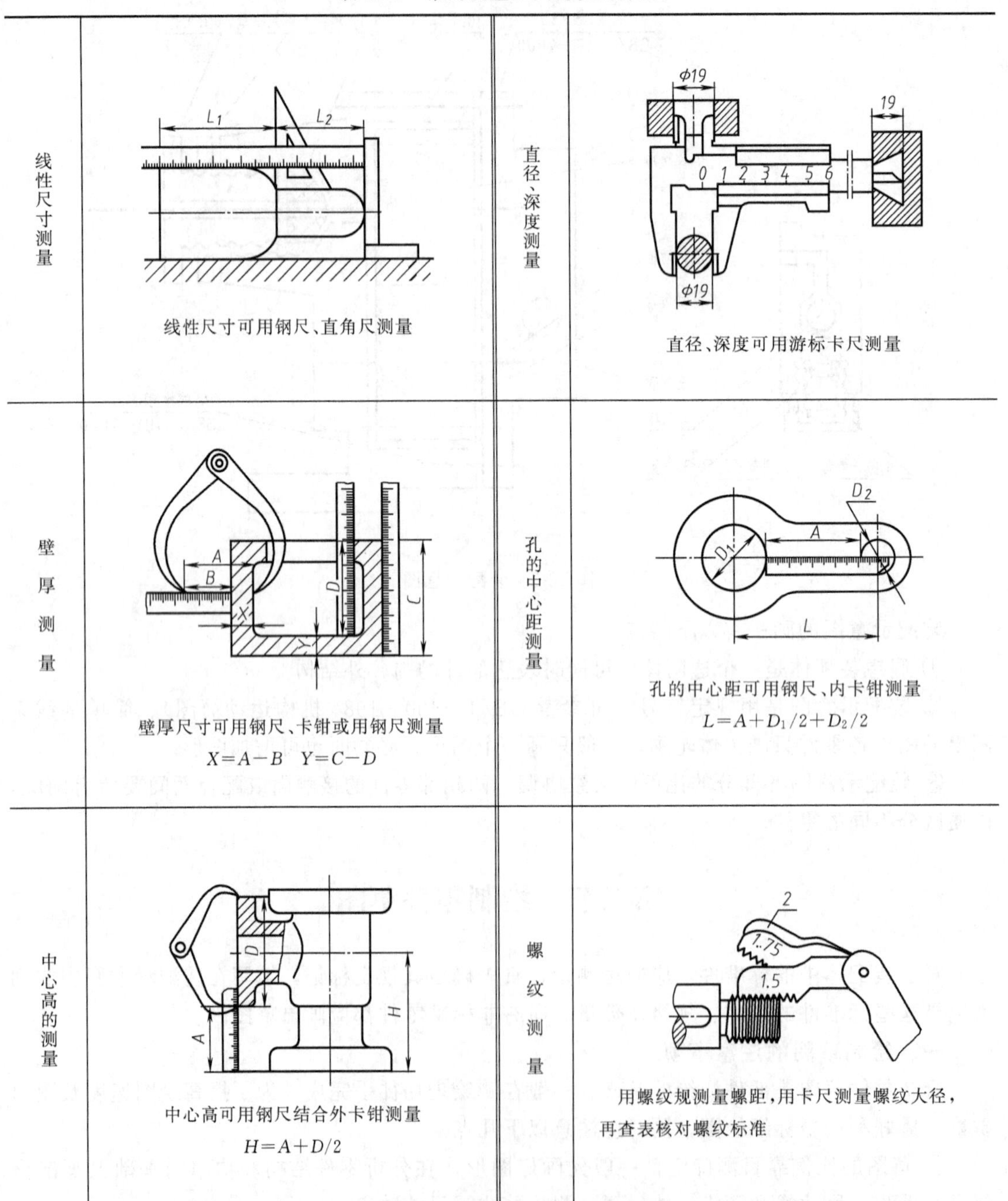

线性尺寸测量	线性尺寸可用钢尺、直角尺测量	直径、深度测量	直径、深度可用游标卡尺测量
壁厚测量	壁厚尺寸可用钢尺、卡钳或用钢尺测量 $X=A-B \quad Y=C-D$	孔的中心距测量	孔的中心距可用钢尺、内卡钳测量 $L=A+D_1/2+D_2/2$
中心高的测量	中心高可用钢尺结合外卡钳测量 $H=A+D/2$	螺纹测量	用螺纹规测量螺距，用卡尺测量螺纹大径，再查表核对螺纹标准

三、测量尺寸的注意事项

① 常用件尺寸要根据基本参数计算得出，如齿轮轮齿部分的尺寸。

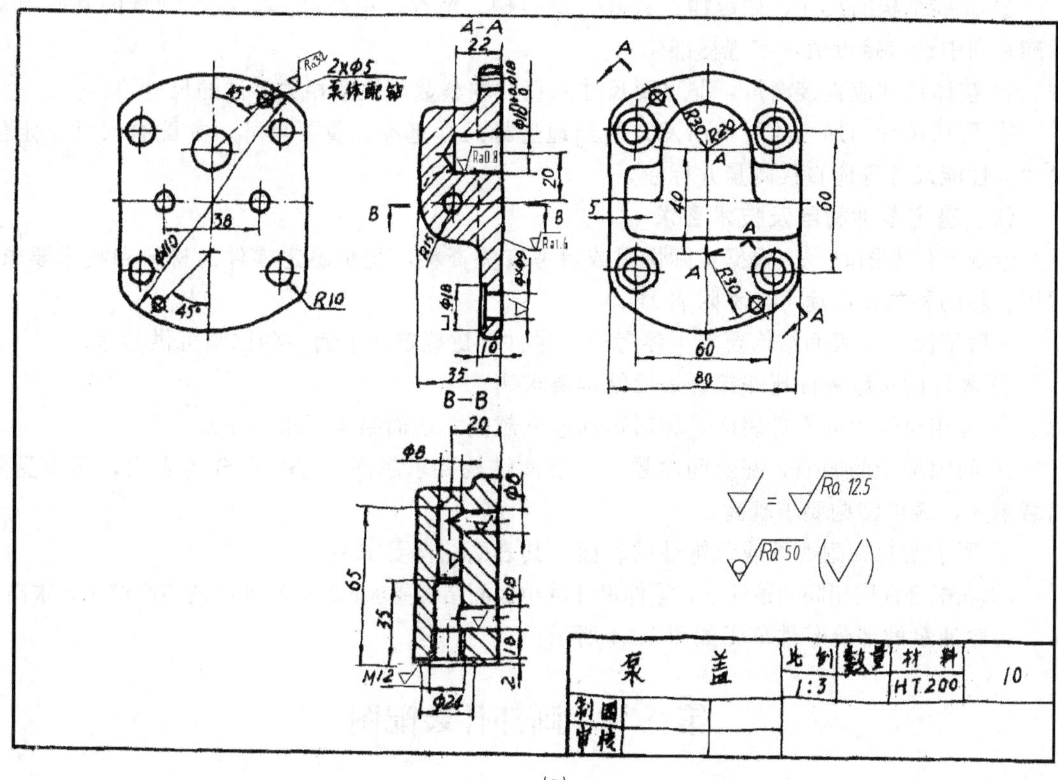

(a)

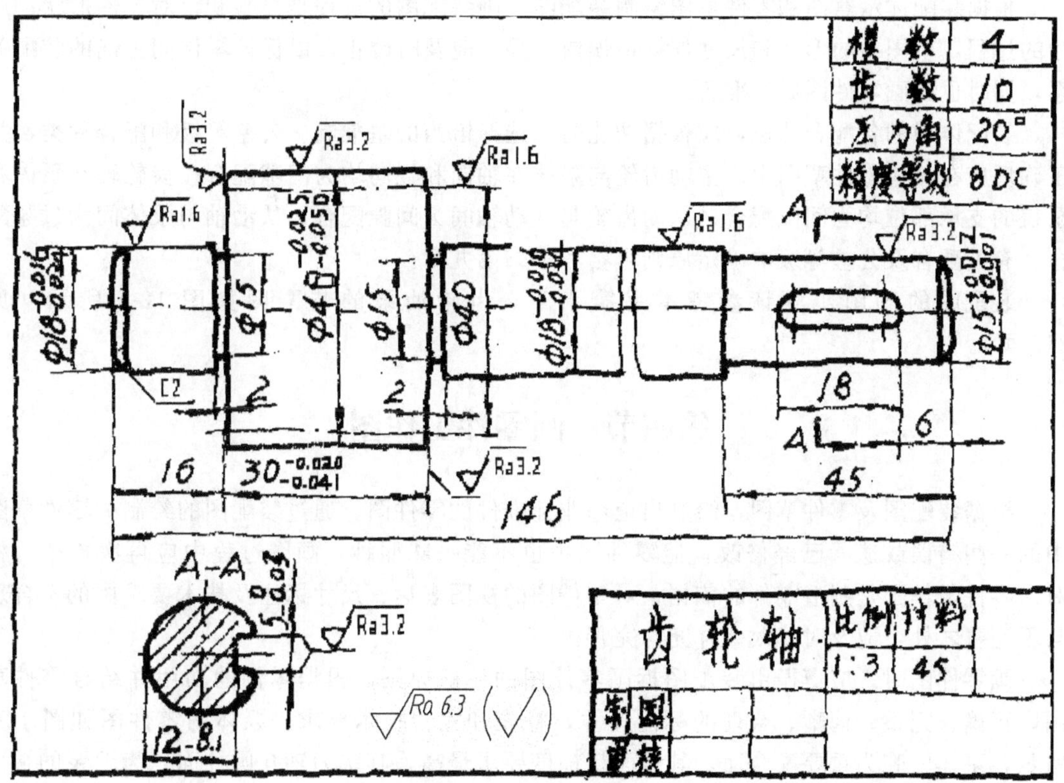

(b)

图 12-4 齿轮油泵部分零件草图

② 标准结构的尺寸，如键槽、销孔、退刀槽、螺纹、中心孔等，应在测量的基础上从标准系列中选取接近值，实现标准化。

③ 整体尺寸应直接测量，非重要尺寸测量时取整数，注意相关零件的尺寸协调。

④ 要从设计和加工的要求出发，恰当地选择尺寸基准。重要尺寸，如配合尺寸、定位尺寸、性能尺寸等应直接测量并标注。

四、确定零件材料及技术要求

绘制零件草图时，应根据实际情况或参考有关资料，初步确定零件的材料和技术要求，常用材料的种类及用途可参考附表 16。

一般情况下，表面结构要求可参考同类零件类比确定，下面一些原则可供参考。

① 零件的接触表面比非接触表面结构要求高。

② 有相对运动的零件表面，相对运动速度越高，表面结构要求也越高。

③ 间隙配合的表面，配合间隙越小，表面结构要求越高；过盈配合的表面，所承受的荷载越大，表面结构要求越高。

④ 要求密封、耐腐蚀或装饰性的表面，其表面结构要求高。

⑤ 在配合性质相同的条件下，零件尺寸越小表面结构要求越高，轴比孔的表面结构要求高。

齿轮油泵的部分零件草图如图 12-4 所示。

第三节　画部件装配图

根据装配体示意图和零件草图绘制装配图。画装配图的过程是检验和校对零件形状、尺寸的过程，草图中的形状和尺寸如有错误或不妥，应及时改正，以保证零件间正确的装配关系，同时也为画零件图做好准备。

装配体中的各配合部位，应根据功能需要选择恰当的基准制、公差等级和配合种类，并正确反应在相应零件草图中。主动齿轮与泵体在轴向和径向均为间隙配合；齿轮轴在泵体和泵盖的支承部位均为间隙配合；从动齿轮与从动轴间为间隙配合；从动轴与泵体间为过盈配合。有关配合及公差等级的确定原则可参考本书第九章。

装配图的画图步骤请参考本书第十章，齿轮油泵的装配图如图 12-5 所示（见 213 页）。

第四节　画零件工作图

根据装配图及零件草图，绘制出全部非标准件的零件图。通过装配图的绘制，零件草图中的一些错误或遗漏已经修改，但零件图中也不能一味照抄，画图过程中应再次检查、核对。零件工作图是制造零件的依据，对零件图的视图表达、尺寸标注及技术要求中的不合理与不完善之处，应及时修改、补充与完善。

画零件图时，应遵循由装配图拆画零件图的一般原则，根据零件的功用并结合零件草图，正确、完整、清晰、合理的标注尺寸，补充和完善技术要求。泵体的零件图如图 12-6 所示，泵体内腔为重要配合面，其表面粗糙度要求最高，其次为轴孔圆柱面。齿轮泵的端面间隙是影响其工作性能的重要因素，为此图中注出了内腔圆柱面中心线对泵体端面的垂直度公差，还注出了内腔两圆柱面轴线的平行度公差。

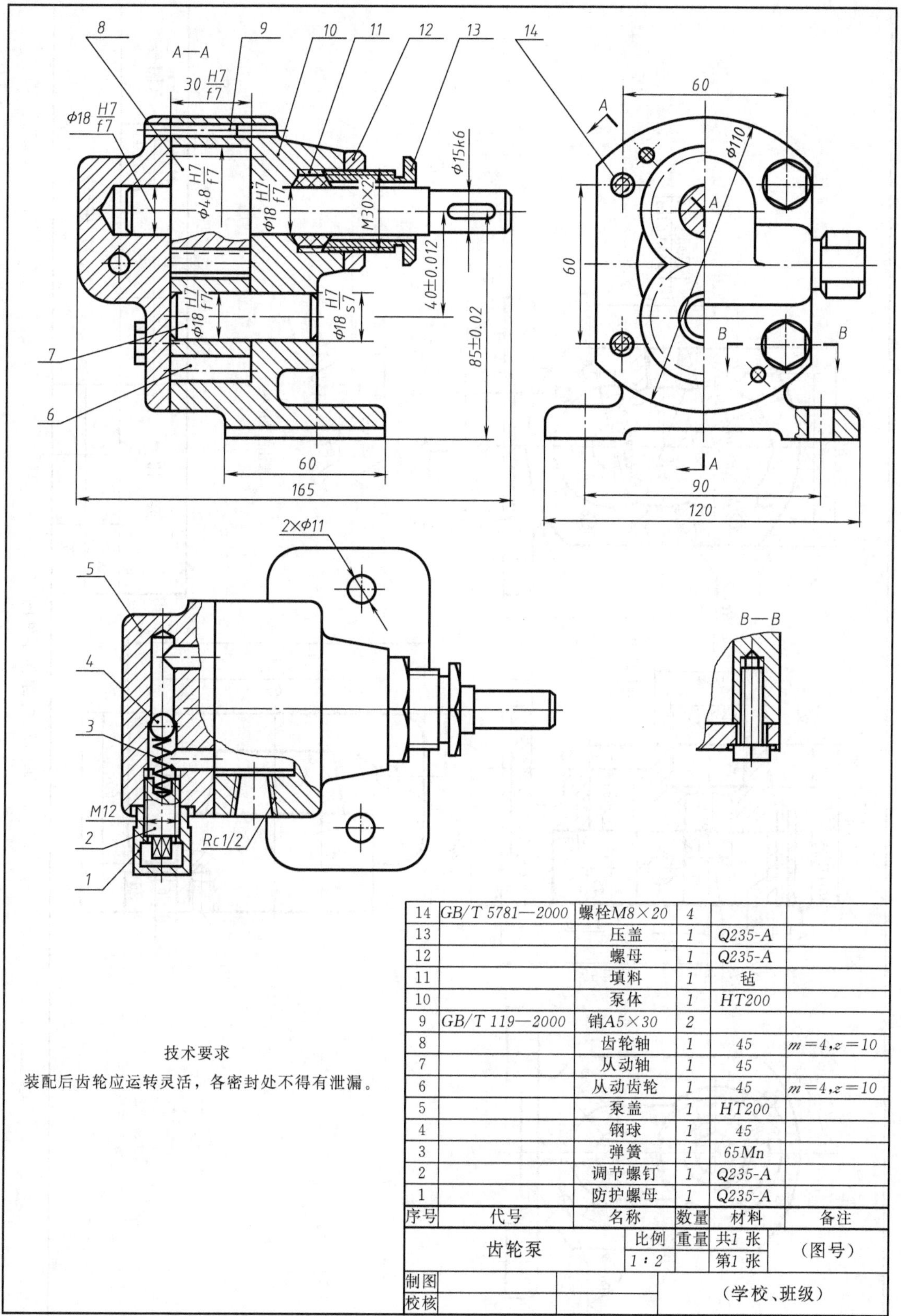

序号	代号	名称	数量	材料	备注
14	GB/T 5781—2000	螺栓M8×20	4		
13		压盖	1	Q235-A	
12		螺母	1	Q235-A	
11		填料	1	毡	
10		泵体	1	HT200	
9	GB/T 119—2000	销A5×30	2		
8		齿轮轴	1	45	$m=4, z=10$
7		从动轴	1	45	
6		从动齿轮	1	45	$m=4, z=10$
5		泵盖	1	HT200	
4		钢球	1	45	
3		弹簧	1	65Mn	
2		调节螺钉	1	Q235-A	
1		防护螺母	1	Q235-A	

齿轮泵	比例	重量	共1 张	（图号）
	1∶2		第1 张	
制图			（学校、班级）	
校核				

图 12-5　齿轮油泵装配图

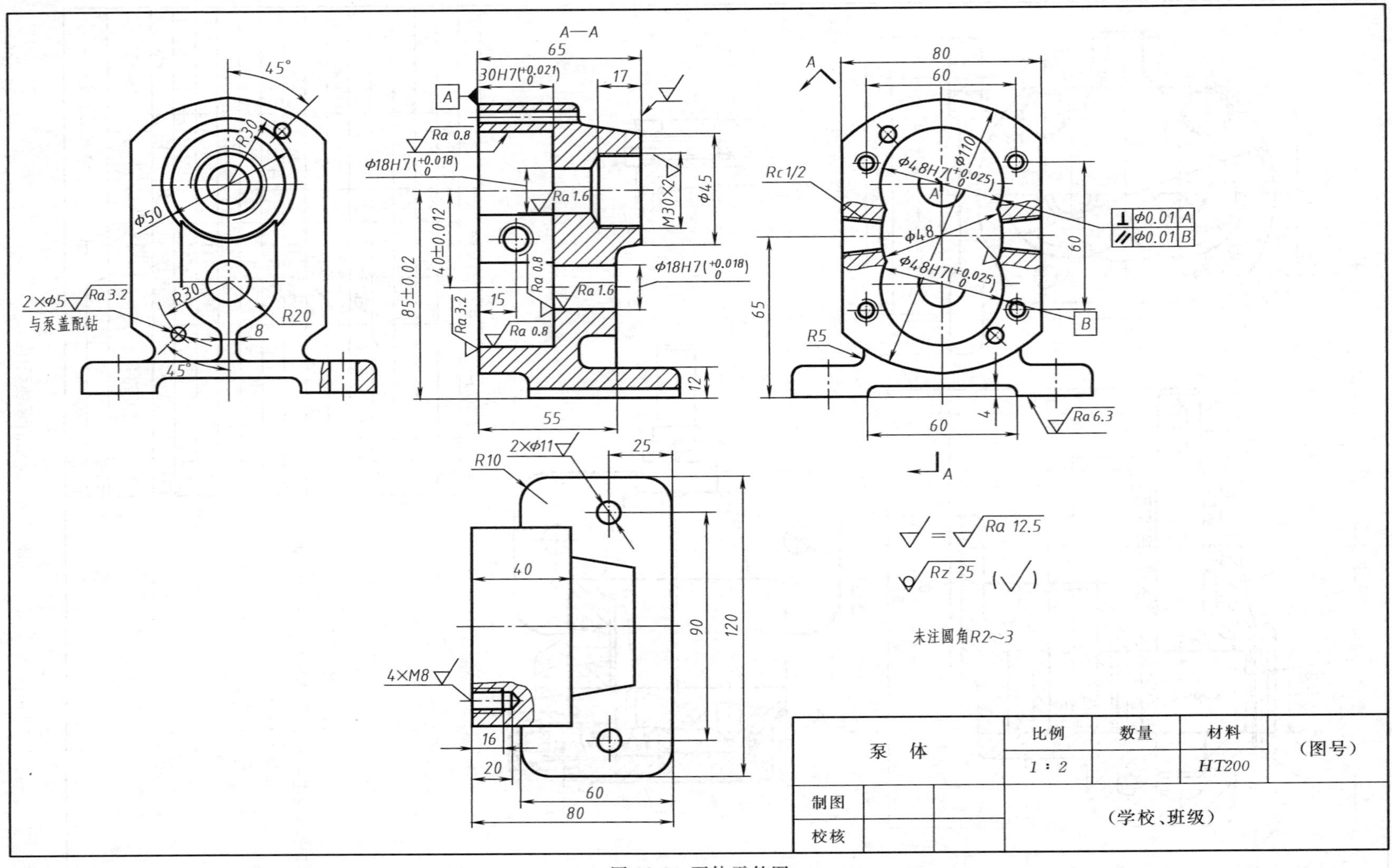

A—A
30H7($^{+0.021}_{0}$)
Ra 0.8
Φ18H7($^{+0.018}_{0}$)
Ra 1.6
M30×2
Φ45
40±0.012
85±0.02
Ra 3.2
2×Φ5 与泵盖配钻
Rc1/2
Φ48H7($^{+0.025}_{0}$)
Φ110
Φ48
Φ0.01 A
Φ0.01 B
Ra 6.3
2×Φ11
4×M8
Ra 12.5
Rz 25
未注圆角R2~3
泵 体
比例
数量
材料
(图号)
1 : 2
HT200
制图
校核
(学校、班级)

图 12-6 泵体零件图

附　　录

一、螺纹

附表1　普通螺纹（摘自 GB/T 196～197—2003）

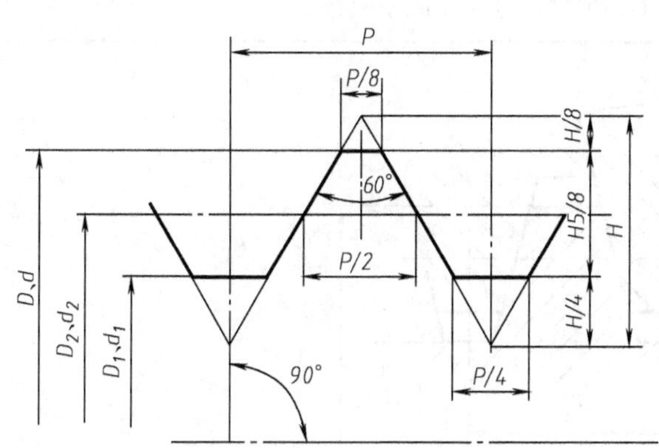

d——外螺纹大径；
D——内螺纹大径；
d_1——外螺纹小径；
D_1——内螺纹小径；
d_2——外螺纹中径；
D_2——内螺纹中径；
P——螺距；
H——原始三角形高度。

标记示例：

M12-5g(粗牙普通外螺纹，公称直径 d=12 、右旋，中径及大径公差带均为 5g、中等旋合长度)

M12×1.5LH-6H(普通细牙内螺纹、公称直径 D=12、螺距 P=1.5、左旋 、中径及小径公差带均为 6H、中等旋合长度)

mm

公称直径 D、d			螺距 P		粗牙螺纹
第一系列	第二系列	第三系列	粗牙	细　牙	小径 D_1、d_1
4			0.7	0.5	3.242
5			0.8		4.134
6			1	0.75、(0.5)	4.917
		7			5.917
8			1.25	1、0.75、(0.5)	6.647
10			1.5	1.25、1、0.75、(0.5)	8.376
12			1.75	1.5、1.25、1、(0.75)、(0.5)	10.106
	14		2		11.835
		15		1.5、(1)	13.376
16			2	1.5、1、(0.75)、(0.5)	13.835
	18		2.5	2、1.5、1、(0.75)、(0.5)	15.294
20					17.294
	22				19.294
24			3	2、1.5、1 、(0.75)	20.752
		25		2、1.5、(1)	22.835
	27		3	2、1.5、(1)、(0.75)	23.752
30			3.5	(3)、2、1.5、(1)、(0.75)	26.211
	33				29.211
		35		1.5	33.376
36			4	3、2、1.5、(1)	31.670
	39				34.670

续表

公称直径 D、d			螺距 P		粗牙螺纹
第一系列	第二系列	第三系列	粗牙	细牙	小径 D_1、d_1
		40		(3)、(2)、1.5	36.752
42			4.5	(4)、3、2、1.5、(1)	37.129
	45				40.129
48			5		42.587

注：1. 优先选用第一系列，其次是第二系列，第三系列尽可能不选用。

2. M14×1.25 仅用于火花塞；M35×1.5 仅用于滚动轴承锁紧螺钉。

3. 括号内螺距尽可能不选用。

附表 2 梯形螺纹（摘自 GB/T 5796.1～5796.4—2005）

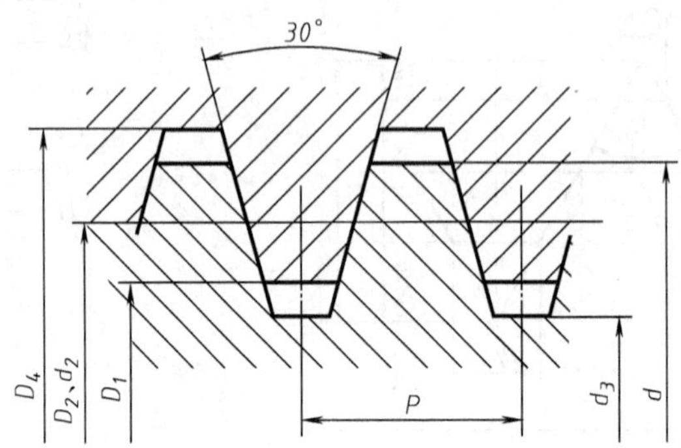

标记示例：

Tr36×6—6H—L

（单线梯形内螺纹、公称直径 d=36、螺距 P=6、右旋、中径公差带代号为 6H、长旋合长度）

Tr40×14(P7)LH—7e

（双线梯形外螺纹、公称直径 d=40、导程 S=14、螺距 P=7、左旋、中径公差带为 7e、中等旋合长度）

mm

d 公称直径		螺距	中径	大径	小 径		d 公称直径		螺距	中径	大径	小 径	
第一系列	第二系列	P	$D_2=d_2$	D_4	d_3	D_1	第一系列	第二系列	P	$D_2=d_2$	D_4	d_3	D_1
8		1.5	7.25	8.30	6.20	6.50	32		6	29.00	33.00	25.00	26.00
	9	2	8	9.50	6.50	7.00		34		31.00	35.00	27.00	28.00
10			9.00	10.50	7.50	8.00	36			33.00	37.00	29.00	30.00
	11		10.00	11.50	8.50	9.00		38	7	34.50	39.00	30.00	31.00
12		3	10.50	12.50	8.50	9.00	40			36.50	41.00	32.00	33.00
	14		12.50	14.50	10.50	11.00		42		38.50	43.00	34.00	35.00
16		4	14.00	16.50	11.50	12.00	44			40.50	45.00	36.00	37.00
	18		16.00	18.50	13.50	14.00		46	8	42.00	47.00	37.00	38.00
20			18.00	20.50	15.50	16.00	48			44.00	49.00	39.00	40.00
	22	5	19.50	22.50	16.50	17.00		50		46.00	51.00	41.00	42.00
24			21.50	24.50	18.50	19.00	52			48.00	53.00	43.00	44.00
	26		23.50	26.50	20.50	21.00		55	9	50.50	56.00	45.00	46.00
28			25.50	28.50	22.50	23.00	60			55.50	61.00	50.00	51.00
	30	6	27.00	31.00	23.00	24.00		65	10	60.00	66.00	54.00	55.00

注：1. 优先选用第一系列的直径。

2. 表中所列的直径与螺距系优先选择的螺距及与之对应的直径。

附表 3 管螺纹

用螺纹密封的管螺纹(摘自 GB/T 7306—2000)　　　　非螺纹密封的管螺纹(摘自 GB/T 7307—2001)

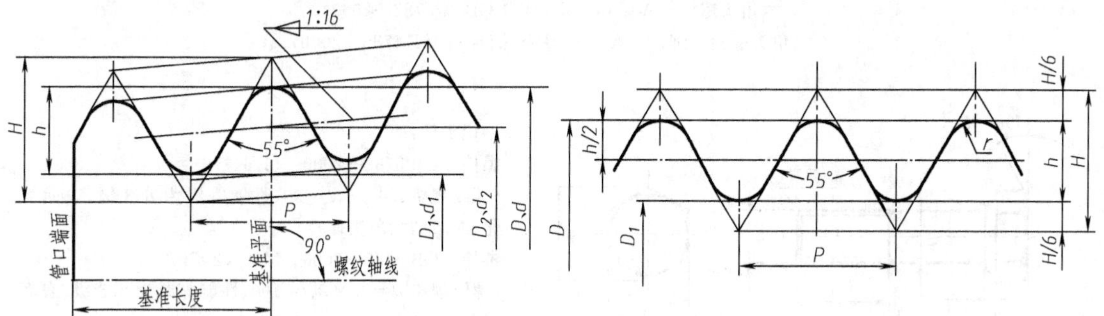

标记示例:

R½(圆锥外螺纹、右旋、尺寸代号为½)

Rc½(圆锥内螺纹、右旋、尺寸代号为½)

Rp½—LH(圆柱内螺纹、左旋、尺寸代号为½)

标记示例:

G½A—LH(外螺纹、左旋、A 级、尺寸代号为½)

G½B(外螺纹、右旋、B 级、尺寸代号为½)

G½(内螺纹、右旋、尺寸代号为½)

尺寸代号	基面上的直径(GB/T 7306) 基本直径(GB/T 7307)			螺距 P /mm	牙高 h /mm	圆弧半径 r /mm	每 25.4mm 内的牙数 n	有效螺纹长度(GB/T 7306) /mm	基准的基本长度(GB/T 7306) /mm
	大径 $d=D$ /mm	中径 $d_2=D_2$ /mm	小径 $d_1=D_1$ /mm						
1/16	7.723	7.142	76.561	0.907	0.581	0.125	28	6.5	4.0
1/8	9.728	9.147	8.566						
1/4	13.157	12.301	11.445	1.337	0.856	0.184	19	9.7	6.0
3/8	16.662	15.806	14.950					10.1	6.4
1/2	20.955	19.793	18.631	1.814	1.162	0.249	14	13.2	8.2
3/4	26.441	25.279	24.117					14.5	9.5
1	33.249	31.770	30.291					16.8	10.4
1¼	41.910	40.431	38.952					19.1	12.7
1½	47.803	46.324	44.845						
2	59.614	58.135	56.656					23.4	15.9
2½	75.184	73.705	72.226	2.309	1.479	0.317	11	26.7	17.5
3	87.884	86.405	84.926					29.8	20.6
4	113.030	111.551	136.951					35.8	25.4
5	138.430	136.951	135.472					40.1	28.6
6	163.830	162.351	160.872						

二、常用标准件

附表4 六角头螺栓（一）

六角头螺栓—A级和B级(摘自GB/T 5782—2000)

六角头螺栓—细牙—A级和B级(摘自GB/T 5785—2000)

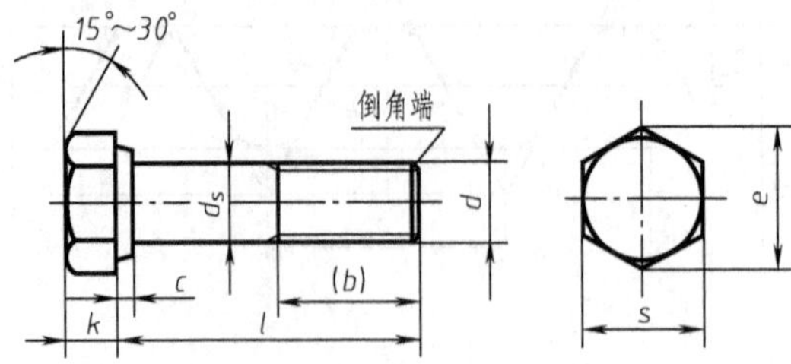

标记示例：

螺栓 GB 5782—2000 M16×90

(螺纹规格 $d=16$、$l=90$、性能等级为8.8级、表面氧化、A级的六角头螺栓)

螺栓 GB 5785—2000 M30×2×100

(螺纹规格 $d=30\times2$、$l=100$、性能等级为8.8级、表面氧化、B级的细牙六角头螺栓)

六角头螺栓—全螺纹—A级和B级(摘自GB/T 5783—2000)

六角头螺栓—细牙—全螺纹—A级和B级(摘自GB/T 5786—2000)

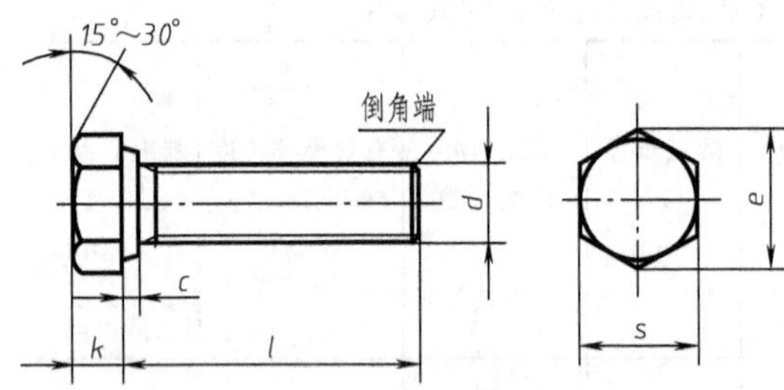

标记示例：

螺栓 GB/T 5783—2000 M8×90

(螺纹规格 $d=8$、$l=90$、性能等级为8.8级、表面氧化、全螺纹、A级的六角头螺栓)

螺栓 GB/T 5785—2000 M24×2×100

(螺纹规格 $d=24\times2$、$l=100$、性能等级为8.8级、表面氧化、全螺纹、B级的细牙六角头螺栓)

mm

		M4	M5	M6	M8	M10	M12	M16	M20	M24	M30	M36	M42	M48
螺纹规格	d	M4	M5	M6	M8	M10	M12	M16	M20	M24	M30	M36	M42	M48
	$d\times P$	—	—	—	M8×1	M10×1	M12×1.5	M16×1.5	M20×2	M24×2	M30×2	M36×3	M42×1	M48×3
$b_{参考}$	$l\leqslant125$	14	16	18	22	26	30	38	46	54	66	78	—	—
	$125<l\leqslant200$	—	—	—	28	32	36	44	52	60	72	84	96	108
	$l>200$	—	—	—	—	—	—	57	65	73	85	97	109	121
c_{max}		0.4	0.5		0.6			0.8						
$k_{公称}$		2.8	3.5	4	5.3	6.4	7.5	10	12.5	15	18.7	22.5	26	30
d_{smax}		4	5	6	8	10	12	16	20	24	30	36	42	48
s_{max}=公称		7	8	10	13	16	18	24	30	36	46	55	65	75
e_{min}	等级 A	7.66	8.79	11.05	14.38	17.77	20.03	26.75	33.53	39.98	—	—	—	—
	等级 B	—	8.63	10.89	14.2	17.59	19.85	26.17	32.95	39.55	50.85	60.79	72.02	82.6
d_{min}	等级 A	5.9	6.9	8.9	11.6	14.6	16.6	22.5	28.2	33.6	—	—	—	—
	等级 B	—	6.7	8.7	11.4	14.4	16.4	22	27.7	33.2	42.7	51.1	60.6	69.4
l 范围	GB/T 5782	25~40	25~50	30~60	35~80	40~100	45~120	55~160	65~200	80~240	90~300	110~360	130~400	140~400
	GB/T 5785											110~300		
	GB/T 5783	8~40	10~50	12~60	16~80	20~100	25~100	35~100	40~100	40~100	40~100	40~100	80~500	100~500
	GB/T 5786	—	—	—			25~100	35~160	40~200	40~200	40~200	40~200	90~400	100~500
l 系列	GB/T 5782 GB/T 5785	20~65(5进位)、70~160(10进位)、180~400(20进位)												
	GB/T 5783 GB/T 5786	6、8、10、12、16、18、20~65(5进位)、70~160(10进位)、180~400(20进位)												

注：1. 螺纹公差为6g、机械性能等级为8.8。

2. 产品等级A用于 $d\leqslant24$ 和 $l\leqslant10d$ 或 $l\leqslant150$mm（按较小值）的螺栓。

3. 产品等级B用于 $d>24$ 和 $l>10d$ 或 $l>150$mm（按较小值）的螺栓。

附表 5　六角头螺栓（二）

六角头螺栓—C 级(摘自 GB/T 5780—2000)

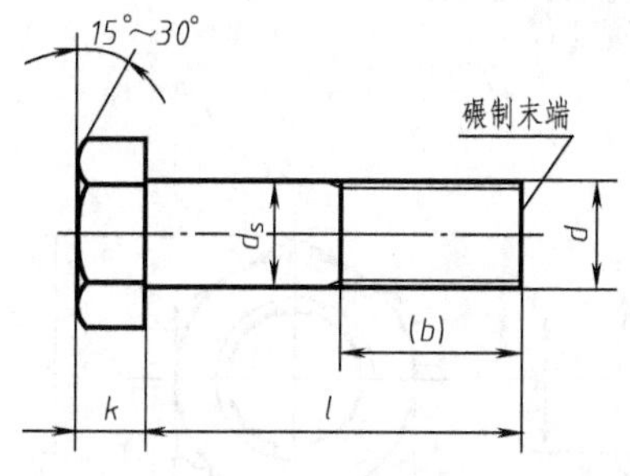

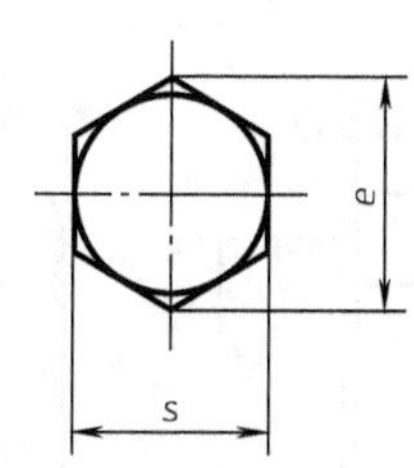

标记示例：

螺栓　GB 5780—2000　M16×90

(螺纹规格 d=16、公称长度 l=90、性能等级为 4.8 级、不经表面处理、杆身半螺纹、C 级的六角头螺栓)

六角头螺栓—全螺纹—C 级(摘自 GB/T 5781—2000)

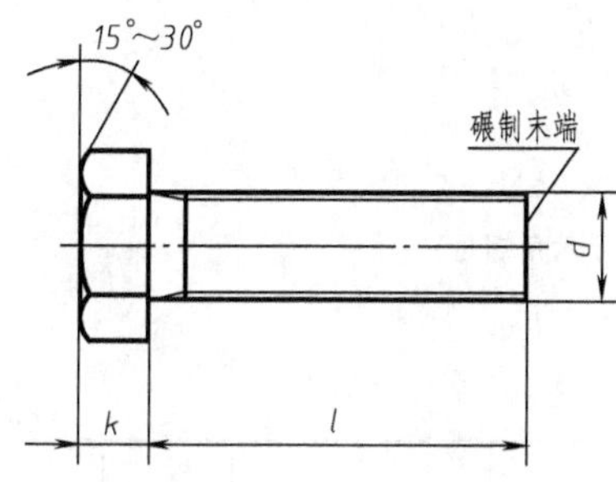

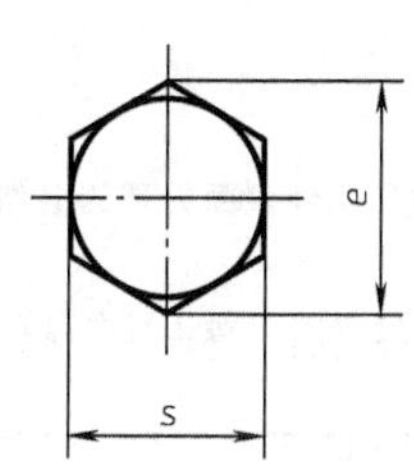

标记示例：

螺栓　GB 5781—2000　M20×100

(螺纹规格 d=20、公称长度 l=100、性能等级为 4.8 级、不经表面处理、全螺纹、C 级的六角头螺栓)

mm

螺纹规格 d		M5	M6	M8	M10	M12	M16	M20	M24	M30	M36	M42	M48
$b_{参考}$	l≤125	16	18	22	26	30	38	40	54	66	78	—	—
	125<l≤200	—	—	28	32	36	44	52	60	72	84	96	108
	l>200	—	—	—	—	—	57	65	73	85	97	109	121
k		3.5	4	5.3	6.4	7.5	10	12.5	15	18.7	22.5	26	30
s_{max}		8	10	13	16	18	24	30	36	46	55	65	75
e_{min}		8.63	10.89	14.20	17.59	19.85	26.17	32.95	30.55	50.85	60.79	72.02	82.6
d_{smax}		5.84	6.48	8.58	10.58	12.7	16.7	20.8	24.84	30.84	37	43	49
l 范围	GB/T 5780	25～50	30～60	35～80	40～100	45～120	55～160	65～200	80～240	90～300	110～300	160～420	180～480
	GB/T 5781	10～40	12～50	16～65	20～80	25～100	35～100	40～100	50～100	60～100	70～100	80～420	90～480
l 系列		10、12、16、18、20～50(5 进位)、(55)、60、(65)、70～160(10 进位)、180、220～500(20 进位)											

注：1. 括号内的规格尽可能不用。

2. 螺纹公差为 8g(GB/T 5780—2000)；6g (GB/T 5781—2000)；机械性能等级：4.6、4.8。

附表 6 螺母

I 型六角螺母—A 级和 B 级(摘自 GB/T 6170—2000)
I 型六角螺母—细牙—A 级和 B 级(摘自 GB/T 6171—2000)
I 型六角螺母—C 级(摘自 GB/T 41—2000)

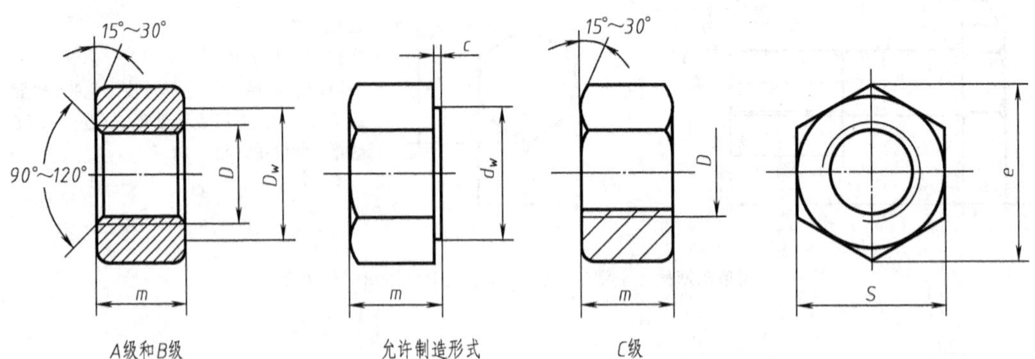

标记示例:
螺母 GB/T 6171—2000 M20×2
(螺纹规格 D=20、螺距 P=2、性能等级为 10 级、不经表面处理的 B 级 I 型细牙六角螺母)
螺母 GB/T 41—2000 M16
(螺纹规格 D=16 、性能等级为 5 级、不经表面处理的 C 级 I 型六角螺母)

mm

螺纹规格														
螺纹规格	D	M4	M5	M6	M8	M10	M12	M16	M20	M24	M30	M36	M42	M48
螺纹规格	$D\times P$	—	—	—	M8×1	M10×1	M12×1.5	M16×1.5	M20×2	M24×2	M30×2	M36×3	M42×3	M48×3
c		0.4	0.5		0.6			0.8					1	
s_{max}		7	8	10	13	16	18	24	30	36	46	55	65	75
e_{max}	A、B	7.66	8.79	11.05	14.38	17.77	20.03	26.75	32.95	39.55	50.85	60.79	72.02	82.6
e_{max}	C	—	8.63	10.89	14.2	17.59	19.85	26.17	32.95	39.55	50.85	60.79	72.07	82.6
m_{max}	A、B	3.2	4.7	5.2	6.8	8.4	10.8	14.8	18	21.5	25.6	31	34	38
m_{max}	C	—	5.6	6.1	7.9	9.5	12.2	15.9	18.7	22.3	26.4	31.5	34.9	38.9
$d_{w\,min}$	A、B	5.9	6.9	8.9	11.6	14.6	16.6	22.5	27.7	33.2	42.7	51.1	60.6	69.4
$d_{w\,min}$	C	—	6.9	8.9	11.6	14.6	16.6	22.5	27.7	33.2	42.7	51.1	60.6	69.4

注:1. A 级用于 $D\leqslant16$ 的螺母;B 级用于 $D>16$ 的螺母;C 级用于 $D\geqslant5$ 的螺母。
2. 螺纹公差:A、B 级为 6H,C 级为 7H。机械性能等级:A、B 级为 6、8、10 级,C 级为 4、5 级。

附表 7　垫圈

平垫圈—A 级(摘自 GB/T 97.1—2002)　平垫圈倒角型—A 级(摘自 GB/T 97.2—2002)
小垫圈—A 级(摘自 GB/T 848—2002)　平垫圈—C 级(摘自 GB/T 95—2002)　大垫圈—A 和 C 级(摘自 GB/T 96.1～96.2—2002)

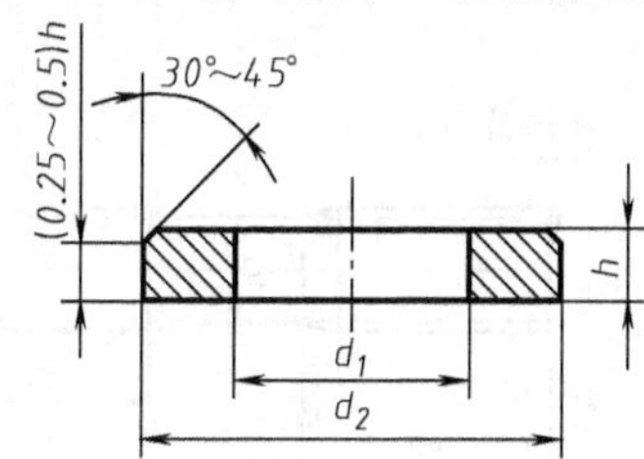

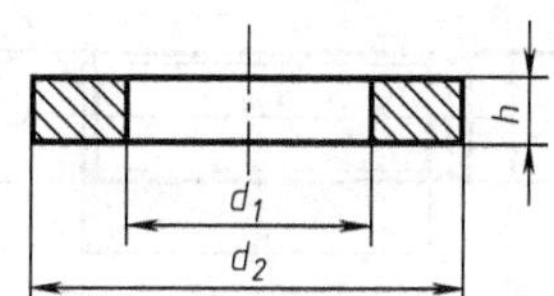

标记示例：
垫圈 GB/T 95—2002　10—100HV
(标准系列、公称尺寸 d=10、性能等级为 100HV 级、不经表面处理的平垫圈)
垫圈 GB/T 97.2—2002　10—A140
(标准系列、公称尺寸 d=10、性能等级为 A140HV 级、倒角型、不经表面处理的平垫圈)

mm

公称直径 d (螺纹规格)		4	5	6	8	10	12	14	16	20	24	30	36	42	48
GB/T 848—2002 (A 级)	d_1	4.3	5.3	6.4	8.4	10.5	13	15	17	21	25	31	37	—	—
	d_2	8	9	11	15	18	20	24	28	34	39	50	60	—	—
	h	0.5	1	1.6	1.6	1.6	2	2.5	2.5	3	4	4	5	—	—
GB/T 97.1—2002 (A 级)	d_1	4.3	5.3	6.4	8.4	10.5	13	15	17	21	25	31	37	—	—
	d_2	9	10	12	16	20	24	28	30	37	44	56	66	—	—
	h	0.8	1	1.6	1.6	2	2.5	2.5	3	3	4	4	5	—	—
GB/T 97.2—2002 (A 级)	d_1	—	5.3	6.4	8.4	10.5	13	15	17	21	25	31	37	—	—
	d_2	—	10	12	16	20	24	28	30	37	44	56	66	—	—
	h	—	1	1.6	1.6	2	2.5	2.5	3	3	4	4	5	—	—
GB/T 95—2002 (C 级)	d_1	—	5.5	6.6	9	11	13.5	15.5	17.5	22	26	33	39	45	52
	d_2	—	10	12	16	20	24	28	30	37	44	56	66	78	92
	h	—	1	1.6	1.6	2	2.5	2.5	3	3	4	4	5	8	8
GB/T 96—2002 (A 级和 C 级)	d_1	4.3	5.6	6.4	8.4	10.5	13	15	17	22	26	33	39	45	52
	d_2	12	15	18	24	30	37	44	50	60	72	92	110	125	145
	h	1	1.2	1.6	2	2.5	3	3	3	4	5	6	8	10	10

注：A 级适用于精装配系列，C 级适用于中等装配系列。

附表 8　标准型弹簧垫圈(摘自 GB/T 93—2002)

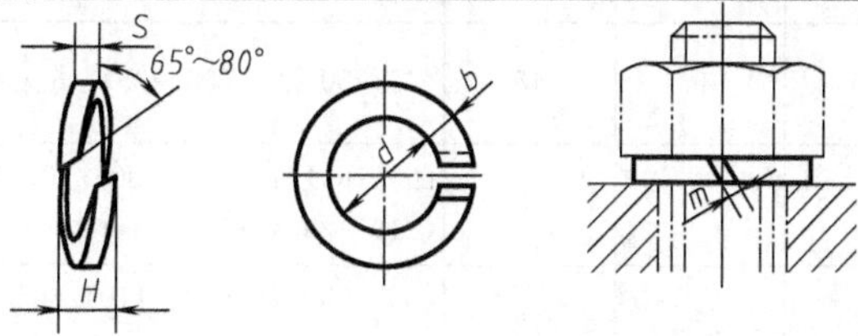

标记示例：
垫圈　GB/T 93—2002　16
(公称直径 16、材料为 65Mn、表面氧化的标准型弹簧垫圈)

mm

公称直径(螺纹规格)		4	5	6	8	10	12	16	20	24	30
d	min	4.1	5.1	6.1	8.1	10.2	12.2	16.2	20.2	24.5	30.5
	max	4.4	5.4	6.68	8.68	10.9	12.9	16.9	21.04	25.5	31.5
S,b	公称	1.1	1.3	1.6	2.1	2.6	3.1	4.1	5	6	7.5
	min	1	1.2	1.5	2	2.45	2.95	3.9	4.8	5.8	7.2
	max	1.2	1.4	1.7	2.2	2.75	3.25	4.3	5.2	6.2	7.8
H	min	2.2	2.6	3.2	4.2	5.2	6.2	8.2	10	12	15
	max	2.75	3.25	4	5.25	6.5	7.75	10.25	12.5	15	18.75
$m\leqslant$		0.55	0.65	0.8	1.05	1.3	1.55	2.05	2.5	3	3.75

附表 9　双头螺柱（摘自 GB/T 897～900—1988）

$b_m=d$(GB/T 897—1988)　$b_m=1.25d$(GB/T 898—1988)　$b_m=1.5d$(GB/T 899—1988)　$b_m=2d$(GB/T 900—1988)

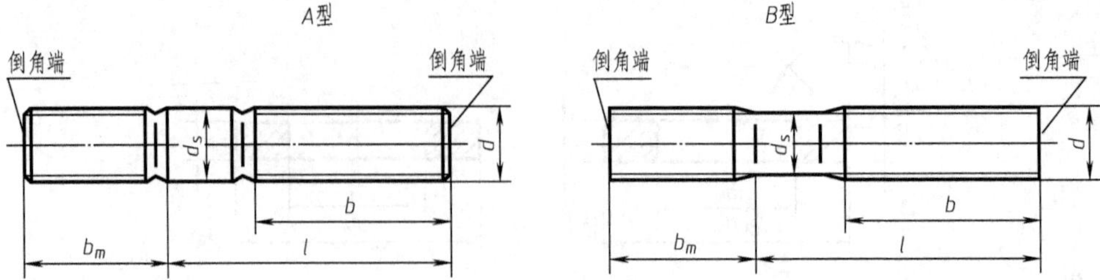

标记示例：

螺柱　GB/T 899—1988　M12×60

（两端均为粗牙普通螺丝、$d=12$、$l=60$、性能等级为 4.8 级、不经表面处理，B 型、$b_m=1.5d$ 的双头螺柱）

螺柱　GB/T 900—1988　AM16-M16×1×70

（旋入机体一端为粗牙普通螺纹、旋螺母端为细牙普通螺丝、螺距 $P=1$、$d=16$、$l=70$、性能等级为 4.8 级、不经表面处理，A 型、$b_m=2d$ 的双头螺柱）

mm

螺纹规格 d	b_m				l/b
	GB/T 897	GB/T 898	GB/T 899	GB/T 900	
M4	—	—	6	8	(16～22)/8、(25～40)/14
M5	5	6	8	10	(16～22)/10、(25～50)/16
M6	6	8	10	12	(20～22)/10、(25～30)/14、(32～75)/18
M8	8	10	12	16	(20～22)/12、(25～30)/16、(32～90)/22
M10	10	12	15	20	(25～28)/14、(30～38)/16、(40～120)/26、130/32
M12	12	15	18	24	(25～30)/16、(32～40)/20、(45～120)/30、(130～180)/36
M16	16	20	24	32	(30～38)/20、(40～55)/30、(60～120)/38、(130～200)/44
M20	20	25	30	40	(35～40)/25、(45～65)/35、(70～120)/46、(130～200)/52
(M24)	24	30	36	48	(45～50)/20、(55～75)/45、(80～120)/54、(132～200)/60
(M30)	30	38	45	60	(60～65)/40、(70～90)/50、(95～120)/66、(130～200)/72、(210～250)/85
M36	36	45	54	72	(65～75)/45、(80～110)/60、120/78、(130～200)/84、(210～300)/97
M42	42	52	63	84	(70～80)/50、(85～110)/70、120/90、(130～200)/96、(210～300)/109
M48	48	60	72	96	(80～90)/60(95～110)/80、120/102、(130～200)/1080、(210～300)/121
l 系列	12、(14)、16、(18)、20、(22)、25、(28)、30、(32)、35、(38)、40、45、50、55、60、(65)、70、75、80、(85)、90、(95)、100～260(10 进位)、280、300				

注：1. 尽可能不采用括号内的规格。末端按 GB/T 2—1985 的规定。

2. b_m 的值与材料有关。$b_m=d$ 用于钢对钢，$b_m=(1.25～1.5)d$ 用于铸铁，$b_m=1.5d$ 用于铸铁或铝合金，$b_m=2d$ 用于铝合金。

附表 10　螺钉（摘自 GB/T 67～69—2000）

开槽盘头螺钉(GB/T 67—2000)　　开槽沉头螺钉(GB/T 68—2000)　　开槽半沉头螺钉(GB/T 69—2000)

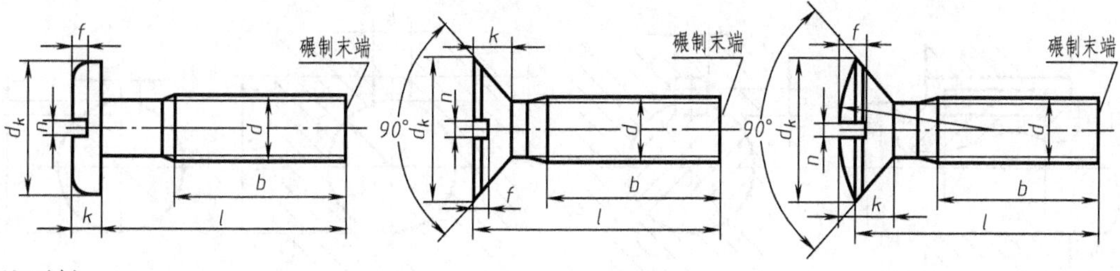

标记示例：

螺钉　GB/T 69—2000　M6×25

（螺纹规格 $d=6$、公称长度 $l=25$、性能等级为 4.8 级、不经表面处理的开槽半沉头螺钉）

mm

螺纹规格 d	P	b_{min}	n	f	r_f	k_{max}		d_{kmax}		t_{max}			l 范围		全螺纹时最大长度	
				GB/T 69	GB/T 69	GB/T 67	GB/T 68 GB/T 69	GB/T 67	GB/T 68 GB/T 69	GB/T 67	GB/T 68	GB/T 69	GB/T 67	GB/T 68 GB/T 69	GB/T 67	GB/T 68
M2	0.4	25	0.5	0.5	4	1.3	1.2	4.0	3.8	0.5	0.4	0.8	2.5～20	3～20	30	30
M3	0.5	25	0.8	0.7	6	1.8	1.65	5.6	5.5	0.7	0.6	1.2	4～30	5～30		
M4	0.7	38	1.2	1	9.5	2.4	2.7	8.0	8.4	1	1	1.6	5～40	6～40	40	45
M5	0.8	38	1.2	1.2	9.5	3.0	2.7	9.5	9.3	1.2	1.1	2	6～50	8～50		
M6	1	38	1.6	1.4	12	3.6	3.3	12	11.3	1.4	1.2	2.4	8～60	8～60		
M8	1.25	38	2	2	16.5	4.8	4.65	16	15.8	1.9	1.8	3.2	10～80	10～80		
M10	1.5	38	2.5	2.3	19.5	6	5	20	18.3	2.4	2	3.8	12～80	12～80		
l 系列	2、2.5、3、4、5、6、8、10、12、(14)、16、20～50(5 进位)、(55)、60、(65)、70、(75)、80															

注：螺纹公差为 6g；机械性能等级为 4.8 、5.8；产品等级为 A。

附表 11　紧定螺钉（摘自 GB/T 71、73、75—1985）

开槽锥端紧定螺钉（摘自 GB/T 71—1985）　　开槽平端紧定螺钉（摘自 GB/T 73—1985）　　开槽长圆柱端端紧定螺钉（摘自 GB/T 75—1985）

标记示例：

螺钉　GB/T 73—1985　M6×12

（螺纹规格 $d=6$、公称长度 $l=12$、性能等级为 14H 级、表面氧化的开槽平端紧定螺钉）

mm

螺丝规格 d	P	d_f≈	$d_{t\,max}$	$d_{p\,max}$	n 公称	t_{max}	z_{max}	l 范围		
								GB/T 71	GB/T 73	GB/T 75
M2	0.4	螺纹小径	0.2	1	0.25	0.84	1.25	3～10	2～10	3～10
M3	0.5		0.3	2	0.4	1.05	1.75	4～16	3～16	5～16
M4	0.7		0.4	2.5	0.6	1.42	2.25	6～20	4～20	6～20
M5	0.8		0.5	3.5	0.8	1.63	2.75	8～25	5～25	8～26
M6	1		1.5	4	1	2	3.25	8～30	6～30	8～30
M8	1.25		2	5.5	1.2	2.5	4.3	10～40	8～40	10～40
M10	1.5		2.5	7	1.6	3	5.3	12～50	10～50	12～50
M12	1.75		3	8.5	2	3.6	6.3	14～60	12～60	14～60
l 系列	2、2.5、3、4、5、6、8、10、12、(14)、16、20、25、30、35、40、45、50、(55)、60									

附表 12 平键及键槽各部分尺寸（GB/T 1095～1096—2003）

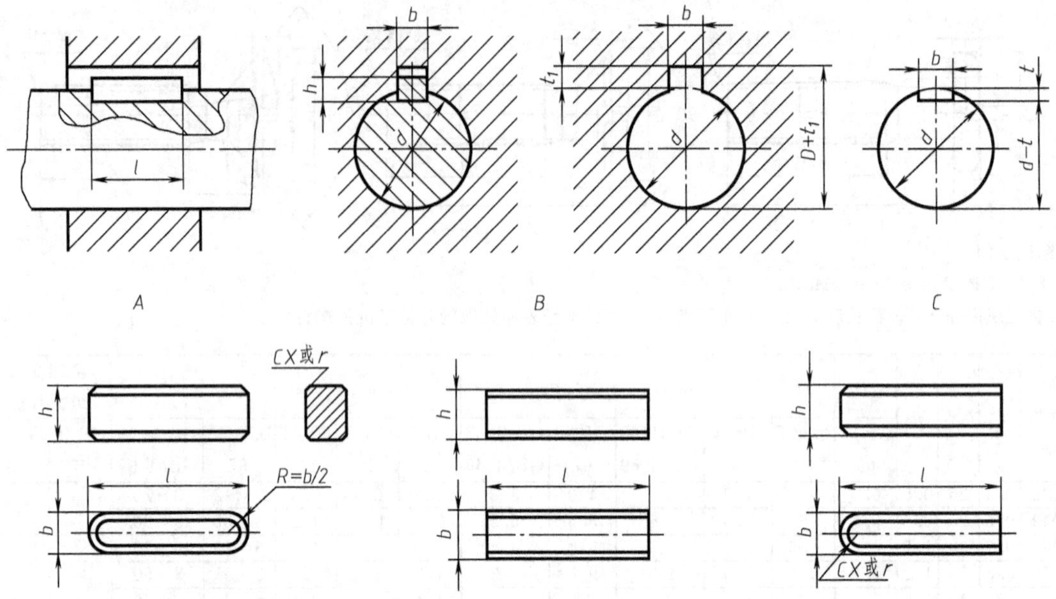

标记示例：

键 GB/T 1096—2003 12×60(圆头普通平键、b=12、h=8、L=60)

键 GB/T 1096—2003 B12×60(平头普通平键、b=12、h=8、L=60)

键 GB/T 1096—2003 C12×60(单圆头普通平键、b=12、h=8、L=60)

mm

	键		键槽											
公称直径 d	公称尺寸 $b\times h$	长度 L	宽度 b						深度				半径 r	
			公称尺寸 b	极限偏差					轴 t		毂 t_1			
				较松键连接		一般键连接		较紧键连接						
				轴 H9	毂 D10	轴 N9	毂 JS9	轴和毂 P9	公称	偏差	公称	偏差	最大	最小
>10～12	4×4	8～45	4	+0.030 +0.000	+0.078 +0.030	−0.000 −0.030	±0.015	−0.012 −0.042	2.5	+0.1 0	1.8	+0.1 0	0.08	0.16
>12～17	5×5	10～56	5						3.0		2.3		0.16	0.25
>17～22	6×6	14～70	6						3.5		2.8			
>22～30	8×7	18～90	8	+0.036 +0.000	+0.098 +0.040	−0.000 −0.036	±0.018	−0.015 −0.051	4.0	+0.2 0	3.3	+0.2 0		
>30～38	10×8	22～110	10						5.0		3.3		0.25	0.40
>38～44	12×8	28～140	12	+0.043 +0.003	+0.120 +0.050	−0.003 −0.043	±0.0215	−0.018 −0.061	5.0		3.3			
>44～50	14×9	36～160	14						5.5		3.8			
>50～58	16×10	45～180	16						6.0		4.3			
>58～65	18×11	50～200	18						7.0		4.4			
>65～75	20×12	56～220	20	+0.052 +0.002	+0.149 +0.065	−0.052 −0.052	±0.062	−0.002 −0.074	7.5		4.9		0.40	0.60
>75～85	22×14	63～250	22						9.0		5.4			
>85～95	25×14	70～280	25						9.0		5.4			
>95～110	28×16	80～320	28						10.0		6.4			

注：1. 键 b 的极限偏差为 h9，键 h 的极限偏差为 h11，键长 L 的极限偏差 h14。

2. $(d-t)$和$(d+t_1)$两组组合尺寸的极限偏差按相应的 t 和 t_1 的极限偏差选取，但$(d-t)$极限偏差应取负号(−)。

3. L 系列：6～22（2 进位）、25、28、32、36、40、45、50、56、63、70、80、90、100、110、125、140、160、180、200、220、250、280、320、360、400、450、500。

附表 13　圆锥销（GB/T 117—2000）

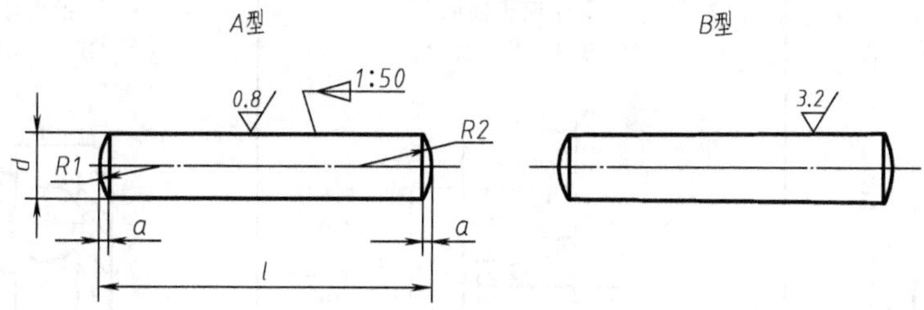

标记示例：

销　GB/T 117—2000　B10×50

（公称直径 d=10、长度 l=50、材料为 35 钢、热处理硬度 28～38HRC、表面氧化处理的 B 型圆锥销）

mm

d(公称)	0.6	0.8	1	1.2	1.5	2	2.5	3	4	5
a≈	0.08	0.1	0.12	0.16	0.2	0.25	0.3	0.4	0.5	0.63
l 范围	4～8	5～12	6～16	6～20	8～24	10～35	10～35	12～45	14～55	18～60
d(公称)	6	8	10	12	16	20	25	30	40	50
a≈	0.8	1	1.2	1.6	2	2.5	3	4	5	6.3
l 范围	22～90	22～120	26～160	32～180	40～200	45～200	50～200	55～200	60～200	65～200
l 系列	2、3、4、5、6～32(5 进位)、35～100(5 进位)、120～200(20 进位)									

附表 14　普通圆柱销（GB/T 119—2000）

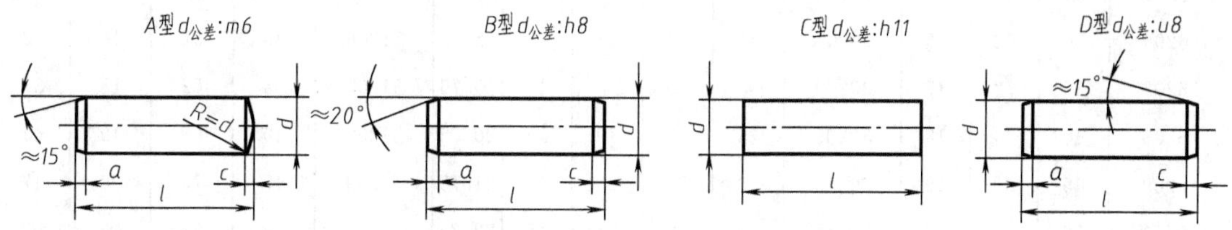

标记示例：

销　GB/T 119—2000　A10×80

（公称直径 d=10、长度 l=80、材料为 35 钢、热处理硬度为 28～38HRC、表面氧化处理的 A 型圆柱销）

销　GB/T 119—2000　10×80

（公称直径 d=10、长度 l=80、材料为 35 钢、热处理硬度为 28～38HRC、表面氧化处理的 B 型圆柱销）

mm

d(公称)	0.6	0.8	1	1.2	1.5	2	2.5	3	4	5
a≈	0.08	0.10	0.12	0.16	0.20	0.25	0.30	0.40	0.50	0.63
c≈	0.12	0.16	0.20	0.25	0.30	0.35	0.40	0.50	0.63	0.80
l 范围	2～6	2～8	4～10	4～12	4～16	6～20	6～24	8～30	8～40	10～50
d(公称)	6	8	10	12	16	20	25	30	40	50
a≈	0.80	1.0	1.2	1.6	2.0	2.5	3.0	4.0	5.0	6.3
c≈	1.2	1.6	2.0	2.5	3.0	3.5	4.0	5.0	6.3	8.0
l 范围	12～60	14～80	18～95	22～140	26～180	35～200	50～200	60～200	80～200	95～200
l 系列	2、3、4、5、6～32(5 进位)、35～100(5 进位)、120～200(20 进位)									

附表 15 滚动轴承

深沟球轴承	圆锥滚子轴承	推力球轴承
(GB/T 276—1994)	(GB/T 297—1994)	(GB/T 301—1995)

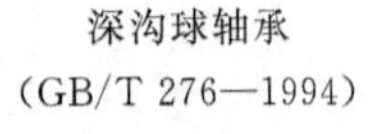

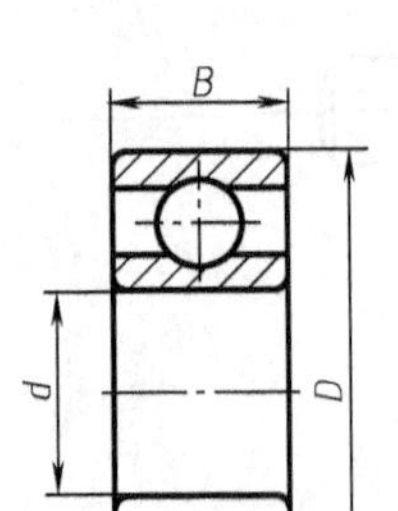

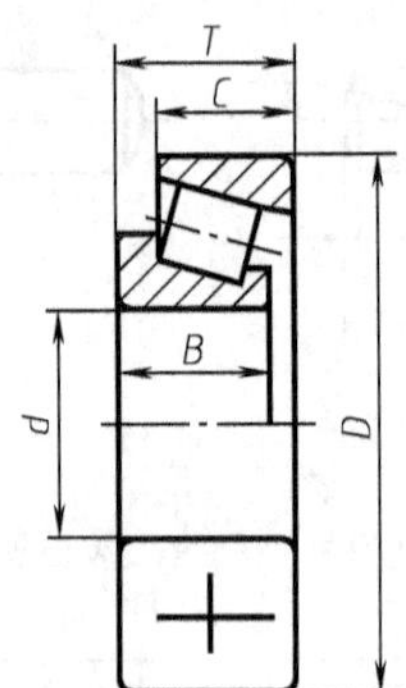

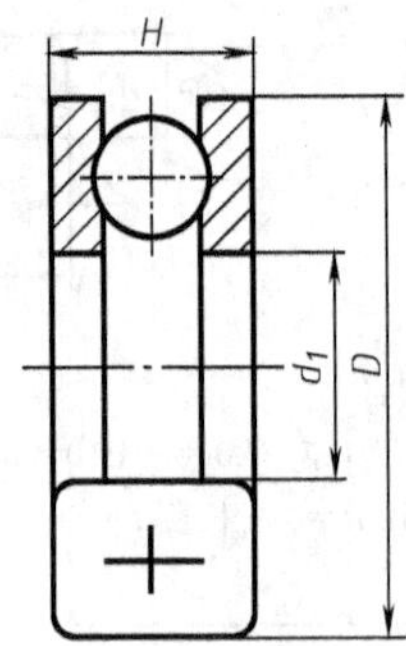

标记示例：	标记示例：	标记示例：
滚动轴承 6212 GB/T 276—1994	滚动轴承 30213 GB/T 297—1994	滚动轴承 51304 GB/T 301—1995

轴承型号	尺寸/mm			轴承型号	尺寸/mm					轴承型号	尺寸/mm			
	d	D	B		d	D	B	C	T		d	D	H	$d_{1\min}$
尺寸系列(02)				尺寸系列(02)						尺寸系列(12)				
6202	15	35	11	30203	17	40	12	11	13.25	51202	15	32	12	17
6203	17	40	12	30204	20	47	14	12	15.25	51203	17	35	12	19
6204	20	47	14	30205	25	52	15	13	16.25	51204	20	40	14	22
6205	25	52	15	30206	30	62	16	14	17.25	51205	25	47	15	27
6206	30	62	16	30207	35	72	17	15	18.25	51206	30	52	16	32
6207	35	72	17	30208	40	80	18	16	19.75	51207	35	62	18	37
6208	40	80	18	30209	45	85	19	16	20.75	51208	40	68	19	42
6209	45	85	19	30210	50	90	20	17	21.75	51209	45	73	20	47
6210	50	90	20	30211	55	100	21	18	22.75	51210	50	78	22	52
6211	55	100	21	30212	60	110	22	19	23.75	51211	55	90	25	57
6212	60	110	22	30213	65	120	23	20	24.75	51212	60	95	26	62
尺寸(03)				尺寸系列(03)						尺寸系列(13)				
6302	15	42	13	30302	15	42	13	11	14.25	51304	20	47	18	22
6303	17	47	14	30303	17	47	14	12	15.25	51305	25	52	18	27
6304	20	52	15	30304	20	52	15	13	16.25	51306	30	60	21	32
6305	25	62	17	30305	25	62	17	15	18.25	51307	35	68	24	37
6306	30	72	19	30306	30	72	19	16	20.75	51308	40	78	26	42
6307	35	80	21	70307	35	80	21	18	22.75	51309	45	85	28	47
6308	40	90	23	30308	40	90	23	20	25.25	51310	50	95	31	52
6309	45	100	25	30309	45	100	25	22	27.25	51311	55	105	35	57
6310	50	110	27	30310	50	110	27	23	29.25	51312	60	110	35	62
6311	55	120	29	30311	55	120	29	25	31.5	51313	65	115	36	67
6312	60	130	31	30312	60	130	31	26	33.5	51314	70	125	40	72

三、常用材料

附表 16　常用的金属材料和非金属材料

	名　称	牌　号	说　明	应 用 举 例
黑色金属	灰铸铁 (GB 9439)	HT150	HT—"灰铁"代号 150—抗拉强度/MPa	用于制造端盖、皮带轮、轴承座、阀壳、管子及管子附件、机床底座、工作台等
		HT200		用于较重要铸件，如汽缸、齿轮、机架、飞轮、床身、阀壳、衬筒等
	球墨铸铁 (GB 1348)	QT450-10 QT500-7	QT—"球铁"代号 450—抗拉强度/MPa 10—伸长率(%)	具有较高的强度和塑性。广泛用于机械制造业中受磨损和受冲击的零件，如曲轴、汽缸套、活塞环、摩擦片、中低压阀门、千斤顶座等
	铸钢 (GB 11352)	ZG200-400 ZG270-500	ZG—"铸钢"代号 200—屈服强度/MPa 400—抗拉强度/MPa	用于各种形状的零件，如机座、变速箱座、飞轮、重负荷机座、水压机工作缸等
	碳素结构钢 (GB 700)	Q215-A Q235-A	Q—"屈"字代号 215—屈服点数值/MPa A—质量等级	有较高的强度和硬度，易焊接，是一般机械上的主要材料。用于制造垫圈、铆钉、轻载齿轮、键、拉杆、螺栓、螺母、轮轴等
	优质碳素结构钢 (GB 699)	15	15—平均含碳量(万分之几)	塑性、韧性、焊接性和冷冲性能均良好，但强度较低，用于制造螺钉、螺母、法兰盘及化工容器等
		35		用于强度要求较高的零件，如汽轮机叶轮、压缩机、机床主轴、花键轴等
		15Mn	15—平均含碳量(万分之几) Mn—含锰量较高	其性能与15号钢相似，但其塑性、强度比15号钢高
		65Mn		强度高，适宜作大尺寸的各种扁、圆弹簧
	低合金结构钢 (GB 1591)	15MnV	15—平均含碳量(万分之几) Mn—含锰量较高 V—合金元素钒	用于制作高中压石油化工容器、桥梁、船舶、起重机等
		16Mn		用于制作车辆、管道、大型容器、低温压力容器、重型机械等
有色金属	普通黄铜 (GB 5232)	H96	H—"黄"铜的代号 96—基体元素铜的含量	用于导管、冷凝器、散热器管、散热片等
		H59		用于一般机器零件、焊接件、热冲及热轧零件等
	铸造锡青铜 (GB 1176)	ZCuSn10Zn2	Z—"铸"造代号 Cu—基体金属铜元素符号 Sn10—锡元素符号及名义含量(%)	在中等及较高载荷下工作的重要管件以及阀、旋塞、泵体、齿轮、叶轮等
	铸造铝合金 (GB 1173)	ZAlSi5Cu1Mg	Z—"铸"造代号 Al—基体元素铝元素符号 Si5—硅元素符号及名义含量(%)	用于水冷发动机的汽缸体、汽缸头、汽缸盖、空冷发动机头和发动机曲轴箱等
非金属	耐油橡胶板 (GB 5574)	3707 3807	37、38—顺序号 07—扯断强度/kPa	硬度较高，可在温度为－30～＋100℃的机油、变压器油、汽油等介质中工作，适于冲制各种形状的垫圈
	耐热橡胶板 (GB 5574)	4708 4808	47、48—顺序号 08—扯断强度/kPa	较高硬度，具有耐热性能，可在温度为30～100℃且压力不大的条件下于蒸汽、热空气等介质中工作，用作冲制各种垫圈和垫板
	油浸石棉盘根 (JC 68)	YS350 YS250	YS—"油石"代号 350—适用的最高温度	用于回转轴、活塞或阀门杆上做密封材料，介质为蒸汽、空气、工业用水、重质石油等
	橡胶石棉盘根 (JC 67)	XS550 XS350	XS—"橡石"代号 550—适用的最高温度	用于蒸汽机、往复泵的活塞和阀门杆上做密封材料
	聚四氟乙烯 (PTFE)			主要用于耐腐蚀、耐高温的密封元件，如填料、衬垫、胀圈、阀座，也用作输送腐蚀介质的高温管路、耐腐蚀衬里，容器的密封圈等

四、极限与配合

附表 17 轴的基本偏差数值（摘自 GB/T 1800.1—2009） μm

公称尺寸 mm		基本偏差数值																														
		上极限偏差 es												下极限偏差 ei																		
		所有标准公差等级												IT5和IT6	IT7	IT8	IT4至IT7	≤IT3 ≥IT7	所有标准公差等级													
大于	至	a	b	c	cd	d	e	ef	f	fg	g	h	js	j			k		m	n	p	r	s	t	u	v	x	y	z	za	zb	zc
—	3	−270	−140	−60	−34	−20	−14	−10	−6	−4	−2	0	偏差＝±(ITn)/2，式中ITn是IT值数	−2	−4	−6	0	0	+2	+4	+6	+10	+14	—	+18	—	+20	—	+26	+32	+40	+60
3	6	−270	−140	−70	−46	−30	−20	−14	−10	−6	−4	0		−2	−4	—	+1	0	+4	+8	+12	+15	+19	—	+23	—	+28	—	+35	+42	+50	+80
6	10	−280	−150	−80	−56	−40	−25	−18	−13	−8	−5	0		−2	−5	—	+1	0	+6	+10	+15	+19	+23	—	+28	—	+34	—	+42	+52	+67	+97
10	14	−290	−150	−95	—	−50	−32	—	−16	—	−6	0		−3	−6	—	+1	0	+7	+12	+18	+23	+28	—	+33	—	+40	—	+50	+64	+90	+130
14	18																									+39	+45	—	+60	+77	+108	+150
18	24	−300	−160	−110	—	−65	−40	—	−20	—	−7	0		−4	−8	—	+2	0	+8	+15	+22	+28	+35	—	+41	+47	+54	+63	+73	+98	+136	+188
24	30																							+41	+48	+55	+64	+75	+88	+118	+160	+218
30	40	−310	−170	−120	—	−80	−50	—	−25	—	−9	0		−5	−10	—	+2	0	+9	+17	+26	+34	+43	+48	+60	+68	+80	+94	+112	+148	+200	+274
40	50	−320	−180	−130																				+54	+70	+81	+97	+114	+136	+180	+242	+325
50	65	−340	−190	−140	—	−100	−60	—	−30	—	−10	0		−7	−12	—	+2	0	+11	+20	+32	+41	+53	+66	+87	+102	+122	+144	+172	+226	+300	+405
65	80	−360	−200	−150																		+43	+59	+75	+102	+120	+146	+174	+210	+274	+360	+480
80	100	−380	−220	−170	—	−120	−72	—	−36	—	−12	0		−9	−15	—	+3	0	+13	+23	+37	+51	+71	+91	+124	+146	+178	+214	+258	+335	+445	+585
100	120	−410	−240	−180																		+54	+79	+104	+144	+172	+210	+254	+310	+400	+525	+690
120	140	−460	−260	−200	—	−145	−85	—	−43	—	−14	0		−11	−18	—	+3	0	+15	+27	+43	+63	+92	+122	+170	+202	+248	+300	+365	+470	+620	+800
140	160	−520	−280	−210																		+65	+100	+134	+190	+228	+280	+340	+415	+535	+700	+900
160	180	−580	−310	−230																		+68	+108	+146	+210	+252	+310	+380	+465	+600	+780	+1000
180	200	−660	−340	−240	—	−170	−100	—	−50	—	−15	0		−13	−21	—	+4	0	+17	+31	+50	+77	+122	+166	+236	+284	+350	+425	+520	+670	+880	+1150
200	225	−740	−380	−260																		+80	+130	+180	+258	+310	+385	+470	+575	+740	+960	+1250
225	250	−820	−420	−280																		+84	+140	+196	+284	+340	+425	+520	+640	+820	+1050	+1350
250	280	−920	−480	−300	—	−190	−110	—	−56	—	−17	0		−16	−26	—	+4	0	+20	+34	+56	+94	+158	+218	+315	+385	+475	+580	+710	+920	+1200	+1550
280	315	−1050	−540	−330																		+98	+170	+240	+350	+425	+525	+650	+790	+1000	+1300	+1700
315	355	−1200	−600	−360	—	−210	−125	—	−62	—	−18	0		−18	−28	—	+4	0	+21	+37	+62	+108	+190	+268	+390	+475	+590	+730	+900	+1150	+1500	+1900
355	400	−1350	−680	−400																		+114	+208	+294	+435	+532	+660	+820	+1000	+1300	+1650	+2100
400	450	−1500	−760	−440	—	−230	−135	—	−68	—	−20	0		−20	−32	—	+5	0	+23	+40	+68	+126	+232	+330	+490	+595	+740	+920	+1100	+1450	+1850	+2400
450	500	−1650	−840	−480																		+132	+252	+360	+540	+660	+820	+1000	+1250	+1600	+2100	+2600

注：1. 公称尺寸小于或等于 1mm 时，基本偏差 a 和 b 均不采用。

2. 公差带 js7 至 js11，若 ITn 值是奇数，则取偏差＝±(ITn−1)/2。

附表 18 孔的基本偏差数值（摘自 GB/T 1800.1—2009）

μm

公称尺寸 mm		基本偏差数值																																		Δ值					
		下极限偏差 EI												上极限偏差 ES																											
		所有标准公差等级												IT6	IT7	IT8	≤IT8	>IT8	≤IT8	>IT8	≤IT8	>IT8	≤IT7	标准公差等级大于 IT7												标准公差等级					
大于	至	A	B	C	CD	D	E	EF	F	FG	G	H	JS	J			K		M		N		P 至 ZC	P	R	S	T	U	V	X	Y	Z	ZA	ZB	ZC	IT3	IT4	IT5	IT6	IT7	IT8
—	3	+270	+140	+60	+34	+20	+14	+10	+6	+4	+2	0	偏差=±(ITn)/2，式中 ITn 是 IT 值数	+2	+4	+6	0	0	−2	−2	−4	−4	在大于 IT7 的相应数值上增加一个 Δ 值	−6	−10	−14	—	−18	—	−20	—	−26	−32	−40	−60	0	0	0	0	0	0
3	6	+270	+140	+70	+46	+30	+20	+14	+10	+6	+4	0		+5	+6	+10	−1+Δ	—	−4+Δ	−4	−8+Δ	0		−12	−15	−19	—	−23	—	−28	—	−35	−42	−50	−80	1	1.5	2	3	6	7
6	10	+280	+150	+80	+56	+40	+25	+18	+13	+8	+5	0		+5	+8	+12	−1+Δ	—	−6+Δ	−6	−10+Δ	0		−15	−19	−23	—	−28	—	−34	—	−42	−52	−67	−97	1	1.5	2	3	6	7
10	14	+290	+150	+95	—	+50	+32	—	+16	—	+6	0		+6	+10	+15	−1+Δ	—	−7+Δ	−7	−12+Δ	0		−18	−23	−28	—	−33	—	−40	—	−50	−64	−90	−130	1	2	3	3	7	9
14	18																												−39	−45	—	−60	−77	−108	−150						
18	24	+300	+160	+110	—	+65	+40	—	+20	—	+7	0		+8	+12	+20	−2+Δ	—	−8+Δ	−8	−15+Δ	0		−22	−28	−35	—	−41	−47	−54	−63	−73	−98	−136	−188	1.5	2	3	4	8	12
24	30																										−41	−48	−55	−64	−75	−88	−118	−160	−218						
30	40	+310	+170	+120	—	+80	+50	—	+25	—	+9	0		+10	+14	+24	−2+Δ	—	−9+Δ	−9	−17+Δ	0		−26	−34	−43	−48	−60	−68	−80	−94	−112	−148	−200	−274	1.5	3	4	5	9	14
40	50	+320	+180	+130																							−54	−70	−81	−97	−114	−136	−180	−242	−325						
50	65	+340	+190	+140	—	10	+60	—	+30	—	+10	0		+13	+18	+28	−2+Δ	—	−11+Δ	−11	−20+Δ	0		−32	−41	−53	−66	−87	−102	−12	−144	−172	−226	−300	−405	2	3	5	6	11	16
65	80	+360	+200	+150																					−43	−59	−75	−102	−120	−14	−174	−210	−274	−360	−480						
80	100	+380	+220	+170	—	12	+72	—	+36	—	+12	0		+16	+22	+34	−3+Δ	—	−13+Δ	−13	−23+Δ	0		−37	−51	−71	−91	−124	−146	−17	−214	−258	−335	−445	−585	2	4	5	7	13	19
100	120	+410	+240	+180																					−54	−79	−104	−144	−172	−21	−254	−310	−400	−525	−690						
120	140	+460	+260	+200	—	14	+85	—	+43	—	+14	0		+18	+26	+41	−3+Δ	—	−15+Δ	−15	−27+Δ	0		−43	−63	−92	−122	−170	−202	−24	−300	−365	−470	−620	−800	3	4	6	7	15	23
140	160	+520	+280	+210																					−65	−100	−134	−190	−228	−28	−340	−415	−535	−700	−900						
160	180	+580	+310	+230																					−68	−108	−146	−210	−252	−31	−380	−465	−600	−780	−1000						
180	200	+660	+340	+240	—	17	10	—	+50	—	+15	0		+22	+30	+47	−4+Δ	—	−17+Δ	−17	−31+Δ	0		−50	−77	−122	−166	−236	−284	−35	−425	−520	−670	−880	−1150	3	4	6	9	17	26
200	225	740	+380	+260																					−80	−130	−180	−258	−310	−38	−470	−575	−740	−960	−1250						
225	250	820	+420	+280																					−84	−140	−196	−284	−340	−42	−520	−640	−820	−1050	−1350						
250	280	+920	+480	+300	—	19	+11	—	+56	—	+17	0		+25	+36	+55	−4+Δ	—	−20+Δ	−20	−34+Δ	0		−56	−94	−158	−218	−315	−385	−47	−580	−710	−920	−1200	−1550	4	4	7	9	20	29
280	315	+1050	+540	+330																					−98	−170	−240	−350	−425	−52	−650	−790	−1000	−1300	−1700						
315	355	+1200	+600	+360	—	21	12	—	+62	—	+18	0		+29	+39	+60	−4+Δ	—	−21+Δ	−21	−37+Δ	0		−62	−108	−190	−268	−390	−475	−59	−730	−900	−1150	−1500	−1900	4	5	7	11	21	32
355	400	+1350	+680	+400																					−114	−208	−294	−435	−530	−66	−820	−1000	−1300	−1650	−2100						
400	450	+1500	+760	+440	—	23	13	—	+68	—	+20	0		+33	+43	+66	−5+Δ	—	−23+Δ	−23	−40+Δ	0		−68	−126	−232	−330	−490	−595	−74	−920	−1100	−1450	−1850	−2400	5	5	7	13	23	34
450	500	+1650	+840	−480																					−132	−252	−360	−540	−660	−82	1000	−1250	−1600	−2100	−2600						

注：1. 公称尺寸小于或等于 1mm 时，基本偏差 A 和 B 及大于 IT8 的 N 均不采用。

2. 公差带 JS7 至 JS11，若 ITn 值数是奇数，则取偏差＝±(ITn−1)/2。

3. 对小于或等于 IT8 的 K、M、N 和小于或等于 IT7 的 P 至 ZC，所需 Δ 值从表内右侧选取。例如 18mm 至 30mm 段的 K7：$\Delta=8\mu m$，所以 $ES=-2+8=+6\mu m$。18mm 至 30mm 段的 S6：$\Delta=4\mu m$，所以 $ES=-35+4=-31\mu m$。

4. 特殊情况：250mm 至 315mm 段的 M6，$ES=-9\mu m$（代替 $-11\mu m$）。

附表 19　优先及常用孔的极限偏差表（摘自 GB/T 1800.2—2009）

μm

代号		A	B	C	D	E	F	G	H								JS		K			M	N		P		R	S	T	U
公称尺寸 mm		公差等级																												
大于	至	11	11	*11	*9	8	*8	*7	6	*7	*8	*9	10	*11	12	6	7	6	*7	8	7	6	7	6	*7	7	*7	7	*7
—	3	+330 +270	+200 +140	+120 +60	+45 +20	+28 +14	+20 +6	+12 +2	+6 0	+10 0	+14 0	+25 0	+40 0	+60 0	+100 0	±3	±5	0 -6	0 -10	0 -14	-2 -12	-4 -10	-4 -14	-6 -12	-6 -16	-10 -20	-14 -24	—	-18 -28
3	6	+345 +270	+215 +140	+145 +70	+60 +30	+38 +20	+28 +10	+16 +4	+8 0	+12 0	+18 0	+30 0	+48 0	+75 0	+120 0	±4	±6	+2 -6	+3 -9	+5 -13	0 -12	-5 -13	-4 -16	-9 -17	-8 -20	-11 -23	-15 -27	—	-19 -31
6	10	+370 +280	+240 +150	+170 +80	+76 +40	+47 +25	+35 +13	+20 +5	+9 0	+15 0	+22 0	+36 0	+58 0	+90 0	+150 0	±4.5	±7	+2 -7	+5 -10	+6 -16	0 -15	-7 -16	-4 -19	-12 -21	-9 -24	-13 -28	-17 -32	—	-22 -37
10	14	+400 +290	+260 +150	+205 +95	+93 +50	+59 +32	+43 +16	+24 +6	+11 0	+18 0	+27 0	+43 0	+70 0	+110 0	+180 0	±5.5	±9	+2 -9	+6 -12	+8 -19	0 -18	-9 -20	-5 -23	-15 -26	-11 -29	-16 -34	-21 -39	—	-26 -44
14	18																												
18	24	+430 +300	+290 +160	+240 +110	+117 +65	+73 +40	+53 +20	+28 +7	+13 0	+21 0	+33 0	+52 0	+84 0	+130 0	+210 0	±6.5	±10	+2 -11	+6 -15	+10 -23	0 -21	-11 -24	-7 -28	-18 -31	-14 -35	-20 -41	-27 -48	—	-33 -54
24	30																											-33 -54	-40 -61
30	40	+470 +310	+330 +170	+280 +120	+142 +80	+89 +50	+64 +25	+34 +9	+16 0	+25 0	+39 0	+62 0	+100 0	+160 0	+250 0	±8	±12	+3 -13	+7 -18	+12 -27	0 -25	-12 -28	-8 -33	-21 -37	-17 -42	-25 -50	-34 -59	-39 -64	-51 -76
40	50	+480 +320	+340 +180	+290 +130																								-45 -70	-61 -86
50	65	+530 +340	+380 +190	+330 +140	+174 +100	+106 +60	+76 +30	+40 +10	+19 0	+30 0	+46 0	+74 0	+120 0	+190 0	+300 0	±9.5	±15	+4 -15	+9 -21	+14 -32	0 -30	-14 -33	-9 -39	-26 -45	-21 -51	-30 -60	-42 -72	-55 -85	-76 -106
65	80	+550 +360	+390 +200	+340 +150																						-32 -62	-48 -78	-64 -94	-91 -121
80	100	+600 +380	+440 +220	+390 +170	+207 +120	+125 +72	+90 +36	+47 +12	+22 0	+35 0	+54 0	+87 0	+140 0	+220 0	+350 0	±11	±17	+4 -18	+10 -25	+16 -38	0 -35	-16 -38	-10 -45	-30 -52	-24 -59	-38 -73	-58 -93	-78 -113	-111 -146
100	120	+630 +410	+460 +240	+400 +180																						-41 -76	-66 -101	-91 -126	-131 -166
120	140	+710 +460	+510 +260	+450 +200	+245 +145	+148 +85	+106 +43	+54 +14	+25 0	+40 0	+63 0	+100 0	+160 0	+250 0	+400 0	±12.5	±20	+4 -21	+12 -28	+20 -43	0 -40	-20 -45	-12 -52	-36 -61	-28 -68	-48 -88	-77 -117	-107 -147	-155 -195
140	160	+770 +520	+530 +280	+460 +210																						-50 -90	-85 -125	-119 -159	-175 -215
160	180	+830 +580	+560 +310	+480 +230																						-53 -93	-93 -133	-131 -171	-195 -235
180	200	+950 +660	+630 +340	+530 +240	+285 +170	+172 +100	+122 +50	+61 +15	+29 0	+46 0	+72 0	+115 0	+185 0	+290 0	+460 0	±14.5	±23	+5 -24	+13 -33	+22 -50	0 -46	-22 -51	-14 -60	-41 -70	-33 -79	-60 -106	-105 -151	-149 -195	-219 -265
200	225	+1030 +740	+670 +380	+550 +260																						-63 -109	-113 -159	-163 -209	-241 -287
225	250	+1110 +820	+710 +420	+570 +280																						-67 -113	-123 -169	-179 -225	-267 -313
250	280	+1240 +920	+800 +480	+620 +300	+320 +190	+191 +110	+137 +56	+69 +17	+32 0	+52 0	+81 0	+130 0	+210 0	+320 0	+520 0	±16	±26	+5 -27	+16 -36	+25 -56	0 -52	-25 -57	-14 -66	-47 -79	-36 -88	-74 -126	-138 -190	-198 -250	-295 -347
280	315	+1370 +1050	+860 +540	+650 +330																						-78 -130	-150 -202	-220 -272	-330 -382
315	355	+1560 +1200	+960 +600	+720 +360	+350 +210	+214 +125	+151 +62	+75 +18	+36 0	+57 0	+89 0	+140 0	+230 0	+360 0	+570 0	±18	±28	+7 -29	+17 -40	+28 -61	0 -57	-26 -62	-16 -73	-51 -87	-41 -98	-87 -144	-169 -226	-247 -304	-369 -426
355	400	+1710 +1350	+1040 +680	+760 +400																						-93 -150	-187 -244	-273 -330	-414 -471
400	450	+1900 +1500	+1160 +760	+840 +440	+385 +230	+232 +135	+165 +68	+83 +20	+40 0	+63 0	+97 0	+155 0	+250 0	+400 0	+630 0	±20	±31	+8 -32	+18 -45	+29 -68	0 -63	-27 -67	-17 -80	-55 -95	-45 -108	-103 -166	-209 -272	-307 -370	-467 -530
450	500	+2050 +1650	+1240 +840	+880 +480																						-109 -172	-229 -292	-337 -400	-517 -580

注：带“*”者为优先选用的，其他为常用的。

附表 20 优先及常用轴的极限偏差表（摘自 GB/T 1800.2—2009）

μm

代号		a	b	c	d	e	f	g	h									js	k	m	n	p	r	s	t	u	v	x	y	z
公称尺寸 mm		公差等级																												
大于	至	11	11	*11	*9	8	*7	*6	5	*6	*7	8	*9	10	*11	12	6	*6	6	*6	*6	6	*6	6	*6	6	6	6	6
—	3	−270 −330	−140 −200	−60 −120	−20 −45	−14 −28	−6 −16	−2 −8	0 −4	0 −6	0 −10	0 −14	0 −25	0 −40	0 −60	0 −100	±3	+6 0	+8 +2	+10 +4	+12 +6	+16 +10	+20 +14	—	+24 +18	—	+26 +20	—	+32 +26
3	6	−270 −345	−140 −215	−70 −145	−30 −60	−20 −38	−10 −22	−4 −12	0 −5	0 −8	0 −12	0 −18	0 −30	0 −48	0 −75	0 −120	±4	+9 1	+12 +4	+16 +8	+20 +12	+23 +15	+27 +19	—	+31 +23	—	+36 +28	—	+43 +35
6	10	−280 −370	−150 −240	−80 −170	−40 −76	−25 −47	−13 −28	−5 −14	0 −6	0 −9	0 −15	0 −22	0 −36	0 −58	0 −90	0 −150	±4.5	+10 1	+15 +6	+19 +10	+24 +15	+28 +19	+32 +23	—	+37 +28	—	+43 +34	—	+51 +42
10	14	−290 −400	−150 −260	−95 −205	−50 −93	−32 −59	−16 −34	−6 −17	0 −8	0 −11	0 −18	0 −27	0 −43	0 −70	0 −110	0 −180	±5.5	+12 +1	+18 +7	+23 +12	+29 +18	+34 +23	+39 +28	—	+44 +33	—	+51 +40	—	+61 +50
14	18																							—		+50 +39	+56 +45	—	+71 +60
18	24	−300 −430	−160 −290	−110 −240	−65 −117	−40 −73	−20 −41	−7 −20	0 −9	0 −13	0 −21	0 −33	0 −52	0 −84	0 −130	0 −210	±6.5	+15 +2	+21 +8	+28 +15	+35 +22	+41 +28	+48 +35	—	+54 +41	+60 +47	+67 +54	+76 +63	+86 +73
24	30																							+54 +41	+61 +48	+68 +55	+77 +64	+88 +75	+101 +88
30	40	−310 −470	−170 −330	−120 −280	−80 −142	−50 −89	−25 −50	−9 −25	0 −11	0 −16	0 −25	0 −39	0 −62	0 −100	0 −160	0 −250	±8	+18 +2	+25 +9	+33 +17	+42 +26	+50 +34	+59 +43	+64 +48	+76 +60	+84 +68	+96 +80	+110 +94	+128 +112
40	50	−320 −480	−180 −340	−130 −290																				+70 +54	+86 +70	+97 +81	+113 +97	+130 +114	+152 +136
50	65	−340 −530	−190 −380	−140 −330	−100 −174	−60 −106	−30 −60	−10 −29	0 −13	0 −19	0 −30	0 −46	0 −74	0 −120	0 −190	0 −300	±9.5	+21 +2	+30 +11	+39 +20	+51 +32	+60 +41	+72 +53	+85 +66	+106 +87	+121 +102	+141 +122	+163 +144	+191 +172
65	80	−360 −550	−200 −390	−150 −340																		+62 +43	+78 +59	+94 +75	+121 +102	+139 +120	+165 +146	+193 +174	+229 +210
80	100	−380 −600	−220 −440	−170 −390	−120 −207	−72 −126	−36 −71	−12 −34	0 −15	0 −22	0 −35	0 −54	0 −87	0 −140	0 −220	0 −350	±11	+25 +3	+35 +13	+45 +23	+59 +37	+73 +51	+93 +71	+113 +91	+146 +124	+168 +146	+200 +178	+236 +214	+280 +258
100	120	−410 −630	−240 −460	−180 −400																		+76 +54	+101 +79	+126 +104	+166 +144	+194 +172	+232 +210	+276 +254	+332 +310
120	140	−460 −710	−260 −510	−200 −450	−145 −245	−85 −148	−43 −83	−14 −39	0 −18	0 −25	0 −40	0 −63	0 −100	0 −160	0 −250	0 −400	±12.5	+28 +3	+40 +15	+52 +27	+68 +43	+88 +63	+117 +92	+147 +122	+195 +170	+227 +202	+273 +248	+325 +300	+390 +365
140	160	−520 −770	−280 −530	−210 −460																		+90 +65	+125 +100	+159 +134	+215 +190	+253 +228	+305 +280	+365 +340	+440 +415
160	180	−580 −830	−310 −560	−230 −480																		+93 +68	+133 +108	+171 +146	+235 +210	+277 +252	+335 +310	+405 +380	+490 +465
180	200	−660 −950	−340 −630	−240 −530	−170 −285	−100 −172	−50 −96	−15 −44	0 −20	0 −29	0 −46	0 −72	0 −115	0 −185	0 −290	0 −460	±14.5	+33 +4	+46 +17	+60 +31	+79 +50	+106 +77	+151 +122	+195 +166	+265 +236	+313 +284	+379 +350	+454 +425	+549 +520
200	225	−740 −1030	−380 −670	−260 −550																		+109 +80	+159 +130	+209 +180	+287 +258	+339 +310	+414 +385	+499 +470	+604 +575
225	250	−820 −1110	−420 −710	−280 −570																		+113 +84	+169 +140	+225 +196	+313 +284	+369 +340	+454 +425	+549 +520	+669 +640
250	280	−920 −1240	−480 −800	−300 −620	−190 −320	−110 −191	−56 −108	−17 −49	0 −23	0 −32	0 −52	0 −81	0 −130	0 −210	0 −320	0 −520	±16	+36 +4	+52 +20	+66 +34	+88 +56	+126 +94	+190 +158	+250 +218	+347 +315	+417 +385	+507 +475	+612 +580	+742 +710
280	315	−1050 −1370	−540 −860	−330 −650																		+130 +98	+202 +170	+272 +240	+382 +350	+457 +425	+557 +525	+682 +650	+822 +790
315	355	−1200 −1560	−600 −960	−360 −720	−210 −350	−125 −214	−62 −119	−18 −54	0 −25	0 −36	0 −57	0 −89	0 −140	0 −230	0 −360	0 −570	±18	+40 +4	+57 +21	+73 +37	+98 +62	+144 +108	+226 +190	+304 +268	+426 +390	+511 +475	+626 +590	+766 +730	+936 +900
355	400	−1350 −1710	−680 −1040	−400 −760																		+150 +114	+244 +208	+330 +294	+471 +435	+566 +530	+696 +660	+856 +820	+1036 +1000
400	450	−1500 −1900	−760 −1160	−440 −840	−230 −385	−135 −232	−68 −131	−20 −60	0 −27	0 −40	0 −63	0 −97	0 −155	0 −250	0 −400	0 −630	±20	+45 +5	+63 +23	+80 +40	+108 +68	+166 +126	+272 +232	+370 +330	+530 +490	+635 +595	+780 +740	+960 +920	+1140 +1100
450	500	−1650 −2050	−840 −1240	−480 −880																		+172 +132	+292 +252	+400 +360	+580 +540	+700 +660	+860 +820	+1040 +1000	+1290 +1250

注：带“*”者为优先选用的，其他为常用的。

参 考 文 献

［1］ 董振珂主编. 化工制图. 北京：化学工业出版社，2005.

［2］ 金大鹰主编. 机械制图. 北京：机械工业出版社，1998.

［3］ 王明珠主编. 工程制图学及计算机绘图. 北京：国防工业出版社，1998.

［4］ 张方津主编. 机械制图. 北京：机械工业出版社，2003.

［5］ 冯秋官主编. 机械制图. 北京：高等教育出版社，2001.

［6］ 熊放明主编. 化工制图. 北京：化学工业出版社，2008.